D1717194

TOME 2

CURIEUSES HISTOIRES DE PLANTES DU CANADA

1670 - 1760

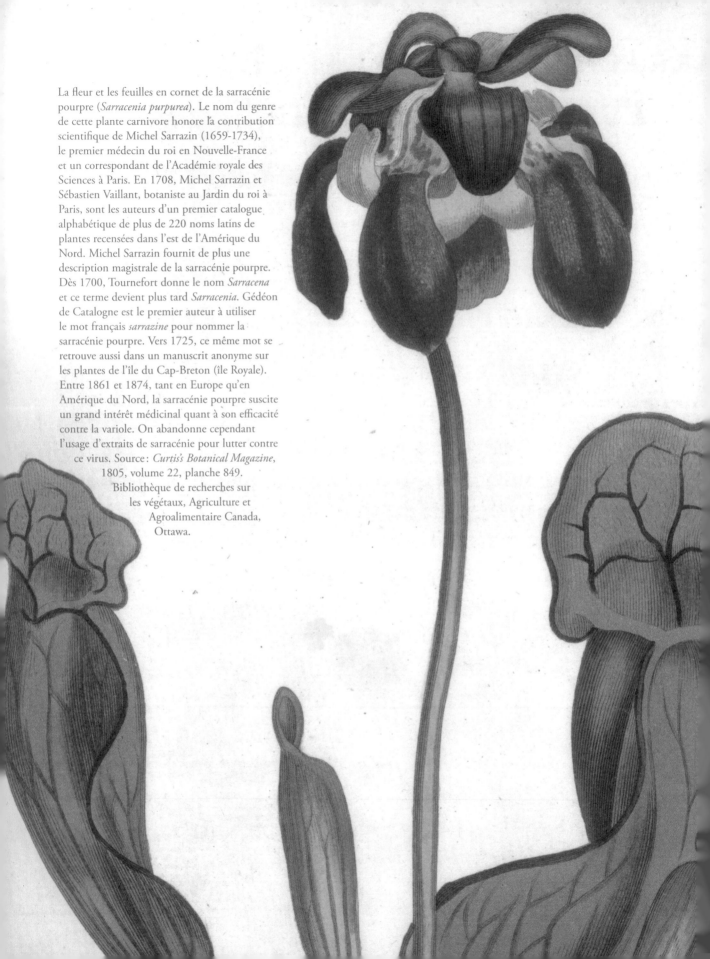

La fleur et les feuilles en cornet de la sarracénie
pourpre (*Sarracenia purpurea*). Le nom du genre
de cette plante carnivore honore la contribution
scientifique de Michel Sarrazin (1659-1734),
le premier médecin du roi en Nouvelle-France
et un correspondant de l'Académie royale des
Sciences à Paris. En 1708, Michel Sarrazin et
Sébastien Vaillant, botaniste au Jardin du roi à
Paris, sont les auteurs d'un premier catalogue
alphabétique de plus de 220 noms latins de
plantes recensées dans l'est de l'Amérique du
Nord. Michel Sarrazin fournit de plus une
description magistrale de la sarracénie pourpre.
Dès 1700, Tournefort donne le nom *Sarracena*
et ce terme devient plus tard *Sarracenia*. Gédéon
de Catalogne est le premier auteur à utiliser
le mot français *sarrazine* pour nommer la
sarracénie pourpre. Vers 1725, ce même mot se
retrouve aussi dans un manuscrit anonyme sur
les plantes de l'île du Cap-Breton (île Royale).
Entre 1861 et 1874, tant en Europe qu'en
Amérique du Nord, la sarracénie pourpre suscite
un grand intérêt médicinal quant à son efficacité
contre la variole. On abandonne cependant
l'usage d'extraits de sarracénie pour lutter contre
ce virus. Source : *Curtis's Botanical Magazine*,
1805, volume 22, planche 849.
Bibliothèque de recherches sur
les végétaux, Agriculture et
Agroalimentaire Canada,
Ottawa.

TOME 2

CURIEUSES HISTOIRES DE PLANTES DU CANADA 1670-1760

ALAIN ASSELIN, JACQUES CAYOUETTE
& JACQUES MATHIEU

SEPTENTRION

Pour effectuer une recherche libre par mot-clé à l'intérieur de cet ouvrage, rendez-vous sur notre site Internet au www.septentrion.qc.ca

Les éditions du Septentrion remercient le Conseil des Arts du Canada et la Société de développement des entreprises culturelles du Québec (SODEC) pour le soutien accordé à leur programme d'édition, ainsi que le gouvernement du Québec pour son Programme de crédit d'impôt pour l'édition de livres.

Financé par le
gouvernement
du Canada | Canadä

Illustration de couverture: Le ménisperme du Canada. *Curtis's Botanical Magazine*, vol. 44, planche 1910, 1817. Bibliothèque de recherches sur les végétaux, Agriculture et Agroalimentaire Canada, Ottawa.

Chargée de projet: Sophie Imbeault

Révision: Marie-Élaine Gadbois, Oculus révision

Mise en pages: Pierre-Louis Cauchon

Maquette de la couverture: Olivia Grandperrin

Si vous désirez être tenu au courant des publications
des ÉDITIONS DU SEPTENTRION
vous pouvez nous écrire par courrier,
par courriel à sept@septentrion.qc.ca,
ou consulter notre catalogue sur Internet:
www.septentrion.qc.ca

© Les éditions du Septentrion
835, avenue Turnbull
Québec (Québec)
G1R 2X4

Dépôt légal:
Bibliothèque et Archives
nationales du Québec, 2015
ISBN papier: 978-2-89448-831-7
ISBN PDF: 978-2-89664-935-8

Diffusion au Canada:
Diffusion Dimedia
539, boul. Lebeau
Saint-Laurent (Québec)
H4N 1S2

Ventes en Europe:
Distribution du Nouveau Monde
30, rue Gay-Lussac
75005 Paris

*Les plantes ont mille points de contact
avec l'homme, s'offrant à lui, l'entourant
de leurs multitudes pour servir ses besoins,
charmer ses yeux, peupler ses pensées : elles ont
en un mot une immense valeur humaine.*

Frère Marie-Victorin, né Conrad Kirouac
(1885-1944), *Flore laurentienne* (1935).

À la génération de nos petits-enfants

Qu'elle puisse bénéficier d'une planète bleue bien verdoyante

REMERCIEMENTS

LES AUTEURS TIENNENT À SOULIGNER la bienveillante collaboration de Cécile Aupic et du professeur Gérard Aymonin (1934-2014) du Muséum national d'histoire naturelle à Paris pour le partage d'informations et de documents. Les connaissances de Jean-Pierre Deschênes, médecin et bibliophile, pour certains aspects de l'histoire de la médecine nous ont permis de découvrir des ouvrages d'intérêt. Merci à Jonathan C. Lainey (Bibliothèque et Archives Canada) pour la transmission d'un texte de la *Gazette de Québec*. Frédérik Gagné nous a fait connaître le *Journal de Vaugine de Nuisement*. La botaniste et écologiste Gisèle Lamoureux a généreusement donné accès à des documents des archives du botaniste Ernest Rouleau (1916-1991).

Pour les illustrations, nous avons bénéficié de l'expertise de Stephen J. Darbyshire et Margaret Murray du Programme national sur la Santé de l'Environnement-Biodiversité, Division des ressources biologiques d'Agriculture et Agroalimentaire Canada à Ottawa et de Normand Dessureault de Nature Expert, Gatineau. Nous remercions aussi Lise Robillard de la Bibliothèque de recherches sur les végétaux d'Agriculture et Agroalimentaire Canada à Ottawa.

Nous remercions enfin Gilles Herman, Sophie Imbeault, Denis Vaugeois et leurs collaborateurs pour l'accueil enthousiaste chez Septentrion. Merci à celles et à ceux qui ont contribué à la réalisation de ce second tome tant par leurs encouragements que par leur aide. Plusieurs de ces personnes ont été mentionnées dans les remerciements du premier tome.

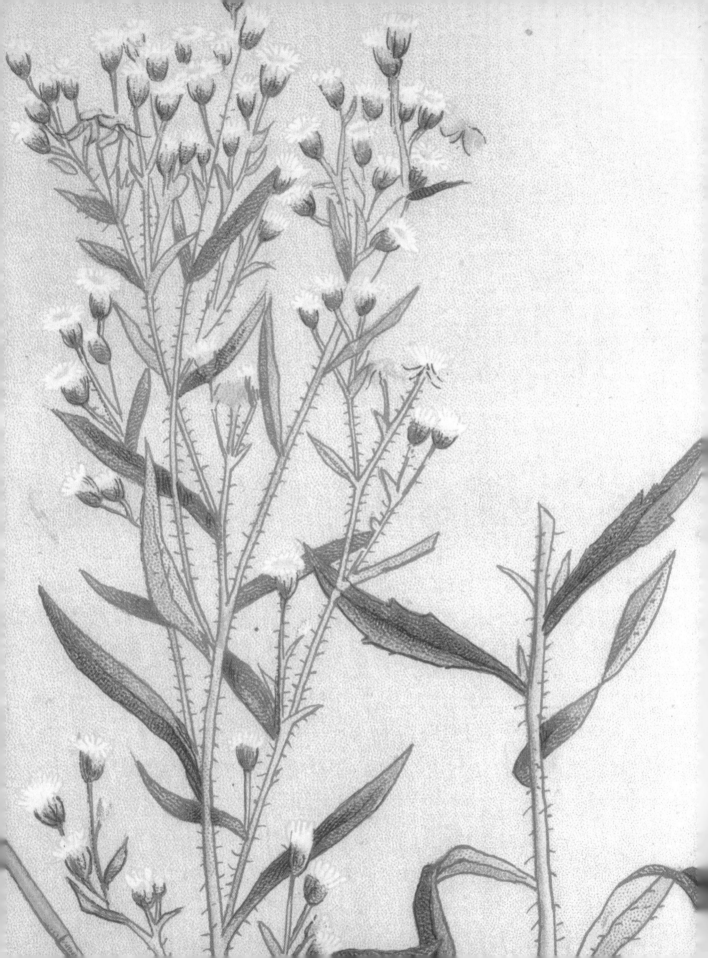

AVANT-PROPOS

L E SAVOIR SUR LES PLANTES fait partie du patrimoine à la fois historique, culturel et scientifique des civilisations. La connaissance de leur influence passée et présente sur les sociétés est encore peu connue dans ses fins détails. C'est le cas en particulier pour l'histoire des Amériques. Dans un premier tome, une vingtaine de récits décrivant plusieurs usages de plantes du Canada ont été présentés pour la période de l'exploration des Vikings vers l'an mille à Terre-Neuve jusqu'à la décennie 1670 en Nouvelle-France.

Dans ce second tome, 29 histoires relatent différents éléments de découvertes et d'usages des plantes du Canada couvrant la période de la décennie 1670 jusqu'à la fin du Régime français en Nouvelle-France. Ces informations d'intérêt botanique sont commentées pour mieux cerner le contexte et l'évolution des connaissances relatives aux plantes du Canada décrites dans les relations de voyages ou d'autres documents. Généralement, les observations et les commentaires, présentés de façon chronologique, sont basés sur des sources documentaires primaires disponibles publiquement dans l'univers numérique. Ces propos relatifs aux végétaux sont d'abord ceux des personnes responsables de découvertes, de descriptions et d'usages des espèces canadiennes. C'est pourquoi les commentaires et les interprétations sont précédés d'une brève note biographique aidant à mieux situer le contexte de l'acquisition des nouvelles connaissances.

À l'occasion, des observations plus modernes sont intégrées pour refléter l'évolution constante des connaissances ou souligner quelques liens avec le savoir scientifique contemporain. Il est révélateur et stimulant de constater que plusieurs questions concernant les premières observations de plantes canadiennes demeurent sans réponse et requièrent encore des efforts de recherche. La compréhension détaillée de l'évolution des connaissances au sujet des plantes canadiennes ne fait que commencer. Elle est palpitante et pleine de rebondissements.

Elle est aussi riche en informations scientifiques ou culturelles peu connues et souvent oubliées. Depuis quelques décennies, des chercheurs scrutent des documents botaniques anciens avec l'espoir d'y trouver de nouvelles applications scientifiques particulièrement médicinales ou même culinaires. Cette prospection mérite d'être poursuivie à l'aide de diverses approches complémentaires avec notre patrimoine de connaissances sur les plantes canadiennes.

L'interprétation des sources documentaires mérite quelques commentaires. Les Amérindiens ont été le plus souvent les premiers et les principaux informateurs sur les végétaux et leurs usages. Les documents ont été rédigés généralement par des Européens possédant des connaissances limitées des peuples autochtones familiarisés avec la flore locale. Ces textes tiennent donc rarement compte de toutes les nuances culturelles et rituelles amérindiennes envers les végétaux. L'interprétation, même moderne, de ces écrits souffre évidemment de ces limites.

Dans le présent ouvrage, le mot *Canada* désigne un territoire variable de l'est de l'Amérique du Nord sous le contrôle de la France entre le premier voyage de Jacques Cartier en 1534 et la fin du Régime français. Le Canada est donc généralement synonyme de la Nouvelle-France ou de l'une de ses régions. Selon les histoires, cette région peut être l'Acadie, la vallée du Saint-Laurent, les Grands Lacs ou même la vallée du Mississippi. Pour plusieurs histoires, ce territoire correspond souvent à la vallée du Saint-Laurent de la province de Québec, mais il n'y a pas toujours d'adéquation entre le Canada contemporain, le Canada des découvreurs et la Nouvelle-France. En ce sens, les appellations « Canada » sont parfois réductrices et elles ne reflètent pas l'étendue et la diversité géographiques de l'Amérique française. Globalement, les plantes du Canada mentionnées dans les histoires sont celles de la région du nord-est de l'Amérique du Nord. Les plantes de la région de la Louisiane sont rarement considérées.

Avertissement sur les utilisations médicinales et alimentaires

Les usages médicinaux et alimentaires rapportés dans le présent ouvrage n'ont qu'une valeur historique. Les plantes médicinales ne doivent jamais remplacer ou complémenter les traitements thérapeutiques modernes sans consultation médicale préalable. Il est bien connu que certaines plantes et leurs extraits interfèrent négativement avec divers traitements pharmaceutiques. La plus grande prudence est toujours de mise. Il en est de même pour les usages alimentaires.

Des dizaines de plantes de l'Amérique française ont été nommées canadiennes par les botanistes de l'époque, alors que d'autres espèces d'Amérique du Nord, pouvant d'ailleurs se retrouver aussi en Nouvelle-France, étaient dites américaines, virginiennes ou portaient un nom référant au Maryland, à la Floride et même au Brésil. Quelques plantes ont été identifiées comme des espèces acadiennes.

Remarques sur le texte

Les noms scientifiques des plantes et leurs équivalents français sont ceux de la base de données VASCAN sur les plantes vasculaires du Canada (consulter la référence de Brouillet et autres). Lorsque les noms français officiels ne sont pas disponibles, les noms français sont ceux des deux dernières éditions de la *Flore laurentienne* de Marie-Victorin. Les noms scientifiques latins sont présentés sans l'ajout des initiales des personnes qui ont décrit ces espèces. Afin d'éviter les répétitions, les références à la *Flore laurentienne* de Marie-Victorin ne sont pas incluses dans les sources documentaires des histoires. La répartition géographique des plantes aux États-Unis et leur statut indigène ou introduit proviennent du site du Département d'agriculture des États-Unis (*United States Department of Agriculture, USDA*).

Les informations équivalentes pour les espèces canadiennes sont issues de la base de données VASCAN.

Afin d'alléger le texte, des informations complémentaires sont présentées en appendice. C'est le cas en particulier de quelques listes de noms de plantes. À l'exception des titres de livres et de certaines citations, l'orthographe de l'époque est généralement modernisée. C'est aussi le cas de l'esperluette (&), remplacée par *et*. Dans quelques cas, des termes en vieux français sont présentés dans leur graphie originale. Les années de naissance et de décès de certains auteurs botanistes varient à l'occasion selon les publications. En général, nous avons choisi les données de l'ouvrage de Joëlle Magnin-Gonze.

Sources

Anonyme, « Plants data base », *United States Department of Agriculture* (*USDA*). Disponible au http://plants.usda.gov/java/.

Brouillet, Luc, et autres, *VASCAN, la Base de données des plantes vasculaires du Canada*, 2010 et +. Disponible au http://data.canadensys.net/vascan/.

Magnin-Gonze, Joëlle, *Histoire de la botanique*, Paris, Delachaux et Niestlé, 2009.

Marie-Victorin, frère, *Flore laurentienne*, deuxième édition par Ernest Rouleau, Montréal, Presses de l'Université de Montréal, 1964.

Marie-Victorin, frère, *Flore laurentienne*, troisième édition mise à jour et annotée par L. Brouillet, S. G. Hay, I. Goulet, M. Blondeau, J. Cayouette et J. Labrecque, Montréal, Gaëtan Morin éditeur, 2002.

DÉCOUVERTES
ET USAGES DE PLANTES
DU CANADA
DE 1670 À LA FIN DU RÉGIME FRANÇAIS

1672, ACADIE. LE BOULEAU MIGNOGNON, UNE BOISSON D'ÉRABLE RECUEILLIE AVEC DES PLUMES D'OISEAUX ET LA TRANSMISSION DU SOUFFLE DANS DU BOIS DE CHÊNE

NICOLAS DENYS (1598-1688) EST né à Tours d'une «famille d'ingénieurs». Il devient marchand à La Rochelle où il est le représentant en 1632 de la Compagnie de la Nouvelle-France. Cette ville portuaire se remet des années de résistance à demeurer une cité protestante. La cité est tombée en novembre 1628 aux mains des catholiques, sous la férule du cardinal de Richelieu qui a supervisé le siège de la ville. On compte environ 20 000 morts. Nicolas Denys arrive en Acadie en 1632 et établit une pêcherie à Port-Rossignol (Liverpool, Nouvelle-Écosse). Il reçoit en 1634 une concession de terres boisées à La Hève (près de Bridgewater, Nouvelle-Écosse). Dès 1635, il procède à la coupe de bois de chêne pour son exportation en France.

Après une période difficile en Acadie, Denys retourne à La Rochelle pour travailler au sein de la Compagnie de la Nouvelle-France. Il organise de plus des expéditions de pêche et de traite au Canada. Vers 1645, il érige un poste de pêche et de traite à Miscou où il établit quelques colons. Denys est cependant expulsé de son poste. En 1650, il se rend au Cap-Breton, toujours pour ses activités de pêche et de traite. En 1652, il construit un poste à Nipisiguit (Bathurst, Nouveau-Brunswick). Il a encore des démêlés avec des personnes en autorité. Il acquiert en 1653 des droits exclusifs d'exploitation sur la côte et les îles entre Canseau (Canso, Nouvelle-Écosse) et le cap des Rosiers en Gaspésie. Nicolas Denys devient gouverneur de ce vaste territoire tout en demeurant impliqué dans le commerce des fourrures et de la morue.

À l'hiver 1668-1669, un incendie détruit sa maison et ses dépendances. C'est la ruine. À 70 ans, il amorce une carrière d'auteur pour tenter de convaincre les Français de coloniser l'Acadie. En 1672, il publie à Paris *Description géographique et historique des costes de l'Amérique septentrionale. Avec l'Histoire naturelle du Païs.* Malgré les limitations de style, Denys livre des descriptions et des renseignements valables concernant l'Acadie. Après

la publication de son livre, Denys revient en Acadie où il décède. Il a été un commerçant très important en Acadie puisqu'il a su interagir efficacement avec les Amérindiens.

Quelques observations sur les végétaux

Une boisson agréable de couleur du vin d'Espagne

Le livre de Denys contient quelques observations botaniques intéressantes. L'auteur décrit en détail comment on obtient la sève d'érable. «L'on fait une entaille profonde d'environ un demi-pied, un peu enfoncée au milieu pour recevoir l'eau, cette entaille a de hauteur environ un pied, et à peu près la même largeur: au-dessous de l'entaille à cinq ou six doigts on fait un trou avec un vilebrequin ou foiret (foret), qui va répondre au milieu de l'entaille où tombe l'eau: on met un tuyau de plume ou deux bout à bout si un n'est pas assez long, dont le bout d'en bas répand en quelque vaisseau pour recevoir l'eau, en deux ou trois heures il rendra trois ou quatre pots de liqueurs: c'est la boisson des Sauvages et même des Français qui en sont friands.»

Cette boisson est très agréable et de la couleur du vin d'Espagne. Elle est efficace pour soigner les calculs, c'est-à-dire pour ceux qui ont la «pierre». En 1557, André Thevet rapporte que quatre ou cinq pots de sève sont récoltés en seulement une heure. Nicolas Denys est plus réaliste avec ses trois ou quatre pots en quelques heures. Curieusement, Denys compare la sève sucrée au vin comme l'a fait Thevet. Denys fait référence au vin d'Espagne, alors que Thevet mentionne le vin de Beaune et d'Orléans.

Les majestueux pins blancs et trois espèces de sapins

Denys spécifie que les grands pins blancs (*Pinus strobus*) ont la base du tronc sans branches jusqu'à

D'étonnantes recettes pour produire du beau cuir

Depuis l'Antiquité, certains végétaux sont utilisés pour le tannage des peaux, c'est-à-dire leur transformation en cuir. À l'époque de la Nouvelle-France, l'écorce de chêne est la principale source de tanins en usage en France et en Angleterre. Malgré l'excellente réputation du chêne, les colonies nord-américaines en viennent progressivement à adopter l'écorce de pruche du Canada dans le nord-est de l'Amérique. Cela est probablement inspiré par des pratiques amérindiennes, comme le souligne Louis Nicolas après son séjour (1664-1675) en Nouvelle-France. Pour certains tanneurs européens, il est difficile d'admettre que le tannage avec la pruche soit l'équivalent en qualité du tannage avec le chêne. D'une part, cet arbre est estimé plus noble que la pruche. D'autre part, l'usage du chêne comme agent tanneur est plus que millénaire. Enfin, les peaux tannées avec la pruche ont une coloration rougeâtre, caractéristique pouvant déplaire à certains. Ces cuirs sont quand même très beaux et durables. De plus, la pruche croît en grande abondance dans des régions où les chênes se raréfient. Un observateur du XIXe siècle qui aime les compromis souligne que les plus beaux cuirs nord-américains proviendraient de l'usage du mélange équivalent en pruche et en chêne. L'innovation en Amérique respecte la tradition européenne !

Les Amérindiens du Nord utilisent diverses techniques de tannage, comme le séchage des peaux au soleil suivi du frottage ou de l'incubation avec des cervelles animales riches en lipides. L'exposition des peaux à la fumée de bois ou de charbon de bois est aussi courante. Dans certaines régions, les peaux sont même congelées pour de longues périodes.

Au XVIIIe siècle tant en Europe qu'en Amérique, une recette de base du tannage implique de traiter initialement les peaux dans une solution savonneuse et alcaline de chaux pour favoriser l'enlèvement des poils et d'autres résidus. Les peaux baignent par la suite pendant quelques jours dans l'eau enrichie de fumier de poule ou son équivalent. Après des lavages, les peaux séjournent pendant des mois dans la solution aqueuse de tanins. Le cuir peut alors être traité avec des corps gras pour assurer une bonne protection et la souplesse désirée. Avec les progrès de la chimie, les sels de chrome remplacent les tanins végétaux, qui sont cependant encore utilisés pour la production artisanale de certains cuirs.

Sources : Dupont, Jean-Claude et Jacques Mathieu (dir.), *Les métiers du cuir*, Québec, Presses de l'Université Laval, 1981, p. 116 et 130. Dussance, H., *A new and complete treatise on the arts of tanning, currying, and leather-dressing*, Philadelphia, Henry Carey Baird, Industrial Publishers, 1865, p. 107 et 456-461. The Tanners and Leather-Dressers of Ireland, *The art of tanning and of currying leather*, Dublin, printed by S. Powell, 1773.

une hauteur de 40 à 60 pieds. Il distingue trois espèces de sapins : le sapin baumier, les épinettes et la pruche (prusse). L'écorce de cette dernière espèce (*Tsuga canadensis*) deviendra une source importante de tanins destinés au tannage des peaux en Nouvelle-France et dans d'autres régions plus au sud.

Le mignognon

Pour Nicolas Denys, le bouleau jaune est nommé « mignognon ». Ce terme vernaculaire plutôt poétique semble ignoré depuis cette unique mention par Denys.

Une expérimentation acoustique et des observations du milieu agroforestier avant l'heure

Nicolas Denys relate une expérience inusitée avec une pièce de bois de chêne de 25 à 30 pieds de longueur. Si l'on crache à une extrémité de la pièce coupée, on peut entendre le « souffle » à l'autre extrémité. Il fait part également de l'observation d'une succession particulière de végétaux en milieu agroforestier. Les framboisiers arrachés sans labourage sont remplacés par les noisetiers. Ces noisetiers, arrachés

Les bois et les instruments de musique aux XVIe et XVIIe siècles en Europe

En France, les bois les plus utilisés pour les structures des clavecins sont les peupliers, les sapins et les tilleuls lorsque ces instruments sont décorés avec des peintures. On peut choisir le bois de noyer pour le polir et lui conférer de beaux motifs. Les tables d'harmonie sont cependant en bois résineux en utilisant le sapin ou l'épicéa (épinette). Pour les claviers, on fait usage du buis et du bois d'ébène noir et exotique. À cause de la rareté de cette essence, on le remplace à l'occasion par le chêne des marais. Il ne s'agit pas d'une espèce particulière de chêne, mais plutôt de bois de chêne séjournant longtemps dans une tourbière ou un sol marécageux pour faire noircir les fibres. Quant à la famille du violon, on préfère le bois d'érable, souvent ondé, pour la structure et le bois d'épicéa [épinette] pour la table d'harmonie. En 1664, John Evelyn mentionne, dans son livre *Sylva*, le grand intérêt des luthiers pour le bois d'érable, alors connu en Angleterre pour ses usages en lutherie sous le nom *air wood*.

Source : Dugot, Joël, « Les bois dans la facture des instruments de musique en Europe, XVIe et XVIIe siècles », dans *Actes de la journée d'étude. Le bois : instrument du patrimoine musical*, Paris, Cité de la musique, 29 mai 2008, p. 1-15.

de la même façon, sont finalement supplantés par les arbres qui forment les forêts.

Que signifie l'observation de Denys sur la transmission des ondes acoustiques dans la longue bille de bois de chêne ? Est-ce une remarque anecdotique ou une allusion aux usages possibles du chêne d'Amérique par les luthiers, ces artisans de la fabrication des instruments de musique ? Même si l'on ne peut répondre adéquatement à ces questions, le marchand a avantage à vanter les mérites des végétaux de commerce d'Amérique du Nord.

D'autres observations qui font appel aux sens

Les petits pommiers qui portent un fruit blanc d'un côté et rouge de l'autre ont pour nom « Petit Lapis ». Ces fruits ne sont pas bons à manger à l'automne. Ils ne sont consommables qu'après l'hiver. Ces petits pommiers sont vraisemblablement les « pommes de terre » de Louis Nicolas, ces arbrisseaux qui produisent des fruits de couleur jaune et rouge correspondant à l'airelle rouge (*Vaccinium vitis-idaea*). Cette espèce est illustrée en 1744 dans le livre de l'historien jésuite Charlevoix sous le nom de « Petit Bouis du Canada ». Charlevoix spécifie que les baies astringentes de ce petit buis canadien sont efficaces « dans la diarrhée et dans les dysenteries ». Charlevoix spécifie que cette plante croît « en plusieurs endroits de l'Europe et du Canada ». Louis

Nicolas décrit cette espèce de façon différente, en la nommant d'ailleurs « pomme de terre ».

Les racines en chapelets, consommées par les Amérindiens, ont un goût de châtaigne. On les prépare tout simplement en les bouillant. Cette plante, nommée « Chicamins », a des racines avec des grains semblables à ceux d'un chapelet et séparés d'environ six pouces. Il s'agit de l'apios d'Amérique (*Apios americana*).

Tout comme pour le chauffage du *pikieu* (mastic épilatoire) décrit par Louis Nicolas, Denys spécifie que la préparation de gomme de résine de conifère est chauffée avant d'être utilisée, dans ce cas, pour étancher les canots d'écorce de bouleau. Il y a un bois particulier pour fabriquer les calumets. Au sujet de la même remarque par Pierre Boucher en 1664, Jacques Rousseau suggère qu'il s'agit du cornouiller rugueux (*Cornus rugosa*).

La valeur des observations de Nicolas Denys

Les observations de Denys témoignent de ses bonnes et longues relations avec les Micmacs de la région et de sa proximité avec l'environnement végétal. La mention du terme *mignognon* associé au bouleau jaune et certains aspects de la description des entailles des érables constituent des observations inédites tout comme la constatation que les noisetiers succèdent aux framboisiers arrachés sans labourage. Voilà un exemple d'agroforesterie bien

Un plant et une baie du «Petit Buis du Canada», l'airelle rouge (*Vaccinium vitis-idaea*). Selon l'historien jésuite Pierre-François-Xavier de Charlevoix, les baies astringentes s'utilisent avec succès «dans la diarrhée et dans les dysenteries». Charlevoix spécifie que cette plante croît «en plusieurs endroits de l'Europe et du Canada». Louis Nicolas, qui séjourne de 1664 à 1675 en Nouvelle-France, nomme cette espèce «pomme de terre». Marie-Victorin rappelle que l'appellation populaire «pomme» a donné son nom à l'île aux Pommes en face de Trois-Pistoles.

Source : Charlevoix, François-Xavier de, *Histoire et description générale de la Nouvelle-France*, tome second, planche XCVI, Paris, 1744. Bibliothèque de recherches sur les végétaux, Agriculture et Agroalimentaire Canada, Ottawa.

avant l'heure. Nicolas Denys est l'un des premiers à rapporter un usage médicinal précis de la sève d'érable en indiquant sa recommandation pour dissoudre les calculs. Il est le premier à décrire les plumes d'oiseaux qui servent de tuyaux lors de la récolte de la sève d'érable, cette boisson agréable au goût de Nicolas Denys. Il rapporte aussi le résultat d'une expérimentation inusitée avec une longue bille de bois de chêne. Les ondes acoustiques s'y propagent avec une facilité étonnante.

Sources

Denys, Nicolas, *Description géographique et historique des costes de l'Amérique septentrionale. Avec l'Histoire naturelle du Païs*, Paris, 1672. Le tome premier correspond à la description géographique, alors que le tome second traite de l'histoire naturelle. Dans certains cas, ces deux tomes sont présentés de façon séparée. Disponible en deux tomes au http://eco.canadiana.ca.

MacBeath, George, «Denys, Nicolas», *Dictionnaire biographique du Canada en ligne*, vol. I. Disponible au http://www.biographi.ca.

1674, OXFORD. UN BOTANISTE ITINÉRANT DÉCRIT UNE PLANTE CANADIENNE DEVENUE NUISIBLE À L'ÉCHELLE MONDIALE

PAOLO (PUIS SILVIO À PARTIR DE 1682) BOCCONE (1633-1704) est un botaniste et un naturaliste collectionneur. Né à Palerme, il fréquente la première Académie botanique de Sicile et il poursuit des études en médecine à Padoue. Sa famille provient de la Ligurie, dans le nord de l'Italie. Boccone devient un spécialiste reconnu des plantes méditerranéennes. Il herborise abondamment en Sicile, en Corse, à Malte, en Italie, en France et dans divers autres pays d'Europe. Il produit plusieurs collections d'herbiers et utilise à l'occasion la technique d'empreintes végétales sur papier. Quelques auteurs soulignent que Boccone aurait été l'un des premiers introducteurs de cette technique en Angleterre grâce à sa collaboration avec le botaniste William Sherard (1659-1728).

Au début de sa carrière, Boccone est un naturaliste itinérant constamment à la recherche de mécènes. Il constitue des herbiers pour les offrir à ceux qui le soutiennent financièrement. De 1671 à 1673, il œuvre dans la région parisienne après des séjours à Lyon, à Florence et à Rome. Il est en contact avec Pierre Bourdelot (1610-1685), un médecin de Louis II de Bourbon-Condé dit le Grand Condé (1621-1686). Il participe à des activités de l'Académie savante mise sur pied par Bourdelot à Paris et offre des cours d'italien à la belle-fille de Louis II de Condé au château de Chantilly. Il offre de plus des rencontres toutes les deux semaines aux personnes intéressées à l'identification de plantes. Il se déclare «herboriste» avec une expérience d'une vingtaine d'années.

Il publie en 1671 à Paris *Recherches et observations naturelles* et il herborise beaucoup dans la région parisienne. En quittant la France, il laisse au moins six herbiers à Paris et un autre à Lyon. On recense aussi des herbiers de Boccone en Hollande, en Autriche et en Angleterre. Il est l'un des rares botanistes de cette époque à constituer des herbiers dans différents pays européens. On lui reconnaît aussi la distinction de promouvoir la pomme de terre comme plante alimentaire. À Rome, Boccone

contribue grandement à la formation botanique de Charles Plumier, un minime de la Trinité-des-Monts. Ce dernier devient un excellent botaniste illustrateur des plantes américaines tropicales. Boccone devient cistercien en 1682 et membre de l'Académie allemande des Curieux en 1696.

Botaniste reconnu par ses pairs, Boccone a par contre de la difficulté à faire accepter les graines de plantes nouvelles qu'il offre au Jardin du roi à Paris. Après son décès, Boccone est accusé par Antoine de Jussieu d'avoir utilisé des échantillons de plantes de Jacques Barrelier (1606-1673), un botaniste dominicain, sans en mentionner la source. Ces accusations semblent cependant sans fondement. Linné dédie à Boccone le genre *Bocconia* de la famille des papavéracées. Une revue moderne de botanique porte le nom *Bocconea* en son honneur.

Dans un herbier parisien de Boccone, une plante canadienne envahissante

Deux herbiers parisiens de Boccone sont disponibles à la Bibliothèque de l'Institut de France. Ils ont été constitués au début de la décennie 1670 durant son séjour à Paris. La première partie de ces herbiers est intitulée *Recherche de Plantes qui croissent dans le Bois de St. Cloud* et la seconde partie, *Recherche des Plantes estrangères*. Parmi les plantes provenant des pays lointains, une espèce est nommée *canadensis*. Il n'y a aucune indication quant au lieu de récolte de cette espèce canadienne.

Pour Boccone, cette plante est le *Senecio canadensis annuus*, le séneçon annuel du Canada, correspondant à la vergerette du Canada (*Erigeron canadensis* aussi identifié sous le nom de *Conyza canadensis* jusqu'à tout récemment). Pour Marie-Victorin, cette plante nord-américaine se serait échappée du Jardin botanique de Blois en 1656. Joseph Pitton de Tournefort confirme, dans son *Histoire des Plantes*, que cette espèce est «dans le catalogue des plantes du Jardin de Blois, que M. Brunyer fit imprimer en

1655 ». Elle se nomme alors *Aster canadensis annuus,* l'aster annuel du Canada. En 1698, Tournefort lui assigne le nom *Virga aurea virginiana annua*, la verge dorée annuelle de Virginie. Tournefort croit que cette espèce est devenue en son temps « la plante la plus commune de la campagne de Paris ». C'est aussi l'opinion des « plus vieux botanistes de Paris [qui] le soutiennent par une espèce de tradition ».

La vergerette du Canada (*Erigeron canadensis*) dans un herbier du début de la décennie 1670 de Paolo Boccone, botaniste et naturaliste collectionneur. Cet herbier a été constitué dans les environs de Paris. À gauche, le *Senecio canadensis annuus*, le séneçon annuel du Canada, correspond à la vergerette du Canada. À droite, un échantillon d'une espèce de « plantago » (plantain) ressemble peu à une espèce de plantain.

Source : Boccone, Paolo, *Herbiers à la Bibliothèque centrale de l'institut de France*, vers le début de la décennie 1670, manuscrits 03499 et 03500, vol. 1, p. 196 (folio 175).

La vergerette du Canada (*Erigeron canadensis*), une plante nord-américaine devenue envahissante en Europe. Cette espèce, fréquente au Canada, est considérée comme nuisible au point de vue agronomique. Dans la première édition en 1906 du volume sur les mauvaises herbes au Canada, Clark et Fletcher signalent à la page 53 que « la Vergerette du Canada est la plus commune et la plus répandue : on en voit les hautes tiges pyramidales sur les éteules qui doivent être jachérées, dans les terres négligées et dans les endroits incultes dans toutes les parties du Canada ». Les éteules sont les chaumes demeurant sur le sol après les moissons. Ces auteurs fournissent une illustration de cette vergerette dans la seconde édition de leur volume en 1923.

Source : Clark, George H. et James Fletcher, *Les mauvaises herbes du Canada*, deuxième édition, planche 54 (planches par Norman Criddle), Ottawa, Dominion du Canada, 1923. Bibliothèque de recherches sur les végétaux, Agriculture et Agroalimentaire Canada, Ottawa.

Hypothèses relatives à l'introduction de cette espèce envahissante

En plus de l'hypothèse de l'introduction de cette espèce comme fleur ornementale dans les jardins, Marie-Victorin mentionne une autre théorie quant au mode d'introduction de cette espèce envahissante en Europe et en Asie. Cette plante servait à emballer les peaux de castor à cause de ses propriétés contre les insectes ravageurs. Le nom anglais du genre *Erigeron* est d'ailleurs *fleabane*, qui signifie « contre les puces ». Le botaniste Louis Crié (1850-1912) a suggéré que cette espèce envahissante aurait été introduite en France par l'intermédiaire d'un oiseau empaillé provenant d'Amérique du Nord. Les empaillages de l'époque pouvaient contenir des aigrettes, comme celles des fruits de la vergerette. Cependant, ce mode plutôt inusité d'introduction de cette espèce n'a jamais été confirmé.

Quelques connaissances de l'époque de Boccone sur cette espèce

Boccone publie en 1674 une étude sur les plantes rares de Sicile, de Malte, de France et d'Italie. Il inclut une illustration et une brève description de *Conyza Canadensis, annua, acris alba, Linariae folio,* la conise du Canada, annuelle, âcre, blanche, à feuille de Linaire, en indiquant que certains nomment aussi cette espèce *Aster Canadensis annuus*, l'aster annuel du Canada. Ce dernier nom provient du catalogue des plantes du Jardin de Blois. Boccone écrit que cette espèce vient de Crête ou du Canada, mais que certains botanistes semblent douter de son origine étrangère. C'est le cas de quelques vieux botanistes parisiens. En choisissant l'épithète « canadienne », Boccone laisse croire à juste titre que cette espèce provient d'Amérique. Il mentionne que le botaniste Robert Morison (1620-1683) a décrit cette espèce sous le nom de *Conyza alba acris annua*, la conise blanche âcre annuelle.

Robert Morison, un grand botaniste anglais en exil en France

Robert Morison (1620-1683), de souche écossaise, est né à Aberdeen. Il fait partie de l'armée royale anglaise qui mène le combat contre Oliver Cromwell (1599-1658), cet homme d'État qui s'insurge contre la royauté et l'épiscopat anglican. Selon certains, Cromwell décédera de la malaria en refusant par principe la poudre médicinale, pourtant efficace, des Jésuites qu'il déteste. Après la défaite temporaire de la royauté, Morison s'exile en France et il obtient son diplôme de médecine à Angers en 1648. À Paris, il entretient des liens avec Vespasien Robin du Jardin du roi. Morison devient médecin et botaniste pour Gaston d'Orléans (1608-1660). Il retourne ensuite en Angleterre où il est nommé médecin du roi de Charles II. Devenu professeur de botanique à Oxford en 1669, il publie trois ans plus tard une monographie sur les ombellifères (apiacées) qui est considérée comme une excellente analyse systématique d'une famille botanique. Cette étude contient de plus l'illustration des diverses parties et organes des espèces étudiées. En 1669, il produit aussi *Hortus Regius Blesensis*, un catalogue des plantes des jardins du duc d'Orléans à Blois. En 1680, Morison publie la seconde partie de *Plantarum historiae universalis Oxoniensis*. Il meurt en 1683 à la suite d'un accident dans la rue. Jacob Bobart fils (1641-1719) devient alors responsable de la révision de la troisième partie de l'Histoire des plantes de Morison qui ne sera publiée qu'en 1699. La veuve de Morison et l'Université luttent pendant longtemps pour la protection de leurs droits respectifs quant aux droits d'auteur. La première partie de son histoire des plantes ne sera cependant jamais produite. Les travaux de Robert Morison ont beaucoup inspiré Linné et les autres botanistes de l'époque.

Sources : Mandelbrote, Scott, « Morison, Robert (1620-1683) », *Oxford Dictionary of National Biography*, Oxford University Press, 2004. Sachs, Julius Von, *History of Botany*, Authorised translation by Henry Edward Fowler Garnsey, Revised by Isaac Bayley Balfour, Clarendon Press, 1890. Disponible en format imprimé sous la forme Nabu Public Domain Reprints.

Boccone ne réfère pas à la liste de 1655 par Abel Bruyner des plantes du Jardin de Blois du duc d'Orléans qui, selon plusieurs botanistes, mentionne pour la première fois cette espèce en France. Cette liste suit une première liste en 1653 mentionnant 1732 plantes de ce jardin. Apparemment, cette espèce fait partie des 500 plantes nouvellement mentionnées en 1655. À la mort de Gaston d'Orléans, les plantes du jardin de Blois sont possiblement transportées à Paris à l'époque où Nicolas Marchant devient le directeur du Jardin du roi à Paris. Ce dernier est un proche collaborateur d'Abel Brunyer, le premier responsable du jardin de Blois.

Il est possible que la vergerette du Canada soit apparue en France avant 1655 à Blois. Si l'espèce identifiée *Aster Americanus angustifolius flore subalbicante* est identique à *Conyza canadensis*, cette plante fait déjà partie de la liste de 1636 du Jardin du roi à Paris. En 1635, Cornuti décrit une espèce voisine, correspondant à la vergerette annuelle (*Erigeron annuus*), sans cependant décrire la vergerette du Canada.

La liste de 1665 des plantes du Jardin du roi à Paris recense l'espèce *Aster Canadensis annuus flore papposo* correspondant à la vergerette du Canada. À cette époque, la future plante nuisible a peut-être déjà envahi plusieurs milieux avoisinants. En 1675, l'Italien Giacomo Zazoni (1615-1682), qui œuvre au Jardin de Bologne, fournit une illustration de la même espèce identifiée *Virga Aurea Virginiana annua*. Cette plante a donc possiblement aussi amorcé son envahissement en Italie. Linné écrit, dans une dissertation publiée en 1781, que cette espèce introduite initialement à Paris se répand par la suite en France, en Angleterre, en Italie, en Sicile, en Hollande et en Allemagne.

Cette plante envahissante s'installe rapidement surtout dans la zone des cultures en Europe. Selon certains auteurs, elle envahit l'Europe de façon foudroyante en moins de deux siècles. Cette espèce se trouve actuellement sur les cinq continents et aux îles Galápagos. Elle est considérée comme une plante nuisible à l'échelle mondiale qui a, de plus, développé une résistance au glyphosate, un herbicide à large spectre d'action utilisé sur de vastes surfaces agricoles. La vergerette du Canada fait partie des dix plantes nuisibles et résistantes aux herbicides qui ont le plus d'impact négatif en agriculture intensive à l'échelle mondiale.

La vergerette du Canada (*Erigeron canadensis*) dans une flore d'Allemagne du XIXe siècle. Dès 1781, Charles Linné signale que cette espèce envahissante, originaire d'Amérique, s'est répandue en France, en Angleterre, en Italie, en Sicile, en Hollande et en Allemagne. Un siècle après les propos de Linné, on retrouve l'illustration de cette vergerette dans une flore décrivant les principales plantes recensées en Allemagne.

Source : Schlechtendal, Diederich Frank Leonhard von et collaborateurs, *Flora von Deutschland*, édité par Ernst Hallier, 1887, vol. 29, planche 2972. Bibliothèque de recherches sur les végétaux, Agriculture et Agroalimentaire Canada, Ottawa.

La vergerette du Canada (*Erigeron canadensis*), une espèce recensée dans un traité de plantes médicinales. La vergerette n'est pas qu'une plante nuisible aux cultures agronomiques en Amérique du Nord. Certains médecins de l'époque croient qu'elle possède des vertus thérapeutiques. C'est le cas de Charles Frederick Millspaugh (1854-1923), un botaniste de renom, né à Ithaca (État de New York), qui étudie à l'Université Cornell avant d'obtenir un diplôme en médecine à New York. Millspaugh est le neveu du fondateur de l'Université Cornell, Ezra Cornell. Charles Millspaugh a appris de son père l'art et la science de l'illustration scientifique qu'il utilise avec rigueur dans son traité sur les plantes médicinales.

Source : Millspaugh, Charles Frederick, *American Medicinal Plants; an illustrated and descriptive guide to the American plants used as homoepathic remedies...*, tome 1, planche 80, illustrée par l'auteur, New York et Philadelphie, 1887. Bibliothèque de recherches sur les végétaux, Agriculture et Agroalimentaire Canada, Ottawa.

XIX, 2. 112. *Compositae.*

2972.   *Erigeron canadensis L.*

Kanadisches Berufkraut.

D'autres espèces américaines parmi les plantes étrangères de l'herbier de Boccone

On peut identifier quelques espèces américaines, comme le *Polygonatum spicatum sterile Cornuti* correspondant à la smilacine étoilée (*Maianthemum stellatum*). Boccone connaît la flore canadienne de Cornuti publiée en 1635. Contrairement à la verge-rette du Canada, la smilacine étoilée ne devient pas une plante nuisible envahissante.

Boccone présente aussi la fougère *Osmunda regalis* ou *Filix florida* qui laisse croire par la mention de la Floride que l'échantillon est possiblement d'origine américaine. Il faut cependant mentionner que l'osmonde royale (*Osmunda regalis*) est aussi une espèce eurasiatique. On recense de plus une verge d'or américaine *Virga aurea americana panicula speciosa* qu'il est difficile d'identifier. Si cette verge d'or ou verge dorée, comme dirait Tournefort, est la verge d'or du Canada (*Solidago canadensis*), il s'agit d'une autre plante introduite en Europe devenue une espèce nuisible très envahissante.

Boccone recense dans sa collection une espèce de chénopode du Mexique, *Botrys ambrosioides mexicana*, que Tournefort nomme en 1694 *Chenopodium*

La smilacine étoilée (*Maianthemum stellatum*) dans un herbier du début de la décennie 1670 de Paolo Boccone, botaniste et naturaliste collectionneur. Cet herbier a été constitué dans les environs de Paris. Pour Boccone, la smilacine étoilée est nommée *Polygonatum spicatum sterile Cornuti*, c'est-à-dire le polygonatum stérile à épi de Cornuti. Boccone connaît donc le livre de Jacques Cornuti publié en 1635 sur les plantes du Canada dans lequel l'auteur utilise cette appellation.

Source : Boccone, Paolo, *Herbiers à la Bibliothèque centrale de l'institut de France*, vers le début de la décennie 1670, manuscrits 03499 et 03500, volume 2, folio 35. Ce second volume est consacré aux plantes étrangères recensées dans la région parisienne, alors que le premier volume regroupe les plantes considérées indigènes.

Le thé des Jésuites, une épice utilisée en cuisine mexicaine traditionnelle

Le chénopode fausse-ambroisie a une longue histoire d'usage médicinal et culinaire au Mexique. Avant l'arrivée des Espagnols, on l'utilise dans diverses préparations médicinales. Les Jésuites, œuvrant au Mexique, en Amérique centrale et en Amérique du Sud, font connaître en Europe cette espèce qui sera considérée comme un substitut du thé et même du café. De nos jours, cette plante est utilisée au Mexique en médecine traditionnelle pour les troubles gastro-intestinaux et en cuisine pour accompagner les mets à base de haricots noirs (*frijoles*). Cette espèce a suscité un intérêt de recherche comme médicament potentiel pour certaines maladies dues à des vers parasites du système digestif. Ces promesses médicinales ne se sont toutefois pas réalisées.

Une autre plante d'Amérique a aussi porté le nom de thé des Jésuites. Il s'agit du thé du Paraguay (*Ilex paraguariensis*). Il y a eu de plus la poudre ou l'écorce des Jésuites fournissant les précieux extraits des arbres *Cinchona* riches en quinine et utiles pour combattre les fièvres, particulièrement celles provoquées par la malaria. Enfin, les Jésuites ont fait connaître un baume d'Amérique portant leur nom et provenant de l'espèce dite faux poivrier (*Schinus molle*).

Sources : Anagnostou, Sabine, « Jesuits in Spanish America : contributions to the exploration of the American Materia Medica », *Pharmacy in History*, 2005, 47 (1) : 3-17. Heinrich, Michael, et autres, « A perspective on natural products research and ethnopharmacology in Mexico : the eagle and the serpent on the pricky pear cactus », *Journal of Natural Products*, 2014, 77 : 678-689.

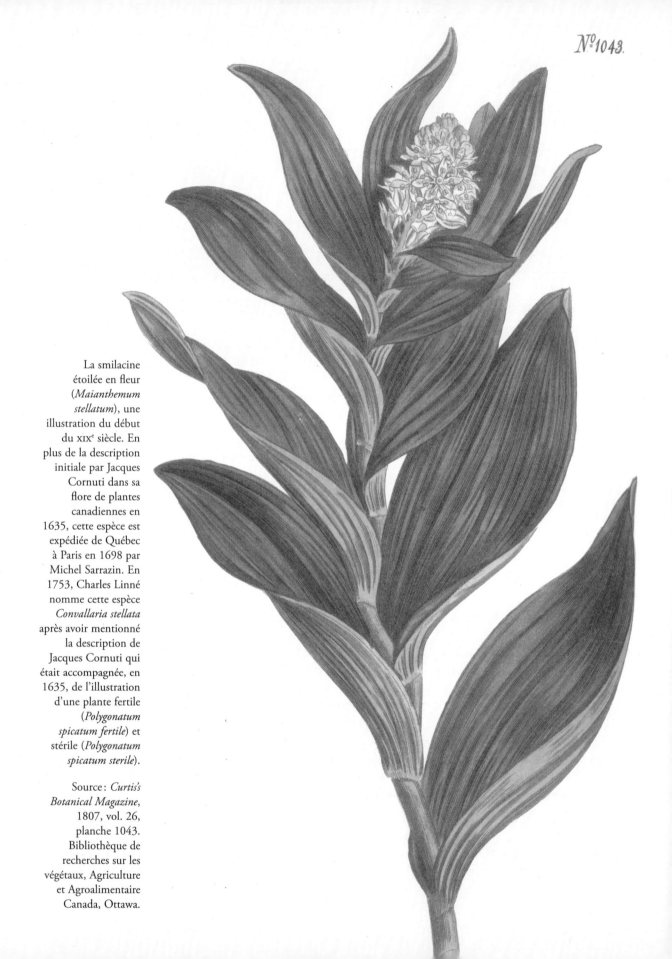

La smilacine étoilée en fleur (*Maianthemum stellatum*), une illustration du début du XIXᵉ siècle. En plus de la description initiale par Jacques Cornuti dans sa flore de plantes canadiennes en 1635, cette espèce est expédiée de Québec à Paris en 1698 par Michel Sarrazin. En 1753, Charles Linné nomme cette espèce *Convallaria stellata* après avoir mentionné la description de Jacques Cornuti qui était accompagnée, en 1635, de l'illustration d'une plante fertile (*Polygonatum spicatum fertile*) et stérile (*Polygonatum spicatum sterile*).

Source : *Curtis's Botanical Magazine*, 1807, vol. 26, planche 1043. Bibliothèque de recherches sur les végétaux, Agriculture et Agroalimentaire Canada, Ottawa.

ambrosioides Mexicanum, la patte d'oie du Mexique. Ce chénopode permet de préparer le fameux thé des Jésuites à partir des feuilles de *Dysphania ambrosioides*, le chénopode fausse-ambroisie aussi connu comme le thé du Mexique ou le thé des Jésuites. En 1636, ce *Botrys mexicana* fait partie de la liste du Jardin du roi à Paris. Gaspard Bauhin fait mention de cette espèce dès 1623 dans son *Pinax*. On a aussi nommé pendant longtemps ce chénopode *Chenopodium ambrosioides*.

Il est possible que d'autres herbiers européens de Boccone, comme ceux de Vienne, de Gênes, de Bologne et d'Oxford, contiennent d'autres plantes américaines ou canadiennes. Leur étude demeure malheureusement incomplète.

Des espèces canadiennes dans une publication de Boccone en 1674

En plus du *Conyza Canadensis*, Boccone illustre et énumère trois autres plantes canadiennes : *Apocynum Canadense foliis Androsaemi majoris, Chrysanthemum Canadense humilius* et *Chrysanthemum Canadense Latifolium elatius*. L'*Apocynum* est l'apocyn à feuilles d'androsème (*Apocynum androsaemifolium*), alors que les deux espèces de *Chrysanthemum* sont difficilement identifiables. Selon Boccone, l'apocyn à feuilles d'androsème (*Apocynum androsaemifolium*) est présent au Jardin du roi à Paris. Quant à la seconde espèce de chrysanthème, on l'observe dans des jardins de Bologne et de Florence.

En 1676, Denis Dodart et ses collaborateurs publient un livre sur des plantes du Jardin du roi à Paris. L'*Apocynum Americanum foliis Androsaemi majoris* est la même espèce d'apocyn que celle décrite par Boccone en 1674. Paolo Boccone et Denis Dodart ont probablement exploré les mêmes jardins à Paris, particulièrement le Jardin du roi.

Sources

Accordi, Bruno, « Contributions to the history of geological sciences. Paolo Boccone (1633-1704) — A practically unknown excellent geo-paleontologist of the 17th century », *Geologica Romana*, 1975, 14 : 353-359.

Boccone, Paolo, *Herbiers à la Bibliothèque centrale de l'institut de France*, manuscrits 03499 et 03500. Disponibles au http://www.biusante.parisdescartes.fr/boccone.

Boccone, Paolo, *Icones & descriptiones rariorum plantarum Siciliae, Melitae, Galliae, & Italiae*, Oxford, 1674. Disponible à la bibliothèque numérique du jardin botanique royal à Madrid au http://bibdigital.rjb.csic.es/spa.

Boutroue, Marie-Élisabeth, « Paolo Boccone et l'Académie Bourdelot », *Les Académies dans l'Europe humaniste. Idéaux et pratiques*, Genève, Librairie Droz S. A., 2008, p. 663-677.

Chytry, Milan, et autres, « Habitat invasions by alien plants : a quantitative comparison among Mediterranean, subcontinental and oceanic regions of Europe », *Journal of Applied Ecology*, 2008, 45 : 448-458.

DiNoto, Andrea et David Winter, *The Pressed Plant. The art of botanical specimens, nature prints, and sun pictures*, New York, Stewart, Tabori & Chang, 1999.

Dodart, Denis, *Mémoires pour servir à l'histoire des plantes*, Paris, 1676. Disponible à la Bibliothèque interuniversitaire de médecine (Paris) au http://www.bium.univ-paris5.fr/.

Guézou, Anne, et autres, « Preventing Establishment : An Inventory of Introduced Plants in Puerto Villamil, Isabela Island, Galapagos », *PloS One*, 2007, 2(10) : e1042. doi : 10.1371/journal.pone.0001042.

Joncquet, Denis, *Hortus Regius*, Paris, 1665. Disponible à la bibliothèque numérique du Jardin botanique royal de Madrid au http://bibdigital.rjb.csic.es/spa.

Linné Carl von, « Dissertation II. On the increase of the habitable earth », *Select dissertations from the Amoenitates academicae, a supplement to Mr. Stillingfleet's tracts relating to natural history*, vol. I, Londres, 1781.

Maillet, J., « Caractéristiques bionomiques des mauvaises herbes d'origine américaine en France », *Monographia Del Jardin Botanico de Cordoda*, 1997, 5 : 99-120.

Thébaud, Christophe et R. J. Abbott, « Characterization of invasive *Conyza* species (Asteraceae) in Europe : quantitative trait and isozyme analysis », *American Journal of Botany*, 1995, 82(3) : 360-368.

Tournefort, Joseph Pitton de, *Elemens de Botanique ou Methode pour connoître les plantes*, Paris, 1694. Disponible au http://edb.kulib.kyoto-u.ac.jp/.

Tournefort, Joseph Pitton de, *Histoire des plantes qui naissent aux environs de Paris avec leur usage dans la Médecine*, tome I, seconde édition, 1725. Disponible à la bibliothèque numérique du Jardin botanique de Madrid au http://bibdigital.rjb.csic.es/spa/.

Weaver, Susan E., « The biology of Canadian weeds. 115. *Conyza canadensis* », *Canadian Journal of Plant Science*, 2001, 81 : 867-875.

Zazoni, Giacomo, *Istoria Botanica*, Bologne, 1675.

1675-1686, GASPÉSIE. UNE BOISSON À BASE DE SUCRE D'ÉRABLE, DE CLOUS DE GIROFLE, DE CANNELLE ET D'ALCOOL

CHRESTIEN LECLERCQ (VERS 1641-APRÈS 1700) est né probablement en 1641 en Artois, une région française du Pas-de-Calais. En 1668, il entre au noviciat des Récollets à Arras. Après un court séjour à Québec, Leclercq arrive à « l'île Percée » comme missionnaire à la fin d'octobre 1675. À l'hiver 1677, il quitte la mission de Percé pour suivre les Micmacs dans les bois de leurs territoires. En 1678, il se rend chez les Micmacs de la région du Nouveau-Brunswick. Il séjourne aussi de temps à autre à Québec. À l'automne 1680, il retourne en France pour revenir au Canada l'année suivante. Il est de nouveau en Gaspésie durant l'été 1682. Il s'embarque pour un second retour en France à l'automne 1686. Le 30 décembre 1690, il obtient la permission d'imprimer deux ouvrages concernant sa mission canadienne : *Nouvelle Relation de la Gaspésie* et *Premier Etablissement de la foy dans la Nouvelle France*. L'impression est terminée en 1691.

Les écrits de Leclercq connaissent relativement peu de succès et sont même décriés par des historiens, comme François-Xavier de Charlevoix. Les textes de Leclercq livrent peu d'informations botaniques. Celles-ci se distinguent toutefois par leur source d'information amérindienne. En effet, Leclercq observe que les Micmacs ont la connaissance « de certains simples [plantes médicinales], dont ils se servent heureusement, pour guérir des maux qui nous paraissent incurables ». Ces Gaspésiens « sont tous naturellement chirurgiens, apothicaires et médecins ».

La gomme de sapin et les dents blanches, une teinture et des boissons

Les dents des Gaspésiens « sont extrêmement blanches peut-être à cause de la gomme de sapin, qu'ils mâchent fort souvent, et qui leur communique cette blancheur ». Il n'est pas le premier à remarquer la blancheur des dents des Amérindiens. Bien avant lui, Nicolas Denys vante aussi les mérites de la gomme de sapin pour maintenir la blancheur dentaire. Selon Anne Charlton, au tout début de la décennie 1500, des explorateurs observent en

Amérique du Sud que le tabac mélangé avec des substances minérales calcaires sert de pâte dentifrice aux Amérindiens. Étonnamment, cette tradition continue de nos jours. En Inde, un dentifrice à base de tabac est offert commercialement.

Leclercq note de plus que la gomme de sapin « est le premier et le plus ordinaire remède dont nos Gaspésiens se servent avec succès, pour faire de très belles cures, comme cette gomme est quelquefois un peu trop sensible aux malades, ils ont l'industrie, pour en modérer l'activité, de prendre et de mâcher la pellicule qui est attachée au sapin, après qu'ils en ont enlevé la première écorce : ils crachent l'eau qui en sort sur la partie malade, et forment du reste une espèce de cataplasme, qui adoucit le mal, et guérit le patient en très peu de temps ».

Au chapitre des teintures amérindiennes, Leclercq parle de la « *Tissaouhianne*, qui est une petite racine rouge et déliée, semblable à la graine de persil, elle est de valeur, disent-ils, et fort estimée parmi eux : en effet nos Gaspésiennes, qui la conservent avec beaucoup de soin, s'en accommodent admirablement bien pour teindre d'un beau rouge éclatant le poil de porc-épic, avec lequel elles enjolivent les canots, les raquettes, et les autres ouvrages qu'on envoie en France par curiosité ».

Ce mot micmac décrit une plante dont on obtient une teinture. Selon le contexte, ce terme a un sens générique ou réfère à la savoyane (*Coptis trifolia*) ou à une espèce de gaillet (*Galium* sp.). Cet amérindianisme a donné naissance au mot *savoyane* dérivé de *tissavoyane* ou de graphies différentes, comme *tisawanne* ou *attissaoueian*. On retrouve aussi le terme *tige savoyane*. L'allusion au persil semble propre au texte de Leclercq. Charlotte Erichsen-Brown rapporte que les Cris nomment la savoyane *utesaweyan* signifiant « racine pour teindre ». D'autres auteurs rapportent ou interprètent qu'il y a deux sortes de « tissavoyane » servant de source de colorant, le rouge correspondant à un gaillet (*Galium tinctorium* ou une autre espèce) et le jaune référant à la savoyane (*Coptis trifolia*).

Traitant des boissons des Micmacs, Leclercq indique que l'eau d'érable « est également délicieuse pour les Français et les Sauvages, qui s'en donnent au Printemps à cœur joie ». Il décrit brièvement la procédure pour obtenir un « véritable sirop » en la faisant bouillir jusqu'en la réduisant « au tiers » de son volume initial. Ce sirop « se durcit à peu près comme le sucre, et prend une couleur rougeâtre ». On en fait des « petits pains, qu'on envoie en France par rareté, et qui dans l'usage sert bien souvent au défaut du

Dents blanches, cheveux propres et visage sain

En Europe comme en Nouvelle-France, on se soucie des soins du visage. Dans une publication qui préconise l'usage des plantes et des drogues locales plutôt qu'étrangères, Jacob Constant de Rebecque (1645-1732) observe que « le mauve (*Malva*) […] sert particulièrement pour faire passer la crasse des cheveux, et pour des cure-dents ». La préoccupation pour la propreté des cheveux est plus fréquente. On recommande le son de blé (froment) parce qu'il est « fort détersif : on s'en sert pour apaiser les douleurs de tête et pour la nettoyer de sa crasse ». Divers traitements pour la chevelure apparaissent dans ces recommandations médicinales. Le persil est utile « pour empêcher la chute des cheveux ». L'auronne femelle (*Abrotanum*), aussi nommée cyprès, fait « croître les cheveux ». Le médecin n'oublie pas les remèdes animaux, car « les abeilles entières sèches et pilées, font croître les cheveux, si on s'en oint ». Et pourquoi ne pas faire un usage généreux de la graisse d'anguille en application topique ? En Amérique, les Aztèques suggèrent le noyau de l'avocat broyé et mélangé à de la suie (*ahuacatl tilloh*) pour le lavage de la tête en vue du soin des cheveux.

Une autre préoccupation des soins du visage est celle de faire disparaître les « feux volages », aussi connus plus tard comme les feux sauvages (herpès labial). Il y a des options pour tous les goûts. Une eau du fruit du pin sauvage (*Pinaster*) « efface les rides du visage et une huile… guérit les feux volages et consume les verrues ». Les feuilles d'olivier (*Olea*) guérissent aussi le feu volage et peuvent même arrêter les « flux du ventre et les mois ». Les vignerons peuvent recourir facilement aux sarments de vigne (*Vitis*) pour traiter ces feux volages et « contre la rougeur des yeux ». L'iris local (*Iris nostras*) est recommandé tant pour les feux volages que « pour les autres saletés de la peau ». Note : les noms latins entre parenthèses sont de Jacob Constant de Rebecque.

Sources : De Rebecque, Jacob Constant, *L'apoticaire françois charitable*, Lyon, chez Jean Certe, 1688, p. 74, 81, 95, 98, 105, 114, 121, 141, 214 et 220. De Sahagun, Bernardino (frère), *Histoire générale des choses de la Nouvelle-Espagne. Livre XI. Les choses naturelles*, XVIᵉ siècle, Bibliothèque numérique mondiale. Ce livre est aussi connu sous le nom de *Codex de Florence*.

L'eau-de-vie et la quintessence des plantes

Le mot *quintessence*, dérivé du latin *quinta essentia*, signifie d'abord chez les Grecs « la cinquième essence », c'est-à-dire le cinquième élément constituant tout corps de l'univers. Cet élément invisible s'ajoute aux quatre éléments de base constituant la matière : la terre, le feu, l'air et l'eau. Il s'agit du mystérieux éther, ce fluide qui remplit l'espace, y compris celui des cieux. Par extension, la quintessence a acquis une signification alchimique au Moyen Âge en s'appliquant à diverses substances volatiles et extraites par distillation. L'eau-de-vie (l'éthanol) est l'une de ces substances, tout comme les huiles essentielles des plantes aromatiques. Bien au-delà du Moyen Âge, on distille la quintessence de divers extraits de plantes et on les recommande comme médicaments. La quintessence a aussi une valeur symbolique très importante, car elle représente la plus pure des essences qui possède des propriétés inestimables.

Source : Patai, Raphael, « An unknown Hebrew medical alchemist : a medieval treatise on the *quinta essentia* », *Medical History*, 1984, 28 : 308-323.

La savoyane (*Coptis trifolia*). Marie-Victorin rapporte quelques variantes du mot *savoyane*, comme *sabouillane* et *sibouillane*, tout en indiquant qu'il s'agit d'une abréviation de *tisavoyane*. Il ajoute que le rhizome jaune doré en forme de fil est très amer. Le missionnaire récollet Chrestien Leclercq souligne que les Micmacs estiment beaucoup les racines de la plante «tissaouhianne» pour une belle teinture de vêtements et d'objets envoyés en France par «curiosité». Avant lui, le missionnaire jésuite Louis Nicolas est à court de mots durant son séjour en Nouvelle-France (1664-1675) pour vanter la valeur tinctoriale des racines de «attissoueian». Ce terme algonquien donne naissance au canadianisme *savoyane* qui décrit généralement la savoyane (*Coptis trifolia*). Aux siècles suivants, d'autres observateurs ajoutent que ce terme algonquien peut en fait décrire deux sortes de plantes tinctoriales, une pour le rouge (le gaillet des teinturiers, *Galium tinctorium* ou une autre espèce de gaillet) et une autre pour le jaune (*Coptis trifolia*). Même s'ils sont d'une famille linguistique différente, les Hurons de Lorette utilisent aussi ce terme algonquien en référence à ces deux plantes tinctoriales.

Source : Loddiges, Conrad & Sons, *The Botanical Cabinet consisting of coloured delineations of plants from all countries…*, 1818, vol. 2, planche 173.
Bibliothèque de recherches sur les végétaux, Agriculture et Agroalimentaire Canada, Ottawa.

sucre français. J'en ai plusieurs fois mélangé avec de l'eau-de-vie, des clous de girofle et de la cannelle : ce qui faisait une espèce de rossolis fort agréable ». À l'époque, le mot *rossolis* décrit une liqueur agréable prise à la fin des repas pour faciliter la digestion. Elle est constituée d'eau-de-vie, de sucre et de cannelle et est parfumée à l'occasion. En fait, cette boisson emprunte son nom à la plante nommée Rossolis qui, à l'origine, en constitue l'ingrédient principal. Le mot *rossolis* signifie « la rosée du soleil ».

Leclercq, l'un des premiers à mentionner le sucre d'érable

Dans son édition critique de *La Nouvelle Relation de la Gaspésie*, Réal Ouellet souligne que Leclercq est l'un des premiers observateurs mentionnant le sucre d'érable. Leclercq séjourne au Canada de 1675 à 1687. Un autre auteur de la même période signalant aussi le sucre d'érable est Lahontan, qui explore le pays entre 1683 et 1692. Henri Joutel fait quant à lui référence au sucre d'érable dans son récit de 1688. Réal Ouellet conclut que « la fabrication du sirop et du sucre d'érable ne commença guère avant la décennie 1670 ou même 1680 ». La controverse persiste pour ce qui est de l'origine amérindienne de la fabrication du sucre d'érable.

Sources

Charlton, Anne, « Medicinal uses of tobacco in history », *Journal of the Royal Society of Medicine,* 2004, 97 : 292-296.

Erichsen-Brown, Charlotte, *Medicinal and other uses of North American plants*, New York, Dover Publications, 1989.

Leclercq, Chrestien, *Nouvelle Relation de la Gaspésie*, édition critique de Réal Ouellet, Montréal, Presses de l'Université de Montréal, Bibliothèque du Nouveau Monde, 1691 (1999).

1676, PARIS. UN GRAND PROJET DE LIVRE DE L'ACADÉMIE MAGNIFIQUEMENT ILLUSTRÉ AVEC DES ESPÈCES CANADIENNES ET ACADIENNES

EN 1660, LES ANGLAIS METTENT SUR PIED l'Académie royale des Sciences à Londres. Dès 1664, cette Académie parraine la publication par John Evelyn d'un traité sur les arbres. En 1666, les Français créent à leur tour une Académie royale des Sciences à Paris sous l'impulsion du ministre Jean-Baptiste Colbert. Cette organisation a aussi le grand projet d'un livre sur les végétaux. En fait, l'Académie exprime le désir de publier un livre exhaustif, rigoureux et moderne sur les plantes. On souhaite alors y intégrer des descriptions détaillées, des illustrations fidèles de très grande qualité et surtout de multiples analyses chimiques des végétaux.

Le projet est mis de l'avant par Claude Perrault (1613-1688), architecte, médecin du roi et membre de l'Académie royale des Sciences. Il est le frère de l'écrivain de renom Charles Perrault (1628-1703), l'auteur des célèbres *Contes*, qui est membre de l'Académie française de littérature. Claude Perrault s'intéresse aux sciences des plantes et il étudie particulièrement la circulation de la sève végétale montante et descendante.

Plusieurs membres de l'Académie s'engagent dans cette recherche d'envergure qui requiert la culture de plantes étrangères afin d'étudier des spécimens vivants. Le défi est de taille, car l'Académie souhaite analyser plusieurs centaines d'espèces provenant de divers pays, incluant les Amériques. L'auguste Académie se résigne à publier en 1676 une première partie des résultats du grand projet sous la forme d'un document intitulé *Mémoires pour servir à l'histoire des plantes*. En fait, cette première partie est aussi la dernière et cette publication ne décrit qu'une quarantaine d'espèces. L'auteur Denis Dodart présente les objectifs, les méthodes et la logique justifiant les analyses chimiques.

Les responsables du projet

Le responsable botanique est Nicolas Marchant (décédé en 1678), élu académicien dès la création de l'Académie royale des Sciences. Il est médecin diplômé de l'Université de Padoue et il a été botaniste pour Gaston d'Orléans. Pour le grand projet du livre de l'Académie, il est responsable de la culture des échantillons vivants en plus des descriptions des espèces choisies qui sont ensuite scrutées à la loupe par les autres membres de l'Académie. Les analyses chimiques sont effectuées par Claude Bourdelin (1621-1699), sous la supervision de Samuel Cottereau du Clos (1598-1685). D'autres savants, comme Pierre Borel (1620-1689) et les abbés Jean Galois (1620-1682) et Edme Mariotte (1620-1684), sont associés à cette première publication. Le fameux Mariotte, bien connu pour ses travaux en physique des gaz, écrit que les plantes n'ont pas d'âme et que leur toxicité leur est propre et ne provient pas du sol. Ces propos sont très avant-gardistes et même provocateurs pour l'époque.

Le grand responsable du projet, Denis Dodart (vers 1634-1707), Français d'origine, obtient en 1660 le titre de docteur régent de la Faculté de médecine de Paris. Son père est « bourgeois de Paris » et sa mère est la fille d'un avocat. Selon Guy Patin, Dodart est « l'un des plus sages et des plus savants hommes de ce siècle ». Il est aussi « un grand garçon fort sage, fort modeste, qui sait Hippocrate, Galien, Aristote, Cicéron, Sénèque et Fernel par cœur ». En 1666, il devient professeur de pharmacie à la Faculté des sciences de Paris. Peu après, il est médecin pour la princesse Anne Geneviève de Bourbon, la duchesse de Longueville (1619-1679) et la veuve du prince de Conti en plus de devenir médecin conseiller du roi. Il devient membre de l'Académie royale des Sciences en 1673 par la bienveillance de Jean-Baptiste Colbert. Il est élu comme botaniste et il collabore activement au grand projet botanique de l'Académie.

Dodart assume la supervision du projet de l'*Histoire des Plantes*. Il a un réseau important de correspondants savants, incluant le réputé philosophe anglais John Locke (1632-1704). De plus, il étudie

La présence de sclérotes du champignon de l'ergot des céréales sur le chiendent, le seigle et le mil. Le mot *sclérote* vient du terme grec *scleros* signifiant « dur » ou « sec ». Les sclérotes de l'ergot des céréales sont des structures de repos et de propagation du champignon pathogène *Claviceps purpurea* qui infecte les fleurs de certaines graminées (poacées) comme le chiendent commun (*Elymus repens*), le seigle commun (cultivé) (*Secale cereale*) et la fléole des prés (mil) (*Phleum pratense*). Vers la fin du XVIe siècle, le botaniste allemand Adam Lonitzer (Lonicer) dit *Lonicerus* est l'un des premiers à faire le lien entre des grains de seigle qui lui semblent singuliers et l'ergotisme. Cette maladie grave et foudroyante, provoquée par des mycotoxines de l'ergot des céréales (les ergolines) contaminant surtout les grains de seigle, a fait rage dans diverses régions de l'Europe particulièrement au Moyen Âge. Une de ces mycotoxines est la molécule LSD (acide lysergique diéthylamide), cette substance hallucinogène. Récemment, on a démontré la présence d'ergolines dans des plantes autres que des céréales, comme chez certaines ipomées (*Ipomoea*). Les plantes contenant des ergolines sont cependant toujours les hôtes d'un champignon spécifique et responsable de la production de ces alcaloïdes. Quelques champignons du type des moisissures (*Penicillium* et *Aspergillus*) ont aussi la capacité de synthétiser des ergolines.

Source : Clark, George H. et James Fletcher, *Les mauvaises herbes du Canada*, 1906, planche 52 (planches par Norman Criddle), Ottawa, ministère de l'Agriculture, Branche du Commissaire des semences. Collection Alain Asselin.

N.C.

Les alcaloïdes de l'ergot et des histoires surprenantes

Les alcaloïdes de l'ergot du seigle, aussi nommés ergolines de nos jours, produits par le champignon *Claviceps*, sont les mycotoxines responsables de l'ergotisme qui a affecté au Moyen Âge plusieurs régions d'Europe productrices de seigle. Ces molécules sont nombreuses et diverses dans leurs effets physiologiques. Dès 1582, le botaniste allemand Adam Lonitzer (Lonicer), dit Lonicerus (1528-1586), révèle qu'ingérer trois grains de seigle durs, noircis et allongés, correspondant aux sclérotes du champignon, provoque des contractions lors des accouchements. Le nom de ce botaniste sera associé plus tard à celui de Dièreville, un poète chirurgien ayant exploré l'Acadie, dans le nom de l'espèce *Diervilla lonicera*. Trois siècles et demi après Lonitzer, on réussit à isoler la substance responsable des contractions utérines. Les chercheurs anglais la nomment ergométrine, alors qu'il s'agit de l'ergonovine pour les Américains.

L'histoire scientifique moderne du LSD (acide lysergique diéthylamide), cette substance hallucinogène de l'ergot du seigle, commence avec les chimistes Arthur Soll (1887-1971) et Albert Hofmann (1906-2008) en Suisse. Hofmann décide d'ingérer le LSD qu'il réussit à synthétiser en laboratoire. Il commence avec 250 microgrammes, c'est-à-dire cinq fois la dose nécessaire pour induire des hallucinations. Hofmann croit fermement que le LSD sera la solution à diverses maladies psychiques. Or, cette promesse thérapeutique ne sera jamais au rendez-vous. Récemment, on a démontré la présence d'ergolines dans des plantes différentes des céréales, comme chez certaines ipomées (*Ipomoea*). Ces plantes, contenant des ergolines, sont cependant toujours les hôtes d'un champignon spécifique et responsable de la production de ces alcaloïdes. Quelques champignons du type des moisissures (*Penicillium* et *Aspergillus*) ont aussi la capacité de synthétiser des ergolines.

Sources: Lee, M. R., «The history of ergot of rye (*Claviceps purpurea*) III: 1940-1980», *Journal of the Royal College of Physicians of Edinburgh*, 2010, 40: 77-80. Van Dongen, Pieter W. J. et Akosua N.J.A. de Groot, «History of ergot alkaloids from ergotism to ergometrine», *European Journal of Obstetrics & Gynecology*, 1995, 60: 109-116.

la «transpiration insensible du corps humain». Il conduit même certaines expérimentations sur son propre corps. En 1677, il pèse 116 livres et 1 once au premier jour du carême par comparaison à 107 livres et 12 onces, le samedi de Pâques. Il est aussi le médecin de plusieurs pauvres qu'il s'évertue à soigner et à nourrir. L'année 1676 est une année particulièrement productive pour Denis Dodart. En plus des *Mémoires pour servir à l'étude des plantes*, Dodart publie une lettre dans le *Journal des savants* qui fait le point sur les problèmes de l'ingestion du pain de seigle corrompu dans la région de Sologne, au sud de la ville d'Orléans. Dodart n'est pas le premier à faire le lien avec la consommation de seigle contaminé par l'ergot, un champignon parasite qui sera identifié en 1853 comme étant *Claviceps purpurea*. Dodart ne reconnaît pas encore la nature fongique du contaminant des grains, mais il recommande sagement de cribler le seigle afin d'éliminer les grains corrompus. On ne connaît pas encore les causes précises de l'ergotisme, cette maladie alors connue comme le «feu de Saint-Antoine» ou le «feu sacré» (*ignis sacer*) et qui cause des convulsions ou des gangrènes. Les malades d'ergotisme se réfugient dans les «hôpitaux des démembrés» de l'ordre de Saint-Antoine. Des sages-femmes de l'époque utilisent par ailleurs le seigle ergoté lors des accouchements. En 1694, le marchand épicier et droguiste français Pierre Pomet (1658-1699) rapporte que les ventes de seigle ont augmenté depuis «que l'on a reconnu qu'il avait le même goût que le café lorsqu'il était brûlé». On ne sait pas si le seigle servant de café a contribué à rendre des gens malades du «feu de Saint-Antoine».

L'approche expérimentale privilégiée par l'Académie pour l'étude des plantes

La publication botanique de 1676 parrainée par l'Académie ne présente que 39 planches, mais elle recèle de nombreuses informations botaniques. Dans l'introduction, on spécifie que les Anciens connaissent de 500 à 600 plantes alors qu'on en recense 5 000 de plus. On ne peut plus se contenter des écrits des Anciens, comme Théophraste, Dioscoride et Pline. À l'observation visuelle, olfactive et gustative des plantes, il convient d'ajouter l'analyse de leurs divers constituants après un traitement au feu pendant de longues périodes.

La méthode implique d'abord de chauffer les plantes à feu lent. On recueille la liqueur qui passe ensuite dans un autre récipient et on augmente tranquillement la chaleur pendant 14 ou 15 jours jusqu'à l'extrême. «Quand le feu ne peut plus rien pousser dans le récipient, on ôte le charbon qui reste dans la Cornuë [cornue] pour le réduire en cendres, et tirer le sel des cendres avec l'eau chaude.» En suivant cette procédure, on obtient des «esprits», des «huiles», des «eaux», des «sels», et de la «terre». Nous sommes donc aux débuts de la chimie analytique végétale. On fait réagir ensuite ces extraits végétaux avec divers produits, comme des acides ou le «tournesol» qui change de couleur et qui est un indicateur d'acidité ou d'alcalinité (le concept moderne de pH). C'est ainsi qu'on observe que le «suc de Tanaisie» fait rougir le tournesol, alors que le concombre sauvage ne le fait pas.

Presque tous les sucs des plantes «ont altéré la couleur du sang. Il n'y a eu que quelques sucs, comme ceux de Sauge et de Scorzonère [scorsonère], de Bugle, de Menthe et d'Ache qui ne l'aient pas altérée». Le suc de l'Armoise (*Artemisia*) tourne la couleur du sang au bleu livide. Pour effectuer ces analyses chimiques, les expérimentateurs ont besoin de plus de 100 livres de matériel végétal frais. Ces analyses sont confiées à une «compagnie». On planifie de publier annuellement les résultats des travaux.

Dans la première publication de 1676, on décrit quelques plantes nouvellement connues qui sont illustrées.

Les espèces canadiennes et acadiennes

Le recueil contient 39 planches illustrant la quarantaine d'espèces décrites. En fait, il faut compter 38 planches, car la planche illustrant deux espèces de trèfle est dupliquée sans aucune modification. Les noms et les descriptions des 10 plantes illustrées qui

La mitrelle à deux feuilles et le cimetière de Lévis

Étonnamment, la limite orientale de la présence au Québec de cette espèce au sud du Saint-Laurent est le cimetière Mont-Marie de la ville de Lévis. En 1935, le botaniste Richard Cayouette (1914-1993) la découvre sur des collines de conglomérats calcaires dans l'érablière adjacente au cimetière. Vingt ans plus tard, il fait connaître cette mitrelle à son fils Jacques, alors botaniste en herbe, ainsi que d'autres vedettes calcicoles de ce boisé, comme le cypripède jaune (*Cypripedium parviflorum* sensu lato), l'hépatique à lobes aigus (*Anemone acutiloba*) et la shepherdie du Canada (*Shepherdia canadensis*). Richard Cayouette repose maintenant tout près dans le cimetière, en compagnie de son père Fénelon, longtemps un membre actif de la Société lévisienne d'histoire naturelle, de ses frères Raymond et Pierre-Albert, respectivement ornithologue et vétérinaire, et de ses sœurs Édith et Éveline. Il y a de ces familles particulièrement près de la nature.

Sources : Cayouette, Jacques, *Communications personnelles*. Doyon, Dominique et Richard Cayouette, «Études sur la flore du comté de Lévis. 1. Notes sur quelques espèces d'importance phytogéographique», *Le Naturaliste canadien*, 1969, 96 : 749-757.

N.° 372.

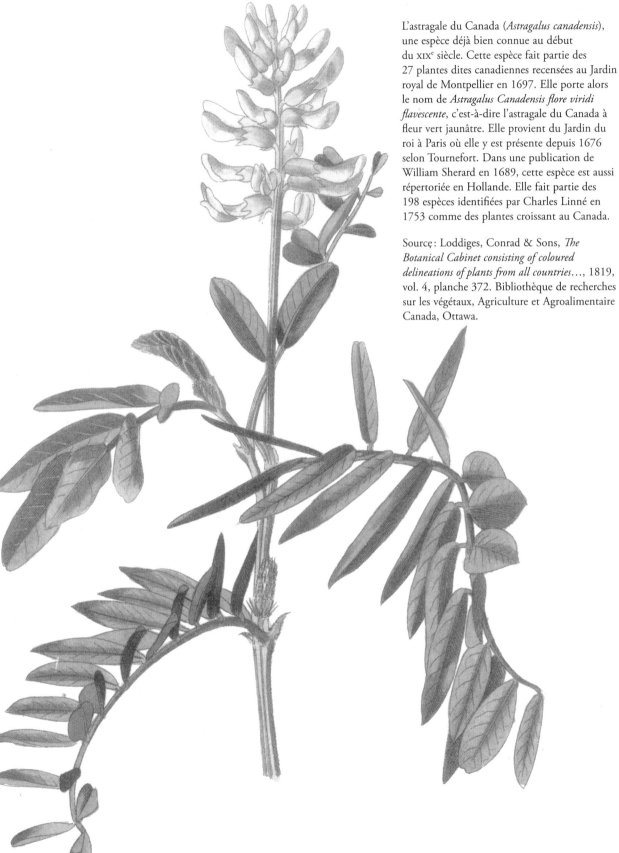

L'astragale du Canada (*Astragalus canadensis*), une espèce déjà bien connue au début du XIXᵉ siècle. Cette espèce fait partie des 27 plantes dites canadiennes recensées au Jardin royal de Montpellier en 1697. Elle porte alors le nom de *Astragalus Canadensis flore viridi flavescente*, c'est-à-dire l'astragale du Canada à fleur vert jaunâtre. Elle provient du Jardin du roi à Paris où elle y est présente depuis 1676 selon Tournefort. Dans une publication de William Sherard en 1689, cette espèce est aussi répertoriée en Hollande. Elle fait partie des 198 espèces identifiées par Charles Linné en 1753 comme des plantes croissant au Canada.

Source : Loddiges, Conrad & Sons, *The Botanical Cabinet consisting of coloured delineations of plants from all countries...*, 1819, vol. 4, planche 372. Bibliothèque de recherches sur les végétaux, Agriculture et Agroalimentaire Canada, Ottawa.

Le laportéa du Canada (*Laportea canadensis*) identifié comme une verveine du Canada en 1702. Dès 1672, Abraham Munting (1626-1683) mentionne la présence de quelques espèces canadiennes dans le Jardin botanique de Groningue. Son livre posthume en deux tomes (1702) contient d'excellentes illustrations présentées dans un cadre artistique bien réussi. Pour Munting, le laportéa du Canada est une verveine du Canada du nom savant de *Verbena botryoides major canadensis*, c'est-à-dire littéralement la verveine majeure du Canada ressemblant au botrys. En 1676, le livre *Mémoires pour servir à l'étude des plantes*, produit par la nouvelle Académie des Sciences à Paris et sous la responsabilité de Denis Dodart, contient aussi une belle illustration du laportéa du Canada alors identifié « ortie à grappe, de Canada ».

Source : Munting, Abraham, *Phytographia curiosa… Pars secunda*, 1702, figure 226 (folio 784). Bibliothèque numérique du Jardin botanique de Madrid.

réfèrent aux Amériques sont présentés à l'appendice 1. Parmi celles-ci, la mitrelle à deux feuilles est particulièrement bien illustrée d'après nature.

À ces espèces dites des Amériques s'ajoutent deux espèces avec un nom référant à l'Acadie et deux autres au Canada.

La planche n° 1 illustre l'angélique d'Acadie à fleur jaune. C'est le zizia doré (*Zizia aurea*). Cette angélique a été apportée par monsieur Richer de l'Académie royale des Sciences qui a été envoyé en « Acadie et en Cayenne pour les observations astronomiques et physiques ». Il s'agit de Jean Richer (1630-1696), qui effectue un voyage en Acadie en 1670. Selon les registres de l'Académie royale, Richer a aussi rapporté une autre plante de l'Acadie, le *Solanum acadiense* selon la terminologie de l'Académie. Cette description du zizia doré semble une première pour la Nouvelle-France et l'Acadie.

La planche n° 6 est celle de l'astragale du Canada à fleur verte tirant sur le jaune. C'est l'astragale du Canada (*Astragalus canadensis*). Si cet astragale a été récolté en Ontario, il pourrait alors aussi s'agir de l'astragale négligé (*Astragalus neglectus*). Il est spécifié que la racine de cet astragale est d'abord douce au goût et devient un peu âcre par la suite. La mention de cette espèce est aussi vraisemblablement la première pour la Nouvelle-France et l'Acadie.

La planche n° 19 met en valeur le lis nain (ou petit) d'Acadie, à fleur rouge pointillée. C'est le lis de Philadelphie (*Lilium philadelphicum*). Le texte indique que la racine est assez semblable à celle du martagon du Canada, c'est-à-dire le lis du Canada (*Lilium canadense*). Cette nouvelle plante a été envoyée de « Cayenne par Monsieur Richer, de l'Académie royale des Sciences ». Il s'agit toujours de Jean Richer.

La planche n° 38 illustre l'ortie à grappe, du Canada. C'est le laportéa du Canada (*Laportea canadensis*). Cette ortie a été apportée « de Canada à feu M. Robin ». Il s'agit du jardinier Jean Robin de Paris ou de son fils Vespasien. Ce dernier est décédé en 1662.

La suite du projet de l'Académie

Après la publication du document de 1676, l'ambitieux projet de recherche de l'Académie se poursuit. Nicolas Marchant, le responsable botanique décédé en 1678, est immédiatement remplacé par son fils Jean. Le travail des illustrateurs se poursuit activement. En 1692, on compte 319 planches imprimées à partir de plaques de cuivre gravées pour reproduire les dessins fidèles de grands artistes, par comparaison aux 39 planches du livre de 1676.

En 1694, le projet de l'*Histoire des Plantes* est abandonné et Jean Marchant perd son poste à la direction du Jardin du roi. Il tente en vain de poursuivre les travaux publiés en 1676. Pourquoi abandonner un si grand projet parrainé par l'auguste Académie ? L'interprétation avancée par Yves Laissus suggère que le livre *Elemens de botanique* publié par Joseph Pitton de Tournefort en 1694 comble en très grande partie les besoins exprimés par l'Académie. Il n'y a donc pas lieu de continuer le projet de l'Académie, car le traité de Tournefort est informatif et très bien illustré.

En 1788, l'imprimerie royale publie à Paris un *Recueil des plantes gravées par ordre du Roi Louis XIV.* Ce recueil de gravures sans description de spécimens contient les 39 planches de 1676 et 280 autres. Le livre débute par un « Éclaircissement sur l'origine du recueil des 319 planches et sur la cause de l'état d'imperfection de cet ouvrage ». Dès 1692, les 319 cuivres gravés à l'eau-forte sont déposés à l'imprimerie royale. Les descriptions accompagnant les 280 cuivres additionnels doivent se poursuivre. Le texte indique que Louis XIV (1638-1715) a soutenu des « guerres malheureuses » et que cela a mis fin à la continuation de tous les recueils d'histoire naturelle. Malgré de « premières épreuves » avant 1719 et de « secondes épreuves » après cette année, l'impression de tous les cuivres gravés ne se fit qu'en 1788. Dès 1767, les 319 cuivres avaient été transférés à la Bibliothèque du roi. La royauté semble toujours désireuse de conserver ces œuvres artistiques de grande qualité.

Le texte spécifie que l'artiste principal est Nicolas Robert (1614-1685), qui exécute plus de la moitié des dessins ou des gravures sur cuivre à l'eau-forte. Cet artiste est l'un des meilleurs illustrateurs botaniques de son époque. Il a œuvré comme dessinateur pour Gaston d'Orléans, qui prend minutieusement soin de son jardin à Blois. Après le décès de ce dernier en 1660, les œuvres de Robert se retrouvent sous la protection de Louis XIV. Robert œuvre pour ce roi à Paris et à Versailles tout en dupliquant certains dessins pour Jean-Baptiste Colbert. On crée un poste de miniaturiste royal pour l'artiste logé au Jardin royal. Il réalise des dessins de grande qualité pour ses *Carnets de croquis* et un *Livre des tulipes.* Quand l'Académie des Sciences décide de produire les *Mémoires pour servir à l'histoire des plantes*, Robert devient sans hésitation le dessinateur principal tout désigné. Il avait produit en 1641 l'album *Guirlande de Julie* pour le baron Charles de Sainte-Maure (1610-1690) qui dédie cet ouvrage à sa fiancée, Julie-Lucine d'Angennes de Rambouillet (1607-1671). Il devient alors très célèbre et il est en grande demande pour peindre les plantes. Il est reconnu comme l'un des peintres miniaturistes les plus accomplis de son époque.

D'autres plantes du Canada et de l'Acadie dans les 280 planches complétées depuis 1692

Aux espèces mentionnées dans la publication de 1676 s'ajoutent 14 espèces dont le nom réfère directement au Canada ou à l'Acadie en plus d'une espèce avec le mot *Canada* dans son nom français. De plus, il y a d'autres espèces de l'Amérique du Nord, dont on sait que les trois quarts sont alors sous domination française. Les noms latins complexes des planches sont suivis des noms français et scientifiques modernes. Les noms français à la fin du texte sont ceux apparaissant sur les gravures. Des renseignements supplémentaires sur certaines espèces sont disponibles à l'appendice 7.

Anapodophyllum Canadense Morini. Le podophylle pelté. *Podophyllum peltatum.* La même espèce est reproduite sur une autre planche avec un nom différent (*Hydrophyllon Morini*). Selon Tournefort, cette espèce est répertoriée depuis 1665. Marjorie Warner (vers 1871-1960) a décrit l'histoire de la connaissance de cette espèce. Samuel de Champlain est vraisemblablement le premier à décrire au mois d'août 1615 cette plante avec des fruits comme des petits citrons. Il exagère cependant quand il affirme que ces petits fruits sont d'une bonne saveur. En 1658, le jardinier français Pierre Morin utilise le premier le terme *Anapodophyllon* pour nommer cette espèce. Marjorie Warner croit que Nicolas Robert aurait peint cette plante entre 1650 et 1660 dans le Jardin de Blois.

Angelica trifolia Canadensis. L'angélique brillante. *Angelica lucida.* Un synonyme est *Coelopleurum lucidum.*

Aquilegia Canadensis, praecox, procerior. L'ancolie du Canada. *Aquilegia canadensis.* Cette ancolie est décrite par Cornuti en 1635.

Aster Canadensis, multiflorus, Linariae foliis. Une espèce d'aster. Aster de Canada à feuille de Linaire.

Aster Canadensis, multiflorus, Vimineo foliis. Une espèce d'aster. Aster de Canada à feuille d'ozier.

Eupatorium Canadense, foliis Enulae. L'eupatoire pourpre. *Eutrochium purpureum* var. *purpureum.* Eupatoire de Canada à feuilles d'Aunée. Il s'agit de l'une des premières mentions en Nouvelle-France.

Fumaria Canadensis, radice tuberosa squamata. Dicentre à capuchon. *Dicentra cucullaria.* Fumeterre de Canada à racine tubéreuse écaillée. Cornuti avait décrit une espèce de dicentre en 1635.

Hederae trifolii Canadensi affinis. L'herbe à puce. *Toxicodendron radicans.* Espèce de lierre à trois feuilles de Canada. L'herbe à puce de Rydberg, la variété non grimpante, avait été fidèlement illustrée dans la flore de Cornuti en 1635. Il existe cependant aussi une variété grimpante (*Toxicodendron radicans* var. *radicans*). Une herbe à puce est aussi recensée dès 1623 dans le jardin des Robin à Paris. On semble prendre passablement de temps à mentionner la toxicité de l'herbe à puce. En 1694, Tournefort indique que Denis Joncquet avait appris qu'une espèce de « *Toxicodendron* » apportée du Canada « était un poison ». Pour Tournefort, cette espèce est cependant différente de l'espèce décrite par Cornuti

en 1635 au sujet de laquelle il n'y a pas de mention relative à sa toxicité.

Helenium Canadense, VOSACAN dictum. Peut-être l'hélianthe scrofuleux ? *Helianthus strumosus ?* Helenium de Canada, dit *Vosacan.* L'hélianthe scrofuleux est déjà présent en Hollande en 1646. Une espèce de chrysanthème, aussi nommée *Vosacam,* fait partie de la liste de 1623 du jardin des Robin à Paris. Selon Marjorie Warner, il s'agirait possiblement de *Helianthus decapetalus,* l'hélianthe à dix rayons. Le mot amérindien *Vosacan,* d'origine algonquienne, signifie « fleur d'un jaune brillant ».

Helleborine Canadensis sive Calceolus Mariae. Le cypripède soulier. *Cypripedium calceolus.* Elleborine de Canada. Une autre espèce de cypripède avait été décrite en 1635 par Cornuti.

Lactuca Canadensis, altissima, angustifolia, flore pallide luteo. La laitue du Canada. *Lactuca canadensis.* Laitue de Canada, à feuille étroite, à fleur jaune pâle. Il pourrait peut-être aussi s'agir de la laitue hirsute (*Lactuca hirsuta*), qui est cependant une espèce rare.

Lactuca Canadensis, altissima, latifolia, flore pallide luteo. La laitue du Canada. *Lactuca canadensis.* Laitue de Canada, à large feuille, à fleur gris de perle.

Lilium sive Martagon Canadense flore luteo punctato. Le lis du Canada. *Lilium canadense.* Espèce illustrée dès 1614 dans un florilège allemand.

Virga aurea Canadensis, foliis Scrophulariae. Pourrait correspondre à quelques espèces de verge d'or, comme la verge d'or à grandes feuilles (*Solidago macrophylla*) ou la verge d'or à tige zigzagante (*Solidago flexicaulis*). Verge dorée de Canada, à feuille de Scrophulaire. L'expression de l'époque « verge dorée » est devenue « verge d'or » dans les temps plus modernes.

En latin, une espèce américaine : en français, une plante canadienne

À ces 14 plantes canadiennes ou acadiennes, il faut ajouter un séneçon d'Amérique, le *Senecio*

Americanus, amplissimo folio. Étrangement, cette espèce est présentée avec le nom français « Seneçon de Canada, à grande feuille ». Il s'agit peut-être de l'érechtite à feuilles d'épervière, *Erechtites hieraciifolius.* À l'exception des deux asters, des deux laitues et du cas du séneçon de Canada, tous les dessins des planches des espèces canadiennes et acadiennes ont été réalisés et complétés au plus tard en 1685 par l'artiste Nicolas Robert. Les cinq autres dessins ont été terminés au plus tard en 1692.

Sources

Anonyme, *Recueil des plantes gravées par ordre du Roi Louis XIV*, Paris, 1778. Disponible à la bibliothèque numérique du Jardin botanique royal de Madrid au http://bibdigital.rjb.csic.es/spa/.

Bauhin, Caspar, *Prodomos theatri botanici*, Francfort, 1620. Disponible à la bibliothèque numérique du Jardin botanique royal de Madrid au http://bibdigital.rjb.csic.es/spa/.

Chinard, Gilbert, « André and François-André Michaux and their predecessors », *Proceedings of the American Philosophical Society*, 1957, 101 (4) : 344-361.

Dodart, Denis, *Mémoires pour servir à l'histoire des plantes*, Paris, 1676. Disponible à la Bibliothèque interuniversitaire de médecine (Paris) au http://www.bium.univ-paris5.fr/.

Fontenelle, Bernard Le Bovier de, « Éloge de Denis Dodart par Fontenelle », *Histoire de l'Académie royale des Sciences : 1666-1699*, 1707, (Paris, 1733), p. 182-192.

Gairdner, A. E., « *Campanula persicifolia* and its tetraploid form "Pelham Beauty" », *Journal of Genetics,* 1926, 16 (3) : 341-351.

Holmes, Frederic L., « Analysis by fire and solvent extractions : the metamorphosis of a tradition », *Isis,* 1971, 62 (2) : 129-148.

Hus, H., « Jean Marchant : an eighteenth century mutationist », *The American Naturalist,* 1911, 45 (536) : 493-506.

King, Ronald, *Botanical Illustration*, New York, Clarkson N. Potter Inc. Publishers, 1979.

Lack H., Walter, *Un Jardin d'Éden. Chefs d'œuvre de l'illustration botanique*, Cologne, Taschen, 2001.

Laissus, Yves, « Les Plantes du Roi. Note sur un grand ouvrage de botanique préparé au XVIIᵉ siècle par l'Académie royale des Sciences », *Revue d'histoire des sciences et de leurs applications*, 1969, tome 22 (3) : 193-236.

Olmsted, J. W., « The voyage of Jean Richer to Acadia in 1670 : a study in the relations of science and navigation under Colbert », *Proceedings of the American Philosophical Society*, 1960, 104 (6) : 612-634.

Pomet, Pierre, *Histoire generale des drogues*, Paris, 1694, p. 18-20.

Renaux, Alain, *L'Herbier du Roy*, Montpellier, Centre national de la recherche scientifique et Édition de la Réunion des musées nationaux, 2008.

Tournefort, Joseph Pitton de, 1694, *Elemens de Botanique ou Methode pour connoître les plantes*, Paris. Disponible au http://edb.kulib.kyoto-u.ac.jp/.

Warner, Marjorie, « Anapodophyllon-The Wild Duck's Foot Leaf », *The National Horticultural Magazine*, 1952, (avril 1952) : 173-180.

1689, AMSTERDAM. UNE ACHILLÉE MILLEFEUILLE CANADIENNE PARMI UNE CINQUANTAINE D'ESPÈCES DU MÊME PAYS

WILLIAM SHERARD (1659-1728) est un Anglais passionné de plantes qui ne reçoit aucune formation en médecine ou en sciences connexes. Il est le frère de James Sherard (1666-1738), un autre botaniste autodidacte. Après un baccalauréat en droit civil obtenu à Oxford en 1683, William séjourne à Paris de 1686 à 1688. Il assiste aux cours et aux démonstrations de Tournefort, le réputé botaniste français. De plus, il visite divers botanistes et des jardins en Hollande où il rencontre le célèbre Paul Hermann (1646-1695) à Amsterdam.

À la suite de ces rencontres, il publie *Schola Botanica* à Amsterdam en 1689. Il s'agit d'un catalogue des plantes du Jardin du roi à Paris et un index de plantes exotiques de certains jardins hollandais. En fait, Sherard véhicule les informations obtenues de Joseph Pitton de Tournefort et de Paul Hermann. À la mort de Tournefort en 1708, Bernard Le Bovier de Fontenelle écrit dans son éloge que le livre *Schola Botanica* a été écrit par un «Anglais nommé M. Simon Warton qui avait étudié trois ans en Botanique au Jardin du roi sous M. de Tournefort». L'auteur n'est identifié que par les lettres S.W.A. Il est plus vraisemblable que ces lettres signifient Sherard William Anglais qui fut l'élève de Tournefort. Personne n'a de trace d'un Simon Warton dans le domaine de la botanique à la même époque. La majorité des historiens affirment en conséquence que Sherard est bel et bien l'auteur de *Schola Botanica*.

Sherard retourne en Angleterre où il obtient un doctorat en droit en 1694. De 1703 à 1716, il est consul britannique à Smyrne (Izmir) en Asie Mineure (Turquie) pour la *English Levant Company*. Il s'intéresse aux plantes locales et les collectionne pour son herbier et son jardin. Le site de ce jardin a d'ailleurs été récemment retrouvé. Sherard caresse un projet de livre très ambitieux. Il veut colliger les noms passés et présents de toutes les plantes connues. Cet ouvrage encyclopédique se veut une mise à jour du *Pinax theatri botanici* de Gaspard Bauhin (1623), qui énumère les synonymes d'environ 6 000 plantes. Il ne peut malheureusement mener à terme ce projet impliquant la connaissance de plus de 18 000 espèces. Il avait cependant déjà obtenu la collaboration de plusieurs botanistes français et hollandais. Des différends avec son influent compatriote Hans Sloane (1660-1753) lui causent des problèmes majeurs.

William Sherard lègue son manuscrit inachevé à l'Université d'Oxford. Comme il est très fortuné, il donne par la même occasion à cet établissement la somme de 3 000 livres pour la création d'une première chaire de botanique. Son herbier de plus de 12 000 spécimens y est toujours conservé. Il porte le nom de *Sherardian Herbarium*. Cet herbier contient un spécimen de racine de ginseng du Canada expédié à Paris par Michel Sarrazin. En fait, Sherard a reçu ce spécimen d'Antoine de Jussieu, l'un des correspondants de Sarrazin à Paris.

Des plantes canadiennes dans *Schola Botanica*

Le catalogue de Sherard contient 51 espèces dont le nom latin ou français réfère au Canada. Ces noms sont colligés à l'appendice 2. Quarante-huit de ces noms apparaissent aussi au catalogue du Jardin du roi à Paris. Seulement trois noms se trouvent dans l'index des plantes exotiques de certains jardins de Hollande. La majorité des 48 espèces de Paris avaient déjà le même nom, en 1694, dans le livre *Elemens de botanique* de Tournefort. Quelques plantes canadiennes sont cependant absentes sans raison apparente dans la publication de 1694.

Des espèces canadiennes uniquement présentes dans le catalogue de 1689

Il y en a près d'une dizaine. En voici trois qui sont intéressantes à divers points de vue. Deux haricots canadiens, portant le nom *Phaseolus Canadensis*, sont plus tard identifiés au pois bambara ou pois de terre (*Glycine subterranea*), maintenant nommé *Vigna subterranea*. Ce pois de terre a son centre d'origine en Afrique. Il est connu dès le XIVᵉ siècle par les voyageurs arabes en Afrique de l'Ouest. Les haricots du Canada sont donc confondus avec des pois d'Afrique. On avait déjà confondu diverses plantes canadiennes avec des espèces du Brésil. Curieusement, ces légumineuses canadiennes ne sont pas présentes dans le livre de Tournefort de 1694. Ce botaniste avait peut-être décelé une anomalie quant à la provenance réelle de ces espèces.

Une autre espèce portant le nom «grande millefeuille du Canada à fleur blanche» (*Millefolium Canadense elatius flore albo*) mérite d'être signalée. Tournefort spécifie en 1694 que «la Mille-feuille» tient son nom de la «quantité des subdivisions» des feuilles. La millefeuille canadienne correspond possiblement à l'achillée millefeuille (*Achillea millefolium*) bien connue. Comme le souligne Marie-Victorin, cette espèce est l'une des plantes les plus communes et les plus connues en Amérique du Nord. Elle est aussi présente en Europe. Marie-Victorin indiquait que l'achillée de notre flore «est à la fois indigène et introduite». On sait aujourd'hui qu'il existe des taxons indigènes ou introduits distincts.

L'achillée millefeuille, une entité complexe et chargée d'histoire

L'achillée millefeuille est une espèce très répandue et très variable, car elle peut avoir 18 (diploïde), 36 (tétraploïde) ou 54 (hexaploïde) chromosomes. L'espèce hexaploïde de l'Est canadien semble correspondre à une mauvaise herbe introduite d'Europe. L'espèce indigène dans l'est du Canada est généralement tétraploïde. L'achillée millefeuille est une plante vivace très aromatique dont le nom réfère possiblement au héros grec Achille qui aurait utilisé cette espèce à des fins médicinales. Elle est présente à peu près partout en Amérique du Nord et est bien connue en Europe depuis l'Antiquité. Elle fut l'une des plantes médicinales les plus populaires des Anciens.

Généralement considérée comme peu toxique, l'achillée millefeuille peut provoquer des réactions physiologiques indésirables et même dangereuses chez certaines personnes. Les Européens produisent commercialement une huile essentielle d'achillée. En France et en Irlande, cette espèce est l'une des herbes dites de la Saint-Jean, cette fête chrétienne du 24 juin. Le jour précédant la Saint-Jean, les Irlandais suspendaient de l'achillée dans leur demeure pour chasser la maladie.

Une achillée que certains identifient à l'achillée millefeuille est illustrée dans le plus vieux livre de botanique médicinale écrit en Amérique. Il s'agit du *Libellus de Medicinalibus Indorum Herbis* rédigé en 1552 au Mexique. Cet ouvrage de médecine aztèque porte aussi le nom de manuscrit Badianus, découvert en 1929 à la Bibliothèque du Vatican. Deux Aztèques rédigèrent cet ouvrage accompagné de plusieurs illustrations d'espèces médicinales de la région mexicaine. Parmi celles-ci, on reconnaît une achillée nommée *tlal-quequetzal*.

Ce manuscrit a un parcours extraordinaire. Après sa rédaction en 1552, on le retrouve dans la bibliothèque du roi d'Espagne. Au début du XVIIᵉ siècle, l'apothicaire de Philippe IV, roi d'Espagne, en devient le détenteur. Le manuscrit est ensuite acquis en 1625 ou 1626 par le cardinal Francesco Barberini, qui le transporte à Rome. Ce manuscrit n'est découvert de nouveau au Vatican qu'en 1929 par Charles Upson Clark. Une copie datant du début du XVIIᵉ siècle est aussi trouvée la même année au Château de Windsor à Londres.

En 1991, le pape Jean-Paul II redonne aux Mexicains le manuscrit original de 1552 après sa visite au Mexique en 1990. Le manuscrit retrouve enfin son lieu d'origine après 438 ans d'absence.

Sources: Gates, William, *An Aztec Herbal. The Classic Codex of 1552,* New York, Dover Publications, Mineola, 2000. Gimmel, Millie, «Reading Medicine in the Codex de la Cruz Badiano», *Journal of the History of Ideas,* 2008, 69 (2): 169-192. Small, Ernest et Paul M. Catling, *Les cultures médicinales canadiennes,* Ottawa, CNRC, 2000.

Une plante ressemblant à une achillée dans la première flore du Canada et d'Amérique du Nord publiée par Jacques Cornuti à Paris en 1635. En plus d'une quarantaine de plantes nord-américaines provenant vraisemblablement du Canada pour plusieurs espèces, Cornuti inclut la description de plantes d'Europe ou d'autres pays. Il décrit l'espèce *millefolia tuberosa* correspondant peut-être à une espèce d'achillée (*Achillea* sp.?). Certains auteurs l'identifient à l'achillée millefeuille (*Achillea millefolium*). Cette identification demeure cependant incertaine. Le texte de Cornuti ne permet pas de déterminer la provenance ou l'identité précise de cette espèce dont il vante longuement les vertus médicinales rapportées par plusieurs auteurs de l'Antiquité.

Source : « Cornuti, Jacques, *Canadensium Plantarum, aliarumque nondum editarum Historia*, Paris, 1635 », dans Mathieu, Jacques et Eugen Kedl, *Les plaines d'Abraham. Le culte de l'idéal*, Sillery, Septentrion, 1993, p. 54. Banque d'images, Septentrion.

L'importance de l'achillée millefeuille pour les Amérindiens

L'achillée millefeuille du Canada du Jardin du roi représente peut-être alors une espèce indigène du Canada. Cette plante médicinale est très utilisée à l'époque en Europe. Selon Daniel Moerman, elle est aussi l'espèce avec le plus grand nombre d'usages médicinaux chez les Amérindiens en Amérique du Nord. Cette très haute fréquence d'utilisation amérindienne est un excellent indice de la nature indigène de cette espèce. La deuxième espèce médicinale la plus utilisée par les mêmes Amérindiens est la belle-angélique ou l'acore roseau (*Acorus calamus*). Il faut cependant spécifier que les Amérindiens ont vraisemblablement utilisé l'acore d'Amérique (*Acorus americanus*), qui est l'espèce indigène, alors que l'acore roseau correspond à l'espèce introduite en Amérique du Nord à partir de l'Europe. Cette espèce introduite en Amérique a été très utilisée en Europe particulièrement pour divers usages médicinaux. Une espèce d'acore, vraisemblablement l'acore d'Amérique, avait été rapportée en Acadie par Lescarbot dès le début du XVIIᵉ siècle. Rappelons que l'acore roseau est une espèce mentionnée dans la Bible.

Sources

Anonyme, « William Sherard (1659-1722) », *Chalmer's Biography*, 1812, vol. 27, p. 450.

Fontenelle, Bernard Le Bovier de, « Éloge de M. de Tournefort », *Choix d'éloges français les plus estimés par M. de Fontenelle*, III, Paris, D'Hautel Libraire, 1812 (1708), p. 52-78. Disponible au http://gallica.bnf.fr/.

Moerman, Daniel E., *Native American Medicinal Plants. An Ethnobotanical Dictionary*, Portland, Oregon, Timber Press, 2009.

Sherard, William, *Schola Botanica sive Catalogus Plantarum, quas ab aliquot annis in Horto Regio Parisienfi Studiofis indigitavit Vir Clarissimus Joseph Pitton Tournefort, D. M. ut it Pauli Hermanni P. P. Paradisi Batavi Prodromus In quo Plantae rariores omnes, in Batavorum Hortis hactenus cultae, & plurinam partem à nemine antea defcriptae recenfentur*, Amsterdam, 1689. Disponible à la bibliothèque numérique du Jardin botanique royal de Madrid au http://bibdigital.rjb.csic.es/spa/.

1694, PARIS. QUARANTE-DEUX ESPÈCES ASSOCIÉES AU CANADA OU À L'ACADIE DANS UN CLASSIQUE DE LA LITTÉRATURE BOTANIQUE

JOSEPH PITTON DE TOURNEFORT (1656-1708) est souvent considéré comme le père de la botanique française moderne. On lui reconnaît la mise au point de la classification des plantes selon les genres. Il est né à Aix-en-Provence dans une famille fortunée. Il étudie chez les Jésuites dans sa ville natale. Très tôt, il se passionne pour la botanique et il explore souvent le jardin d'un apothicaire. Après le décès de son père en 1677, il se sent plus à l'aise de quitter les études théologiques hautement favorisées par sa famille. En 1678, il herborise fréquemment dans les régions de la Savoie et du Dauphiné. Ses expéditions peuvent être dangereuses et il est victime de vols à l'occasion. Il a cependant appris à cacher son argent dans du pain si noir et si dur qu'il n'attire pas la convoitise des malfaiteurs.

En 1679, il entreprend des études en médecine à Montpellier, qui devient naturellement pour lui une autre région d'herborisation. À la fin de son séjour, il a acquis une excellente réputation comme connaisseur de plantes et collectionneur de spécimens d'herbier. Guy-Crescent Fagon lui confie la chaire de botanique au Jardin royal des Plantes à Paris où il s'intéresse de plus à la flore locale. Il explore l'Espagne, le Portugal et l'Andalousie pour mieux connaître leur flore. Il se rend aussi en Angleterre et en Hollande où il rencontre le réputé Paul Hermann, professeur de botanique à Leyde, qui lui propose de le remplacer, même si la France et la Hollande sont en guerre. Tournefort choisit de continuer ses travaux à Paris, malgré une rémunération moindre que celle promise en Hollande. Il est un excellent professeur et un conférencier recherché.

En 1691, il devient membre de l'Académie des Sciences, grâce au support de l'abbé Jean-Paul Bignon (1662-1743). En 1694, il publie en français son premier grand ouvrage *Elemens de botanique ou methode pour connoître les plantes*, imprimé au Louvre par l'imprimerie royale. Dans ce livre, il organise les plantes selon la notion de genre en regroupant des espèces à fleurs et à fruits similaires.

Ces genres sont de plus regroupés en 22 classes, selon les caractéristiques des fleurs, en particulier celles de la corolle. Le nouveau système est simple. On détermine d'abord la classe parmi les 22 types de fleurs. Ensuite, en examinant les fruits, on détermine le genre parmi les 673 qui sont décrits. Les autres caractéristiques, comme les racines, les tiges et les feuilles, permettent de différencier les 8 846 espèces. Ce livre est accompagné de 451 planches à partir des dessins fort précis de Claude Aubriet (vers 1665-1743). Une version anglaise révisée, *The Compleat Herbal*, paraît en deux volumes en 1719 et en 1730. Le système de classification de Tournefort devient populaire, notamment en France.

En 1698, il publie *Histoire des Plantes qui naissent aux environs de Paris, avec leur usage dans la Médecine*. Dans cet ouvrage, il semble privilégier l'étude et l'utilisation des plantes médicinales locales plutôt que les espèces exotiques. On croirait relire les propos de Guy de La Brosse en 1628. À la demande du roi, il effectue un voyage d'observation scientifique et commerciale au Proche-Orient jusqu'en Arménie entre le mois de mars 1700 et le mois de juin 1702. Cette mission ne se prolonge pas en Afrique, comme prévu, à cause de la présence de la peste en Égypte. En explorant la flore grecque, il espère identifier les plantes mentionnées par Dioscoride. Il revient avec 1 356 espèces de plantes qu'il peut généralement ranger parmi les 673 genres décrits en 1694. Il n'a besoin de créer que 25 nouveaux genres. Aucune nouvelle classe de plantes n'est cependant requise. Ces 1 356 espèces sont présentées en 1703 dans *Corollarium Institutionum Rei Herbariae*. Le récit palpitant de son voyage est publié après son décès. Parmi les nouvelles espèces rapportées par Tournefort, il y a l'érable de Crète dont un pied est encore présent au Jardin des Plantes à Paris.

Tournefort publie en 1700 une version latine, *Institutiones rei herbariae*, de son livre à succès de 1694. Il cible un auditoire savant habitué au latin et il met à jour quelques informations. Une autre édition latine augmentée et posthume paraît en 1719. En 1706, Tournefort devient titulaire de la chaire de médecine et de botanique au Collège royal. En plus de ses travaux botaniques, Tournefort collectionne divers objets de curiosité, comme des minéraux, «des habillements, des armes, des instruments des nations éloignées». Dans son testament, il lègue son «Cabinet de curiosités» au roi et ses livres de botanique à l'abbé Jean-Paul Bignon, qui avait proposé sa nomination à l'Académie des Sciences. Michel

Portrait de Joseph Pitton de Tournefort (1656-1708), souvent considéré comme le père de la botanique française moderne. On reconnaît à Tournefort la mise au point de la classification des plantes selon les genres. Il est né à Aix-en-Provence dans une famille fortunée. À l'âge de 52 ans, il meurt accidentellement à Paris dans la rue qui porte maintenant son nom dans le 5e arrondissement. Il a pourtant joui d'une résistance physique et d'une excellente santé. Dans son éloge publié par l'Académie des Sciences, on spécifie qu'il «était d'un tempérament vif, laborieux, robuste, un grand fonds de gaieté le soutenait dans le travail, et son corps aussi bien que son esprit avait été fait pour la botanique». En 1694, il a publié *Elemens de botanique ou methode pour connoître les plantes* dans lequel on répertorie 42 plantes dont les noms incluent les mots *canadien* ou *acadien* parmi les 8 846 espèces ou variétés de plantes. En son honneur, Linné lui dédie le genre *Tournefortia*.

Source : Collection Jacques Cayouette.

Louis Renaume de la Garance (1676-1739), l'un de ses anciens étudiants, hérite de ses manuscrits.

En avril 1708, Tournefort est renversé par une charrette à Paris dans la rue qui porte maintenant son nom dans le 5e arrondissement. Il transporte un paquet de plantes. Il décède au mois de décembre des suites de cet accident, à l'âge de 52 ans. Il a pourtant joui d'une résistance physique et d'une excellente santé. Dans son éloge publié à l'Académie des Sciences, on spécifie qu'il «était d'un tempérament vif, laborieux, robuste, un grand fonds de gaieté le soutenait dans le travail, et son corps aussi bien que son esprit avait été fait pour la botanique». En son honneur, Linné lui dédie le genre *Tournefortia*.

Les dieux et les plantes

Les civilisations antiques ont encore des résonances dans le présent. Des dieux grecs et leurs équivalents romains (indiqués entre parenthèses) tirent souvent leur pouvoir des végétaux. Selon la mythologie grecque, Apollon apprend l'art de guérir aux humains par l'intermédiaire de son fils Asclépios (Esculape), le dieu de la médecine. Apollon conserve le même nom dans la mythologie romaine. Artémis (Diane) est la déesse de la nature sauvage. On lui offre régulièrement des végétaux. Au temple grec d'Apollon à Delphes, les propos souvent très agités de l'oracle, la pythie de Delphes, sont possiblement l'effet de mastiquer beaucoup de feuilles de laurier (*Laurus nobilis*). Daphné, la première amante d'Apollon, est métamorphosée en laurier. C'est ainsi qu'Apollon adopte cet arbre consacré aux victoires et aux créations artistiques. Le mot *lauréat* en dérive et *baccalauréat* signifie littéralement «le laurier et ses baies (*bacca*)» servant à décorer la tête des étudiants franchissant une étape académique. La rose de la déesse Aphrodite (Vénus) est née du sang d'Adonis, son amant. Le myrte est sacré pour Aphrodite et Hermès (Mercure), le messager des dieux. Selon le poète grec Hésiode, Prométhée a volé le feu à Zeus (Jupiter) dans une tige de fenouil avant de le remettre aux hommes. De nos jours, on transporte encore en Grèce le charbon de bois dans les grosses tiges de férule commune (*Ferula communis*).

Déméter (Cérès) et Dionysos (Bacchus) sont deux divinités veillant sur les cycles végétaux. Déméter est la déesse de l'agriculture qui a pour attribut la gerbe de blé. On prie Déméter dans les champs et les initiés boivent le *kykeon*, ce mélange d'eau et d'orge contenant de la menthe fraîche. Les paysans boivent aussi cette liqueur rafraîchissante. Dionysos personnifie la fertilité de la nature tout en étant le dieu du vin. Ses disciples se décorent la tête avec des vignes et brandissent des tiges de fenouil couronnées de cônes de pin. Il est étonnant de constater que Perséphone (Proserpine), la fille de Déméter, n'a pu résister à se rassasier du fruit d'une pomme grenade alors qu'elle devait refuser toute nourriture durant son séjour sous terre. Cette promesse rompue avec un fruit défendu rappelle le triste événement de déchéance de l'humanité causée par la pomme consommée par Ève, comme rapporté dans la Bible. Certains chercheurs avancent même que la pomme de la Bible serait plutôt la pomme grenade. Perséphone a aussi porté le nom de Coré lorsqu'elle a été entraînée au royaume des morts sous terre à la suite de sa séduction par la beauté de la fleur de narcisse qui se penche vers le sol pour mieux se contempler. C'est le début du narcissisme. En Grèce antique, Chloris (Flora) est la déesse des fleurs qui personnifie aussi le printemps. Chloris et chlorophylle ont donc des affinités lointaines.

Sources : Anonyme, *Les maîtres de l'Olympe. Trésors des collections gréco-romaines de Berlin*, Québec, Musée de la Civilisation, BeauxArts/TTM éditions, 2014, p. 20-21 et 32-33. D'Andrea, Jeanne, *Ancient Herbs In the J. Paul Getty Museum Gardens*, Malibu, California, The J. Paul Getty Museum, 1982, p. 1-14. Rhizopoulou, Sophia, «Symbolic plant(s) of the Olympic Games», *Journal of Experimental Botany*, 2004, 55 (403): 1601-1606. Simpson, Beryl Brintnall et Molly Conner Ogorzaly, *Plants in our world. Economic Botany*, quatrième édition, New York, McGraw-Hill Education, 2014, p. 26-27.

44

Le concombre grimpant (*Echinocystis lobata*). En 1694, le botaniste Joseph Pitton de Tournefort décrit l'espèce *Sicyoides Canadense fructu echinato*, le sicyoides du Canada à fruit épineux. Le fruit «ressemble en quelque manière à une amande couverte d'une peau garnie de piquants». Tournefort ne connaît «qu'une espèce de *Sicyoides*». Cette espèce est le concombre grimpant.

Source: *The Wild Flowers of Canada published exclusively with the Montreal Star by special artists and botanists. Endorsed by university botanists of both continents*, vol. 12, planche 178, Montréal, vers 1895. Collection Jacques Cayouette.

Les plantes canadiennes dans l'ouvrage de 1694 de Tournefort

Dès 1694, on recense 42 plantes dont les noms incluent les mots *canadien* ou *acadien* parmi les 8 846 espèces ou variétés de plantes. Ces 42 espèces sont présentées à l'appendice 3. Parmi celles-ci, 30 ont été mentionnées auparavant par d'autres auteurs que Tournefort cite d'ailleurs. Les 12 autres espèces semblent nouvelles, tout au moins pour Tournefort. Voici ces 12 plantes canadiennes pour lesquelles Tournefort ne cite aucune référence.

Sicyoides Canadense fructu echinato. Le sicyoides du Canada à fruit épineux. « On peut se servir de ce nom pour exprimer un genre semblable en apparence au concombre et à la citrouille. » Le fruit « ressemble en quelque manière à une amande couverte d'une peau garnie de piquants ». Tournefort ne connaît « qu'une espèce de *Sicyoides* ». Cette espèce est le concombre grimpant (*Echinocystis lobata*). Ce concombre du Canada est en France au moins depuis 1694. Deux ans plus tard, il est rendu en Sicile. Une espèce cousine d'Amérique du Nord est le sicyos anguleux (*Sicyos angulatus*), une plante grimpante devenue envahissante dans certains pays d'Europe et d'Asie. Au XXIᵉ siècle au Japon, le sicyos anguleux fait partie des 16 végétaux étrangers considérés comme les plus préoccupants quant à leur potentiel d'envahissement. Cette espèce a cependant l'avantage de pouvoir servir de porte-greffe résistant à certains agents pathogènes pour la production de certaines cucurbitacées comme le concombre.

Circaea Canadensis latifolia flore albo. La circée du Canada à feuilles larges à fleur blanche. Il s'agit effectivement d'une espèce de circée (*Circaea* sp.). Marie-Victorin rappelle que Circée est l'enchanteresse de la mythologie grecque.

Angelica Canadensis tenuifolia Asphodeli radice. L'angélique du Canada à feuilles minces et à racine d'asphodèle. Selon Bernard Boivin, il s'agit de la cicutaire maculée, aussi nommée la carotte à Moreau (*Cicuta maculata*). Selon Michel Sarrazin, cette espèce est plus toxique que la ciguë. Le rhizome de cette plante est effectivement mortel si on le

consomme. Tournefort aurait reçu cet échantillon en 1694 ou auparavant. Sarrazin a expédié cette espèce au Jardin du roi en 1698 et en 1704.

Lactuca Canadensis altissima angustifolia, flore pallide luteo. La laitue très haute du Canada à feuilles étroites et à fleur jaune pâle. « *Lactuca*, dit-on, vient du mot latin *lac*, lait. La Laitue est de toutes les plantes potagères celle qui rend le plus de lai. » Le « lai » est évidemment le suc laiteux. C'est la laitue du Canada (*Lactuca canadensis*), signalée quelques années auparavant. Il pourrait aussi s'agir à la limite de la laitue hirsute (*Lactuca hirsuta*), qui est cependant une espèce rare.

Lactuca Canadensis altissima latifolia, flore leucophaeo. La laitue très haute du Canada à feuilles larges et à fleur blanchâtre. Possiblement à nouveau la laitue du Canada (voir l'espèce précédente).

Virga aurea Canadensis, folio subrotundo serrato glabro. La verge dorée du Canada à feuille dentée, glabre et un peu arrondie. Espèce présente dans la flore de 1708 de Sarrazin et Vaillant, Bernard Boivin l'identifie à la verge d'or à tige zigzagante (*Solidago flexicaulis*).

Virga aurea Canadensis, latissimo folio glabro. La verge dorée du Canada à feuille glabre et large. Pourrait être la verge d'or géante (*Solidago gigantea*) ou une autre espèce semblable.

Virga aurea Canadensis altissima, folio subtus incano. La verge dorée du Canada très haute à feuille blanchâtre par dessous. Le mot *incanus* signifie « gris » ou « grisâtre », comme dans le cas des cheveux gris. Cette espèce a probablement une pubescence blanchâtre à la face inférieure des feuilles. Peut correspondre à diverses espèces de verge d'or (*Solidago* sp.).

Virga aurea Canadensis humilior, Salicis minoris folio. La verge dorée du Canada peu élevée à feuille de saule plus petite. Espèce difficile à identifier.

Virga aurea Canadensis humilior, Linariae folio. La verge dorée du Canada peu élevée à feuille de linaire. Peut-être la verge d'or à feuilles de graminée (*Euthamia graminifolia*).

Caprifolium Canadense minus sempervirens etc. Le petit chèvrefeuille du Canada toujours vert. Il s'agit d'une espèce de chèvrefeuille (*Lonicera* sp.).

Urtica Canadensis Myrrhidis folio. L'ortie du Canada à feuille de myrrhe. Cette espèce est discutée dans la prochaine section, car il ne s'agit pas d'une ortie, mais d'une fougère, le botryche de Virginie (*Botrychium virginianum*).

Portrait de Pierre Magnol (1638-1715), botaniste responsable du Jardin royal de Montpellier. Magnol est l'un des premiers botanistes à reconnaître l'importance de regrouper en grandes familles les espèces qui partagent certaines affinités. Il a ainsi réussi à classer environ 2 000 plantes à l'aide de son système original. En 1697, Magnol publie *Hortus Regius Monspeliensis,* une liste des espèces du Jardin royal de Montpellier. Parmi celles-ci, 27 plantes ont l'épithète *canadensis* ou ses variantes, incluant certaines espèces décrites initialement dans la flore canadienne de Cornuti en 1635. Une plante du catalogue de Magnol est la première plante illustrée dans un ouvrage de botanique provenant de la région de Québec pour laquelle ce lieu de collecte est mentionné de façon spécifique. Cette plante est l'ortie du Canada à feuille de myrrhe qui correspond au botryche de Virginie (*Botrychium virginianum*).

Source : Collection Jacques Cayouette.

Le cas spécial de l'ortie du Canada à feuille de myrrhe, une plante de la région de Québec

L'ortie du Canada à feuille de myrrhe du livre de 1694 de Tournefort se retrouve, trois ans plus tard, dans le catalogue des plantes du Jardin de Montpellier. En 1697, Pierre Magnol (1638-1715) publie *Hortus Regius Monspeliensis*, qui recense les espèces du Jardin royal de Montpellier. Magnol est l'un des premiers botanistes à reconnaître l'importance de regrouper en grandes familles les plantes qui partagent certaines affinités. Il a ainsi classé à peu près 2 000 plantes à l'aide de son système original.

Vingt-sept plantes ont l'épithète *canadensis* ou ses variantes, incluant certaines espèces décrites initialement dans la flore canadienne de Cornuti en 1635. Une seule espèce porte l'épithète *acadiensis*. La liste de ces 28 espèces est présentée à l'appendice 4. Parmi celles-ci, la description de l'ortie du Canada à feuille de myrrhe inclut de nouvelles informations. Magnol spécifie que cette espèce, obtenue de Tournefort, provient de la région de Québec, en Nouvelle-France. De plus, Magnol indique que son illustration est présentée en appendice. Ce n'est peut-être pas la première illustration d'une plante de la région de Québec. En effet, certaines plantes décrites par Cornuti en 1635 sont possiblement originaires de cette région. La plante du catalogue de Magnol est cependant la première plante illustrée dans un ouvrage de botanique provenant de la région de Québec pour laquelle ce lieu de collecte est mentionné de façon spécifique.

Michel Sarrazin est peut-être responsable de l'envoi de cette espèce à Tournefort. Aurait-il lui-même transporté cet échantillon à Paris ? En 1694, il effectue un voyage de Québec à Paris. On sait qu'il en a aussi expédié en 1700 et en 1705 à Paris, selon les informations de la flore canadienne de Sarrazin et Vaillant de 1708 et selon un échantillon d'herbier conservé à ce jour. La description de Tournefort laisse croire qu'il s'agit d'une ortie qui brûle la peau, car *Urtica* « vient du mot latin *urere*, « brûler » : car la plupart des orties brûlent pour ainsi dire la peau ». Les orties canadiennes indigènes pourraient donc être des candidates possibles pour l'identification de cette espèce d'ortie. Il y a cependant un problème de correspondance entre la description de l'espèce et son illustration. L'espèce illustrée correspond au botryche de Virginie (*Botrychium virginianum*), une fougère dont la fronde ne brûle pas la peau, comme les orties. On ignore à ce jour l'explication de cette divergence. Étonnamment, Tournefort semble avoir confondu cette fougère de la région de Québec avec une ortie.

La collection d'illustrations botaniques du Muséum national d'histoire naturelle de Paris contient une douzaine d'illustrations du XVIIe siècle de plantes canadiennes. Parmi celles-ci, quelques-unes proviennent de la flore de Cornuti de 1635. Une espèce identifiée *Urtica canadensis racemosa myrrhidis folio* est l'œuvre de Jean Joubert (1643-1707) et est une osmonde, selon l'identification du Muséum. Cette illustration est très similaire, quoique non identique, à celle présentée en appendice au livre de Magnol de 1697. Cette osmonde ne correspond à aucune des trois osmondes canadiennes. Tout comme l'illustration du livre de Magnol, l'*Urtica* du Muséum correspond plutôt au botryche de Virginie. La comparaison plus poussée des deux illustrations révélera peut-être que Jean Joubert est à l'origine de ces deux représentations du botryche de Virginie.

Une plante de la région de Québec pour guérir les effets des morsures de serpent

Le botryche de Virginie est à l'époque l'une des nombreuses plantes ayant la réputation de guérir les effets des morsures de serpent. Cette utilisation est inspirée des pratiques amérindiennes. Sarrazin écrit que les Iroquois se servent de cette espèce « pour combattre le venin du serpent à sonnette ». Marie-Victorin souligne que cette fougère particulière peut vivre très longtemps, jusqu'à 140 ans. Michel Sarrazin doute de la valeur thérapeutique de cette fougère qu'il a lui-même observée « chez les Iroquois et plus encore à leur Sud ».

Un échantillon d'herbier du botryche de Virginie (*Botrychium virginianum*) expédié par Michel Sarrazin au Jardin du roi à Paris. Cet échantillon fait partie de l'herbier de Sébastien Vaillant, botaniste au Jardin du roi. Le nom latin est *Osmunda Canadensis Myrrhidis folio*, suivi d'un autre nom : *Urtica Canadensis Myrrhidis folio*. Pour Vaillant, il s'agit donc de l'osmonde du Canada à feuille de myrrhe et cette espèce est aussi connue comme l'ortie du Canada à feuille de myrrhe. L'étiquette révèle que l'on connaît alors trois références écrites relatives à cette espèce du Canada. Il y a les descriptions de Tournefort en 1694 et en 1700 en plus de la mention dans la liste de 1697 des plantes du Jardin du roi à Montpellier accompagnée d'une illustration. Pour Vaillant, c'est « l'herbe du serpent à sonnette » reçue de Michel Sarrazin en 1700 et en 1705.

Source : Herbier de Sébastien Vaillant, Herbier du Muséum national d'histoire naturelle (Paris).

Une description détaillée des effets d'une morsure d'un serpent à sonnette

Dans une lettre du 10 février 1746, Joseph Breintnall (décédé en 1746) de Philadelphie décrit pour Peter Collinson (1694-1768), un Anglais passionné des sciences de la nature, les effets d'une telle morsure sur son doigt et les traitements utilisés. Initialement, on immobilise une poule vivante sur la main. Ce contact intime avec les plumes semble avoir retiré un peu de poison. Par la suite, on essaie divers traitements après une saignée importante de la main. On termine les interventions par l'application des cendres de l'écorce du frêne blanc mélangées à du vinaigre. Breintnall inclut une description très précise des symptômes, spécifiant même la nature des rêves.

Il est étonnant de ne pas retrouver l'usage d'une espèce de sanicle (*Sanicula* sp.). Dès 1734, Joseph Breintnall note, près de l'empreinte végétale de feuilles de sanicle, que cette espèce est le meilleur remède dans le cas de cette morsure (*The most excellent Remedy for the Bite of a Rattle Snake*). Cette empreinte végétale a été produite par pression sur papier à partir d'un échantillon imbibé d'encre et reçu de son ami, le botaniste et fermier John Bartram (1699-1777) qui œuvre aussi dans la région de Philadelphie. En janvier 1735, Peter Collinson s'empresse de demander à John Bartram de lui expédier une ou deux racines de sanicle qu'il identifie à Joseph Breintnall (*Joseph Breintnall's Snake Root*).

Sources : Bloore, Stephen, « Joseph Breintnall, First Secretary of the Library Company », *The Pennsylvania Magazine of History and Biography*, 1935, 59 (1) : 42-56. Armstrong, Alan W. (ed.), *« Forget not Mee & My garden » : Selected Letters 1725-1768 of Peter Collinson, F.R.S.*, Philadelphia, American Philosophical Society, 2002, p. 22-25.

De nouvelles espèces canadiennes dans les *Institutiones rei herbariae* de 1700

Après la parution de son livre en français en 1694, Tournefort publie une version latine dans laquelle il explique aussi son système de classification des végétaux.

Michel Sarrazin apparaît pour la première fois dans la liste des auteurs cités par Tournefort. Il n'y a cependant qu'une seule espèce décrite par Sarrazin. Il s'agit de *Sanicula Canadensis amplissimo laciniato folio*. C'est la sanicle ou sanicule du Canada à feuille très laciniée. Le mot *lacinié* vient du latin *lacinia* signifiant « bord » ou « frange ». Dans la description précédente, cela signifie « comme déchiré en franges ». Selon Bernard Boivin, cette espèce est la sanicle du Maryland (*Sanicula marilandica*) faisant partie de la flore de 1708 de Sarrazin et Vaillant. Il pourrait aussi s'agir d'une autre espèce de sanicle. Sarrazin a expédié cette espèce à Paris en 1698 et en 1700. Selon Marie-Victorin, c'est « la seule espèce des parties froides du Québec ». Une autre espèce nommée « américaine » par Sarrazin est incluse. Il s'agit de *Christophoriana Americana, racemosa, baccis rubris, longo pediculo insidentibus*. C'est une

actée à fruits rouges portés sur de longs pédicelles, correspondant vraisemblablement à l'actée rouge (*Actaea rubra*), comme l'indique Bernard Boivin en commentant la flore de 1708 de Sarrazin et Vaillant. Sarrazin a aussi expédié cette espèce à Paris en 1705.

Il y a aussi 25 autres plantes nommées « canadiennes » absentes de la publication de Tournefort de 1694. Ces espèces mentionnées dans les *Institutiones rei herbariae* de 1700 sont présentées à l'appendice 5. Le même appendice contient de plus les espèces mentionnées dans l'édition posthume de 1719 du même ouvrage rédigé aussi en latin.

Des références à des plantes canadiennes dans la relation du voyage de Tournefort en Orient

Entre 1700 et 1702, Tournefort effectue un voyage au Levant parrainé par Louis XIV ayant pour but d'étudier l'histoire naturelle et bien sûr le commerce. Il est accompagné du botaniste allemand Andreas Gundelsheimer (1668-1743) et du peintre Claude Aubriet. Ce voyage permet d'identifier des centaines de plantes non inventoriées précédemment.

La sanguisorbe du Canada (*Sanguisorba canadensis*) illustrée en 1742. Giacomo Zanoni (1615-1682), fils d'apothicaire, devient un botaniste renommé de l'Université de Bologne. De 1642 à son décès, il est aussi le conservateur du Jardin botanique de cet établissement. En 1675, il publie *Istoria Botanica*. En 1742, Gaetano Monti (Cajetanus Montius), le directeur du même Jardin botanique, publie en latin une seconde édition enrichie du livre de Zanoni paru en 1675. Charles Linné fait usage du nom du genre *Zanonia* en l'honneur du botaniste italien. Dans l'ouvrage de 1742, la sanguisorbe du Canada porte le nom italien de *Pimpinella maggiore di Canada*, c'est-à-dire la grande pimprenelle du Canada. Giacomo Zanoni est préoccupé par les propriétés thérapeutiques des plantes qu'il étudie. Il est d'ailleurs aussi actif comme apothicaire.

Source : Montius, Cajetanus, *Jacobi Zanonii Rariorum Stirpium Historia…*, planche 137, Bologne, Ex Typographia Laelii a Vulpe, 1742.

Pimpinella maggiore di Canada.

Dans le tome second, Tournefort décrit les vallées adjacentes à l'Euphrate. Ce majestueux fleuve « serpente parmi des plantes merveilleuses et nous fûmes charmés d'y trouver cette belle espèce de *Pimprenelle à fleur rouge*, qui fait un des principaux ornements des jardins de Paris et que l'on a apportée depuis longtemps de Canada en France ».

En 1694, Tournefort inclut « *Pimpinella Canadensis spica longa rubente* » dans les espèces énumérées dans ses *Elemens de botanique*. Il s'agit de la pimprenelle du Canada à longs épis rougeâtres qui se trouve en 1665 dans la liste des plantes du Jardin royal à Paris.

Dès 1659, Denis Joncquet rapporte pour ce même Jardin la présence de deux primprenelles canadiennes à épi rouge : *Pimpinella maxima Canadensis spica longa rubra* et *Pimpinella maxima Cannadensis spica rubra glomerata*. La première espèce a un épi long et rouge, alors que la seconde possède un épi plus petit mais de même couleur. Cette première espèce correspond à la plante signalée par Tournefort en 1694. Cette plante est cependant différente de l'espèce de pimprenelle canadienne à épi blanc décrite par Cornuti en 1635 sous le nom de *Pimpinella maxima Canadensis*. Cette dernière est la sanguisorbe du Canada (*Sanguisorba canadensis*), alors que l'espèce à épi long et rouge correspond à *Sanguisorba media* si l'on se fie à l'identification de Linné en 1753 qui indique que cette plante croît au Canada.

L'identification de la plante observée par Tournefort en Orient est cependant incertaine. Il en est de même pour la plante canadienne qui lui semble identique. Il n'y a évidemment aucune évidence que la plante rencontrée par Tournefort près de l'Euphrate provient du Canada. Tournefort ne suggère d'ailleurs pas cette possibilité. Une explication pourrait être que cette plante se retrouve au Canada et en Asie. C'est le cas de *Sanguisorba officinalis* qui est indigène en Asie, en Europe et en Amérique du Nord. On a répertorié cette espèce dans l'Ouest canadien, dans le Maine et dans quelques États américains. Malheureusement, on ne sait pas si Tournefort réfère à cette espèce ou à une autre.

Une observation est cependant certaine. Les pimprenelles semblent plutôt populaires dans les jardins. Celle à épi blanc, la sanguisorbe du Canada (*Sanguisorba canadensis*), décrite initialement par Cornuti en 1635, se retrouve l'année suivante sous un nom différent dans la liste des plantes du Jardin du roi. Curieusement, elle est nommée *Sanguisorba major Americana flore albo spicato,* c'est-à-dire la grande sanguisorbe d'Amérique à fleur blanche en épi. Pour Cornuti, elle est une pimprenelle canadienne, alors que, l'année suivante, elle est une sanguisorbe américaine pour Guy de La Brosse. Cette différence illustre bien la variabilité des noms relatifs à la provenance géographique des nouvelles espèces exotiques.

La popularité des pimprenelles tient assurément à leur réputation médicinale. Depuis longtemps, on connaît bien les propriétés astringentes de ces espèces. Le mot *sanguisorbe* réfère d'ailleurs au contrôle des saignements. Ce mot vient du latin *sanguis*, sang, et *sorbere*, absorber. Au mois d'août 1765 paraît dans la Gazette de Québec une annonce invitant à faire parvenir des plantes utiles de toutes sortes à John Wright, le jardinier du gouverneur de l'Amérique du Nord britannique. Entre autres espèces, on aimerait recevoir des graines et des plantes servant à la médecine et à la teinture amérindiennes. De plus, il est spécifié qu'on est à la recherche d'une « grande quantité » de la « pimprenelle » qui « vient dans les endroits marécageux, ou aux bords des rivières ». Au Canada, l'intérêt pour les pimprenelles se poursuit vigoureusement après le Régime français.

Diverses contributions de Tournefort

La production scientifique de Tournefort est d'une grande ampleur et montre bien pourquoi Tournefort mérite une place d'honneur dans l'histoire de la botanique. Il est aussi agréable de constater que la contribution canadienne à cette naissance de la science botanique est reconnue grâce à des personnages comme Jacques Cornuti et Michel Sarrazin. Tournefort a créé de nouveaux genres botaniques pour permettre de décrire de nouvelles espèces canadiennes. Ce fut le cas par exemple des genres *Menispermum, Diervilla* et *Chelone* qui, selon Tournefort, n'incluent à l'époque qu'une seule espèce.

Le ménisperme, une lunaire parmi d'autres

Les graines produites par les espèces peu nombreuses du genre ménisperme (*Menispermum* spp.) ont la forme particulière rappelant un gros quartier de lune. Le nom anglais *moonseed* évoque d'ailleurs cette caractéristique morphologique. Depuis l'Antiquité, diverses plantes sont nommées lunaires (*lunaria*) parce que la forme de certaines de leurs parties est similaire à la lune ou à ses quartiers. Les lunaires sont variées. Par exemple, il y a les botryches voisins des fougères et les crucifères dont les graines dans les fruits ressemblent à des lunes. Le *Codex Kentmanus* du XVIe siècle, réalisé par Johannes Kentmann (1518-1577), contient l'illustration d'une lunaire de la famille des crucifères qui a aussi la distinction d'être possiblement l'une des premières impressions sur papier d'un fruit enduit de colorant permettant une représentation fidèle des dimensions et de la forme du fruit.

En 1555, Conrad Gessner (1516-1565) publie un livre sur les lunaires. On apprend que certaines plantes sont des lunaires parce qu'elles peuvent produire une certaine lumière durant la nuit. Le missionnaire jésuite Louis Nicolas signalera, à la fin du XVIIe siècle, que de vieux érables pourris produisent de la lumière la nuit en Nouvelle-France. D'autres documents de Gessner révèlent que le tabac, probablement le tabac des paysans (*Nicotiana rustica*), est nommé lunaire à Augsbourg en Allemagne. Le naturaliste confie qu'il a même mangé des feuilles de ce tabac et qu'il a ressenti des étourdissements.

On a proposé que l'une des premières ordonnances médicales, écrites au temps des Sumériens, réfère à une espèce de ménisperme. Cette prescription spécifie qu'on broie l'écorce du poirier blanc et la racine de la lunaire. On les dissout dans la bière pour boire cette potion guérisseuse. L'interprétation que la lunaire des Sumériens correspond à un ménisperme est cependant à juger avec réserve et précaution. Les graines du haricot de Lima, originaire des Andes d'Amérique du Sud, ont une forme rappelant la lune. C'est pourquoi le nom scientifique de ce haricot est devenu *Phaseolus lunatus*.

Au Moyen Âge, l'alchimie et l'astrologie ont des liens très apparents. Sept métaux portent le nom des planètes connues à l'époque. L'argent est identifié à la lune et le sulfate d'argent est appelé «vitriol de lune». Pendant longtemps, le vitriol de lune fait partie des remèdes de la médecine et cette préparation minérale sera même utilisée pendant quelques siècles après la période médiévale. On a attribué des pouvoirs magiques étonnants au botryche lunaire (*Botrychium lunaria*), une espèce circumboréale présente en Amérique du Nord. En Europe, des voleurs insèrent des tissus de cette plante dans une incision de la paume des mains pour faciliter les cambriolages. Enfin, on rapporte en Inde l'usage traditionnel d'une plante (*Rawolfia serpentina*) pour les personnes lunatiques.

Sources: Coats, Alice M., *The treasury of flowers*, McGraw-Hill, 1975, Espèce 21 (*Botrychium lunaria*). Kusukawa, Sachiko, «Image, Text and *Observatio*: The *Codex Kentmanus*», *Early Science and Medicine*, 2009, 14: 445-475. L'illustration de la lunaire est à la page 456. Kusukawa, Sachiko, *Picturing the book of Nature. Image, text, and argument in sixteenth-century human anatomy and medical botany*, Chicago et London, University of Chicago Press, 2012, p. 155-156 et 167. Simpson, Beryl Brintnall et Molly Conner Ogorzaly, *Plants in our world. Economic Botany*, quatrième édition, New York, McGraw-Hill Education, 2014, p. 312. Webb, John L., «The oldest medical document», *Bulletin of the Medical Library Association*, 1957, 45 (1): 1-4.

Sources

Adriaenssen, Diane, *Le latin du jardin*, Paris, La Librairie Larousse, 2011.

Anonyme, *Banque d'images du Muséum national d'histoire naturelle de Paris*. Portail documentaire disponible au http://museumedia.mnhn.fr

Anonyme, *Supplément à la Gazette de Québec*, août 1765, no LXIII. Note: la connaissance de ce texte est due à la collaboration de Jonathan C. Lainey (Bibliothèque et Archives Canada).

Cornuti, Jacques, *Candensium Plantarum aliarumque nondum editarum Historia*, Paris, 1635. Disponible à la bibliothèque numérique du Jardin botanique royal de Madrid au http://bibdigital.rjb.csic.es/spa/.

De La Brosse, Guy, *Description du Jardin royal des plantes médicinales étably par le roi Louis le juste à Paris, contenant le catalogue des plantes qui y sont de présent cultivées, ensemble le plan du jardin*, Paris, 1636. Disponible à la bibliothèque interuniversitaire de médecine (Paris) au http://web2.bium.univ-paris5.fr/.

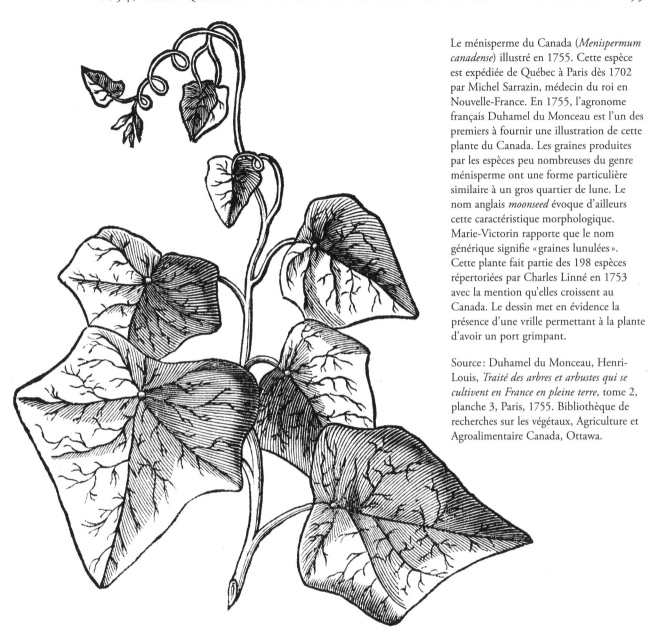

Le ménisperme du Canada (*Menispermum canadense*) illustré en 1755. Cette espèce est expédiée de Québec à Paris dès 1702 par Michel Sarrazin, médecin du roi en Nouvelle-France. En 1755, l'agronome français Duhamel du Monceau est l'un des premiers à fournir une illustration de cette plante du Canada. Les graines produites par les espèces peu nombreuses du genre ménisperme ont une forme particulière similaire à un gros quartier de lune. Le nom anglais *moonseed* évoque d'ailleurs cette caractéristique morphologique. Marie-Victorin rapporte que le nom générique signifie «graines lunulées». Cette plante fait partie des 198 espèces répertoriées par Charles Linné en 1753 avec la mention qu'elles croissent au Canada. Le dessin met en évidence la présence d'une vrille permettant à la plante d'avoir un port grimpant.

Source: Duhamel du Monceau, Henri-Louis, *Traité des arbres et arbustes qui se cultivent en France en pleine terre*, tome 2, planche 3, Paris, 1755. Bibliothèque de recherches sur les végétaux, Agriculture et Agroalimentaire Canada, Ottawa.

Fontenelle, Bernard Le Bovier de, «Éloge de M. de Tournefort», *Choix d'éloges français les plus estimés par M. de Fontenelle,* III, Paris, D'Hautel Libraire, 1812 (1708), p. 52-78. Disponible au http://gallica.bnf.fr/.

Joncquet, Denis, *Hortus sive onomasticus plantarum*, Paris, 1659.

Linné, Carl von, *Species plantarum*, deuxième édition, tome I, Stockholm, 1762. Disponible à la bibliothèque numérique du Jardin botanique royal de Madrid au http://bibdigital.rjb.csic.es/spa/.

Magnol, Pierre, *Hortus Regius Monspeliensis sive Catalogus Plantarum quæ in Horto Regio Monspeliensi demonstranture*, Montpellier, 1697. Disponible au http://gallica.bnf.fr/ark:/.

Tournefort, Joseph Pitton de, *Elemens de Botanique ou Methode pour connoître les plantes*, Paris, 1694. Disponible au http://edb.kulib. kyoto-u.ac.jp/.

Tournefort, Joseph Pitton de, *Institutiones rei herbariae*, Paris, 1700.

Tournefort, Joseph Pitton de, «Relation d'un voyage du Levant, fait par ordre du roi», Amsterdam, 1718. Disponible à la bibliothèque numérique du Jardin botanique royal de Madrid au http://bibdigital. rjb.csic.es/spa/.

Tournefort, Joseph Pitton de, *Institutiones rei herbariae*, Lyon, 1719. L'édition de 1719 publiée à Lyon, identique au contenu de 1700, contient de plus un éloge de Tournefort. Les trois tomes de 1719 sont disponibles à la bibliothèque numérique du Jardin botanique royal de Madrid au http://bibdigital.rjb.csic.es/spa/.

1696, LONDRES. UN NOUVEL ÉRABLE À SUCRE ET DES VÉTÉRINAIRES ANGLAIS NOMMENT INCORRECTEMENT LA SANGUINAIRE D'AMÉRIQUE *CURCUMA*

LEONARD PLUKENET (1642-1706) est un médecin anglais dont l'intérêt principal est la botanique. Il constitue un herbier d'environ 8 000 spécimens. Ce nombre est impressionnant pour l'époque, car Plukenet ne semble pas disposer de moyens financiers importants. Il doit d'ailleurs assumer lui-même les frais de publication de la majorité de ses ouvrages. Il possède de plus une collection d'environ 1 700 insectes.

En 1690, il est le responsable des jardins à Hampton Court de la reine Marie II Stuart (1662-1694), épouse de Guillaume III d'Orange (1650-1702). Il est par la suite nommé professeur royal de botanique. Entre 1691 et 1696, il publie *Phytographia* en quatre volumes. Les deux premiers tomes paraissent en 1691 et les deux autres en 1692 et en 1696. Ce recueil contient 328 planches illustrant plus de 2 500 plantes de diverses régions du monde. Ces planches sont généralement réalisées à partir d'échantillons d'herbier.

En 1696, il publie *Almagestum Botanicum*, qui est un catalogue alphabétique d'environ 6 000 plantes, dont environ 500, selon l'auteur, sont des espèces nouvellement décrites. En 1700, il produit un complément à cet inventaire intitulé *Almagesti Botanici Mantissa*, qui inclut 22 nouvelles planches numérotées de 329 à 350. En 1705, une dernière publication, *Amalthemum Botanicum*, contient 104 planches, numérotées de 351 à 454, et des descriptions d'espèces de diverses régions éloignées, incluant la Chine et la Floride. Au total, les 454 planches des œuvres de Plukenet illustrent plus de 2 740 plantes. À son décès, Hans Sloane, l'un des plus influents scientifiques anglais de son époque, acquiert tout ce qu'il peut des livres et des collections botaniques de Plukenet.

Les nombreuses illustrations et les descriptions de Plukenet servent à Linné pour confirmer l'identification de certaines espèces. Ce dernier nomme une espèce d'érica en son honneur. Plukenet a aussi collaboré au second volume du livre *Historia Plantarum* de John Ray (1627-1705). Malgré cette collaboration, Ray décrit Plukenet comme un homme désagréable et jaloux de sa réputation. Ray travaille pendant toute sa carrière en Angleterre pour tenter, comme Tournefort en France, de mettre au point un système de nomenclature et de classification des plantes. Tournefort aime bien comparer ses descriptions à celles de Ray afin de trouver des erreurs et des failles dans l'œuvre de son compétiteur anglais. Tournefort n'oublie jamais de souligner les erreurs attribuées à Ray.

Des notations de Plukenet sur les plantes canadiennes

En général, les notations de Plukenet sur les plantes canadiennes sont livresques, car elles se reportent aux travaux de Cornuti (1635), de Dodart (1676) et de Tournefort (1694). Plukenet cite de plus en référence les listes des plantes du Jardin royal de Paris.

À l'occasion cependant, on trouve quelques remarques inédites, principalement dans la publication *Almagestum Botanicum* de 1696.

Parmi la liste des érables (*Acer*), il inclut l'érable à Giguère (*Acer negundo*) pour lequel il rapporte divers synonymes dont *Arbor sorte Saccharifera Canadensium Indorum*. Ce nom laisse croire que cet érable canadien fournit une sève sucrée. Il produit de plus une illustration de cette espèce. Il s'agit vraisemblablement de la première mention de cet érable comme étant une espèce canadienne. Pehr Kalm mentionne cette espèce au siècle suivant en précisant que l'historien François-Xavier de Charlevoix a probablement confondu cet érable aux feuilles de frêne avec un frêne. Le jésuite aurait donc affirmé erronément que le frêne peut donner de l'eau sucrée. Pour Kalm, il s'agit plutôt de l'érable négondo. Kalm ignore cependant que Louis Nicolas a rapporté que le « franc frêne », et non le « frêne bâtard », donne une « liqueur bien plus douce et bien plus sucrée que celle de l'érable ».

L'adiante (Adiante du Canada, *Adiantum pedatum*), déjà décrit par Cornuti en 1635, se trouve dans des jardins autour de Londres. Il n'y a rien de surprenant, car cette espèce médicinale a très bonne réputation en Europe. C'est le capillaire du Canada qui se compare bien, au point de vue médicinal, au capillaire de Montpellier ou de Paris.

Plukenet est possiblement le premier à suggérer une identification pour la plante *Herbatum (sorte) Canadensium, sive Panaces moschatum* mentionnée par Cornuti en 1635. Pour Plukenet, cette espèce est le *Christophoriana Virginiana* que d'autres auteurs identifient par la suite à l'aralie à tige nue (*Aralia nudicaulis*). Il fournit une illustration de cette aralie qui sera par la suite connue sous le nom de salsepareille. Plukenet n'explique pas cependant la présence d'un duvet tomenteux sur la plante de Cornuti.

En décrivant les trilles (*Trillium*), il indique qu'il possède une variété ou une espèce différente de celle décrite par Cornuti en 1635. Cette plante est illustrée.

Une remarque étonnante concernant une espèce canadienne

À la fin des synonymes de la sanguinaire du Canada (*Sanguinaria canadensis*) utilisés par Cornuti en 1635 et Parkinson en 1640, Plukenet ajoute que toute la plante produit un suc jaune (*luteo*) probablement propre à la teinture. Les Indiens l'identifient sous le nom de « *pocan* », alors que les vétérinaires anglais la nomment incorrectement « curcuma ». On ne sait pas si l'auteur veut ainsi dénoncer l'utilisation frauduleuse de la sanguinaire pour remplacer le curcuma. Cela ne serait certes pas le premier exemple de substitutions frauduleuses d'un médicament végétal nord-américain. De plus, ce n'est pas la première fois qu'il semble y avoir confusion entre la couleur jaune et rouge du suc de la sanguinaire. Certains soutiennent que cette confusion serait due aux reflets jaunâtres obtenus après la coloration. Cette hypothèse est à vérifier.

Le mot amérindien *pocan* est rapporté dans d'autres publications sous différentes graphies, comme *puccoon* et *pucoon*. Aujourd'hui, le mot commun anglais *puccoon* réfère aussi à diverses espèces de grémil (*Lithospermum* sp.). Ces espèces n'ont aucune similarité avec la sanguinaire. Les remarques de Plukenet sur le *pocan* sont reprises par d'autres botanistes, comme Johann Jakob Dillenius (1684-1747), un professeur de botanique à Oxford.

Les premières mentions de la sanguinaire en Amérique du Nord

Après un essai infructueux d'installation d'une colonie anglaise entre 1584 et 1590 à Roanoke en Caroline du Nord, une colonie permanente est établie à Jamestown en Virginie en 1607. Selon Daniel Austin, la première mention de la racine de *pocones* en Virginie est celle de John Smith (vers 1580-1631) en 1612. Smith décrit de multiples usages amérindiens de la petite racine qui croît dans les montagnes et dont la poudre séchée rouge sert à soigner les enflures et les maux articulaires tout en étant un colorant pour la peau et les vêtements. La même année, William Strachey (1572-1621), un autre membre de la colonie, ajoute que la racine de *pochone* est mélangée à l'huile de noyer ou à la graisse d'ours.

Dès décembre 1610, la Compagnie de Virginie émet des instructions plutôt détaillées quant à l'expédition en Angleterre de végétaux ou de leurs produits exploitables commercialement dans la colonie. Ces directives concernent plusieurs espèces dont le sassafras, la salsepareille (*sarsaparilla*), les noyers, les chênes, une herbe à soie (*silkgrass*), les arbres résineux, une plante ressemblant au fenouil (*galbrand*, mot interprété comme signifiant *galbanum*) et le *poccone* provenant des Amérindiens. Pour cette compagnie, les racines de la sanguinaire valent 100 livres la tonne en Angleterre.

En 1588, Thomas Hariot (vers 1560-1621) avait publié un compte-rendu des premiers efforts de colonisation en Caroline dans lequel il mentionne trois plantes locales pouvant aussi fournir un colorant rouge. Leurs noms amérindiens sont *wasewowr*, *chappacor* et *tangomockonomindge*. La première espèce est possiblement le phytolaque d'Amérique (*Phytolacca americana*), alors que les deux autres ne sont pas identifiés avec certitude. L'historien David Beers Quinn a suggéré qu'une ou deux de ces espèces correspondaient au cornouiller (*Cornus* sp.). Contrairement à Samuel de Champlain qui, dans

Sanguinarine, dentifrices, rince-bouches et promesses médicinales

La sanguinaire du Canada contient de la sanguinarine dans le latex sécrété des rhizomes. La sanguinarine est un alcaloïde ayant des propriétés antimicrobiennes. À dose élevée, cette molécule est cependant un poison pour les animaux et les humains. La sanguinarine n'est pas seulement produite par la sanguinaire. On l'extrait de l'argémone du Mexique (*Argemone mexicana*), de la grande chélidoine (*Chelidonium majus*) et de quelques autres espèces appartenant aux papavéracées, la famille du pavot à opium (*Papaver somniferum*).

La sanguinarine a été ajoutée à certains produits commerciaux de santé buccale, comme les dentifrices et les rince-bouche. Par contre, au début des années 2000, une compagnie retire la sanguinarine du marché. La prudence semble de mise puisque cette molécule peut causer des effets physiologiques indésirables.

Des recherches en laboratoire ont démontré que la sanguinarine possède des propriétés anticancéreuses in vitro en provoquant l'apoptose des cellules, c'est-à-dire leur mort programmée. Il y a encore beaucoup à apprendre avant de pouvoir utiliser cet alcaloïde de façon sécuritaire et efficace. Les promesses de plusieurs molécules anticancéreuses ont souvent disparu lorsqu'elles sont confrontées aux complexités des applications cliniques.

Sources : Han, Min Ho et autres, «Apoptosis induction of human bladder cancer cells by sanguinarine through reactive oxygen species-mediated up-regulation of early growth response gene-1», *PLoS ONE*, 2013, 8 (5) : e63425. Vlachojannis, C. et autres, «Rise and fall of oral health products with Canadian bloodroot extract», *Phytotherapy Research*, 2012, 26 (10) : 1423-1426.

son *Brief Discours* (1598-1601), illustre le fameux rouge de cochenille d'Amérique comme provenant de graines rouges, Thomas Hariot signale dès 1588 que la source du colorant *cochinile* se trouve sur un cactus.

Quelques contributions de Plukenet, dont certaines ont des échos en Nouvelle-France

Plukenet reconnaît bien l'affinité botanique de la sanguinaire avec les pavots en la nommant *Papaver corniculatum, seu Chelidonium humile cauliculo nudo, flore albo stellato. Papaver* signifie «pavot». Parmi les notations de Plukenet sur des espèces non canadiennes, il est intéressant de souligner que le botaniste indique qu'un certain Newton lui a fourni un échantillon de plantain (*Plantago*) provenant de l'île de Thanet. Il est probable que ce collaborateur soit Isaac Newton (1642-1727), le célèbre savant qui est aussi très intéressé par l'alchimie et les sciences naturelles.

L'œuvre de Plukenet fait ressortir plusieurs éléments reliés à la pratique scientifique. Au premier chef, il faut noter la passion d'un homme qui, sans grands appuis, réussit à produire une œuvre considérable. Cette réalisation n'aurait pas été possible sans la collaboration de nombreux savants d'autres pays et d'autres disciplines. Par contre, la difficulté de transposer l'information d'une culture à une autre ressort aussi clairement.

Finalement, il est intéressant de noter que le manuscrit de 1749 de Jean-François Gaultier sur les plantes du Canada contient des références aux ouvrages de Plukenet publiés quelques décennies auparavant.

Sources

Adriaenssen, Diane, *Le latin du jardin*, Paris, La Librairie Larousse, 2011.
Austin, Daniel F., *Florida Ethnobotany*, Florida, CRC Press, Boca Raton, 2004, p. 1009-1010.
Brown, Alexander, *The genesis of the United States*, vol. 1, Boston et New York, Houghton, Mifflin and Cie, 1890, p. 384-386.

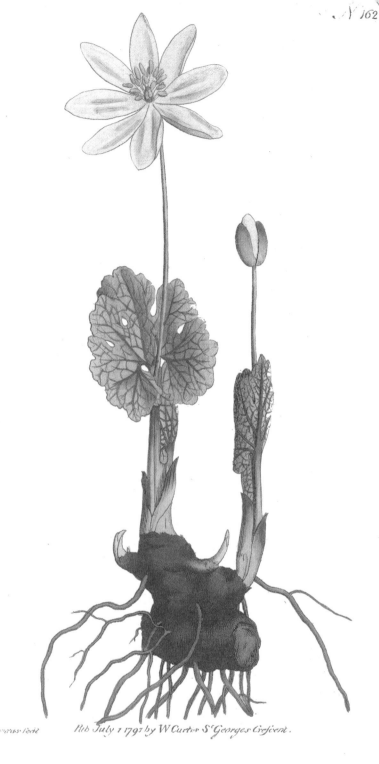

La sanguinaire du Canada (*Sanguinaria canadensis*) illustrée dans un prestigieux magazine botanique anglais. Selon Daniel Austin, la première mention de la racine de *pocones* (terme algonquien) en Virginie est celle faite par John Smith (vers 1580-1631) en 1612. Smith décrit de multiples usages amérindiens de la racine dont la poudre séchée rouge de la sanguinaire sert à soigner les enflures et les maux articulaires tout en colorant la peau et les vêtements. La même année, William Strachey (1572-1621) ajoute que la racine de *pochone* est mélangée à l'huile de noyer ou à la graisse d'ours. En février 1618, Samuel de Champlain voit en la sanguinaire une plante tinctoriale très prometteuse commercialement. La sanguinaire est mentionnée, mais non illustrée, dans la flore du Canada de Jacques Cornuti en 1635. En 1791, le magazine botanique anglais, sous la direction de William Curtis, produit une superbe illustration de la sanguinaire du Canada.

Source : *The Botanical Magazine*, 1791, vol. 5, planche 162. Bibliothèque de recherches sur les végétaux, Agriculture et Agroalimentaire Canada, Ottawa.

Pub July 1 1791 by W Curtis S.t Georges Crescent.

Guédès, Michel, « Les œuvres de Leonard Plukenet et leurs réimpressions », *Archives of Natural History,* 1981, 10 : 67-76.

Hariot, Thomas, *A Brief and True Report of the New Found Land of Virginia*, Electronic Texts in American Studies, 1588, paper 20. Disponible au http://digitalcommons.unl.edu/.

Nieuwland, J. A., « Notes on the Seedlings of Bloodroot », *American Midland Naturalist,* 1910, 1 (8) : 199-203.

Plukenet, Leonard, *Phytographia*, Londres, 1691-1696. Disponible à la bibliothèque numérique du Jardin botanique royal de Madrid au http://bibdigital.rjb.csic.es/spa/.

Plukenet, Leonard, *Almagestum Botanicum sive Phytographiae Pluc'netianae*, Londres, 1696. Disponible à la bibliothèque numérique du Jardin botanique royal de Madrid au http://bibdigital.rjb.csic.es/spa/.

Plukenet, Leonard, *Almagesti Botanici Mantissa*, Londres, 1700. Disponible à la bibliothèque numérique du Jardin botanique royal de Madrid au http://bibdigital.rjb.csic.es/spa/.

Plukenet, Leonard, *Almatheum Botanicum*, Londres, 1705. Disponible à la bibliothèque numérique du Jardin botanique royal de Madrid au http://bibdigital.rjb.csic.es/spa/.

1696, SICILE. UNE PLANTE GRIMPANTE NOMMÉE CANADA

FRANCESCO CUPANI (1657-1710) est un botaniste d'origine italienne qui étudie d'abord la médecine. En 1681, il devient membre de la congrégation des Minimes. Ce religieux, particulièrement intéressé à la botanique et à l'herborisation, est le disciple du réputé naturaliste sicilien Paolo Boccone.

En 1692, grâce à l'appui financier de Guiseppe del Bosco (décédé en 1721), Cupani met sur pied un jardin botanique à Misilmeri, près de Palerme en Sicile. Il y accumule plusieurs plantes locales et étrangères et il est en contact épistolaire avec plusieurs grands botanistes, comme Joseph Pitton de Tournefort en France et William Sherard en Angleterre. Cupani est probablement responsable de l'introduction en Angleterre d'une espèce de séneçon (*Senecio squalibus*) après avoir expédié des semences de cette plante à William Sherard. Il constitue un herbier dont quelques centaines d'échantillons subsistent encore au département de botanique de l'Université de Catane en Sicile.

En 1695, il publie une première liste des plantes du jardin *Hortus Catholicus* sous sa responsabilité et une deuxième édition l'année suivante. Cupani est aussi l'auteur d'autres publications botaniques. Quelques plantes porteront le nom spécifique *cupanii*, *cupani* ou *cupiniana* en son honneur. Il en est de même pour le genre *Cupania*. En 1713, une œuvre posthume, *Panphyton siculum*, est publiée en trois volumes à Palerme. On y recense 44 poiriers différents, 39 pommiers, 18 figuiers, 48 pruniers, 6 orangers, 6 citronniers, 19 blés et 32 piments. Cet ouvrage contient 658 planches d'illustrations presque toutes gravées par Cupani lui-même. Un typographe avait réussi à rassembler les gravures de Cupani. Cet ouvrage est relativement rare parce que peu d'exemplaires ont été produits en 1713. Certains soutiennent même que ce ne sont que des épreuves d'imprimerie.

Les plantes canadiennes de la seconde édition de 1696 du *Hortus Catholicus*

Parmi les 3 000 espèces, il y a d'abord *Hedera quinquefolia Canadensis,* décrit par Cornuti en 1635. Cette plante grimpante correspond à la vigne vierge à cinq folioles (*Parthenocissus quinquefolia*). Il faut aussi considérer la possibilité qu'il s'agisse de la vigne vierge commune (*Parthenocissus inserta*). Elle porte le nom commun (*vulgo*) « Canada ». Cette espèce est mentionnée dès 1623 à Paris et quelques années plus tard en Angleterre. Le mot *Canada* avait été auparavant associé à une autre espèce, le topinambour.

On retrouve aussi deux valérianes (*Valeriana*) décrites par Cornuti en 1635. Ces valérianes sont en fait des eupatoires correspondant probablement à l'eupatoire rugueuse (*Ageratina altissima* var. *altissima*).

Une verveine étrangère (*Verbena peregrina*) est présentée comme une verveine canadienne. En 1672, Abraham Munting (1626-1683) mentionne dans son livre *Waare Oeffening der Planten* une grande verveine du Canada à feuille d'ortie (*Verbena maxima Canadensis Urtica folio variegato*) correspondant possiblement à la verveine à feuilles d'ortie (*Verbena urticifolia*). La verveine de Cupani est peut-être celle nommée *Yzerhart van Canada* par Abraham Munting, qui est professeur de botanique à l'Université de Groningue en Hollande. Il succède à son père, Henri Munting (1583-1658), médecin et premier professeur de botanique et de chimie à Groningue. Ce dernier a fondé le Jardin botanique de Groningue en 1642. En plus de la verveine du Canada, Abraham Munting mentionne en 1672 la présence de quelques autres plantes canadiennes dans le Jardin botanique de Groningue. En 1702, son livre posthume *Phytographia curiosa* contient d'excellentes illustrations de quelques plantes canadiennes, comme le laportéa du Canada (*Laportea canadensis*). Curieusement, cette espèce est aussi identifiée comme une grande (majeure) verveine du Canada (*Verbena Botryoides major Canadensis*). Les reproductions des magnifiques illustrations du livre de 1702 de Munting sont toujours recherchées, particulièrement sur le marché du commerce électronique.

D'autres plantes canadiennes

Étonnamment, le yucca nommé *Yuca foliis Aloës* (Yucca aux feuilles d'aloès) porte le nom commun de yucca du Canada (*Iuca Canadana*). Ce n'est pas la première fois qu'il y a une confusion possible quant à l'origine géographique de cette espèce. Ce yucca ne provient probablement pas du Canada. De nos jours, on ne recense qu'une espèce indigène canadienne de yucca en Alberta. En 1625, Tobias Aldinus décrit aussi un yucca du Canada, le « *Hyiucca Canedana* ». Il s'agit, selon l'auteur, d'une plante de la région du Canada (*planta ex Canada regione*). D'autres espèces ont aussi été identifiées erronément comme étant présentes au Canada. Dès 1586, Jacques Dalechamp indique que le manioc (*Manihot esculenta*) se trouve dans la région du Pérou et des îles du Canada et de la Floride. Cette plante, originaire d'Amérique du Sud, est absente de l'Amérique du Nord. Elle ne peut coloniser que quelques États de l'extrémité sud des États-Unis. L'illustration du manioc dans le livre de Dalechamp est adjacente à celle du yucca (*Yuca*). L'un des noms populaires du manioc est encore aujourd'hui *yuca*.

Dans une liste supplémentaire à la fin de l'ouvrage, une plante nommée *Astragalus Canadensis* semble problématique pour l'auteur quant à son identification. S'il s'agit de l'astragale du Canada (*Astragalus canadensis*), cette espèce est mentionnée dès 1676 et dans les traités de Tournefort. Il y a aussi la possibilité du rare astragale négligé (*Astragalus neglectus*) présent en Ontario.

La rudbeckie laciniée (*Rudbeckia laciniata*) fait partie de la liste. Cupani rapporte le nom donné par Cornuti en 1635 en plus de deux autres synonymes. Il répertorie enfin une espèce de concombre canadien en citant la description de Tournefort de 1694 (*Sicyoides Canadensis fructu echinato*). Cette espèce est le concombre grimpant (*Echinocystis lobata*). En 1694, ce concombre est en France. Deux ans plus tard, il est déjà répertorié en Sicile.

Une espèce d'Amérique du Nord dans un autre jardin sicilien

Le jardin de Misilmeri, fondé en 1692, est beaucoup plus jeune que celui de Messine, mis sur pied dès 1638 par Pietro Castelli. Romain de naissance, Castelli obtient son diplôme de médecine à Rome en 1594. Vers 1625, il devient professeur d'université en tant que spécialiste des « simples », grâce à l'influence du cardinal Francesco Barberini (1597-1679). En 1629, après le décès de Giovanni (Johann) Faber (1574-1629), il assume la fonction de responsable des « simples » au Jardin du Vatican. Quelques années plus tard, il se retrouve à Messine en Sicile. Il développe le Jardin de Messine en s'inspirant de celui de Padoue. Ce jardin, situé entre deux ponts, est divisé en 14 sections portant les noms des apôtres, de Saint-Paul et Saint-Placide et de la Vierge Marie. Un musée, un laboratoire et une chapelle complètent le jardin d'environ 580 mètres sur 50 mètres.

En 1640, Castelli publie *Hortus Messanensis* qui recense les espèces du jardin. Il souligne qu'on fait croître des plantes d'Inde, d'Arabie, d'Amérique, d'Égypte, de Chine, de Perse, d'Espagne, de Belgique, de Hollande, du Pérou et de la Turquie. Cette liste contient surtout la florule de l'Etna qui lui donne un caractère unique. Parmi les plantes de cette liste, on trouve *Lysimachia lutea corniculata* correspondant, selon plusieurs auteurs, à une espèce d'onagre (*Oenothera* sp.) d'Amérique du Nord. Cette plante n'est pas présente sur la liste de Cupani de 1696.

Le nom *Lysimachia lutea corniculata* est celui donné initialement par Gaspard Bauhin en 1623. Cette espèce se retrouve aussi dans la liste des plantes de l'herbier de Joachim Burser qui proviennent probablement du Canada. Une espèce d'onagre d'Amérique du Nord semble donc déjà présente dans divers jardins d'Europe.

Le Jardin botanique sicilien de Messine est l'un des premiers jardins botaniques européens de son époque. Il fut malheureusement détruit en 1674 par les troupes espagnoles combattant la Révolte de Messine.

Cette histoire illustre différentes caractéristiques de l'enfance de la botanique en Europe en ce qui concerne les plantes canadiennes. La grande

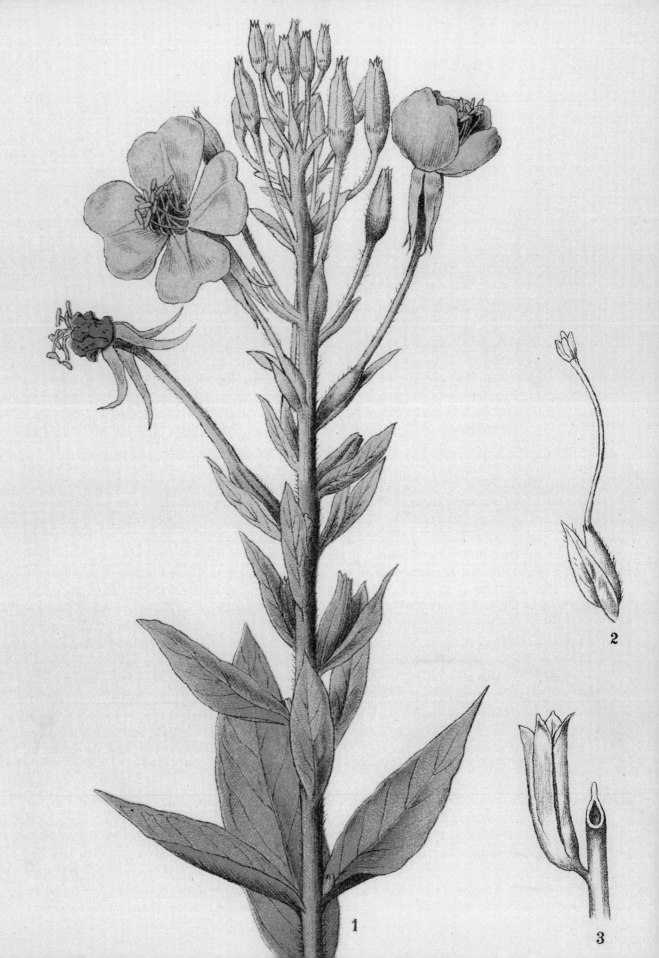

1

2

3

Les onagres, de nouveau à la mode

À la fin du XIXe siècle, l'étude des onagres permet à Hugo de Vries (1848-1935) de redécouvrir les lois de la génétique décryptées par le moine Gregor Mendel (1822-1884) entre 1856 et 1866. Au début du XXe siècle, de Vries publie sa fameuse théorie de l'évolution basée sur les mutations. Il est d'ailleurs le premier à utiliser ce terme en biologie. Paradoxalement, de Vries a raison sur certains aspects de sa théorie, mais les explications sont erronées. Les variations génétiques observées chez les onagres ne proviennent pas de mutations dites ponctuelles, mais plutôt de réarrangements particuliers des chromosomes et de la polyploïdie.

Il y a plus d'une centaine d'espèces d'onagre originaires des Amériques. Plusieurs dizaines d'entre elles ont été introduites en Europe. L'onagre bisannuelle (*Oenothera biennis*) a su conquérir tous les continents, sauf l'Antarctique. La génétique moléculaire s'intéresse de plus en plus aux onagres dont le nom anglais *evening primrose* rappelle que ces fleurs s'ouvrent en fin de journée et la nuit. Les graines contiennent des acides gras d'intérêt nutraceutique et les tanins semblent prometteurs pour des applications médicinales.

Source : Greiner, Stephan et Karine Kohl, « Growing evening primroses (*Oenothera*) », *Frontiers in Plant Science,* 2014, 5 : 38. doi : 10.3389/fpls.2014.00038.

circulation des espèces traduit l'engouement et les relations suivies des hommes de science. Cependant, l'identification de ces plantes demeure encore sujette à de très nombreuses variations dans les appellations et les provenances. Enfin, l'engagement envers la science reste assujetti à des événements politiques et militaires désastreux.

L'onagre bisannuelle (*Oenothera biennis*). Il y a plus d'une centaine d'espèces d'onagre originaires des Amériques. Plusieurs dizaines d'entre elles ont été introduites en Europe. L'onagre bisannuelle a su conquérir tous les continents, sauf l'Antarctique. À la fin du XIXe siècle, l'étude des onagres permet à Hugo de Vries (1848-1935) de redécouvrir les lois de la génétique décryptées par le moine Gregor Mendel entre 1856 et 1866. Au début du XXe siècle, de Vries publie sa fameuse théorie de l'évolution basée sur les mutations. Il est d'ailleurs le premier à utiliser ce terme en biologie. La génétique moléculaire s'intéresse de plus en plus aux onagres dont le nom anglais *evening primrose* rappelle que ces fleurs s'ouvrent en fin de journée et même la nuit.

Source : Millspaugh, Charles Frederick, *American Medicinal Plants ; an illustrated and descriptive guide to the American plants used as homoepathic remedies…*, tome 1, planche 60, illustrée par l'auteur, New York et Philadelphie, 1887. Bibliothèque de recherches sur les végétaux, Agriculture et Agroalimentaire Canada, Ottawa.

Sources

Aldinus, Tobias, *Exactissima descriptio rariorum quarundam plantarum, Quae continentur Romae in Horto Farnesiano*, Rome, 1625. Disponible à la bibliothèque numérique du Jardin botanique royal de Madrid au http://bibdigital.rjb.csic.es/spa/.

Cupani, Francesco, *Hortus Catholicus*, Naples, 1696. Disponible à la bibliothèque numérique du Jardin botanique royal de Madrid au http://bibdigital.rjb.csic.es/spa/.

Dalechamp, Jacques, *Historia generalis plantarum ; pars altera, Continens reliquos novem libros. Eodem in hac parte studio, quo in superiore amplae Plantarum descriptiones digesta*, Lyon, 1586. Disponible à la bibliothèque numérique du Jardin botanique royal de Madrid au http://bibdigital.rjb.csic.es/spa/.

Juel, Hans Oscar, « The French Apothecary's Plants in Burser's Herbarium », *Rhodora*, 1931, 34 : 176-179.

Kraus, Gregor, *Geschichte der Pflanzeneiführungen in die Europäischen Botanischen Gärten*, Leipzig, 1894.

Munting, Abraham, *Waare Oeffening der Planten*, Amsterdam, 1672. Disponible à la bibliothèque numérique du Jardin botanique royal de Madrid au http://bibdigital.rjb.csic.es/spa/.

Munting, Abraham, *Phytographia curiosa. Pars prima* et *Pars secunda*, Amsterdam et Leyde, 1702. Disponible à la bibliothèque numérique du Jardin botanique royal de Madrid au http://bibdigital.rjb.csic.es/spa/.

Neil, Erik, « The Hortus Messanensis of Pietro Castelli. Science, Nature, and Landscape architecture in 17th century Messina », *Lexicon*, 2005, 1 : 6-19.

1699-1700, ACADIE. UN POÈTE CHIRURGIEN SAVOURE UNE LIMONADE D'EAU D'ÉRABLE

ARIN DIÈRES SIEUR DE DIÈREVILLE (1653-1738) est né dans le Calvados. Il est le fils de Marin Dières, chirurgien, dont le père irlandais O'Dayer, francisé Dières, s'établit en Normandie. Sa mère, Marie Groguet, est la fille d'un trésorier de France qui fut aussi maire de La Rochelle. Dièreville publie en 1682 ses premiers poèmes dans le *Mercure galant*, la grande revue littéraire française du XVIIᵉ siècle. Il utilise le pseudonyme «le Berger Alcidon, du Faubourg S. Victor». Le Jardin royal est situé dans ce faubourg sur des terrains acquis en 1633. Certains personnages de l'époque, comme Michel Bégon (1638-1710) qui fut intendant des îles d'Amérique, désignent d'ailleurs le Jardin royal comme le «Jardin de médecine du faubourg Saint-Victor».

Dièreville devient chirurgien comme son père. Il est aussi un poète prolifique et un latiniste qui affectionne la traduction de textes. Plusieurs poèmes de Dièreville vantent le roi, ses campagnes et ses victoires. Dièreville séjourne en Acadie. Il part de La Rochelle le 20 août 1699. Il est commis de l'armateur et il doit surveiller la cargaison. Il arrive à Port-Royal après 54 jours de voyage. Il publie en 1708 la *Relation du Voyage du Port Royal de l'Acadie* après son séjour entre octobre 1699 et octobre de l'année suivante. Ce récit de voyage, entremêlé de poésie, décrit très peu les plantes locales. Cela est très surprenant, car l'auteur précise ses responsabilités botaniques à la toute fin de son livre.

Je ne dois pas quitter ce Sauvage Pays,
Sans parler des divers Tapis,
Qu'étale dans ces lieux l'Auteur de la Nature;
Tout est rare, tout est nouveau,
Quelle diversité de fleurs et de verdure!
On ne peut rien voir de plus beau.
Mille Plantes, divines Herbes,
Que la terre y produit sous les Sapins superbes,
Et que pour la santé des hommes Dieu créa,
Ne se trouvent point dans nos terres,

Il faut aller les chercher là
Les bois de l'Acadie en sont les seules serres.
J'étais chargé du soin glorieux d'en cueillir
Pour le Jardin Royal du plus grand des Monarques,
Et j'ai sû donner quelques marques
Du plaisir que j'ai pris à pouvoir l'embellir.

Sa mission est très claire. Il doit rapporter des plantes acadiennes au Jardin royal de Louis XIV à Paris. Dièreville dédie son livre à Michel Bégon, intendant des îles d'Amérique (1682-1685) et de la marine à Rochefort (1688-1710). Le fils de ce dernier, aussi prénommé Michel, devient intendant en Nouvelle-France entre 1711 et 1725. Le grand botaniste et illustrateur Charles Plumier (1646-1704) a aussi dédié à Michel Bégon père sa *Description des Plantes de l'Amérique* en 1693. Le nom du genre *Begonia* a été créé en l'honneur de cet administrateur et savant qui encourage beaucoup les explorations botaniques dans les nouveaux pays. Bégon a aménagé un imposant jardin à Rochefort en plus d'un cabinet de curiosités contenant en 1699 un herbier de six volumes de plantes d'Europe et d'Amérique. Avec d'autres naturalistes, il œuvre à fournir de nouvelles espèces végétales au Jardin royal à Paris.

À cette époque, ce jardin est sous la direction de Guy-Crescent Fagon (1638-1718), qui est apparenté à Guy de La Brosse, le premier responsable du Jardin. Fagon est d'ailleurs né au Jardin royal et il est très intéressé par la collecte et l'acclimatation de plantes étrangères. Marie-Victorin indique dans sa *Flore laurentienne* que Dièreville est le correspondant du grand botaniste français Tournefort qui œuvre au Jardin royal. C'est possible, mais les évidences concluantes semblent manquantes. Peu importe la relation officielle entre les deux hommes, Tournefort décrit en 1706 deux plantes reçues de Dièreville: *Chelone acadiensis* (galane glabre, *Chelone glabra*) et *Diervilla acadiensis* (dièreville chèvrefeuille, *Diervilla lonicera*). À cette occasion, Tournefort note que le chirurgien Dièreville est «fort éclairé dans la connaissance des plantes». Depuis novembre 1701, Dièreville est en effet chirurgien à l'Hôpital général de Pont-l'Évêque, sa ville natale.

Dièreville ne peut toutefois revendiquer la première expédition à Paris de la galane glabre vers 1700. Michel Sarrazin en avait expédié dès 1698. Le récit de voyage de Dièreville ne trahit certainement pas ses connaissances botaniques. Ses rares descriptions de plantes indigènes ou cultivées sont minimales et sans originalité. Il en est de même pour la description de la fabrication de la bière d'épinette. Il y a cependant quelques observations intéressantes.

Les petits cochons se nourrissent de faînes et de glands

Dièreville rapporte que «dès le printemps on y jette sept ou huit truies pleines, elles y mettent bas leurs petits qui s'engraissent des fruits des arbres que j'ai marqués». Ces arbres sont les chênes et les hêtres. Nourrir les jeunes animaux avec les glands et les faînes sauvages est une pratique d'élevage qui n'est pas rapportée souvent. Cette description fait exception.

L'eau d'érable est un ingrédient d'une limonade citronnée

Dièreville est le premier à rapporter la recette d'une limonade à base d'eau d'érable. Comme il le fait pour beaucoup d'informations, il privilégie la présentation poétique.

Au lieu des Cannes dont les Pores
Rendent le Sucre blanc qui nous vient de plus loin,
Pour les Acadiens la Nature a pris soin
D'en mettre dans les Sycomores.
Au commencement du Printemps
De leur écorce il sort une liqueur sucrée
Qu'avec grand soin les Habitants
Recüeillent [recueillent] dans chaque contrée.
Ce breuvage me semblait bon,
Et je le buvais en rasade ;
Il ne fallait que du Citron
Pour faire de la Limonade.

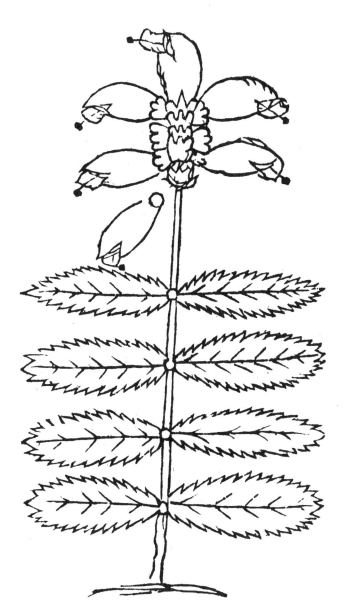

La galane glabre (*Chelone glabra*), une illustration schématique en 1672. John Josselyn (vers 1608-1675) séjourne à deux occasions (1638-1639 et 1663-1671) en Amérique du Nord dans les États actuels de la Nouvelle-Angleterre, particulièrement dans le Maine. En 1672, il rédige un premier compte-rendu de ses observations concernant l'histoire naturelle. Il décrit environ 227 espèces végétales. Parmi celles-ci, 48 sont propres au pays. Josselyn fournit les premiers dessins rudimentaires de quelques espèces, dont celui de la galane glabre.

Source : Josselyn, John, *New England's Rarities discovered in birds, beasts, fishes, serpents and plants of that country*, Londres, Facsimile edition, W. Junk, 1672, n° 25, 1926, p. 78. Bibliothèque de recherches sur les végétaux, Agriculture et Agroalimentaire Canada, Ottawa.

1 2 3 4 5 6

Dièreville et les aboiteaux

Dièreville est l'un des premiers descripteurs des aboiteaux, ces réseaux de digues servant à contrôler l'écoulement des eaux dans les marais salants de la baie Française, maintenant la baie de Fundy. Dans cette baie, on observe des marées de 4 à 15 mètres d'amplitude pouvant même atteindre 17 mètres à l'occasion. Une seule marée peut déposer jusqu'à 5 cm de sédiments qui contribuent à enrichir le sol pour diverses cultures végétales.

Dièreville décrit ces «puissantes digues qu'ils [Acadiens] appellent aboteaux [aboiteaux], et voici comment ils font : ils plantent cinq ou six rangs de gros arbres tout entiers aux endroits par où la mer entre dans les marais, et entre chaque rang ils couchent d'autres arbres de long les uns sur les autres, et ils garnissent tous les vides si bien avec de la terre glaise bien battue, que l'eau n'y saurait plus passer. Ils ajustent au milieu de ces ouvrages un esseau [l'aboiteau au sens strict] de manière qu'il permet à la marée basse, à l'eau des marais de s'écouler par son impulsion, et défend à celle de la mer d'y entrer». En 2006, on aurait découvert les vestiges d'un tel système élaboré peut-être au XVIIe siècle. Par cette technologie très utile en agriculture acadienne, les Acadiens sont devenus connus comme les «défricheurs d'eau» plutôt que comme des «coureurs des bois» qu'étaient les Canadiens. On a longtemps débattu de l'origine de cette technique appliquée aux marais du littoral acadien. Apparemment, cette façon de procéder est originaire de la France et non de la Hollande, comme certains l'ont prétendu.

Sources : Hatvany, Matthew G., «The origins of the Acadian Aboiteau : an environmental-historical geography of the Northeast», *Historical Geography,* 2002, 30 : 121-137. Lavoie, Marc, «Les aboiteaux acadiens : origines, controverses et ambiguïtés», *Port Acadie,* 2008-2009, 13-14-15 : 115-145.

La galane glabre (*Chelone glabra*), une illustration du XIXe siècle dans un traité de plantes médicinales. Après le dessin de cette espèce par John Josselyn en 1672, Michel Sarrazin expédie en 1698 à Paris un échantillon de cette plante. Environ deux ans plus tard, le chirurgien et poète Marin Dières sieur de Dièreville fait aussi parvenir un échantillon au Jardin du roi à Paris. En 1706, Tournefort décrit la plante reçue de Dièreville par l'appellation *Chelone acadiensis*. La galane fait partie des 198 espèces répertoriées par Linné en 1753 avec la mention qu'elles croissent au Canada.

Source : Millspaugh, Charles Frederick, *American Medicinal Plants; an illustrated and descriptive guide to the American plants used as homoepathic remedies…*, tome 2, planche 113, illustrée par l'auteur, New York et Philadelphie, 1887. Bibliothèque de recherches sur les végétaux, Agriculture et Agroalimentaire Canada, Ottawa.

Il décrit ensuite la collecte de l'eau d'érable qu'on «fait bouillir jusqu'à siccité dans un grand chaudron, en diminuant petit à petit elle devient un sirop, et puis en sucre roux qui est très bon».

Un remède amérindien pour guérir l'épilepsie

Les Amérindiens utilisent une racine fort efficace contre l'épilepsie. C'est une «racine de plante» avec laquelle une Amérindienne a guéri un officier du fort de la rivière Saint-Jean, que Dièreville a lui-même rencontré. Il cherche en vain à retrouver la guérisseuse et Dièreville est persuadé qu'il a fait «tout ce que je pus pour en avoir connaissance, mais je ne fus pas assez heureux pour y réussir, et ce fut un grand malheur».

Dièreville aurait sûrement rapporté en France cette racine contre le «haut mal» épileptique. Cette maladie affecte d'ailleurs probablement Fagon, le grand responsable du Jardin royal. À cette époque, plusieurs explorateurs d'Amérique rapportent la croyance qu'un sabot d'orignal guérit le « haut mal ». En effet, l'orignal indique lui-même le remède. Atteint du « haut mal », il se frotte la tête avec son sabot et se délivre ainsi du mal. Pierre Boucher (1664), Louis Nicolas (séjour entre 1664 et 1675), Nicolas Denys (1672) et Chrestien Leclercq (1691) décrivent cette croyance avant Dièreville. Après son retour en France en 1675, Louis Nicolas se vante même de faire un bon profit avec le contenu séché d'un pied d'orignal. Bien avant eux, le père de Jacques Cornuti avait une bague contenant de la poudre d'orignal, comme il est rapporté dans son inventaire de biens après décès en 1616.

Un emplâtre amérindien efficace pour les fractures osseuses

« S'ils se cassent les bras ou les jambes, ils remettent les os au niveau, et font de grands plumaceaux de fine mousse qu'ils couvrent de leur térébenthine, et ils en environnent le membre rompu : ils mettent par-dessus un morceau d'écorce de bois de bouleau, qui prend en se pliant aisément la forme de la partie ; les éclisses ne sont pas oubliées, et pour tenir tout cela sujet, ils prennent de longs bouts d'écorces plus minces dont ils font des bandages convenables, ils mettent ensuite le malade en situation sur un tas de mousse, et cela réussit toujours fort bien. »

La térébenthine dont parle Dièreville est celle « sous l'écorce des épinettes » qui est aussi utilisée pour panser toutes les blessures. La description de cet emplâtre à base de gomme d'épinette est plutôt détaillée et unique par rapport aux autres observateurs. C'est possiblement une conséquence de l'intérêt de Dièreville pour la chirurgie. Il devient d'ailleurs chirurgien à son retour en France.

Le genre *Diervilla*

Malgré le peu d'informations botaniques dans les écrits de Dièreville, son nom est donné au genre *Diervilla*. D'autres botanistes du même siècle qui ont vécu ou séjourné au Canada partagent cet honneur. C'est le cas de Michel Sarrazin (*Sarracenia*) et de Jean-François Gaultier (*Gaultheria*), médecins du roi en Nouvelle-France, et du botaniste Pehr Kalm, qui a exploré l'Amérique du Nord (*Kalmia*). Le grand botaniste Tournefort affirme que Dièreville a une grande connaissance des plantes. Malheureusement, ses écrits ne rendent pas justice à son savoir botanique.

Source

Dièreville, *Relation du voyage du Port Royal de l'Acadie suivie de Poésies diverses*. Édition critique par Normand Doiron, Montréal, Presses de l'Université de Montréal, Bibliothèque du Nouveau Monde, 1708 (1997).

1700, NUREMBERG. DES CONCOMBRES GRIMPANTS CANADIENS EN BAVIÈRE

JOHANN GEORG VOLCKAMER FILS (1662-1744), médecin à Nuremberg et membre de l'Académie allemande des Sciences Leopoldina, est très intéressé par la botanique. Son père (1616-1693), qui porte le même nom, est un homme de science réputé et de grande influence en Allemagne. Entre 1686 et 1693, ce dernier devient d'ailleurs le troisième président de la prestigieuse Académie Leopoldina fondée en 1652. Volckamer père était aussi un ami de Guy Patin, ce fameux médecin très acerbe contre les Modernes.

En 1700, Volckamer fils publie une flore recensant les plantes locales ainsi que quelques espèces d'Amérique, d'Afrique et d'Orient. L'auteur y inclut quelques plantes canadiennes et cite souvent en référence la flore de Cornuti de 1635 et les « Mémoires » de Dodart de 1676. Aucune des plantes canadiennes n'est illustrée. Seize des vingt-cinq illustrations montrent par contre des plantes d'Afrique du Sud.

L'échinocystis et le sicyos du Canada, deux espèces de la famille du concombre

Parmi les plantes canadiennes, une espèce est remarquable parce qu'elle n'a pas été souvent décrite en Europe. Il s'agit de *Bryonoides Canadensis villoso fructu monospermo*. Volckamer cite en référence Paul Hermann qui a publié *Paradisus Batavus...* en 1698. Selon Alfred Cogniaux, l'espèce décrite est probablement le concombre grimpant (*Echinocystis lobata*. Hermann indique que cette plante, alors en Hollande, provient de la générosité de Tournefort à Paris. En quelques années, cette espèce d'Amérique du Nord voyage de la France vers la Hollande et l'Allemagne.

Hermann fournit quelques pages plus loin l'illustration de *Cucumis Canadensis monospermos fructu echinato* correspondant peut-être au sicyos anguleux (*Sicyos angulatus*), une autre cucurbitacée sauvage du Canada. Le concombre grimpant, décrit initialement en France, est mentionné en Sicile en 1696.

En effet, la première description du *Sicyoides Canadense fructu echinato*, qui possède des fruits « ramassés en manière de tête », est celle de Tournefort en 1694 dans *Elemens de Botanique*. Cette espèce à « fruits ramassés » est le concombre grimpant, qui fait aussi partie de la liste de 1697 des plantes du Jardin botanique de Montpellier. Le nom canadien donné par Tournefort en 1694 disparaît dans son œuvre *Institutiones rei herbariae* publiée en 1700. La plante est devenue américaine dans son nom, c'est-à-dire *Sicyoides Americana, fructu echinato, foliis angulatis*. L'illustration de la planche 28 ne laisse aucun doute : il s'agit du concombre grimpant.

Un autre signalement du sicyos en Allemagne

Le concombre grimpant est aussi signalé en Allemagne dans la ville d'Iéna de la région de Thuringe. En 1745, Albrecht von Haller (1708-1777) publie à titre posthume *Flora Ienensis* d'Heinrich Bernhard Ruppius (1688-1719). Cette ville a un jardin botanique qui fut aménagé en partie par Goethe (1749-1832). Ce grand écrivain allemand publie en 1790 un livre sur ses recherches scientifiques concernant la métamorphose des plantes. Selon la flore de von Haller, la plante américaine *Sicyos* se retrouve dans le jardin non localisé d'un médecin et dans la région d'Altenberg. Son nom vernaculaire est *Hundes-Gurcken* et la plante fleurit en juillet. Elle est possiblement utilisée à des fins médicinales.

Une étude sur les premières descriptions de ces deux cucurbitacées

Il est intéressant de noter qu'il y a une certaine confusion historique concernant les synonymes utilisés pour ces deux cucurbitacées nord-américaines. Une étude partielle des premières descriptions de ces espèces est présentée par Alfred Cogniaux en 1878. Le concombre grimpant est présent dans toutes les provinces canadiennes, à l'exception de Terre-Neuve, et dans la

Le sicyos anguleux, sa grande sensibilité au toucher et ses gènes humains

Le sicyos anguleux possède une caractéristique physiologique intéressante. Cette espèce peut déceler un objet ayant un poids huit fois moindre que le plus petit objet perçu par le sens du toucher des doigts humains. Un objet si léger suffit à provoquer l'enroulement du sicyos autour d'un autre objet. Une autre observation est encore plus surprenante. On sait maintenant que l'expression d'un certain nombre de gènes est activée par le simple toucher sur les plantes. Jusqu'à 2 % des gènes sont activés lorsqu'un insecte ou un animal entre en contact avec certaines espèces. En moyenne, les plantes possèdent environ 25 000 gènes par rapport aux quelque 22 000 présents chez les humains.

Curieusement, les plantes possèdent même des gènes similaires, mais non identiques, à des gènes retrouvés dans des maladies humaines. C'est le cas du gène BRCA du cancer du sein, du gène CFTR de la fibrose kystique et de gènes liés à la surdité. Chez les plantes, le gène BRCA2 est impliqué dans les réponses à divers stress, particulièrement lorsque les végétaux se défendent contre des agents pathogènes qui tentent de les envahir. Étonnamment, jusqu'à 10 % des gènes des plantes peuvent être mis à contribution pour se défendre lors d'une invasion par un virus, une bactérie ou un champignon. On décèle dans des végétaux un gène exprimé dans un type de cancer du cerveau humain (GliPR). Chez le tabac, ce gène (gène PR-1, Pathogenesis-Related-1) est induit par la floraison, des substances chimiques et des conditions de stress, comme le froid ou divers agents pathogènes. Un gène similaire au gène PR-1 code pour une protéine localisée à la surface des grains de pollen de l'armoise vulgaire (*Artemisia vulgaris*). Cette espèce cause des allergies chez les personnes sensibles. Un autre gène similaire au gène PR-1 des végétaux semble impliqué dans certaines formes du cancer de la prostate. En fait, ce gène semble même pouvoir inhiber le développement du cancer. Les plantes possèdent aussi des gènes similaires à des récepteurs du réseau neuronal, comme le récepteur du glutamate (acide glutamique). Le glutamate est utilisé depuis fort longtemps dans la cuisine orientale pour intensifier le goût, nommé umami, de certains aliments. Le glutamate est un acide aminé naturel parmi la vingtaine retrouvée dans la structure primaire des protéines. Le roquefort et le parmesan sont des aliments riches en glutamate.

Sources : Arilla M. C. et autres, «Cloning, expression and characterization of mugwort pollen allergen Art v 2, a pathogenesis-related protein from family group 1», *Molecular Immunology,* 2007, 44 : 3653-3660. Chamovitz, Daniel, *What a plant knows. A field guide to the senses,* New York, Scientific American, Farrar, Straus and Giroux, 2012. Ren, Chengzhen et autres, «RTVP-1, a Tumor Suppressor Inactivated by Methylation in Prostate Cancer», *Cancer Research,* 2004, 64 : 969-976. Wang, Shui et autres, «*Arabidopsis* BRCA2 and RAD51 proteins are specifically involved in defense gene transcription during plant immune responses», *Proceedings of the National Academy of Sciences* (PNAS), 2010, 107 (52) : 22716-22721.

plupart des États américains. Le sicyos anguleux a une répartition géographique beaucoup plus limitée. Au Canada, on le rencontre seulement au Québec et en Ontario. La banque de données VASCAN considère le sicyos anguleux comme indigène en Ontario et introduit au Québec. Aux États-Unis, il ne croît que dans certains États de la région de l'est.

Sources

Cogniaux, Alfred, «Diagnoses de Cucurbitacées nouvelles et observations sur les espèces critiques», *Mémoires couronnés et autres mémoires publiés par l'Académie royale des Sciences, des Lettres et des Beaux-Arts de Belgique*, tome 28, Bruxelles, 1878, p. 1-96.

Hermann, Paul, *Paradisus Batavus, continens plus centum Plantas affabre aere incifas & Descriptionibus illustratas*, Leyde, 1698. Disponible à la bibliothèque numérique du Jardin botanique royal de Madrid au http://bibdigital.rjb.csic.es/spa/.

Ruppius, Heinrich Bernhard, *Flora Ienensis*, Iena (Allemagne), 1745. Disponible à la bibliothèque numérique du Jardin botanique royal de Madrid au http://bibdigital.rjb.csic.es/spa/.

Tournefort, Joseph Pitton de, *Elemens de Botanique ou Methode pour connoitre les plantes*, Paris, 1694. Disponible au http://edb.kulib.kyoto-u.ac.jp/.

Tournefort, Joseph Pitton de, *Institutiones rei herbariae*, Paris, 1700.

Volckamer, Johann Georg, *Flora Noribergensis sive Catalogus plantarum in agro Noribergensi…*, Nuremberg, 1700. Disponible à la bibliothèque numérique du Jardin botanique royal de Madrid au http://bibdigital.rjb.csic.es/spa/.

1703-1704, HOLLANDE. UN BARON, AMOUREUX DES QUALITÉS AMÉRINDIENNES, APPRÉCIE UNE LIQUEUR À BASE DE SIROP D'ÉRABLE

LOUIS-ARMAND DE LOM D'ARCE (1666-1716) est né à Lahontan dans les Basses-Pyrénées. Son père avait acheté la baronnie de Lahontan. Louis-Armand arrive au Canada en novembre 1683 à l'âge de 17 ans. Durant son premier hiver, il fait l'expérience de la chasse avec les Amérindiens. Cette activité lui plaît au plus haut point. En 1684, il visite les villages amérindiens des environs de Québec et se dirige vers Montréal pour une première expédition militaire chez les Amérindiens. En 1685, il est soldat au fort Chambly. Il adore chasser en hiver. Il obtient diverses missions militaires à cause de sa connaissance des Amérindiens et de leur langue. En 1690, il est à Québec au moment de la tentative d'envahissement par les Anglais sous le commandement de l'amiral William Phips (Phipps) (1651-1695). En 1693, Lahontan devient « lieutenant de roi » à Plaisance, à Terre-Neuve, après avoir bravement défendu cet endroit avec des marins basques contre les forces anglaises. Il doit cependant quitter Plaisance parce qu'il est en conflit avec le gouverneur. C'est la fin de ses pérégrinations en Amérique. Un mandat d'arrestation est même lancé contre lui. C'est le début de ses nombreux déplacements en Europe. Il doit même se déguiser à l'occasion lorsqu'il retourne brièvement en France. Entre 1708 et 1716, il réside à la cour de Hanovre. Il aurait joui de l'amitié de Liebniz (1646-1716), ce grand philosophe et savant allemand.

Lahontan publie en 1703 à La Haye un premier livre intitulé *Nouveaux Voyages de Mr le Baron de Lahontan dans l'Amérique septentrionale*. L'année suivante, il publie à Amsterdam *Dialogues de monsieur le Baron de Lahontan et d'un Sauvage dans l'Amérique*. Dans sa première publication, il écrit : « La vie solitaire me charme, et les manières des Sauvages sont tout à fait de mon goût. Notre siècle est si corrompu qu'il semble que les Européens se soient fait une loi de s'acharner les uns sur les autres. » Il ne cache pas son grand amour des manières amérindiennes. Il est par contre très critique envers la société européenne et l'ordre social établi.

Lahontan est aussi très virulent envers les Jésuites, car ils « veulent que depuis cinq ou six mille ans, tout ce qui s'est passé, ait été écrit sans altération ». Pour ce sceptique, les récits bibliques sont plus probablement « des fables que des vérités ». Lahontan préfère les évidences de la nature et il apprécie beaucoup les Amérindiens, qu'il estime plus civilisés que les Européens. Il déclare aussi ouvertement que l'argent est « le démon des démons ». Il apprécie particulièrement l'innocence amérindienne, car ces nations ne sont pas corrompues avant l'arrivée des Européens. Les Amérindiens ne sont pas des diables. Pour lui, les démons sont « à Québec et en France, avec les lois, les faux témoins, les commodités de la vie, les villes, les forteresses ».

Ses livres connaissent un très grand succès. Il est en fait l'un des auteurs traitant de l'Amérique du Nord le plus lu de son époque. Dans l'édition critique des *Œuvres complètes* par Réal Ouellet, Pierre Morisset et Catherine Fortin ont discuté en détail de la flore et la faune mentionnées par Lahontan. À l'occasion, Lahontan rapporte quelques observations particulières sur les végétaux.

Quelques usages amérindiens

Lors de la description du canot d'écorce amérindien, Lahontan donne des détails techniques inédits. Il spécifie que les « clisses » de bois de cèdre ont « un écu » d'épaisseur, l'écorce de bouleau en a deux et les « varangues » de cèdre en ont trois. Il n'aime pas beaucoup l'argent, mais les pièces de monnaie constituent des mesures de référence utiles. Il ajoute que l'écorce de bouleau « se lève ordinairement en hiver avec de l'eau chaude ». Ailleurs dans le texte, il spécifie que les « clisses » de bois de cèdre ont trois pouces de largeur.

Il donne aussi des précisions sur la quantité de farine de maïs utilisée par les guerriers amérindiens lors de leurs longs déplacements. Ils traînent « un petit sachet de dix livres de farine de blé d'Inde ». Lahontan décrit en détail un festin avec les Amérindiens. Après les plats de poissons blancs, de côtelettes et de langues de chevreuil, de gélinottes, de pieds d'ours de derrière et d'un bouillon de plusieurs viandes, Lahontan a droit à une « liqueur délicieuse », qui n'est pourtant qu'un sirop d'érable battu avec de l'eau. Il ajoute que ce festin est précédé de deux heures de danses et de chansons.

Lahontan raconte comment une Iroquoise s'empoisonne rapidement avec une plante qui porte des « citrons ». Elle « eût deux ou trois frissonnements et mourut ». En fait, elle voulait suivre son mari dans la mort. Elle utilise donc cette espèce qui peut être létale. Lahontan fait référence à l'espèce aujourd'hui identifiée comme le podophylle pelté (*Podophyllum peltatum*). Michel Sarrazin et Jean-François Gaultier font aussi mention de cet usage par les Amérindiens.

Selon Charlotte Erichsen-Brown, Lahontan est l'un des premiers à mentionner le terme algonquien *Sagakomi* pour décrire une plante dont les feuilles sont mélangées au tabac pour fumer. Cette espèce correspond au raisin d'ours (*Arctostaphylos uva-ursi*).

Des substances antitumorales et des extraits de podophylle

Parmi l'arsenal de substances antitumorales du XXIe siècle, on utilise pour traiter certains cancers divers dérivés hémisynthétiques de podophyllotoxine, comme l'étoposide et le téniposide. Le mot *hémisynthétique* signifie simplement qu'on attache chimiquement en laboratoire des atomes ou des molécules à des composés isolés du podophylle, comme la podophyllotoxine. Dès 1861, on rapporte qu'un extrait, effectué à l'aide d'alcool, de rhizome de podophylle produit un effet antitumoral. Cette préparation, nommée podophylline, sert deux décennies plus tard à isoler la podophyllotoxine, une des molécules du type lignane qui ont la caractéristique de ne pas avoir d'azote dans leur structure. C'est l'une des différences avec les alcaloïdes, ces molécules azotées souvent rencontrées dans les plantes médicinales. Aux États-Unis, l'étoposide est autorisé initialement en 1983 pour le traitement du cancer des testicules. Les essais cliniques avaient débuté 12 ans auparavant.

D'autres molécules des végétaux ont aussi contribué à développer de nouveaux médicaments pour des traitements de cancer. C'est le cas de la vinblastine et de la vincristine, des alcaloïdes provenant de la pervenche de Madagascar (*Catharanthus roseus*). Étonnamment, c'est en tentant d'étudier la capacité d'extraits de pervenche à traiter le diabète que l'on observe une diminution du nombre de certaines cellules du sang. Cette observation conduit à l'étude plus détaillée, tant moléculaire que clinique, de la vinblastine et de la vincristine. On peut aussi citer le cas du paclitaxel (taxol) extrait initialement de diverses espèces d'if (*Taxus* spp.). Le paclitaxel est approuvé pour le traitement du cancer des ovaires en 1992 et du cancer du sein deux ans plus tard. Récemment, on rapporte de plus en plus que certains champignons associés intimement de façon symbiotique aux tissus végétaux (champignons dits endophytes) ont aussi la capacité de produire certaines molécules végétales d'intérêt médicinal, comme la vinblastine, la vincristine, la podophyllotoxine et bien d'autres. Même si ces champignons produisent des quantités moindres de molécules recherchées que les végétaux avec lesquels ils sont en interaction, ce domaine de recherche en constante évolution mérite d'être poursuivi.

Sources : Cragg, Gordon M. et autres, « Impact of natural products on developing new anti-cancer agents », *Chemical Reviews*, 2009, 109 : 3012-3043. Cragg, Gordon M. et David J. Newman, « Natural products : a continuing source of novel drug leads », *Biochimica Biophysica Acta*, 2013, 1830 (6) : 3670-3695. Kumar, Ashutosh et autres, « Isolation, purification and characterization of vinblastine and vincristine from endophytic fungus *Fusarium oxysporum* isolated from *Catharanthus roseus* », *PLoS ONE*, 2013, 8 (9) : e71805. Stähelin, Hartmann F. et Albert von Wartburg, « The chemical and biological route from podophyllotoxin glucoside to etoposide : ninth Cain Memorial Award Lecture », *Cancer Research*, 1991, 51 : 5-15.

D'autres espèces ont aussi été mélangées au tabac. Pehr Kalm fait référence au terme *Sagackhomi* pour nommer le raisin d'ours.

D'autres observations, comme la taxe sur le tabac

En ce qui concerne les entailles des érables, Lahontan est l'un des rares observateurs à noter que ce sont surtout «les enfants qui se donnent la peine d'entailler ces arbres».

Quant au capillaire (adiante du Canada, *Adiantum pedatum*), Lahontan rapporte qu'on fabrique «quantité de sirop à Québec pour envoyer à Paris, Nantes, à Rouen et en plusieurs autres villes du Royaume».

Les «bluets» (le bleuet à feuilles étroites ou le bleuet fausse-myrtille, *Vaccinium angustifolium* ou *Vaccinium myrtilloides*) ont «plusieurs usages lorsqu'on les a fait sécher au soleil ou dans le four. On en fait des confitures, on en met dans les tourtes et dans l'eau de vie».

Le tabac du Brésil (tabac commun, *Nicotiana tabacum*) est un objet de commerce important et taxé à 5 sols par livre, c'est-à-dire qu'un «rouleau de quatre cents livres pesant doit 100 francs d'entrée au bureau des fermiers».

La grande réputation médicinale du tabac à l'époque de Lahontan

Le tabac ne sert pas seulement à être fumé, prisé ou mâché. Il a aussi acquis une grande réputation médicinale après son introduction en Europe au début du XVIe siècle. On l'utilise dans plusieurs préparations thérapeutiques. Ainsi, en 1676, Moyse Charas rapporte une recette de la préparation d'un emplâtre à base de feuilles de tabac qui «est fort recommandé pour ramollir les tumeurs dures internes, et particulièrement celles du foie et de la rate, quand même elles seraient cireuses». Il s'agit d'abord d'écraser les feuilles séchées de tabac «dans un mortier de marbre avec un pilon de bois». La poudre de tabac est cuite à petit feu dans une «poêle de cuivre étamée, en remuant le tout de temps en temps avec une spatule de bois» en présence de suif de mouton, de poix blanche, de résine et de cire. On laisse solidifier pour ensuite le liquéfier à la chaleur et y incorporer la gomme ammoniaque et la térébenthine de Venise.

Après un refroidissement, on couvre d'un papier pour un futur usage externe. Cette recette ne spécifie pas si on doit utiliser le tabac commun (*Nicotiana tabacum*) ou le tabac des paysans (*Nicotiana rustica*). Quant à Nicolas de Blégny, il offre en vente à Paris en 1687 de «l'huile de nicotiane et divers autres spécifics contre la surdité et le tintement d'oreilles».

L'un des plus beaux éloges des propriétés médicinales du tabac est publié en 1668 par Jean Le Royer de Prade (1624-1685), un ami de l'écrivain de renom Cyrano de Bergerac. Son discours sur l'histoire du tabac, rédigé initialement sous le pseudonyme Edme Baillard, est réédité avec le nom De Prade comme auteur. Il conclut qu'on doit avouer «que c'est le plus riche trésor qui soit venu du pays de l'or et des perles: qu'il contient comme réuni, ce que les autres simples n'ont que séparé: Que la nature, en ayant fait un miracle, ne devait pas le cacher près de 6 000 ans à l'une des moitiés du monde: Qu'elle fut injuste de le reléguer si longtemps parmi les Barbares et les Sauvages: Qu'elle fut moins indulgente pour nous que pour eux, lors qu'ayant égard à leur peu de lumière, elle ramassa tous les remèdes en un seul remède: Et qu'enfin elle a si bien marqué sa puissance sur le tabac, qu'étant réduit en poudre, et même en fumée, il garde encore tout son prix». Le Royer de Prade explique tous les mystères historiques du tabac. Cette panacée a été donnée aux habitants démunis d'Amérique depuis la création du monde. Pourquoi les autres parties plus civilisées du monde, comme l'Europe, ont-elles été privées pendant longtemps de ce remède merveilleux? Il était logique, pour le Créateur, de faire naître une herbe simple à utiliser chez les Barbares et les Sauvages plus ignares que les Européens qui, par contre, ont eu l'intelligence de pouvoir découvrir un nouveau continent et ce remède aux propriétés si remarquables!

La lutte contre les sauterelles et leur condamnation ecclésiastique

Lahontan indique que l'évêque du Canada a une façon particulière de combattre les sauterelles qui envahissent les récoltes. Il rapporte qu'en 1686, l'évêque excommunie à plusieurs reprises les sauterelles envahissantes. Ces bestioles ne semblent cependant ni obéissantes, ni impressionnées. Lahontan sait

SPECIMEN HIST. PLANT.

Illustration en 1611 d'un tabac médicinal, le tabac commun (*Nicotiana tabacum*). Le médecin français Paul Reneaulme (1560-1624) subit en 1607 les critiques acerbes de la puissante Faculté de médecine de Paris parce qu'il a publié l'année précédente un livre vantant les nouveaux courants de la médecine chimique. Un de ses amis est Théodore (Turquet) de Mayerne, l'un des médecins européens les plus réputés de son époque qui s'inspire de certaines pratiques médicinales de Reneaulme. Ce dernier est de plus un très grand savant de la langue et de l'histoire grecques. Il recommande que les médecins préparent leurs médicaments, le plus souvent simples, sans l'aide des apothicaires qui les multiplient inutilement pour des gains pécuniaires. En 1611, il publie à Paris un livre de botanique médicale qui fait beaucoup référence aux Anciens. Toutes les plantes, y compris les nouvelles espèces d'Amérique, ont une appellation grecque. C'est le cas du tabac pour lequel il recense les noms de *Picielt, Petun, Tabaco, Nicotiane* et *l'herbe à la Royne* (Reine, Catherine de Médicis). Le nom grec du tabac est *blennokois* (mot francisé), qui réfère à sa propriété d'éliminer les humeurs trop visqueuses qui déséquilibrent l'ensemble des humeurs corporelles. Selon Reneaulme, il y a trois espèces de tabac. Il illustre un plant de tabac avec sa racine, la portion inférieure d'une tige coupée avec de nombreuses feuilles et l'autre portion supérieure de la tige avec des feuilles et des fleurs à divers stades de développement.

Source : Reneaulme, Paul, *Specimen Historiae Plantarum*, Paris, 1611, p. 33 (erreur de pagination, car il s'agit en fait de la page 37).

La nicotine, bénéfique pour l'archéologie

Les diverses espèces de tabac (*Nicotiana* spp.), sauvages ou cultivées, produisent toutes de la nicotine, alors que les autres plantes pouvant être utilisées comme substitut du tabac ne produisent pas cet alcaloïde. La présence de la nicotine peut donc révéler la présence de tabac dans un échantillon archéologique. On peut analyser chimiquement les résidus extraits de pipes amérindiennes fabriquées en pierre ou en terre cuite. Ainsi, l'usage du tabac fumé par des Amérindiens nomades est mis en évidence dès l'an 860 au nord de la Californie.

Les résidus extraits de pipes permettent aussi de détecter des grains de pollen de tabac et d'autres plantes qui résistent à la combustion du tabac. On a ainsi analysé les pipes retrouvées sur le site archéologique de la maison du peintre Rembrandt (1606-1669) à Amsterdam dans l'espoir de caractériser le tabac utilisé à cette époque. Malgré des résultats mitigés, ce type d'analyse pourrait avoir des applications utiles en médecine judiciaire.

Sources: Bryant, Vaughn M. et autres, «Tobacco pollen: archaeological and forensic applications», *Palynology,* 2012, 36 (2): 208-223. Tushingham, Shannon et autres, «Hunter-gatherer tobacco smoking: earliest evidence from the Pacific Northwest coast of North America», *Journal of Archaeological Science,* 2013, 40: 1397-1407.

---

peut-être que des tribunaux européens condamnent de temps à autre des animaux à diverses sentences. Comme le rapporte Walter Hyde, on répertorie depuis le Moyen Âge des procès d'animaux de toutes sortes devant les tribunaux ecclésiastiques ou civils dans divers pays d'Europe. Ainsi, on condamne à l'occasion les ravageurs de certaines récoltes à toutes sortes de punitions après des procès en bonne et due forme. En cour civile, les animaux bénéficient même d'un avocat attitré à leur défense. Quelques juristes mettent de l'avant les droits à la vie des animaux. Le philosophe et théologien Thomas d'Aquin (1225-1274) s'interroge d'ailleurs sur les droits des animaux. Lors des procès ecclésiastiques, on argumente que l'Église a le droit de condamner les animaux parce qu'ils sont l'instrument de Satan, même s'ils ont été créés avant l'Homme et qu'ils ont aussi droit à la vie. Au XVIe siècle en France, les autorités d'une cour de justice condamnent les insectes ravageurs de la vigne de leur village à une solution de compromis. Ces insectes devront uniquement utiliser un terrain qui leur sera exclusif à l'extérieur du village. Ce cas de jurisprudence animale ne dit pas si ces insectes ont été toujours respectueux des conditions précises de leur sentence.

En plus de tenir procès aux ravageurs, on utilise à l'époque de Lahontan des fumigations et des préparations pour lutter contre les insectes dévastateurs comme le soufre ou les extraits de tabac, riches en nicotine insecticide. En Nouvelle-France, on applique à l'occasion du noir de suie ou de la poudre de charbon de bois au bas des murs des maisons et des entrepôts pour tenter de diminuer la dissémination de certains ravageurs à partir du sol. Cette bande noire n'a évidemment aucun effet délétère sur les insectes volants qui l'évitent sans difficulté.

Sources

Blégny, Nicolas de, *Le bon usage du thé, du café et du chocolat pour la preservation & pour la guerison des Maladies,* Paris, chez l'auteur, la Veuve d'Houry et la veuve Nion, 1687, p. 337.

Charas, Moyse, *Pharmacopée royale galenique et chymique,* Paris, 1676, p. 338-339 (*Emplastrum Nicotiana*).

De Prade, Jean Le Royer, *Histoire du tabac, ou il est traite particulierement du tabac en poudre,* Paris, chez M. Le Prest, 1677, p. 171-172 (éloge du tabac).

Erichsen-Brown, Charlotte, *Medicinal and other uses of North American plants,* New York, Dover Publications, 1989.

Hayne, David M., «Lom d'Arce de Lahontan, Louis-Armand de, baron de Lahontan», *Dictionnaire biographique du Canada en ligne,* vol. II, 1701-1740. Disponible au http://www.biographi.ca.

Hyde, Walter Woodburn, «The prosecution and punishment of animals and lifeless things in the Middle Ages and modern times», *University of Pennsylvania Law Review and American Law Register,* 1916, 64 (7): 696-730.

Lahontan, *Nouveaux Voyages de Mr le Baron de Lahontan dans l'Amérique septentrionale,* La Haye, chez les Frères l'Honoré, Marchands Libraire, 1703. Disponible au http://gallica.bnf.fr/.

Lahontan, *Dialogues de monsieur le Baron de Lahontan et d'un Sauvage dans l'Amérique,* Amsterdam, chez la Veuve de Boeteman, 1704. Disponible au http://gallica.bnf.fr/.

Lahontan, *Œuvres complètes I,* édition critique par Réal Ouellet et Alain Beaulieu, Montréal, Presses de l'Université de Montréal, Bibliothèque du Nouveau Monde, 1990.

1706, LONDRES. UN ENVIRONNEMENTALISTE ENGAGÉ DÉCRIT UNE DÉLICIEUSE BOISSON DE CERISIER DU CANADA

JOHN EVELYN (1620-1706) est né dans une famille anglaise devenue très riche grâce au commerce de la poudre à canon et à fusil. Son père a 116 serviteurs à son service. John n'a donc pas besoin de travailler pour sa survie. Après le décès de son père, John visite l'Italie et la France pour éviter les tensions sociales et politiques qui prévalent alors en Angleterre. En fait, il a les moyens de fuir la guerre civile. Il en profite pendant plusieurs années pour parfaire ses connaissances universitaires. Durant son séjour en France, il épouse Mary Browne, âgée de 12 ans, la fille de l'ambassadeur d'Angleterre à Paris. Evelyn est toujours à l'affût de nouvelles informations concernant sa passion pour l'aménagement des jardins, tout en s'intéressant beaucoup à l'architecture, à l'histoire et à la collection de livres.

Il commence possiblement ses activités d'aménagement de jardin chez son frère à Wotton, son village natal. John et son épouse s'établissent en 1652 à Sayes Court, à Deptford près de Londres, dans le domaine plutôt négligé des ancêtres de Mary Browne. Evelyn y aménage son propre jardin qui attire beaucoup les regards. Il a visité le jardin de Pierre Morin à Paris en 1644 et en 1651. Son jardin ovale semble fortement inspiré par le style du jardinier parisien. En 1658, John traduit en anglais *Le Jardinier françois* de Nicolas de Bonnefons, publié pour la première fois en 1651. À cette époque, certains jardiniers anglais dénoncent l'influence trop importante des jardins dits français. Ce n'est surtout pas l'avis de John.

Evelyn est un membre fondateur de l'Académie royale des Sciences de Londres mise sur pied en 1660. En 1661, il publie *Fumifugium*, l'un des premiers livres sur la pollution de l'air. Dès 1662, il présente devant la nouvelle Académie une communication scientifique sur les arbres et les arbustes. Cette présentation devient en 1664 le sujet du premier livre publié par l'Académie. Plus d'un millier d'exemplaires sont vendus et on estime que plus de deux millions d'arbres sont plantés à la suite des recommandations du livre *Sylva (Silva), or A Discourse of Forest-Trees and the Propagation of Timber*. Après deux autres éditions en 1670 et en 1679, une quatrième est publiée en 1706, peu après le décès d'Evelyn. Des éditions subséquentes paraissent durant les deux siècles qui suivent. Cet ouvrage est considéré comme un classique de la littérature en sylviculture. Les informations ne proviennent pas seulement de l'auteur principal. Le livre est le fruit de la collecte d'informations de divers académiciens intéressés à la foresterie fondamentale et appliquée.

Evelyn est particulièrement préoccupé par la crise de la forêt anglaise et d'autres pays européens. « En vérité, nos bois ont été livrés à une destruction et à un gaspillage à ce point généralisés qu'il m'est avis que seule la plantation généralisée elle aussi de toutes espèces d'arbres pourra réparer cette faute [...]. Mieux vaut être sans or que sans arbres. »

Le projet le plus monumental d'Evelyn est la rédaction de son œuvre *Elysium Britannicum*, qui vise à décrire l'ensemble théorique et pratique de l'aménagement des jardins. Cette compilation de textes occupe à peu près une cinquantaine d'années de sa vie active entre 1650 et 1700. Evelyn traite de multiples sujets comme l'histoire des jardins, l'architecture paysagiste, les végétaux, les instruments jardiniers, les plans d'eau, les surfaces gazonnées, les jeux de croquet, les ruches et l'inclusion de musique, de mausolées, de sculptures, de statues et de bien d'autres objets d'art. Il ne réussira malheureusement pas à finaliser son grand projet encyclopédique. Evelyn vise à aménager un jardin qui se rapproche le plus possible du jardin d'Éden, ce paradis terrestre perdu.

En 1667, il crée un jardin « philosophique » à Albury pour Henry Howard, un protecteur de la Société royale de Londres. Il publie en 1693 une traduction en anglais des *Instructions pour les Jardins Fruitiers et Potagers* de Jean de La Quintinye (1626-1688), qui a été directeur des jardins de

Louis XIV. La Quintinye a d'ailleurs visité Evelyn en Angleterre. Evelyn hérite des biens de sa famille fortunée et, à son décès, on dénombre 3 859 livres et 822 brochures dans sa bibliothèque. Sa contribution générale la plus volumineuse est son Journal (*Diary*), qui décrit fidèlement une partie de l'histoire de l'Angleterre du XVIIe siècle.

Des arbres canadiens dans *Sylva*, dont le cerisier amer à inciser profondément pour sa sève

L'édition de 1706 de *Sylva* contient des mentions d'arbres canadiens. Au chapitre des cerisiers, Evelyn écrit que le cerisier amer du Canada, qui est fort différent du cerisier anglais, devrait être propagé pour sa liqueur incomparable obtenue à l'aide d'une incision de deux pouces de profondeur et d'un pied de longueur dans la tige. Il ajoute que cette blessure est sans effet délétère pour le cerisier.

Immédiatement après cette description de l'obtention de la sève savoureuse du cerisier canadien, Evelyn décrit les érables. À la fin de ce chapitre, il spécifie que les « Sauvages du Canada » extraient une sève qui, après évaporation, se transforme en un sucre « parfait ». Ce sucre a été régulièrement expédié à Rouen en Normandie pour subir un raffinage. Le sucre d'érable est aussi utilisé pour préparer un

excellent sirop avec le capillaire et d'autres plantes ayant les mêmes propriétés. Ces sirops sont utiles contre le scorbut. Evelyn rapporte que le botaniste John Ray a un avis différent sur l'efficacité curative de ces sirops. Evelyn est certainement inspiré par une publication de 1685 dans la revue *Philosophical Transactions* sur le sucre du Canada, le sucre d'érable, raffiné à Rouen. Il serait intéressant de déterminer plus précisément l'importance des envois du sucre d'érable canadien destinés pour le raffinage à Rouen. Il est probable que ce sucre d'érable raffiné servait majoritairement à des fins médicinales.

Au chapitre des bouleaux, Evelyn indique que les Amérindiens de l'Amérique du Nord fabriquent des canots et toutes sortes d'objets avec les bouleaux. Ils utilisent aussi un champignon poussant sur le bouleau pour fabriquer des balles servant à des jeux. Ce champignon est de plus un remède astringent très efficace contre les hémorroïdes. Ce champignon est probablement le polypore du bouleau (*Piptoporus betulinus*). Il ajoute que l'écorce d'un bouleau du Canada peut servir de papier pour écrire et que les rameaux de ce bouleau servent à confectionner de fort jolis paniers.

Evelyn considère que le *Thuya*, nommé *Arbor vitae* par certains et provenant du Canada, semble être un remède très efficace pour la guérison de diverses blessures. Il constate qu'il y a cependant une

Polypores du bouleau et les restes d'un homme mort il y a environ 5 300 ans

À l'automne 1991, deux touristes allemands découvrent, à environ 3 200 mètres d'altitude dans les Alpes italiennes, les restes momifiés de l'homme qu'on nommera par la suite « la momie ou l'homme des glaces » et « l'homme d'Ötzi ». Cet homme dans la quarantaine porte une ceinture pochette contenant de l'amadou. Cet amadou provient du polypore amadouvier ou polypore allume-feu (*Fomes fomentarius*) séché qui sert de matériau facilitant l'allumage des feux et même de matière médicinale astringente. On retrouve aussi sur la momie deux lanières de cuir enfilées de morceaux troués du polypore du bouleau (*Piptoporus betulinus*). Certains auteurs ont proposé un usage médical et religieux pour ce polypore. Ce ne sont évidemment que des hypothèses. En plus de ces polypores, on a aussi répertorié une feuille servant à envelopper les braises et une pelote de corde sans oublier des chaussures en paille et en peaux de daim.

Sources : Gaudreau, Guy et autres, *Des champignons et des hommes. Consommation, croyances et science*, Divonne-les-Bains, Éditions Cabédita, Collection Archives vivantes, 2010. Hall, Stephens S., « Décongelée », *National Geographic France*, (novembre 2011) : 80-95.

malheureuse confusion entre le bois du *Thuya* et le bois du *Lignum vitae*. On croirait relire les remarques de Pierre Belon en 1553 sur le *Lignum vitae* et la confusion avec le pin maritime du Nouveau Monde.

Des propos inédits sur la sève du cerisier amer

La récolte de la sève savoureuse du cerisier amer du Canada est une observation qui requiert quelques remarques. D'une part, il est probable que ce cerisier soit le cerisier de Virginie, le cerisier à grappes (*Prunus virginiana*). D'autre part, il se peut aussi que ce cerisier représente d'autres espèces de cerisiers sauvages.

Il est vraisemblable que cet usage soit d'origine amérindienne. Selon Daniel Moerman, le cerisier à grappes est la plante alimentaire la plus utilisée par les Amérindiens de l'Amérique du Nord. Ce cerisier est aussi la cinquième espèce médicinale la plus fréquemment utilisée. Lucia Chamberlain rapporte en 1901 que des Amérindiens utilisent le cerisier pour obtenir une gomme servant à coller les pièces de canots. Il est possible que l'extraction de la gomme de cerisier concerne aussi l'extraction de la sève.

D'autres informations de John Evelyn sur 14 plantes canadiennes

En 1998, l'organisation américaine Dumberton Oaks (Washington D.C.) publie un volume sur le manuscrit *Elysium Britannicum* de John Evelyn. Un chapitre rédigé par l'historien anglais John Hooper Harvey (1911-1997) présente les plantes de jardin utilisées par Evelyn. Quatorze espèces proviennent possiblement du Canada. En voici la liste. Le premier nom est celui du manuscrit d'Evelyn et le nom entre parenthèses est l'identification de John Hooper Harvey, qui indique aussi l'année d'introduction de cette espèce en Angleterre. Le nom français moderne termine la séquence des informations. Un astérisque indique la présence de l'espèce dans la flore de Cornuti publiée en 1635.

Angelica lucida Cornuti Canadensis (*Angelica lucida*). 1640. Angélique brillante. *Angelica lucida*. La céloplèvre brillante (*Coelopleurum lucidum*) est un synonyme.

Arbor Vitae sive Thuy(g)ae (*Thuja occidentalis*). 1596. Thuya occidental (cèdre blanc). Il s'agit de l'une des premières espèces canadiennes introduites à la fin du XVIe siècle en Angleterre.

Acatia (*Robinia pseudoacacia*). Vers 1625. Robinier faux-acacia.* Dans une lettre datant de janvier 1666, John Evelyn indique que monsieur Baubert possède cet arbre dans le jardin d'Oxford. Il s'agit de Jacob Bobart (il signe Bobert) père (1599-1680), un jardinier allemand qui devient le premier surintendant du jardin d'Oxford. L'intention de fonder le premier jardin universitaire anglais date de 1621. Les aménagements sont presque complétés au bout d'une dizaine d'années. On fait épandre quelque 4 000 charrettes de fumier de toutes sortes par l'éboueur de l'université pour améliorer la fertilité du sol. Durant la décennie 1630, le mur de pierres entourant le jardin et la porte d'entrée principale sont complétés. Le premier responsable se fait facilement remarquer grâce à sa barbe proéminente qu'il orne même à l'occasion avec des décorations en argent. Jacob Bobart père est de plus accompagné d'une chèvre sur les lieux du jardin. Bobart plante des ifs en paires qui suscitent la curiosité et recense, dès 1648, quelque 1 600 plantes dans le jardin universitaire. Deux de ses fils, Jacob et Tilleman, œuvrent aussi dans le domaine de l'horticulture et de la botanique. Jacob fils (1641-1719) devient le second surintendant du jardin d'Oxford et occupe

Le robinier faux-acacia (*Robinia pseudoacacia*). Même si la controverse persiste à savoir si les Robin en France ou les Tradescant en Angleterre sont les premiers botanistes jardiniers du début du XVIIe siècle à cultiver et à décrire cet arbre d'Amérique du Nord, cette espèce continue d'envahir efficacement plusieurs régions européennes. Le nectar des fleurs est une bonne source mellifère. Cette illustration provient d'un traité du XIXe siècle sur les plantes médicinales d'Amérique.

Source : Millspaugh, Charles Frederick, *American Medicinal Plants; an illustrated and descriptive guide to the American plants used as homoepathic remedies...*, tome 1, planche 50, illustrée par l'auteur, New York et Philadelphie, 1887. Bibliothèque de recherches sur les végétaux, Agriculture et Agroalimentaire Canada, Ottawa.

On mange des Gants de la Sainte-Vierge au Canada

Antoine Crespin (1713-1782) est notaire à Château-Richer. Au mois de juin 1768, il entreprend avec quatre autres personnes le « voyage de la Baie Saint-Paul » à partir de Saint-Joachim. Le périple se prolonge à cause de la mauvaise température. Les vivres viennent même à manquer. On partage alors un dernier morceau de pain et cinq à six grains de genièvre que l'on avait mis dans l'eau-de-vie pour les multiplier.

On court alors « sur les rochers chercher des fleurs nommées Gants de la Sainte-Vierge pour les manger ». Cette espèce, aussi identifiée sous le nom de « Gants de Notre-Dame », correspond à l'ancolie (*Aquilegia canadensis*) dont les fleurs contiennent du nectar sucré. Un peu plus tard dans ce périple, on complète les vivres avec des écureuils « mis à la broche ».

Les mangeurs d'ancolie ignoraient vraisemblablement que cette espèce est toxique, car elle contient une substance libérant de l'acide cyanhydrique (HCN) qui inhibe la chaîne respiratoire nécessaire au maintien de la vie cellulaire.

Source : Boily, Raymond, *Le guide du voyageur à la Baie-Saint-Paul au XVIIIᵉ siècle*, Montréal, Leméac, 1979, p. 109.

des responsabilités à l'Université. Il constitue un herbier et révise la publication de 1699 de la troisième partie de l'*Histoire des plantes* de Robert Morison, décédé 16 ans plus tôt. Avec son père, Jacob est l'un des quatre auteurs de la deuxième liste des plantes du jardin d'Oxford en 1658. Linné souligne la contribution des Bobart en leur dédiant le genre *Bobartia*.

Red Indian Jasmine of Canada « which must have a propp [prop] or smale [small] Palisade [palissade] » (*Campsis radicans*). 1640. Bignone radicant.* Cette plante grimpante, qui doit avoir un appui ou une petite palissade selon Evelyn, n'est présente au Canada qu'en Ontario. Dans l'est des États-Unis, on la trouve du New Hampshire jusqu'en Floride.

Aster, Star-wort annual, Star-flower (*Erigeron annuus*). 1633. Vergerette annuelle.* Cette identification pourrait aussi correspondre à la vergerette rude (*Erigeron strigosus*).

Dens Caninus, yellow (*Erythronium americanum*). 1633. Érythrone d'Amérique. Cette espèce est connue assez tôt en Angleterre. Selon Marie-Victorin, sa présence, « notamment dans les érablières, est une des particularités les plus nettes du printemps

laurentien ». Cette plante est illustrée dans le *Codex de Louis Nicolas*, qui a séjourné en Nouvelle-France entre 1664 et 1675.

Chrysanthemum, *Solsequia* or Heliotrops, Sunflower gigantic (*Helianthus annuus*). 1596. Il s'agit du tournesol qui a aussi porté le nom de soleil, herbe au soleil ou fleur au soleil.

Martagon, Indian or Americane (*Lilium canadense*). 1629. Lis du Canada. C'est le lis illustré dès 1614 dans un florilège allemand.

T(h)rachelium Americanum, *Campanula*, *Flos Cardinalis* or the Cardinal flower (*Lobelia cardinalis*). 1629. Lobélie cardinale. Cette belle lobélie est illustrée dans un florilège à Paris en 1623.

Primula, Primerose tree (*Oenothera biennis*). 1629. Onagre bisannuelle. Un synonyme est l'onagre de Victorin (*Oenothera victorinii*). Cette plante pourrait correspondre aussi à l'onagre parviflore (*Oenothera parviflora*), une espèce aussi commune que l'onagre bisannuelle. Une espèce d'onagre nord-américaine, possiblement canadienne, est présente vers 1620 dans l'herbier de Joachim Burser, médecin allemand. En 1623, Gaspard

Bauhin mentionne aussi cette espèce d'onagre d'Amérique du Nord sous l'appellation *Lysimachia lutea corniculata*.

Hedera, Virginian, Virginian Ivy (*Parthenocissus quinquefolia*). 1629. Vigne vierge à cinq folioles.* Il y a aussi la possibilité que cette plante grimpante soit la vigne vierge commune (*Parthenocissus inserta*). Cette vigne est mentionnée dès 1623 à Paris. Selon le botaniste Francesco Cupani, cette plante grimpante est connue sous le nom Canada en 1696 en Sicile.

Rhus or Indian Sumach (*Rhus typhina*). 1629. Le sumac vinaigrier.

Rubus odoratus, Indicus or *Americanus* (*Rubus odoratus*). 1656. Ronce odorante.*

Columbine the Virginian (*Aquilegia canadensis*). 1632. Ancolie du Canada.*

Sources

Chamberlain, Lucia S., « Plants used by the Indians of Eastern North America », *The American Naturalist,* 1901, 35 (409) : 1-10.

Evelyn, John, *Sylva, or A Discourse of Forest-Trees and the Propagation of Timber*, Londres, 1706. Disponible au http://www.gutenberg.org.

Hartley, Beryl, « Exploring and communicating knowledge of trees in the early Royal Society », *Notes & Records of the Royal Society*, 2010. Doi : 10.1098/rsnr.2009.0079. Disponible au http://rsnr.royalsocietypublishing.org.

Hill, Arthur W., « The history and functions of botanic gardens », *Annals of the Missouri Botanical Garden,* 1915, 2 (1/2) : 185-240.

Leith-Ross, Prudence, « The garden of John Evelyn at Deptford », *Garden History*, 1997, 25 (2) : 138-152.

Leith-Ross, Prudence, « Fruit planted around a new bowling green at John Evelyn's garden at Sayes Court, Deptford, Kent, in 1684/5 », *Garden History,* 2003, 31 (1) : 29-33.

Mackay, Donald, *Un patrimoine en péril. La crise des forêts canadiennes*, Québec, Publications du Québec, 1987.

Mandelbrote, Scott, « Morison, Robert (1620-1683) », *Oxford Dictionary of National Biography*, Oxford University Press, 2004.

Moerman, Daniel E., *Native American Medicinal Plants. An Ethnobotanical Dictionary*, Portland, Oregon, Timber Press, 2009.

Moerman, Daniel E., *Native American Food Plants. An Ethnobotanical Dictionary*, Portland, Oregon, Timber Press, 2010.

O'Malley, Therese et Joachim Wolschke-Bulmahn (ed.), *John Evelyn's Elysium Britannicum and European Gardening*. Dumberton Oaks Colloquium on the History of Landscape Architecture, vol. 17, Washington D.C., 1998. Disponible au www.doaks.org/etexts.html.

1708, PARIS. UNE PLANTE CARNIVORE IMMORTALISE LE NOM D'UN PIONNIER DE LA SCIENCE CANADIENNE

ICHEL SARRAZIN (1659-1734), originaire de Gilly-les-Cîteaux près de Nuits-sous-Beaune en Bourgogne, est l'un des sept enfants de Claude Sarrazin et Madeleine Bonnefoy. Son frère aîné devient prêtre et chanoine à Beaune. Son père travaille sur les terres de l'abbaye de Cîteaux et on le dit régisseur du fameux clos de Vougeot, ce fleuron de la viticulture bourguignonne mis sur pied par les Cisterciens. La famille Sarrazin vit donc dans un environnement viticole exceptionnel.

En 1685, à l'âge de 26 ans, Michel Sarrazin arrive en Nouvelle-France à titre de simple chirurgien de navire. Il est nommé chirurgien major des troupes par le Conseil souverain en 1686, une promotion ratifiée par le roi en 1691. En 1692, il frôle la mort et se serait retiré dans le but de devenir prêtre. Il retourne en France en 1694 pour étudier la médecine à Paris et il obtient son diplôme à Reims en 1697. Il en coûtait environ trois fois moins cher pour obtenir un diplôme médical à Reims plutôt qu'à Paris. Sarrazin s'intéresse à la botanique et se lie d'amitié avec Joseph Pitton de Tournefort. Il revient au Canada en 1697 avec un grand intérêt pour les sciences naturelles. Il collectionne des plantes et constitue un herbier. Dès 1698, il expédie régulièrement aux botanistes du Jardin royal parisien des échantillons de son herbier, des semences, des bulbes et même des plantes vivantes.

En 1698 et en 1699, les échantillons de Sarrazin sont destinés à Tournefort. L'année suivante, le correspondant botanique est Sébastien Vaillant parce que Tournefort est en voyage au Levant. En 1708, Vaillant est devenu «sous démonstrateur des plantes». Au fil des années, Vaillant cumule l'information reçue de Sarrazin. En 1708, ce catalogue annoté porte le titre *Histoire des plantes de Canada*. Sarrazin séjourne à Paris en 1709-1710. Ce fut sa seule absence du Canada entre 1697 et son décès en 1735.

En 1699, Sarrazin est nommé membre correspondant de Tournefort de l'Académie des Sciences. C'est un honneur prestigieux réservé à un petit nombre de personnes qui contribuent de façon exceptionnelle aux progrès de la science. À cette époque, il est l'un des 85

Un rêve et un chagrin du premier «médecin botanique» en Nouvelle-France

Michel Sarrazin écrit qu'il «n'aime pas les plantes connues». Il préfère la découverte de nouvelles espèces tant végétales qu'animales. Dans une lettre, il ne propose rien de moins que d'organiser une expédition de trois à quatre ans avec neuf hommes dans la grande région des Grands Lacs pour découvrir des plantes rares, dont le fameux «kinkina». De plus, il veut disséquer des animaux extraordinaires, particulièrement un animal à «deux poches sur la poitrine dans lesquels [lesquelles] la femelle met ses deux petits quand elle est poursuivie». Ce projet ne fut jamais réalisé.

Dans une missive de 1717, Sarrazin regrette amèrement de ne pas avoir été le premier à trouver le ginseng de Chine au Canada. Il déplore que «malheureusement cette plante [lui] a échappé». Ce sont les Jésuites qui «en feront leurs comptes» et il craint même «le mal que les Jésuites tâcheront de me faire quoique je les serve gratis depuis trente ans et comme mes meilleurs amis». Il termine ses propos en affirmant qu'il ne dit «mot en ce pays». Quoique très déçu, il semble résigné.

Sources: Gauthier, Jean-Richard, *Michel Sarrazin. Un médecin du roi en Nouvelle-France*, Québec, Septentrion, 2007, p. 81-82. Vallée, Arthur, *Un biologiste canadien. Michel Sarrazin 1659-1735*, Québec, Imprimé par Ls-A. Proulx, 1927, p. 215-216.

correspondants de l'Académie, institution qui venait de recevoir ses statuts écrits en janvier 1699. Depuis sa fondation en 1666, cette organisation opérait sans statut et sans règlement écrit. Sarrazin se fait un devoir de transmettre des informations à d'autres membres académiciens, tels que Sébastien Vaillant, Antoine de Jussieu, Antoine Tristan Danty d'Isnard (1663-1743) et René-Antoine Ferchault de Réaumur (1683-1757). Le 23 janvier 1717, il est nommé correspondant de ce membre de l'Académie des Sciences.

Dans une lettre du 21 octobre 1720, sœur Duplessis de Sainte-Hélène de l'Hôtel-Dieu de Québec décrit brièvement Sarrazin comme « un homme d'un rare savoir... fort habile dans son art et fort estimé à l'Académie de[s] Sciences où il envoie tous les ans des mémoires très recherchés », mais ce conseiller du « Conseil supérieur » est « toujours malade, chagrin et rêveur ».

En 1712, Michel Sarrazin épouse Marie-Anne Hazeur, issue d'une famille bourgeoise. L'épouse a 20 ans, alors que Sarrazin dépasse la cinquantaine. Selon Louis Dionne, l'acte de mariage mentionne plutôt 40 ans comme l'âge du marié. Par ce mariage, Sarrazin devient propriétaire du tiers des seigneuries de la Grande-Vallée, de la Rivière-de-la-Madeleine et de l'Anse-à-l'Étang, en plus d'une maison sur la rue Saint-Paul à Montréal et de deux autres bâtiments à Québec sur les rues Saint-Pierre et Notre-Dame. En 1709, il avait aussi acquis des terres près de Québec représentant une superficie de 645 arpents. Il était conseiller au Conseil supérieur de la Nouvelle-France depuis 1707.

Sarrazin est souvent décrit comme un médecin efficace. Il a le premier, en Nouvelle-France, opéré

avec succès une patiente, sœur Marie Barbier, souffrant du cancer du sein. Cette ablation réussie d'un sein précède de près de 200 ans les techniques modernes de mastectomie. Sarrazin aurait mis au point ou perfectionné divers traitements. Comme le rapporte Rénald Lessard, Pehr Kalm note en 1749 que le meilleur remède en Nouvelle-France contre la pleurésie consiste à utiliser des produits provoquant la sudation en combinaison avec des saignées. Cette technique aurait été mise au point par Michel Sarrazin. Le recours aux saignées est à la base de la médecine de l'époque. Personne n'y échappe. Le roi Louis XIV aurait été saigné plus de deux mille fois entre 1647 et 1711. On estime qu'une saignée consiste à extraire en moyenne 12 onces (environ 360 ml) de sang. Comme médecin du roi, Sarrazin utilise donc couramment les saignées, les lavements, les diètes et l'arsenal des médicaments de l'Ancien Monde. Durant sa carrière médicale, Sarrazin réclame vivement au ministère responsable des colonies des émoluments à la hauteur de sa performance. Il reçoit 300 livres comme rémunération en 1699. Deux ans plus tard, celle-ci double avant d'atteindre 800 livres en 1706. En 1718, il reçoit 1 100 livres. Vingt-six ans plus tard, Jean-François Gaultier, son successeur, gagne 1 200 livres.

En outre, Michel Sarrazin décrit en détail l'anatomie et les caractéristiques de certains animaux canadiens, comme le castor, le porc-épic, le rat musqué, le carcajou et le veau marin. Durant les dernières années de sa vie, Sarrazin est particulièrement déçu de l'appui des autorités coloniales. Ses entreprises commerciales se soldent le plus souvent par des dettes. Il décède d'une fièvre maligne après avoir

Sarrazin met à l'essai du blé d'automne

Pour les Européens, le blé est l'espèce céréalière la plus importante en Nouvelle-France. Il s'agit du blé de printemps, c'est-à-dire qu'on le sème au printemps pour être récolté à la fin de l'été ou au début de l'automne. Il existe aussi en Europe le blé d'automne semé avant l'hiver. Sarrazin en fait l'essai dans la région de Québec. Ce blé d'automne aurait été cultivé avec succès par François-Étienne Cugnet à La Malbaie.

Source : Beauharnois, Charles de et Claude-Thomas Dupuy, Lettre de Charles de Beauharnois et Claude-Thomas Dupuy au ministre, 1727 (20 octobre), Archives nationales d'outre-mer (ANOM, France), COL C11A 120/folio 233-235verso. Disponible sur le site Archives Canada-France au http://bd.archivescanadafrance.org/.

soigné des matelots à l'Hôtel-Dieu et on l'enterre dans le cimetière des pauvres, tout près des jardins de cette institution religieuse.

La découverte de manuscrits

En 1927, Arthur Vallée (1882-1939), professeur à la Faculté de médecine de l'Université Laval, publie une biographie de Michel Sarrazin qui inclut aussi une partie de ses travaux scientifiques. En appendice, l'auteur insère une photographie du document *Plantes envoyées de Canada par Mr Sarrazin conseiller du conseil Supérieur et médecin du Roy en Canada*. À partir d'informations obtenues du Jardin des Plantes (Muséum d'histoire naturelle de Paris), le docteur Vallée interprète que ce catalogue date de 1704. L'examen du document rédigé par le botaniste Antoine de Jussieu montre qu'il y a cependant une référence à 1713. Ainsi, la dernière page du manuscrit indique qu'une plante a fleuri en 1713 au Jardin royal. En fait, l'année 1704 semble seulement s'appliquer à la description de la première plante qui est un *Chrysanthemum* qui ne respecte pas l'ordre alphabétique du catalogue. Ce manuscrit de 15 pages est divisé en deux sections. Les 13 premières pages énumèrent, par ordre alphabétique, les plantes reçues de Sarrazin. Les deux dernières pages mentionnent les plantes reçues constituant des « plantes à nommer ».

Ce catalogue annoté en 1713 est une version abrégée d'un manuscrit intitulé *Histoire des Plantes de Canada*. En 1936, le frère Marie-Victorin décrit la découverte en 1919 au Séminaire de Saint-Hyacinthe d'un exemplaire de ce document botanique prélinnéen. Marie-Victorin démontre que les envois de plantes entre 1698 et 1707 sont ceux de Sarrazin. Il a « la grande joie de constater que les plantes citées dans l'*Histoire des Plantes de Canada* sont dans l'herbier général du Muséum avec un numéro correspondant aux entrées du manuscrit. Les étiquettes portent : Herbier Vaillant ». L'auteur du manuscrit est donc le botaniste Sébastien Vaillant, qui œuvre avec Tournefort et Antoine de Jussieu au Jardin des Plantes à Paris. On découvre plus tard que le manuscrit de Saint-Hyacinthe a été annoté par Jean-François Gaultier, médecin du roi et botaniste en Nouvelle-France.

Marie-Victorin est au courant des recherches biographiques publiées par les docteurs Joseph Gauvreau (1870-1943) et Arthur Vallée sur Michel Sarrazin. Il étudie la liste reproduite dans le livre d'Arthur Vallée. Il conclut qu'il « est probable que l'auteur de cette liste, Antoine de Jussieu ou un autre, n'a fait que compiler, abréger, l'*Histoire des Plantes de Canada*. Mais il est aussi possible qu'il ait compilé le travail propre de Michel Sarrazin, travail fondu plus tard avec des notes de Sébastien Vaillant ». Pour Marie-Victorin, l'*Histoire des Plantes de Canada* est « l'œuvre conjointe de Michel Sarrazin et de Sébastien Vaillant ». Marie-Victorin se propose de publier une version commentée de cette *Histoire*. Malheureusement, sa mort accidentelle en 1944 l'en empêche.

L'analyse approfondie suivante de ces documents est celle de Bernard Boivin (1916-1985), publiée en 1977. Il analyse trois copies manuscrites et divers exemplaires photographiques du *Catalogue des Plantes de Canada* de 1708 rédigé par Sébastien Vaillant sur la base des informations et des échantillons de Michel Sarrazin. Boivin ajoute ses identifications botaniques et quelques commentaires à plus de 220 noms de spécimens expédiés par Sarrazin entre 1698 et 1705. Pour 41 espèces sur un peu plus de 220, les noms latins descriptifs sont ceux de Sarrazin. À partir de la publication de Bernard Boivin, Daniel Fortin a publié une liste alphabétique de quelque 200 plantes envoyées par Michel Sarrazin au Jardin du roi à Paris.

Pour Bernard Boivin, ce catalogue et cette histoire représentent probablement le début d'un projet de flore. C'est pourquoi il intitule sa publication *La Flore du Canada en 1708*.

La flore du Canada de Michel Sarrazin et Sébastien Vaillant, usages alimentaires et médicinaux

Outre l'énumération par ordre alphabétique de plus de 220 noms latins de plantes récoltées dans l'est de l'Amérique du Nord et expédiées au Jardin du roi à Paris par Sarrazin entre 1698 et 1705, ce catalogue contient divers commentaires botaniques et ethnobotaniques. Voici la plupart des mentions d'utilisation alimentaire ou médicinale. Les premiers noms français et scientifiques sont ceux de la nomenclature moderne.

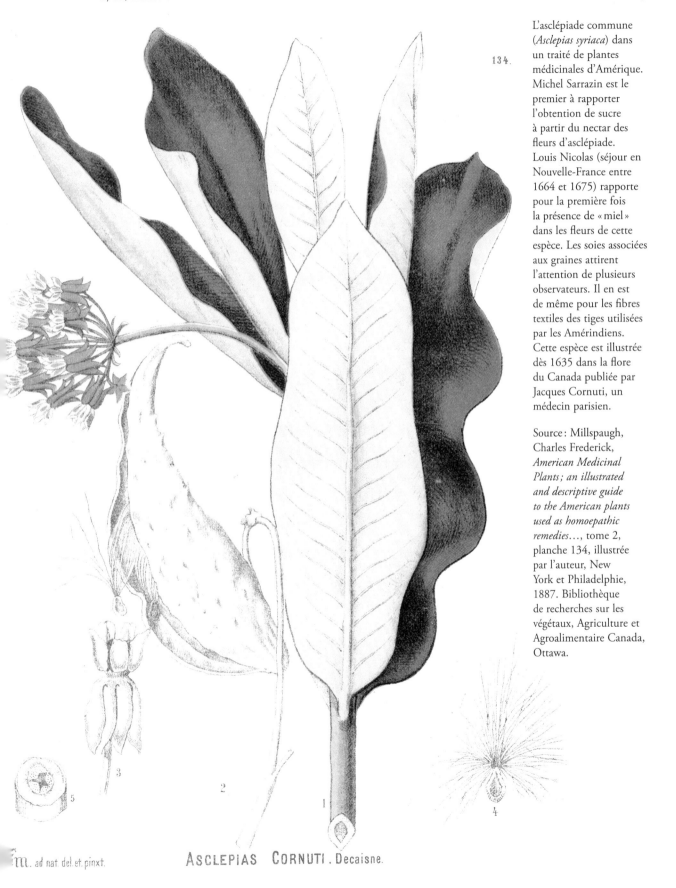

134.

ASCLEPIAS CORNUTI. Decaisne.

m. ad nat. del. et. pinxt.

L'asclépiade commune (*Asclepias syriaca*) dans un traité de plantes médicinales d'Amérique. Michel Sarrazin est le premier à rapporter l'obtention de sucre à partir du nectar des fleurs d'asclépiade. Louis Nicolas (séjour en Nouvelle-France entre 1664 et 1675) rapporte pour la première fois la présence de « miel » dans les fleurs de cette espèce. Les soies associées aux graines attirent l'attention de plusieurs observateurs. Il en est de même pour les fibres textiles des tiges utilisées par les Amérindiens. Cette espèce est illustrée dès 1635 dans la flore du Canada publiée par Jacques Cornuti, un médecin parisien.

Source : Millspaugh, Charles Frederick, *American Medicinal Plants ; an illustrated and descriptive guide to the American plants used as homoepathic remedies…*, tome 2, planche 134, illustrée par l'auteur, New York et Philadelphie, 1887. Bibliothèque de recherches sur les végétaux, Agriculture et Agroalimentaire Canada, Ottawa.

Le podophylle pelté (*Podophyllum peltatum*) est appelé «Citronnier en ce pays... La racine est un poison très présent dont les Sauvages se servent quand ils ne peuvent plus survivre à leurs chagrins». Jean-François Gaultier tient les mêmes propos en 1749 de même que Lahontan plus de 40 ans auparavant. Tournefort rapporte que cette espèce est présente à Paris en 1665.

La cicutaire maculée (*Cicuta maculata*) «à ce que rapporte Mr. Sarrazin est plus mauvaise que la ciguë, elle fait tomber en convulsion et fait mourir sans rémission». «Cette plante passe pour une ciguë en Canada... J'en ai vu mourir 3 personnes et j'en sais plus de 12 ou 15 depuis 10 ans qui en ont fait autant.

Le mois dernier un bon laboureur âgé de 60 ans en mangea gros comme le doigt, croyant que c'était une racine de persil de Macédoine. Il mourut en une heure et demie... Sa racine est très résolutive et très empoisonnante.» Louis Nicolas est le premier à mentionner la toxicité létale de cette espèce. Lafitau et Gaultier donnent aussi des informations sur cette espèce à craindre et à éviter de manger.

L'asclépiade commune (*Asclepias syriaca*) «fournit un suc duquel on fait du sucre en Canada, on ramasse pour cela la rosée qui se trouve dans le fond des fleurs». Sarrazin est le premier à rapporter l'obtention de sucre à partir du nectar des fleurs d'asclépiade. Louis Nicolas avait rapporté pour la

Une nouvelle salsepareille suscitant de l'enthousiasme est illustrée dans le premier livre de médecine imprimé en Amérique

Dès 1539, une première imprimerie est installée au Mexique. En 1570, Pierrre Ochart, originaire de Rouen, édite et imprime à Mexico le premier livre de médecine d'Amérique. Cet ouvrage, rédigé par Francisco Bravo, inclut une étude de la plante *zarza parrilla mexicana*, la salsepareille du Mexique, en comparaison avec la salsepareille méditerranéenne alors nommée *Smilax aspera*. La salsepareille d'Europe est utilisée depuis l'époque de Dioscoride. Bravo fournit l'illustration de la nouvelle salsepareille utilisée par les nations du Mexique. Cette salsepareille devient donc la première plante d'Amérique gravée et imprimée sur ce continent.

Des membres de l'élite médicale espagnole s'enthousiasment pour la salsepareille américaine. Pour certains, il s'agit d'une véritable panacée, malgré la difficulté d'identifier précisément cette espèce. Dès 1565, Nicolas Monardes vante les mérites d'une salsepareille d'Amérique pour soigner les syphilitiques. À l'époque, plusieurs croient que cette maladie, originaire de l'Amérique, doit être soignée avec une plante que la Providence a pris soin de faire croître sur ce même continent. On comprend mieux l'intérêt de trouver diverses salsepareilles médicinales en Amérique. La salsepareille du Mexique n'a cependant rien à voir au point de vue botanique avec la salsepareille de la Nouvelle-France, même si elles partagent une appellation remplie de promesses médicinales et pécuniaires. José de Acosta (vers 1539-1600), un missionnaire et naturaliste espagnol, écrit que la salsepareille d'Amérique possède des propriétés antisyphilitiques tellement puissantes qu'elles sont même transmises à l'eau qui baigne ses racines. Cet enthousiasme explique, peut-être en partie, le transport de quelque 670 tonnes de racines de salsepareille vers le port de Séville entre 1568 et 1619. Étonnamment, la taxe perçue sur la salsepareille est supérieure à celle relative au bois de gaïac. La salsepareille est un nom porteur de grandes promesses.

Sources: Chico Ponce de Leon, Fernando et Marie-Catherine Boll, «Pierre Ochart, troisième imprimeur à Mexico et éditeur du premier livre de médecine d'Amérique *Opera medicinalia* du docteur Francisco Bravo, 1570», *Histoire des sciences médicales*, 1999, 33 (2): 147-155. Estes, J. Worth, «The European reception of the first drugs from the New World», *Pharmacy in History*, 1995, 37 (1): 3-23. Hernandez, Gerardo Martinez, «El primer impreso médico del nuevo mundo: la *Opera medicinalia* del doctor Francisco Bravo, 1570», *Intus-Legere Historia*, 2011, 5 (2): 69-87.

première fois la présence de « miel » dans les fleurs de cette espèce.

L'aralie à grappes (*Aralia racemosa*) a une racine qui « bien cuite et appliquée en cataplasme est très bonne pour les vieux ulcères. On seringue et on lave les plaies avec la décoction… Sa racine est apéritive, et parce que la graine qui est parfaitement ronde approche, à ce que l'on prétend, du goût de l'anis, on en a donné le nom à la plante ». En 1635, Cornuti rapporte que cette espèce peut servir de plante potagère.

L'aralie à tige nue (*Aralia nudicaulis*) « passe pour ici pour une salsepareille à cause de sa racine qui y a quelques rapports et les mêmes vertus presque aussi puissantes… J'ai traité un malade d'une vomique qui 2 ans auparavant s'était guéri d'une anasarque par l'usage d'une boisson faite avec la racine de cette plante ». Une anasarque est un œdème généralisé. Selon Plukenet, cette aralie serait l'autre espèce de « *panaces* » décrite par Cornuti en 1635.

Le chou puant (*Symplocarpus foetidus*) « a l'odeur de l'ail, même plus puante. Je la crois suppurative ». Dans la marge du manuscrit de Saint-Hyacinthe, Gaultier ajoute que « les habitants du Canada emploient la racine de cet *arum* pour le flux des vaches et de tous les bestiaux. On l'emploie même pour le flux des enfants. On en met dans leur bouillon. La racine cuite est bonne à manger ». La propriété suppurative d'un médicament indique qu'il est efficace à faire sortir le pus. Pehr Kalm rapporte beaucoup plus tard que les ours se régalent des jeunes feuilles de cette espèce.

La sanguinaire du Canada (*Sanguinaria canadensis*) a une racine « rouge et contient un suc comme du sang. Elle est âcre. On m'a assuré qu'elle provoquait les mois… Comme son suc est rouge comme sang, il a plu à nos Dames Sauvagesses et à quelques apprivoisées aussi de croire qu'il pouvait causer l'avortement. Ce que je ne crois pas. Je m'en sers souvent pour provoquer les mois, mais je ne sais encore rien qui approche de ce qu'on en dit ». Il est intéressant de noter que Sarrazin donne le nom *Bellarnosia canadensis* à cette plante. Ce nom honore François

de Beauharnois, un intendant de la Nouvelle-France entre 1702 et 1705. La sanguinaire est décrite dès 1635 par Cornuti et Champlain fonde de grands espoirs dans la vente de cette espèce tinctoriale. Des vétérinaires donnent cependant à cette espèce le nom incorrect de curcuma.

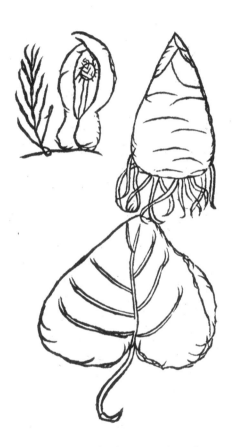

Dessin schématique du chou puant (*Symplocarpus foetidus*) en 1672. John Josselyn (vers 1608-1675) séjourne à deux occasions (1638-1639 et 1663-1671) en Amérique du Nord dans les États actuels de la Nouvelle-Angleterre, particulièrement dans le Maine. En 1672, il rédige un premier compte-rendu de ses observations concernant l'histoire naturelle. Il décrit environ 227 espèces végétales. Parmi celles-ci, 48 sont propres au pays. Josselyn fournit les premiers dessins rudimentaires de quelques espèces, dont celui du chou puant.

Source : Josselyn, John, *New England's Rarities discovered in birds, beasts, fishes, serpents and plants of that country*, Londres, Facsimile edition, W. Junk, nº 25, 1926 (1672), p. 71. Bibliothèque de recherches sur les végétaux, Agriculture et Agroalimentaire Canada, Ottawa.

L'actée rouge (*Actaea rubra*). « On croit ici que le fruit est un poison, ce que je ne crois pas, du moins je n'en sais aucun mauvais effet. Cette croyance est peut-être fondée sur le nom d'*aconit* que leur donne Cornuti. » Cette espèce est peut-être présente dès 1623 à Paris. Tournefort mentionne cette espèce en 1700.

L'érythrone d'Amérique (*Erythronium americanum*). « On l'appelle *ail doux*. Les Sauvages et nos Français en mangent en campagne dans leur soupe. Sa racine qui est charnue approche pour le goût de celle de l'*ail* ainsi que pour l'odeur. » Cette espèce serait présente dès 1633 en Angleterre et Louis Nicolas fournit une illustration rudimentaire de trois feuilles de l'érythrone qu'il nomme l'herbe à trois couleurs.

L'arisème petit-prêcheur (*Arisaema triphyllum* subsp. *triphyllum*). « On se sert dans ce pays de son oignon pour les cours de ventre, mais il faut qu'il soit desséché, car étant vert, il est dangereux. » Cette espèce, illustrée en 1676 dans le livre de l'Académie des Sciences, fait partie en 1620 ou auparavant de l'herbier de Joachim Burser. Pehr Kalm rapporte plus tard que les Amérindiens mangent les fruits peu agréables au goût, alors que les vaches ingèrent les feuilles.

La cryptoténie du Canada (*Cryptotaenia canadensis*). « On l'appelle *Cerfeuil sauvage*. On en mange la racine qui a de l'odeur, ou plutôt le morceau de la tige qui est encore enseveli sous la terre au printemps est excellent en salade. » Il s'agit possiblement d'une espèce décrite par Cornuti en 1635 et correspondant peut-être au cerfeuil agreste de Louis Nicolas.

Le noyer cendré (*Juglans cinerea*). « Ce fruit est bon à manger en cerneau et se conserve jusqu'aux autres pour peu qu'on ait de soin. Il y a une espèce de noyer en Canada qui sans neige fournit une espèce de sève épaisse comme du sirop et aussi sucrée, mais c'est en petite quantité. » Le noyer cendré fait partie des végétaux répertoriés au site archéologique (vers l'an 1000) des Vikings à Terre-Neuve. En 1712, Gédéon de Catalogne vante les propriétés du bois de noyer cendré, mais rapporte des propos sur la sève de noyer qui concernent un autre arbre, le caryer cordiforme (*Carya cordiformis*). Historiquement, il semble y avoir eu confusion à l'occasion entre les diverses espèces d'arbres, comme les noyers, les caryers et les frênes, pouvant fournir une sève sucrée. En 1749, Pehr Kalm observe que la limite nordique du noyer cendré en Nouvelle-France est dans la région de Baie-Saint-Paul.

Le botryche de Virginie (*Botrychium virginianum*). « Cette plante est commune chez les Iroquois et plus encore à leur sud. Ils s'en servent pour combattre le venin du serpent à sonnette. C'est pour cela que nos Canadiens Français qui s'enfoncent dans les bois l'appellent l'herbe du serpent à sonnette… cette herbe qui dans le fond n'a, je pense, pas la vertu d'empêcher du serpent. » Cette espèce, répertoriée à Paris dès 1694, porte alors curieusement le nom d'ortie.

La canneberge commune et à gros fruits (*Vaccinium oxycoccos* et *macrocarpon*). « Nos Sauvages l'appellent *Atoca*. On le confit et on l'estime contre le cours de ventre. » Jean-François Gaultier ajoute « Canneberge et en Canada *atoca* ou *bon fruit* ». La graphie *attoka* est utilisée par Louis Nicolas qui vante les « très bonnes confitures ».

Le noyer cendré (*Juglans cinerea*) dans un traité de plantes médicinales d'Amérique. Le noyer cendré fait partie des végétaux répertoriés au site archéologique (vers l'an 1000) des Vikings à Terre-Neuve. En 1712, Gédéon de Catalogne vante les propriétés du bois de noyer cendré, mais rapporte des propos sur la sève de noyer qui ont trait à un autre arbre, le caryer cordiforme (*Carya cordiformis*). Historiquement, il semble y avoir eu à l'occasion une confusion entre les diverses espèces d'arbres, comme les noyers, les caryers et les frênes, pouvant fournir une sève sucrée. En 1749, Pehr Kalm observe que la limite nordique du noyer cendré en Nouvelle-France est dans la région de Baie-Saint-Paul.

Source : Millspaugh, Charles Frederick, *American Medicinal Plants; an illustrated and descriptive guide to the American plants used as homoepathic remedies…*, tome 2, planche 156, illustré par l'auteur, New York et Philadelphie, 1887. Bibliothèque de recherches sur les végétaux, Agriculture et Agroalimentaire Canada, Ottawa.

La pédiculaire du Canada (*Pedicularis canadensis*). «On en mange dans la soupe.» Il s'agit d'une mention inédite de cette plante et de cet usage culinaire.

Le phytolaque d'Amérique (*Phytolacca americana*). «On la croit un *Mechoacam* en Canada. Les chirurgiens la coupent par tranches et s'en servent dans les portions (préparations) hydragogues. Il est moins puissant que le véritable *Mechoacam* mais il purge véritablement. C'est une plante d'Acadie qu'on cultivait ici dans les jardins où elle a péri.» Des informations supplémentaires sur le *mechoacam*, orthographié *mechoacan*, sont présentées dans la dernière histoire du volume. Antoine de Jussieu dénonce l'utilisation frauduleuse du phytolaque d'Amérique par les chirurgiens acadiens et canadiens.

Le plantain maritime (*Plantago maritima*). «On appelle ici ce plantin percepierre [perce-pierre], parce qu'il vient dans les fentes des rochers sur le bord de la mer et non ailleurs. Il est salé et se mange en salade. Il est fort diurétique.» Louis Nicolas mentionne la présence, sur les rives du fleuve Saint-Laurent, de la «passe-pierre» qui correspond vraisemblablement à la même espèce.

L'uvulaire perfoliée (*Uvularia perfoliata*). «On se sert en Canada des racines de *Polygonatum* pour les descentes. On dit ce remède des Sauvages.» Selon Marjorie Warner, cette espèce est présente dès 1623 dans le Jardin des Robin à Paris. Elle fait partie de la flore de Cornuti de 1635.

Le bleuet à feuilles étroites ou le bleuet fausse-myrtille (*Vaccinium angustifolium* ou *Vaccinium myrtilloides*). «C'est ce qu'on appelle Bluët de Canada. On dit qu'il y en a en Bretagne. Ce fruit est bon à manger, et les Sauvages de certaines contrées en font provision pour mettre dans leurs ragoûts.» Le mot «bluet» est de plus indiqué après le nom latin de l'époque.

Le dirca des marais (*Dirca palustris*). «Je ne sais pourquoi on l'appelle *bois de plomb*, car il est fort léger… L'écorce est fort épaisse, moelleuse, très forte : et se sépare fort aisément du bois. On la pile et on l'applique sur les ulcères malins. On dit que M. l'abbé Gendron s'en servait pour les cancers et qu'il en avait appris l'usage de nos Sauvages… On se sert ici de son écorce cuite appliquée en forme de cataplasme pour adoucir les douleurs des hémorroïdes

Au menu, de la passe-pierre du Saint-Laurent pour les premières Augustines et Ursulines

Partis ensemble de Dieppe le 4 mai 1639, deux groupes de trois religieuses ont la mission de mettre sur pied des services hospitaliers (Augustines) et éducatifs (Ursulines) en Nouvelle-France. Après une éprouvante traversée de près de trois mois, les pionnières arrivent à Tadoussac. Le transport vers Québec s'effectue dans une plus petite embarcation. Comme les vivres sont rares, on donne alors aux passagères une «sorte de passe-pierre fort dure, que l'on trouvait sur le bord du fleuve, tout cela était bon pour des personnes de grand appétit». Cette première dégustation de produits végétaux locaux semble avoir satisfait de façon plutôt élémentaire le «grand appétit» des voyageuses.

La première nuit des Augustines à Québec leur fait découvrir certains inconforts liés à l'environnement végétal. Elles dorment sur des matelas de «quelques branches d'arbres» qui sont «si remplies de chenilles» qu'elles en sont «toutes couvertes». Ces chenilles sont possiblement celles de la tordeuse des bourgeons de l'épinette, l'insecte défoliateur le plus dévastateur des conifères d'Amérique du Nord. Il est probable qu'on ait fourni aux religieuses des branches de sapin baumier, un hôte particulièrement sensible à l'infestation par cet insecte.

Source : Juchereau de Saint-Ignace, Françoise, *Histoire de l'Hôtel Dieu de Quebec*, Montauban, chez Jerosme Legier, 1751, p. 12 et 16.

Le dirca des marais (*Dirca palustris*), ou bois de plomb, illustré en 1755. Avant Michel Sarrazin, Louis Nicolas (séjour en Nouvelle-France entre 1664 et 1675) fournit des informations inédites sur le bois de plomb et ses usages comme une espèce à l'écorce interne aux fibres flexibles et résistantes. Les Amérindiennes utilisent ces fibres à diverses fins utilitaires et artisanales. Tout comme son prédécesseur Michel Sarrazin, Jean-François Gaultier fait des commentaires sur le traitement médicinal de l'abbé Gendron avec le bois de plomb. Ses propos ne sont pas cependant aussi dénonciateurs que ceux de Sarrazin, qui met en doute l'efficacité thérapeutique de cette espèce.

Source : Duhamel du Monceau, Henri-Louis, *Traité des arbres et arbustes qui se cultivent en France en pleine terre*, Paris, 1755, tome 1, planche 88, p. 212. Bibliothèque de recherches sur les végétaux, Agriculture et Agroalimentaire Canada, Ottawa.

et des vieux ulcères. On dit que c'était le remède de M. l'abbé Gendron pour les cancers, mais je sais bien qu'il est très impuissant pour cela. » Le successeur de Michel Sarrazin, Jean-François Gaultier, fait aussi des commentaires sur le traitement de l'abbé Gendron avec le bois de plomb. Ils ne sont pas cependant aussi dénonciateurs que ceux de Sarrazin. Avant Sarrazin, Louis Nicolas fournit des informations inédites sur le bois de plomb et ses usages.

Le chicot févier (*Gymnocladus dioicus*). Ne sachant pas à quel type d'arbre cette espèce appartient, Sarrazin l'identifie comme étant *Arbor Canadensis*, un arbre du Canada. Les autres propos sont cependant plus précis. « M. Sarrazin dit que cet arbre lui est venu de 4 ou 500 lieues de Québec [...]. Ses semences sont fort éloignées dans la gousse : il y a entre chacune un suc balsamique dont les Sauvages se servent pour les blessures. » Cette fabacée (légumineuse) sera nommée « chicot » par les Canadiens. Le mot *chicot* décrit l'aspect de l'arbre qui porte de longs pétioles persistant pendant quelque temps après la tombée des feuilles. Quelques décennies plus tard, cet arbre sera aussi mentionné comme étant le févier sans épines ou le gros févier. *Gymnocladus* signifie « rameau nu » et *dioicus* indique que cette espèce produit des plants mâles et femelles distincts. Historiquement, certains auteurs ont nommé cet arbre bonduc du Canada (*Bonduc canadense*). Le terme *bonduc* a aussi servi à identifier d'autres espèces.

La clintonie boréale (*Clintonia borealis*). «Les Sauvages s'en servent pour la suppuration des tumeurs.» Dans la marge, il est écrit «*pas de cheval* nom du pays». Ce nom vernaculaire semble s'être perdu rapidement. Jean-François Gaultier a erronément associé l'ail doux à cette espèce, alors que Sarrazin indique clairement qu'il s'agit de l'érythrone d'Amérique (*Erythronium americanum*). Marie-Victorin indique que, selon les chasseurs du Témiscamingue, l'odeur du rhizome de la clintonie «attirerait les ours à une grande distance».

La médéole de Virginie (*Medeola virginiana*). «On l'appelle Jarnotte en Canada… Un Jésuite a cru qu'on pouvait faire du pain de son oignon.» Jean-François Gaultier ajoute en 1749 que cette plante est aussi nommée *martagon*. Marie-Victorin ajoute *concombre sauvage* comme un autre nom commun. En anglais, on le nomme *Indian cucumber-root*.

Le quatre-temps (*Cornus canadensis*). «On l'appelle ici Matagon. Les Sauvages mangent son fruit.» Cette plante fait partie de l'herbier de Joachim Burser constitué en 1620 ou auparavant. Jean-François Gaultier commente sur cette espèce en 1749 et

Duhamel du Monceau l'évalue à la même époque en France comme plante ornementale potentielle.

Le plaqueminier de Virginie (*Diospyros virginiana*) ou l'asiminier trilobé (*Asimina triloba*). «C'est un arbre dont le fruit est fort gros et bon à manger. Il vient chez les *acansas* [Arkansas], nation sauvage très éloignée. On appelle son fruit couillon d'âne», une référence aux parties génitales de l'animal. Entre 1747 et 1753, Duhamel du Monceau fait pousser l'«assiminier» ou les couillons d'âne en France. Il s'agit possiblement pour du Monceau de l'asiminier trilobé (*Asimina triloba*). Louis Nicolas illustre peut-être le plaqueminier à la suite de son séjour entre 1664 et 1675, lorsqu'il présente un dessin du «petit oranger de la Virginie» et de la «plante qui porte des citrons». Il y a cependant des discordances difficiles à réconcilier entre les illustrations de Nicolas et les descriptions qu'il fournit de ces deux espèces. Ainsi, le petit oranger de la Virginie est illustré sans épines, alors que la description fait référence à des épines. Quant au «citron» de Nicolas, ce nom suggère une identification au podophylle pelté (*Podophyllum peltatum*). Cependant, la description de cette plante comme étant «de plus de trois pieds géométriques»

Le chicot févier, un substitut du café et un paradoxe écologique

Le nom anglais du chicot févier *Kentucky coffee-tree* réfère à l'utilisation des graines torréfiées comme substitut du café. Cet usage, populaire surtout au XIXe siècle dans certaines régions des États-Unis, est rapporté vers la fin du siècle précédent. Des expériences récentes de préparation du café à base de graines de chicot démontrent les grandes difficultés à obtenir une boisson savoureuse et exempte de substances toxiques.

Le chicot févier (*Gymnocladus dioicus*) est considéré par certains chercheurs comme une anomalie écologique. Hormis les humains, les seuls agents naturels de la dissémination des graines de cet arbre sont disparus depuis des millénaires. Cette espèce semble en effet bien adaptée pour la dissémination de ses graines par la mégafaune, comme les mammouths et d'autres gros mammifères disparus d'Amérique du Nord, pouvant résister à la toxicité des graines et de la pulpe des gousses. Cet arbre semble donc du passé et peut être en danger d'extinction si l'humain ne favorise pas sa dissémination. Les Amérindiens ont vraisemblablement joué un rôle important dans la survie écologique de cet arbre.

Sources: Abrams, Marc D. et Gregory J. Nowacki, «Native Americans as active and passive promoters of mast and fruit trees in the eastern USA», *The Holocene*, 2008, 18 (7): 1123-1137. Spaeth, J.P. et J.W. Thieret, «Notes on "coffee" from the Kentucky Coffeetree (*Gymnocladus dioicus*, Fabaceae)», *SIDA, Contributions to botany*, 2004, 21 (1): 345-356. Zaya, David N. et Henry F. Howe, «The anomalous Kentucky coffeetree: megafaunal fruit sinking to extinction?», *Oecologia*, 2009, 161: 221-226.

Un portrait de Michel Sarrazin pour la promotion de bières toniques

En juillet 1935, la revue canadienne-française *La Voix nationale* publie une annonce publicitaire vantant les mérites de deux bières Dow (Crown Stout et Double Stout) et de deux bières Dawes (Cream Porter et Black Horse Porter). Un portrait de Michel Sarrazin couvre près de la moitié de l'espace publicitaire. Une courte biographie du célèbre médecin du roi se termine en affirmant que c'est « au fameux docteur Sarrazin que revient le mérite d'avoir enseigné aux premiers colons la manière de faire du sucre d'érable ». On ajoute que la « Faculté médicale reconnaît la haute valeur thérapeutique du PORTER » qui « exerce un effet tonique sur tout l'organisme ». Les quatre bières représentent donc un « tonique idéal pour anémiques, convalescents, nourrices ».

Le 5 août 1935, Marcelle Gauvreau (1907-1968), bibliothécaire et proche collaboratrice de Marie-Victorin à l'Institut botanique de Montréal, écrit à un représentant de la compagnie brassicole concernant la provenance du portrait de Michel Sarrazin. On lui répond rapidement qu'on ne peut pas confirmer l'origine précise de ce portrait provenant d'Europe.

Source : Anonyme, *La Voix nationale*, numéro de juillet 1935, p. 11. Cette référence a été trouvée par l'intermédiaire d'une lettre de Marcelle Gauvreau (5 août 1935) dans un dossier sur un manuscrit de Sarrazin ayant appartenu au botaniste Ernest Rouleau (1916-1991) avant de faire partie de la collection privée de Gisèle Lamoureux, botaniste-écologiste et coordonnatrice des éditions Fleurbec.

avec « dix ou douze fruits » dont l'écorce « ressemble entièrement à nos citrons » et montrant trois couleurs « un peu vert, un peu jaune et un peu rouge » suggère qu'il s'agit plutôt d'une autre espèce que le podophylle, peut-être le plaqueminier de Virginie. Selon Gérard Aymonin, le plaqueminier de Virginie aurait été connu en Europe vers 1588 et présent dans des jardins vers 1630.

L'érable à sucre (*Acer saccharum*). « Les américains du nord, tant Sauvages que Français, ont reconnu que cette sève était sucrée. Ils l'ont fait et la font tous les ans évaporer jusqu'à connaissance de sucre… il faut qu'il y ait de la neige au pied… Le sujet pourquoi quelques érables n'en produisent pas beaucoup, dépend de 3 causes principales, qui sont, ou quand ils n'ont que trop peu de neige au pied, c'est-à-dire répandue sur la terre qui couvre les racines, l'autre quand ils ne sont pas bien exposés au soleil, et la 3ᵉ qui paraît assez extraordinaire, c'est quand les printemps sont fort doux et qu'il ne gèle pas la nuit. » L'érable à sucre fournit une sève « dont on fait ici un sucre qui a son mérite, puisqu'on en fait des sirops, des confitures ». Dans le contexte de l'époque, les « sirops » réfèrent aussi

aux sirops comme médicaments ou comme liquides contenant des médicaments. En plus de l'érable à sucre, Sarrazin a fait parvenir en 1702 au Jardin royal trois autres espèces d'érable, correspondant probablement, selon Bernard Boivin, à l'érable rouge (*Acer rubrum*), à l'érable à épis (*Acer spicatum*) et à l'érable de Pennsylvanie (*Acer pensylvanicum*).

Sarrazin et les expéditions d'échantillons à Paris

Sarrazin expédie évidemment des plantes indigènes de l'est de l'Amérique du Nord. Il inclut un champignon pour lequel « rien n'est plus semblable aux parties naturelles de l'homme ». Selon Bernard Boivin, il s'agit du dictyophore à dentelle (*Dictyophora duplicata*), qui a effectivement la forme d'un pénis.

En 1705, Sarrazin expédie un échantillon de galéopside à tige carrée (*Galeopsis tetrahit*) avec le commentaire selon lequel cette espèce « croît à l'ombre dans les bonnes terres ». Il ne réalise probablement pas que cette plante introduite d'Europe va conquérir assez rapidement toutes les régions du Canada, incluant la zone subarctique.

Une pyrole expédiée par Sarrazin devient une « herbe à pisser » analysée par la médecine officielle

Entre 1700 et 1705, Sarrazin expédie à Paris plusieurs espèces de pyrole. L'une de celles-ci correspond à la chimaphile à ombelles (*Chimaphila umbellata*). Cette plante connaît une popularité comme remède au début du XIXᵉ siècle tant en Europe qu'en Amérique du Nord. En 1814, le médecin W. Somerville publie un long article sur les propriétés diurétiques de cette plante bien connue des Amérindiens. Somerville est confronté à soigner l'hydropisie de sir James Henry Craig (1748-1812), le gouverneur en chef (1807-1811) de l'Amérique du Nord britannique. Un chirurgien militaire informe alors Somerville de l'efficacité diurétique de l'herbe nommée « herbe à pisser » par les Canadiens et herbe « de paignè » par les Amérindiens. Cette plante est devenue l'herbe à peigne dans le langage populaire. L'appellation initiale « de paignè » fait peut-être allusion au fait que cette espèce croît préférablement à l'ombre sous les conifères, comme sous le « sapin peigné », selon la terminologie populaire rapportée par Jean-François Gaultier en 1749.

Dans une publication posthume de 1816, le professeur Benjamin Smith Barton (1766-1815) de Philadelphie confirme que cette espèce fait partie des plantes médicinales importantes pour les Amérindiens. Elle fut d'ailleurs utilisée durant la guerre d'Indépendance des États-Unis. Cette éricacée est aussi nommée *pipsissewa* (incluant d'autres graphies) par des nations de la famille algonquienne. Cette plante se retrouve également dans des régions du nord de l'Europe et de l'Asie.

Sources : Barton, Benjamin Smith, « Some observations concerning the medical properties of the *Pyrola umbellata* and the *Arbutus uva ursi* of Linnaeus », *Medico-Chirurgical Transactions,* 1816, 7 : 143-149. Somerville, W., « On the diuretic properties of the *Pyrola umbellata* », *Medico-Chirurgical Transactions,* 1814, 5 : 340-357 et 456-13 pour l'illustration en couleurs.

Marie-Victorin la considère comme « éminemment domestique » !

La même année, il envoie un échantillon de rhinanthe. On ne sait pas s'il s'agit de la petite rhinanthe (*Rhinanthus minor* subsp. *minor*), une sous-espèce introduite de l'Eurasie, ou de la rhinanthe du Groenland (*Rhinanthus minor* subsp. *groenlandicus*), une sous-espèce indigène du Canada. Pour Marie-Victorin, la plante introduite « a fait son apparition dans le Maine vers 1850, au temps de la naissance du mormonisme, d'où le nom de *Mormon-weed* ». Cent quarante-cinq ans plus tôt, Michel Sarrazin observe une rhinanthe qui « croît à l'ombre dans des bois clairs ».

En 1700, Sarrazin expédie un échantillon de ginseng à cinq folioles (*Panax quinquefolius*) que Joseph-François Lafitau croit identique au ginseng de Chine en 1716. Il ne mentionne aucune utilisation médicinale de cette espèce. La même année, le médecin du roi expédie de plus la pogonie langue-de-serpent (*Pogonia ophioglossoides*), une orchidée.

Un genre en l'honneur de Sarrazin qui sait décrire une plante remarquable du pays tremblant

Une plante expédiée au Jardin des Plantes à Paris en 1698 et portant le numéro d'échantillon 1 est nommée *Sarracena* par le botaniste Tournefort. Voici quelques extraits de la description faite par Michel Sarrazin.

« Cette plante est d'un port fort extraordinaire. Sa racine est épaisse d'un demi pouce, garnie de fibres au collet de laquelle naissent plusieurs feuilles qui en s'éloignant forment une espèce de fraise. Ces feuilles sont en cornets longs de 5 à 6 pouces, fort étroits dans leur origine, mais qui peu à peu s'évasent assez considérablement. Ces cornets qui commencent par ramper sur la terre s'élèvent peu à peu et forment dans leur longueur un demi rond dont le convexe est dessous et le cave dessus. Ils sont fermés dans le fond et s'ouvrent en gueule par le haut… Cette lèvre qui est intérieurement velue et creusée en cuillère, est

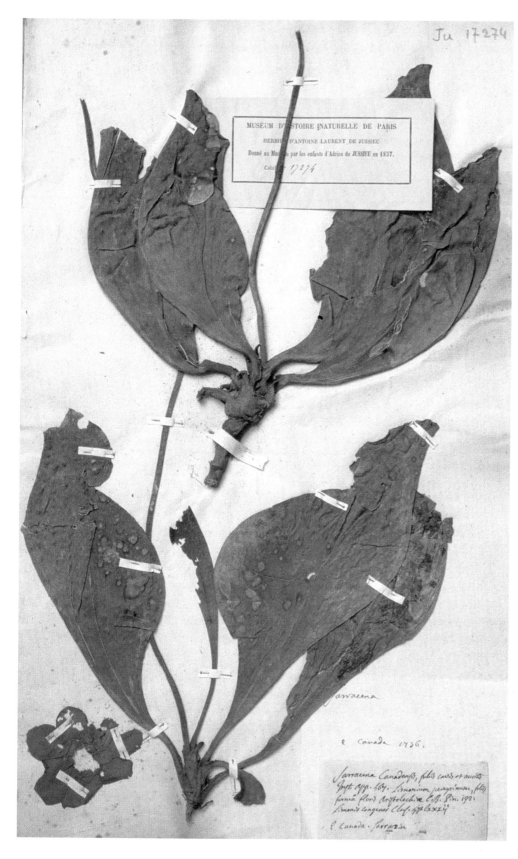

Échantillon d'herbier de la sarracénie du Canada expédié par Michel Sarrazin à Paris et faisant partie de l'herbier d'Antoine Laurent de Jussieu du Muséum d'histoire naturelle de Paris. L'étiquette du bas indique qu'il s'agit de l'espèce nommée par Tournefort *Sarracena Canadensis foliis cavis et auritis*, c'est-à-dire la sarracénie (aussi nommée sarrazine/sarrasine à l'époque) du Canada à feuilles creuses et en forme d'oreilles. Deux autres mentions d'appellations synonymes sont incluses, celle de Gaspard Bauhin en 1623 et celle de Charles de L'Écluse en 1601. L'année 1726 est inscrite au-dessus de l'étiquette. On reconnaît une fleur en bas à gauche des deux plants avec leur hampe florale et quatre feuilles en cornet. Certaines des feuilles de cette sarracénie pourpre (*Sarracenia purpurea*) montrent des symptômes, sous forme de petites taches, d'une infection par un agent pathogène. Il peut s'agir d'une infection fongique, bactérienne ou virale. Ces lésions circulaires de quelques millimètres de diamètre ont une coloration différente de celle des tissus normaux. Ce sont des lésions locales constituées de tissu nécrotique entouré d'un halo foncé dont la coloration s'explique par l'accumulation d'anthocyanes et d'autres molécules. L'échantillon expédié par Sarrazin à Paris contient donc aussi vraisemblablement la présence d'un agent pathogène.

Source : Herbier du Muséum national d'histoire naturelle de Paris.

La sarracénie du Canada récoltée par Sarrazin et ses lésions locales : attention au stress !

Les feuilles de sarracénie pourpre de l'échantillon récolté par Sarrazin montrent des symptômes, sous forme de petites taches, d'une infection par un agent pathogène. Il peut s'agir d'une infection fongique, bactérienne ou virale. Ces lésions circulaires de quelques millimètres de diamètre ont une coloration différente de celle des tissus normaux. Ce sont des lésions locales constituées de tissu nécrotique entouré d'un halo foncé dont la coloration s'explique par l'accumulation d'anthocyanes et d'autres molécules. La plante tente donc de restreindre l'agent infectieux dans des zones limitées de tissu foliaire afin d'éviter l'infection systémique, c'est-à-dire la dissémination dans l'ensemble des tissus. Il est vraisemblable que les échantillons de Sarrazin étaient porteurs au point de départ de ces symptômes caractéristiques. Le botaniste a donc aussi expédié en France un agent pathogène de la sarracénie. Ce type de mécanisme de défense des végétaux est fréquent en nature. Il est possible à l'occasion de récupérer de façon viable l'agent pathogène localisé dans ces tissus infectés qui réagissent de façon hypersensible.

Chez un type d'hypersensibilité, un seul gène est nécessaire pour amorcer la cascade de réactions biochimiques menant à cette production de lésions locales. La formation des lésions requiert cependant un arsenal complexe de réactions cytologiques et biochimiques. Étonnamment, les tissus adjacents aux lésions locales acquièrent une résistance accrue face à une infection subséquente. Ces tissus accumulent, entre autres substances, des protéines antimicrobiennes qui se retrouvent surtout dans les espaces entre les cellules. Certaines de ces protéines sont plutôt résistantes à la dégradation et sont apparentées à des protéines causant des allergies chez les personnes sensibles. On observe de plus en plus que certains allergènes végétaux, présents dans des aliments ou associés à des grains de pollen, sont apparentés biochimiquement à des protéines dites de défense ou de stress. La diversité des réponses moléculaires au stress chez les végétaux peut avoir des conséquences inattendues chez les humains. Des champignons synthétisent aussi des protéines apparentées à des allergènes provenant de plantes.

Sources : Asselin, Alain, « Quelques enzymes végétales à potentiel antimicrobien », *Phytoprotection,* 1993, 74 (1) : 3-18. Grenier, Jean et autres, « Some thaumatin-like proteins hydrolyse polymeric beta-1,3-glucans », *The Plant Journal,* 1999, 19 (4) : 473-480. Grenier, Jean et autres, « Some fungi express beta-1,3-glucanases similar to thaumatin-like proteins », *Mycologia,* 2000, 92 (5) : 841-848.

tellement disposée qu'elle semble ne l'être ainsi que pour mieux recevoir l'eau de la pluie que le cornet garde exactement… Du milieu de ces cornets, il s'élève une tige longue d'environ une coudée. Elle a la grosseur d'une plume d'oie, et est creuse… Elle croît dans le pays tremblant, sa racine est vivace et âcre. »

Tournefort nomme cette plante *Sarracena* dans sa publication *Institutiones Rei Herbariae* en 1700.

La sarracénie, une plante connue depuis plus d'un siècle avant Sarrazin

Pierre Pena et Mathias de l'Obel (1538-1616) publient *Stirpium adversaria nova* en 1571. Une plante illustrée avec la légende *Thuris limpidi folium* est une espèce de *Thus*. Ce sont deux feuilles d'une

sarracénie. Selon le texte, elles sont remplies d'un baume ou d'un encens liquide. Le médecin *Launatus* à La Rochelle les a observées. Ce médecin est fort probablement le fameux Louis de Launay qui a publié en 1564 un essai pour défendre vigoureusement l'antimoine comme substance médicinale. Son opposant principal est Jacques Grevin (1538-1570) de Paris. La bataille livresque est féroce et de Launay produit un autre essai en 1566. Il est une figure de proue de ce combat médical épique, car on le considère comme un grand défenseur de l'utilisation de l'antimoine. Il se soigne d'ailleurs lui-même avec ce métal qui peut être cependant fort toxique.

Pena et de l'Obel spécifient qu'ils ont obtenu les feuilles de sarracénie quatre ans auparavant, possiblement en 1567, dans la ville portuaire de La

Rochelle. On sait que Mathias de l'Obel est accueilli à l'automne 1566 par son ami le docteur Launay à La Rochelle. Ainsi, une sarracénie originaire d'Amérique se retrouve à La Rochelle. Ses feuilles en cornet contiennent de plus un baume provenant aussi vraisemblablement du nouveau continent. Cette sarracénie aux feuilles en cornet allongées est probablement différente de la sarracénie pourpre (*Sarracenia purpurea*). Selon Linné en 1753, il s'agit de *Sarracenia flava*. D'autres botanistes l'identifient à *Sarracenia minor*. L'identification précise des espèces de sarracénie présente des difficultés importantes. De plus, ces espèces ont tendance à former facilement des hybrides lorsqu'elles se retrouvent dans un même milieu.

Certains interprètent que le baume contenu dans les feuilles de sarracénie est probablement le baume du Canada, c'est-à-dire la résine du sapin baumier d'Amérique du Nord. Plus d'un siècle avant la description de Sarrazin, le botaniste Charles de l'Écluse (1526-1609) nomme en 1576 une plante *Limonio congener* et fournit l'illustration d'une sarracénie. Certains l'identifient à la même espèce que celle décrite par Sarrazin. D'autres suggèrent une espèce différente. Charles de l'Écluse a reçu cette sarracénie de Claude Gonier, un apothicaire de Paris, qui l'a obtenue d'un marin de Lisbonne à son retour de Terre-Neuve. Dès 1576, les sarracénies de Terre-Neuve attirent l'attention des pêcheurs et des explorateurs de la côte nord-américaine.

Après son séjour en Nouvelle-France débutant en 1623, le récollet Gabriel Sagard publie deux livres décrivant ses observations. En 1632, il indique que la plus belle plante est celle nommée *angyahouiche orichya*, c'est-à-dire « chausse de tortue » en langue huronne. La feuille est comme « le gros de la cuisse d'un homard, ou écrevisse de mer » et ressemble à un « gobelet » dont on se sert pour « boire la rosée qu'on y trouve tous les matins en été ». Le dictionnaire en annexe de cet ouvrage contient aussi le terme *chausse de tortue* avec le même nom huron. Dans son autre livre publié en 1636, il reprend exactement la même description de la sarracénie en ajoutant cependant que la couleur de la feuille fermée et creuse ne ressemble pas à celle du homard.

En 1672, John Josselyn fournit une illustration, sous la forme d'un dessin schématique, d'une lavande à feuilles vides, *hollow leaved lavender*, observée en Nouvelle-Angleterre. C'est la sarracénie avec sa fleur magnifique. Cette plante est recommandée pour toutes les sortes de « flux ». Josselyn fait probablement référence à un usage amérindien de cette plante. C'est vraisemblablement la première illustration de la fleur de la sarracénie pourpre. En 1696, le botaniste Plukenet distingue deux espèces de sarracénie. Celle qui correspond à la sarracénie pourpre est nommée *Bucanophoron Americanum*. Plusieurs auteurs, comme Linné par exemple, utilisent le mot *Bucanophyllum* plutôt que *Bucanophoron*.

En 1700, Joseph Pitton de Tournefort utilise le nouveau mot *Sarracena* pour décrire le genre de cette plante en l'honneur du médecin Michel Sarrazin qui séjourne au Canada et qui contribue beaucoup à l'étude des plantes. Tournefort sait bien que ce n'est pas Sarrazin qui l'a découverte, car il inclut la référence à Charles de l'Écluse de 1601 et à celle de Bauhin de 1623. La plante d'abord nommée *Sarracena* devient plus précisément *Sarracena Canadensis, foliis cavis et auritis*.

Après la description de Sarrazin, d'autres connaissances de la sarracénie qui devient convoitée comme médicament au XIXᵉ siècle

En 1737, Charles Linné publie un inventaire des plantes vivantes et séchées de George Clifford en Hollande. Il distingue deux *Sarracena*. Il y a d'abord celle décrite par Tournefort en 1700. Linné la nomme *Sarracena foliis gibbis*. Il y a de plus *Sarracena foliis rectis* qui se trouve en Virginie. Selon Linné, la première espèce se trouve en Virginie, au Canada et sur l'île Long Island colonisée par les Hollandais.

François-Xavier de Charlevoix décrit 96 plantes de l'Amérique du Nord en 1744. La plupart des descriptions et des illustrations sont des emprunts à d'autres auteurs. La « sarrasine » est illustrée comme une plante complète. Il s'agit d'une première mention de ce nom français dans un livre d'histoire. Cependant, la sarra(z)sine est mentionnée par Gédéon de Catalogne bien avant de Charlevoix. La source de l'illustration de la sarracénie est inconnue, s'il s'agit d'un emprunt.

Les fleurs, les fruits et les graines de la sarracénie pourpre (*Sarracenia purpurea*) dans une édition posthume de *Institutiones rei herbariae,* le traité botanique en latin de Joseph Pitton de Tournefort. En 1700, Tournefort utilise le mot *Sarracena* pour nommer le genre de cette plante en l'honneur du médecin Michel Sarrazin, qui séjourne au Canada et qui contribue beaucoup à l'étude des plantes. Tournefort sait bien que ce n'est pas Sarrazin qui l'a découverte, car il inclut la référence de la mention de cette plante par Charles de l'Écluse en 1601 et Gaspard Bauhin en 1623. La plante d'abord nommée *Sarracena* devient plus précisément *Sarracena Canadensis, foliis cavis et auritis,* c'est-à-dire la sarracénie (aussi nommée sarrazine/ sarrasine à l'époque) du Canada à feuilles creuses et en forme d'oreilles.

Source : Tournefort, Joseph Pitton de, *Institutiones rei herbariae,* tome III, édité par Antoine de Jussieu, planche 476, troisième édition, Paris, 1719. Bibliothèque de recherches sur les végétaux, Agriculture et Agroalimentaire Canada, Ottawa.

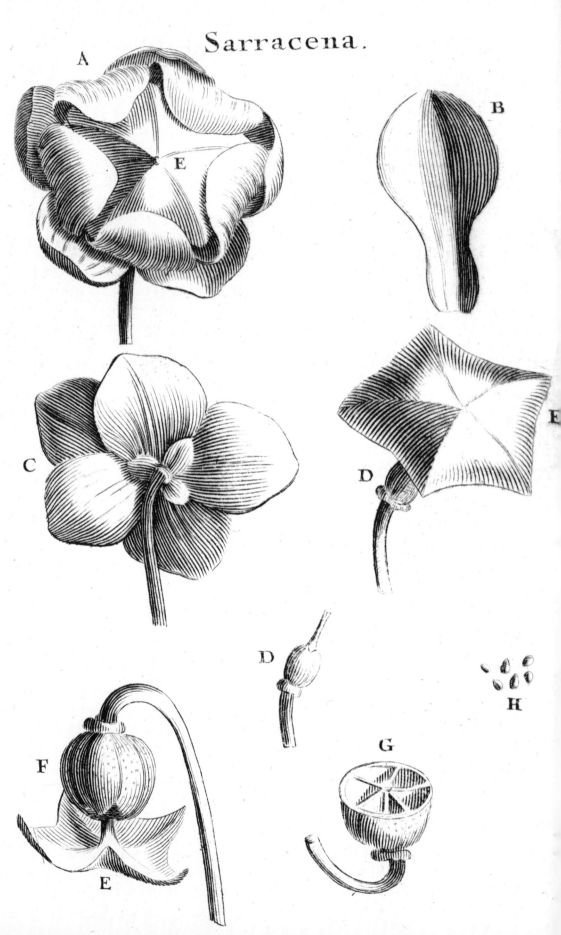

Sarracena.

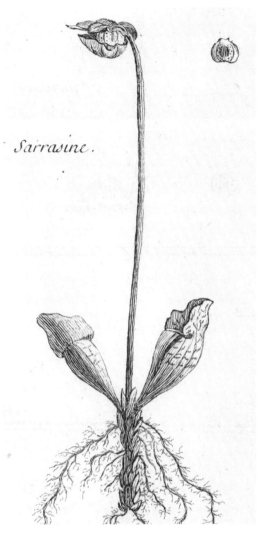

Sarrasine.

Plant en fleur de la « sarrasine » (Sarracénie pourpre, *Sarracenia purpurea*) illustré en 1744. François-Xavier de Charlevoix décrit 96 plantes de l'Amérique du Nord en 1744. La plupart des descriptions et des illustrations sont des emprunts à d'autres auteurs. La « sarrasine » est illustrée comme une plante complète. Il s'agit d'une première mention de ce nom français dans un livre d'histoire. Cependant, la sarra(z)sine est mentionnée par Gédéon de Catalogne bien avant François-Xavier de Charlevoix. La source de l'illustration de la sarracénie pourpre est inconnue. On a pris soin de représenter fidèlement tant la racine que la fleur de la sarrasine.

Source : Charlevoix, François-Xavier de, *Histoire et description générale de la Nouvelle-France*, tome second, planche LXV, Paris, 1744. Bibliothèque de recherches sur les végétaux, Agriculture et Agroalimentaire Canada, Ottawa.

En 1753, selon la terminologie de Charles Linné, la *Sarracena* devient *Sarracenia* et son nom spécifique devient *purpurea*. Linné distingue alors deux espèces, *S. purpurea* et *S. flava*. Pour ce botaniste, la sarracénie nommée *Thuris limpidi folium* en 1576 par Mathias de l'Obel est l'espèce *Sarracenia flava*. Linné n'explique pas le changement de *Sarracena* à *Sarracenia* et ne fait pas référence à l'appellation de Tournefort comme il l'avait fait en 1737. Est-ce une simple erreur typographique ou Linné a-t-il volontairement procédé à ce changement ? On ne peut que spéculer à ce sujet.

En 1861, l'abbé Louis-Ovide Brunet (1826-1876), professeur de botanique à la nouvelle Université Laval, commente le voyage du botaniste français André Michaux au Canada. Brunet mentionne que les gens de la campagne ont donné « le nom tout à fait vulgaire de petits cochons », car ses « feuilles creuses et contournées en cornet simulent la tête de cet animal ». En 1870, Brunet ajoute le mot *burettes* comme autre nom vernaculaire de la sarracénie. Il indique que la racine est « employée dans le traitement de la picote ». Brunet est possiblement au courant du débat médical qui prévaut depuis 1861 au sujet de la sarracénie. Cette polémique mérite d'être présentée.

La sarracénie et une polémique médicale au XIXe siècle

Entre 1861 et 1874, la sarracénie pourpre suscite en Europe et en Amérique du Nord un grand intérêt et des discussions très vives. En avril 1861, le médecin F.W. Morris rapporte à Halifax des résultats très prometteurs concernant l'usage de la sarracénie contre la variole (petite vérole), cette maladie virale contagieuse dont on ignore encore la nature exacte. Cette thérapie est inspirée des Amérindiens. Un comité de la Société médicale est immédiatement mis sur pied pour évaluer l'efficacité de la sarracénie. À l'unanimité, le comité conclut à son inefficacité et exclut même le docteur Morris pour sa conduite non professionnelle et la publication de faux certificats de guérison.

En novembre 1861, Herbert Chalmers Milnes publie un article sur un remède contre la variole révélé par une vieille Amérindienne. Cet assistant-chirurgien réside également à Halifax et il ne fait aucune mention des observations du Dʳ Morris. La sarracénie est décrite comme un remède prometteur. Une note de l'éditeur indique que *Sarracenia purpurea* est connu en anglais sous les noms de *Indian cap* (chapeau indien), *Pitcher plant* (plante aiguière), *Side-saddle flower* (fleur comme une selle de côté), *Huntsman's cap* (chapeau de chasseur), *Fly-trap* (attrape-mouche), *Trumpet plant* (plante trompette) ou *muc-ca-kem-ma-dos* qui signifie «*frog's leggings*» (jambières ou guêtres de grenouille) en langue amérindienne.

En octobre 1862, Milnes publie dans la prestigieuse revue médicale *The Lancet* un article plus détaillé sur ce nouveau remède. Cet article, rédigé à Montréal, spécifie que des quantités appréciables de racines séchées de sarracénie sont expédiées à la firme londonienne Savory and Moore pour les Sociétés médicales qui désirent expérimenter ses effets contre la variole. Le Dʳ Marson du Small-Pox Hospital de Londres s'occupe d'évaluer l'efficacité de la racine prise en décoction. Milnes fait référence au docteur Jas H. Richardson de Toronto qui semble avoir un certain succès avec cette nouvelle thérapie.

En décembre 1862, de retour à Londres, Milnes publie un second article dans la même revue. Des résultats prometteurs sur quatre patients sont présentés. Le mois précédent, F. Norton Manning publie une lettre au *Lancet* qui conclut cependant que ce traitement n'a aucun effet bénéfique. De plus, le remède est dispendieux au prix de deux shillings pour une once de racine séchée.

En juin 1863, la revue scientifique *The British Medical Journal* publie les résultats des essais qui ont lieu au Small-Pox Hospital. Le traitement à la sarracénie a failli. Le mois suivant, d'autres résultats négatifs sont publiés par le docteur Marson. Il avoue qu'il ne s'est pas hâté pour publier ses résultats afin de ne pas décourager d'autres investigations plus prometteuses. En mai, juillet et août 1863, on retrouve trois autres mentions de l'échec de la sarracénie dans la revue *The British Medical Journal*.

En décembre 1863, deux rares articles présentant une certaine efficacité thérapeutique de la sarracénie paraissent dans le *Lancet*. J. Taylor rapporte des résultats contradictoires et il indique qu'il y a sur le marché une autre drogue à base de feuilles de sarracénie. Ces feuilles sont sans effet et elles ne doivent pas être utilisées. En janvier 1864, on dénonce les promesses non tenues de la sarracénie en spécifiant que ses fausses vertus ont provoqué en une semaine une hausse de prix de 3 à 28 shillings par livre de racine. En février 1864, C. Lockhart Robinson rapporte par contre deux cas de traitement jugé efficace.

Par la suite, la documentation scientifique devient quasi muette au sujet de la sarracénie guérisseuse de la variole virale. Il faut attendre jusqu'en août 1874 pour revoir un autre article favorable à la sarracénie. Les textes précédents concernent uniquement le Canada et la Grande-Bretagne. Les mêmes essais ont cependant aussi lieu aux États-Unis, particulièrement au Small-Pox Hospital de l'île Rainsford, près de Boston. Cet hôpital de quarantaine établi en 1737 est consacré à la variole depuis 1832. En 1863 et 1864, le traitement de la sarracénie y est examiné et aucun effet majeur bénéfique n'est observé. Ce traitement est aussi éprouvé sans succès à New York et à l'Hôpital général de Montréal.

En 1869, un auteur anglais écrit dans la revue *The Lancet* que le traitement à la sarracénie pourpre est mort (*Sarracenia purpurea is defunct*). Cependant, en juin 1870, un article sur la variole à Paris rapporte que des praticiens français vantent encore les mérites de la sarracénie. En 1872, on signale que 60 personnes atteintes de la variole sont traitées sans succès en Allemagne avec une teinture de sarracénie pourpre. À partir de 1861, on vit donc pendant 13 ans la période agitée de la promesse antivariolique de la sarracénie pourpre.

Après la polémique médicinale (1861-1874) sur la sarracénie antivariolique, d'autres observations et études

Les espoirs thérapeutiques de la sarracénie ne disparaissent pas pour autant. En 1881, un article dans *L'Union Médicale du Canada* présente des résultats intéressants dans le cas de la goutte chronique. Il y a aussi des publications en 1879 et en 1880 sur ses propriétés antirhumatismales. On importe des sarracénies de l'île Miquelon pour en faire l'étude clinique. En 1873, le Dʳ J. Leclair de Saint-Lin, au Québec, rapporte qu'il utilise la sarracénie avec la quinine pour la convalescence des patients atteints de méningite épidémique.

En 1890, le guide pratique des matières médicales des Sœurs de Charité de l'Asile de la Providence à Montréal indique divers noms communs de la sarracénie : « Coupe ou Tasse Indienne, Cruche du Chasseur et Goîtres (*goîtres* signifiant « gonflements ») de Grenouilles ». Entre 1912 et 1918, l'anthropologue ontarien Frederik Wilkerson Waugh (1872-1924) recense plusieurs formules médicinales parmi les nations iroquoises du Québec, de l'Ontario et de l'État de New York. Chez la nation *Seneca*, la sarracénie se nomme *o'ishae* qui signifie « jambière de tortue ». La plante entière est utilisée comme fébrifuge. Un informateur mohawk l'utilise pour les cas graves de pneumonie avec d'autres plantes médicinales.

En 1931, Gladys Tantaquidgeon (1899-2005) séjourne pendant l'hiver chez les Montagnais (Innus) de la Pointe Bleue au lac Saint-Jean pour effectuer des observations ethnobotaniques. La sarracénie est nommée *alktsotaco* qui signifie « les jambières ou guêtres du crapaud » (*toad legging* en anglais). Les feuilles enroulées sont bouillies et la décoction est utile pour divers problèmes cutanés. On dit que ses feuilles extirpent les mauvaises substances de la peau. On les utilise aussi contre la petite vérole nommée *umatsi-wum*, identifiée aussi comme la picote. La même année, cette Amérindienne fonde avec son frère et son père le musée amérindien Tantaquidgeon localisé à Uncasville au Connecticut. En 1990, Daniel Clément rapporte que le terme *anîtshikâta* des Innus de Mingan signifie « les jambes du crapaud ». Cette appellation n'est connue que des femmes qui utilisent la sarracénie pourpre bouillie pour traiter diverses maladies de la peau.

En 1935, le frère Marie-Victorin note que la sarracénie pourpre est « la plus extraordinaire plante de notre flore, et le principal ornement de nos tourbières ». Il ajoute que la sarracénie est remarquablement imputrescible à cause d'une résine. Le nom canadien-français de petits cochons se comprend mieux si on réfère à la variante oreille de cochon. Marie-Victorin indique que tous les Amérindiens vantent les mérites de cette plante contre la petite vérole. Cependant, on ne peut pas appuyer cette assertion par des recherches scientifiques rigoureuses.

Selon Marie-Victorin, la plante contient des tanins en abondance qui pourraient expliquer certaines propriétés médicinales.

En 1943, Marcelle Gauvreau (1907-1968) décrit 11 plantes étonnantes pour les jeunes Canadiens. Cette scientifique, originaire de Rimouski, est la fille du docteur Joseph Gauvreau qui a publié une biographie de Michel Sarrazin en 1926. Cette proche collaboratrice de Marie-Victorin note que « la reine Victoria avait une grande admiration pour la sarracénie qu'elle désigna elle-même comme fleur nationale de Terre-Neuve ». La même année, Bernard Boivin collige les noms vernaculaires de certaines plantes du Québec. La sarracénie est nommée « capote de lac » dans la région de Matapédia. Quelle aurait été la réaction de l'abbé Ovide Brunet, le professeur de botanique à l'Université Laval, qui s'offusquait en 1861 du nom « tout à fait vulgaire » de petits cochons ?

En 1945, l'ethnobotaniste Jacques Rousseau (1905-1970) rapporte que les Iroquois de Caughnawaga nomment la sarracénie *a-no-wa-ra-ro-o-ris*. La première partie du mot signifie « tortue » alors que la seconde réfère au bas, ce vêtement recouvrant le pied. Cette plante est employée contre « le frisson ». Au nord du Québec, en dehors de l'aire de distribution des tortues, la plante est dénommée « herbe-crapaud ». C'est le sens du mot montagnais *alicotache* et du mot algonquin *makikiotache*. Les Montagnais du lac Saint-Jean nomment la sarracénie *tsotaco* signifiant « chausses de crapaud ». Chez la nation algonquine Penobscot, le nom signifie « mocassin de l'engoulevent », lequel nom est donné à Caughnawaga au cypripède.

La même année, le botaniste Marcel Raymond (1915-1972) présente des notes ethnobotaniques sur les tête-de-boule de Manouan (Maskinongé). Le nom de la sarracénie est *ariki-tcak-otepik* signifiant « le crapaud qui a des racines, le crapaud devenu plante ». Chez les Ojibway, c'est *o-makaki-widass*, c'est-à-dire « culottes de crapaud ». Pour les Potawatomi, *kookookoo-makasin* signifie « mocassins de hibou ». À Manouan, les feuilles séchées se trouvent dans presque toutes les maisons. La racine, mêlée à des rognons de castor, serait diurétique.

En 1954, cinq ans après l'accession de Terre-Neuve à la Confédération canadienne, la sarracénie

Timbre du Canada de 1964 illustrant la sarracénie pourpre (*Sarracenia purpurea*), l'emblème floral de Terre-Neuve (maintenant Terre-Neuve-et-Labrador), et les armoiries de cette province. L'appellation anglaise *pitcher plant* réfère à ce que les feuilles en forme de cornet peuvent servir de contenant pour verser l'eau. Les armoiries de Terre-Neuve datent de 1637 et évoquent une croix d'argent similaire à celle ornant les armes des Chevaliers de Saint-Jean. Cela rappelle que l'explorateur Jean Cabot (décédé vers 1498) a découvert cette île le jour de la Saint-Jean. Deux Amérindiens représentent les premiers habitants du pays. L'animal qui trône au sommet est plus un élan européen qu'un caribou ou un orignal d'Amérique. Les quatre autres animaux des segments des armoiries correspondent aux léopards et aux licornes des armes royales après l'union de l'Angleterre et de l'Écosse.

Source : Collection Alain Asselin.

pourpre devient l'emblème floral de la nouvelle province. Le Canada confirme donc le choix de la reine Victoria exprimé plusieurs années auparavant. La sarracénie était d'ailleurs représentée jusqu'en 1947 sur les pièces de la valeur d'un cent. Terre-Neuve avait émis sa propre monnaie entre 1834 et 1949. La sarracénie est aujourd'hui l'emblème floral de Terre-Neuve-et-Labrador.

En 2004, une étude clinique à l'aveugle impliquant 828 traitements de 500 patients avec ou sans « sarapin » conclut que l'injection de cet extrait commercial de sarracénie est sans effet pour le soulagement de la douleur. La valeur analgésique potentielle de cet extrait est pourtant rapportée aux États-Unis depuis 1931. Malgré les résultats rigoureux de 2004, on retrouve encore des adeptes de l'utilisation de l'extrait de la sarracénie. La promesse thérapeutique de la sarracénie persiste, malgré l'absence de données scientifiques en ce sens.

À ce jour, les promesses antivarioliques et analgésiques de la sarracénie ne se sont pas réalisées. Il y a cependant d'autres molécules potentiellement intéressantes dans la sarracénie. Dès 1672, John Josselyn indique que la sarracénie est excellente contre toutes les sortes de flux. Depuis, on connaît la présence de tanins possiblement bénéfiques pour resserrer ou tonifier certains tissus. La sarracénie n'a peut-être pas encore révélé toutes ses propriétés.

La sarracénie pourpre (*Sarracenia purpurea*) illustrée dans un ouvrage classique canadien du XIXe siècle sur des plantes canadiennes indigènes. Ce livre a été réalisé par deux femmes pionnières dans le monde des publications botaniques. Catharine Parr (Traill) Strickland (1802-1899), originaire d'Angleterre, émigre au Canada où elle devient une enseignante, une naturaliste et une auteure de renom. Elle s'intéresse à plusieurs sujets de nature historique. Elle s'efforce de décrire, particulièrement au bénéfice des nouveaux émigrés, la nature canadienne et ses plantes indigènes. L'illustratrice Agnes Dunbar FitzGibbon (née Moodie) représente les parties aériennes de la plante carnivore.

Source : Traill, Catharine Parr, *Canadian Wild Flowers*, planche IX, illustrée par Agnes Dunbar FitzGibbon (née Moodie), Montréal, 1868. Bibliothèque de recherches sur les végétaux, Agriculture et Agroalimentaire Canada, Ottawa.

Hommage québécois des années 1950 à Michel Sarrazin

Le 10 octobre 1957, le docteur Georges Gauthier (1901-1972), président de la Société zoologique de Québec, prononce un long discours à l'occasion du dévoilement d'une plaque commémorative en l'honneur de Michel Sarrazin. Cette plaque est alors installée au Jardin zoologique de Québec pour rappeler aux visiteurs «le souvenir de ce précurseur dans le domaine scientifique».

La plaque montre un portrait de Sarrazin sur un lit de sarracénies pourpres. Le Jardin zoologique de Québec n'existe plus.

Source: Gauthier, Georges, «Dévoilement d'une plaque commémorative», *Les Carnets,* 1957, 17 (4): 97-106. Publications par la Société zoologique de Québec, Orsainville, Québec.

Quelques informations botaniques modernes sur la sarracénie pourpre

Cette plante carnivore affectionne les tourbières acides. Elle peut y vivre pendant plus de 50 ans. On retrouve cette espèce au Canada à l'est des Rocheuses et sur la côte est américaine. Au Canada, la plante produit entre 6 et 10 feuilles par année qui ont une durée de vie active d'une ou deux années. Ces feuilles se transforment en pichets plus ou moins développés et habités par une faune aquatique constituée de bactéries, de protozoaires et d'invertébrés.

L'efficacité carnivore de la sarracénie est plutôt faible. Moins de 3 % des insectes visiteurs sont capturés. On signale même des pourcentages d'efficacité de capture inférieurs à 1 %. La sarracénie ne sécrète pas d'enzymes digestives pour décomposer les organismes en captivité. Ce sont donc les habitants du milieu aqueux qui décomposent les matières organiques en nutriments assimilables par la sarracénie. L'état carnivore de cette espèce se serait développé à cause du manque d'éléments nutritifs dans le milieu tourbeux acide. Curieusement, le moustique de la sarracénie (*Wyeomyia smithii*) doit à la sarracénie sa survie sous forme de larve, qui semble dépendante de l'eau contenue dans les feuilles en cornet.

En 2005, un fossile ressemblant beaucoup à la sarracénie pourpre est trouvé en Chine. Ce fossile, datant de la période géologique dite du début du Crétacé, semble laisser croire que les plantes à fleurs auraient évolué plus tôt que ce qui est généralement admis. Malgré la présence de ce fossile intrigant en Chine, la famille des sarracénies est considérée comme une famille indigène des Amériques.

La sarracénie a une plasticité morphologique des feuilles qui dépend de la disponibilité des éléments nutritifs. Les feuilles sont produites à partir d'une couronne de rhizomes. Le système radiculaire compte pour environ 20 % du poids total des plants. La sarracénie a la capacité de s'adapter à l'apport atmosphérique de substances azotées. Une présence accrue de telles substances réduit la production des pichets possédant un petit appendice à leur sommet. Les pichets avec les plus gros appendices foliaires sont les plus actifs pour ce qui est de la photosynthèse. La coloration rougeâtre et des zones fluorescentes au rayonnement ultraviolet semblent favoriser l'attraction de certains insectes. La sarracénie, originaire de l'Amérique du Nord, a été introduite en Europe du Nord, en Californie et au Japon.

Sources

Anonyme, «The Week», *The British Medical Journal*, 1863, May 30.

Anonyme, «The Week», *The British Medical Journal*, 1863, July 4.

Anonyme, «The Puff Professional», *The British Medical Journal*, 1863, August 22.

Anonyme, «The Week», *The British Medical Journal*, 1864, January 16.

Anonyme, «An infallible remedy», *The British Medical Journal*, 1864, February 6.

Anonyme, *Buffalo Medical and Surgical Journal*, 1869, 8: 58-60.

Anonyme, «The Small-Pox in Paris», *The British Medical Journal*, 1870, June 4.

Anonyme, «Small-Pox in Berlin and Leipzig», *The British Medical Journal*, 1872, December 7.

Anonyme, «Sur le *Sarracenia purpurea* et son emploi thérapeutique», *L'Union Médicale du Canada*, 1881, 10 (6): 266.

Anonyme, *Traité élémentaire de matière médicale et guide pratique des Sœurs de Charité de l'Asile de la Providence*, troisième édition, Montréal, 1890.

Anonyme, «Lettre du 21 octobre 1720 de sœur Duplessis de Sainte-Hélène», *Nova Francia*, vol. 2, 1926-1927, p. 75.

Aymonin, Gérard G., «Les plantes du jardin épiscopal d'Eichstätt, vues par Basilius Besler (1613)», *Bulletin de la société botanique de France* 138, *Lettres botaniques,* 1991, 1 : 5-14 (p. 8 sur le plaqueminier de Virginie).

Boivin, Bernard, «Quelques noms vernaculaires de plantes du Québec», *Le Naturaliste canadien,* 1943, 70 : 145-162.

Boivin, Bernard, «La Flore du Canada en 1708. Étude d'un manuscrit de Michel Sarrazin et Sébastien Vaillant», *Études littéraires,* 1977, 10 (1/2) : 223-297. Aussi disponible sous forme de mémoire de l'Herbier Louis-Marie de l'Université Laval dans la collection Provancheria nº 9 (1978), Québec.

Brunet, Ovide (abbé), *Voyage d'André Michaux en Canada depuis le Lac Champlain jusqu'à la Baie d'Hudson*, Québec, Bureau de l'Abeille, 1861.

Brunet, Ovide (abbé), *Éléments de botanique et de physiologie végétale suivis d'une petite flore simple et facile pour aider à découvrir les noms des plantes les plus communes au Canada*, Québec, P.-G. Delisle, 1870.

Clément, Daniel, *L'ethnobotanique montagnaise de Mingan*, Québec, Centre d'études nordiques, Université Laval, Collection Nordicana, nº 53, 1990.

Dionne, Louis, *Michel Sarrazin de l'étang*, Québec, Septentrion, 2008.

Ellison, Aaron M. et Nicolas J. Gotelli, «Nitrogen availability alters the expression of carnivory in the northern pitcher plant, *Sarracenia purpurea*», *Proceedings of the National Academy of Sciences (USA),* 2002, 99 (7) : 4409-4412.

Ellison, Aaron M. et Nicolas J. Gotelli, «Energetics and the evolution of carnivorous plants-Darwin's "most wonderful plants in the world"», *Journal of Experimental Biology,* 2009, 66(1) : 19-42.

Fortin, Daniel, *Une histoire des jardins au Québec. 1. De la découverte d'un nouveau territoire à la Conquête*, Québec, Les Éditions GID, 2012.

Fortin, Gérard L., «Ethnobotanique et ethnohistoire. Commentaires sur les travaux de William N. Fenton», *Recherches amérindiennes au Québec,* 1996, 26 (2) : 27-40.

Gauthier, Jean-Richard, *Michel Sarrazin. Un médecin du roi en Nouvelle-France*, Québec, Septentrion, 2007.

Gauvreau, Marcelle, *Plantes curieuses de mon pays*, Montréal, Collection de l'Éveil, 1943.

Goyder, D., «Cases of variola treated with *Sarracenia purpurea*», *The Lancet,* 1863, 81 (2054) : 42.

Griffith, A.L., «The use of *Sarracenia purpurea* in Small-Pox», *The Lancet,* 1874, 104 (2661) : 326-327.

Josselyn, John, *New England's Rarities Discovered in Birds, Beasts, Fishes, Serpents and Plants of that Country*, 1672, Introduction et notes d'Edward Tuckerman, M.A., Boston, 1865.

Karagatzides, Jim D. et autres, «The Pitcher Plant *Sarracenia purpurea* can directly acquire organic nitrogen and short-circuit the inorganic nitrogen cycle», *PloS ONE,* 2009, 4 (7) e6164.

Kurup, R. et autres, «Fluorescent prey traps in carnivorous plants», *Plant Biology,* 2013, 15 : 611-615.

Leclair, J., «Note sur la Méningite Rachidienne Épidémique», *L'Union Médicale du Canada,* 1873, 2 (5) : 201-202.

Legré, Ludovic, *La botanique en Provence au XVIᵉ siècle. Pierre Pena et Mathias de l'Obel*, Marseille, H. Aubertin & G. Rolle, 1899.

Lessard, Rénald, *Au temps de la petite vérole. La médecine au Canada aux XVIIᵉ et XVIIIᵉ siècles*, Québec, Septentrion, 2012.

Linné, C., *Hortus Cliffortianus*, Amsterdam, 1737.

Linné, C., *Species plantarum*, Stockholm, 1753.

Manchikanti, Kavita N. et autres, «A double-blind, controlled evaluation of the value of Sarapin in neural blockade», *Pain Physician,* 2004, 7 : 59-62.

Manning, F. Norton, «*Sarracenia purpurea* in Small-Pox», *The Lancet,* 1862, 80 (2048) : 604.

Marie-Victorin, Frère, «Michel Sarrazin (1659-1734)», *Bibliothèque des Jeunes Naturalistes,* 1938, tract nº 42 : 1-4.

Marson, J. F., «Report of the trial of *Sarracenia purpurea* or the Pitcher Plant in Small-Pox», *The British Medical Journal,* 1863, 2 (131) : 21-22. July 4.

Marson, J. F., «*Sarracenia purpurea* or Pitcher Plant in Small-Pox», *The Lancet,* 1863, 82 (2079) : 6-7.

Mathieu, Jacques, «Michel Sarrazin et les orphelins de la mémoire», Sainte-Foy, CEFAN (Chaire pour le développement de la recherche sur la culture d'expression française en Amérique du Nord), 1999.

Miles, H. Chalmers, «On an Indian remedy for Small-Pox», *The British Medical Journal,* 30 novembre 1861.

Miles, H. Chalmers, «On the employment of the *Sarracenia purpurea* or Indian Pitcher as a remedy for Small-Pox», *The Lancet,* 1862a, 80 (2042) : 430.

Miles, H. Chalmers, «Cases of Small-Pox treated by the *Sarracenia purpurea*», *The Lancet,* 1862b, 80 (2049) : 615-616.

Miles, H. Chalmers, «On an indian remedy for small-pox», *Transactions of the Epidemiological Society of London,* 1863, vol. 1 : 278-281.

Pena, Pierre et Mathias de l'Obel, *Stirpium adversaria nova*, Londres, 1571. Disponible au http://bibdigital.rjb.csic.es/spa.

Plukenet, S., *Almagestum Botanicum*, Londres, 1696.

Raymond, Marcel, «Notes ethnobotaniques sur les Tête-de-Boule de Manouan», *Études ethnobotaniques québécoises*, Montréal, Contributions de l'Institut botanique de l'Université de Montréal, 1945, nº 55, p. 113-133.

Renshaw, C. J., «Treatment of Small-Pox by *Sarracenia purpurea*», *The British Medical Journal,* 1863, 1 (109) : 127.

Rousseau, Jacques, «Le folklore botanique de Caughnawaga», *Études ethnobotaniques québécoises*, Montréal, Contributions de l'Institut botanique de l'Université de Montréal, 1945, nº 55, p. 7-74.

Rousseau, Jacques, «Sarrazin, Michel», *Dictionnaire biographique du Canada en ligne*, vol. II, 1701-1740. Disponible au http://www.biographi.ca.

Sagard, Gabriel, *Le grand voyage du pays des Hurons*, texte établi par Réal Ouellet, introduction et notes par Réal Ouellet et Jack Warwick, Montréal, Bibliothèque québécoise, 1632 (2007), 403 p.

Sagard, Gabriel, *Histoire du Canada et voyages que les Frères Mineurs Récollets ont fait pour la conversion des infidèles*, Paris, 1636.

Small, Ernest, Paul M. Catling et Brenda Brookes, *Emblèmes floraux officiels du Canada. Un trésor de biodiversité*, Ottawa, Travaux publics et Services gouvernementaux Canada en collaboration avec le ministère de l'Agriculture et Agroalimentaire Canada, 2012.

Tantaquidgeon, Gladys, «Notes on the origin and uses of plants of the Lake St. John Montagnais», *The Journal of American Folklore,* 1932, 45 (176) : 265-267.

Taylor, J., «On the efficacy of *Sarracenia purpurea* in arresting the progress of small-pox», *The Lancet,* 1863, 82 (2101) : 664-665.

Tournefort, Joseph Pitton de, *Institutiones rei herbariae*, Paris, 1700. L'édition de 1719 publiée à Lyon, identique au contenu de 1700, contient de plus un éloge de Tournefort. Les trois tomes de 1719 sont disponibles à la bibliothèque numérique du Jardin botanique royal de Madrid au http://bibdigital.rjb.csic.es/spa/.

Vallée, Arthur, *Un biologiste canadien. Michel Sarrazin 1659-1735*, Québec, Imprimé par Ls-A. Proulx, 1927.

Young, Kathryn A., «Crown Agent-Canadian Correspondant : Michel Sarrazin and the Académie royale des Sciences, 1697-1734», *French Historical Studies,* 1993, 18 (2) : 416-433.

1712, NOUVELLE-FRANCE. UN INGÉNIEUR, SOUCIEUX DE LA DESCRIPTION DES RESSOURCES VÉGÉTALES, ESTIME LA CULTURE DU LIN SUPÉRIEURE À CELLE EN EUROPE

GÉDÉON DE CATALOGNE (1662-1729) est né à Arthez, au Béarn, une ancienne province française au pied des Pyrénées. Même s'il signe « Catalougne », les documents officiels à son sujet utilisent l'orthographe « Catalogne ». Il arrive au Canada en 1683 comme militaire et arpenteur dans les troupes de la marine. Il aurait eu le nom de guerre « La Liberté ». Il est protestant, mais il renonce à la religion réformée en 1687. Catalogne est d'abord affecté aux travaux d'arpentage. Dès 1684, il participe à une campagne militaire contre les Iroquois. Il fera aussi partie d'autres expéditions contre cette nation.

Catalogne participe à la construction de fortins pour la défense de familles amérindiennes alliées des Français. En 1689, il trace un plan détaillé de Lachine dans la région montréalaise. En 1690, il participe, comme Lahontan, à la défense de la ville de Québec attaquée par les troupes anglaises de l'amiral William Phips. Il épouse Marie-Anne Le Mire à Montréal où il possède un terrain et deux propriétés. Marie-Anne est la fille de Louise Marsolet et la petite-fille de Nicolas Marsolet, un interprète auprès des Amérindiens et un trafiquant de fourrures du début de la colonie. Marsolet a eu des relations si importantes avec les Amérindiens qu'il est demeuré dans la colonie après la prise de Québec par les frères Kirke en 1629. Marsolet et sa famille ont acquis des connaissances approfondies des Amérindiens et de leurs coutumes. L'alliance de Catalogne avec la famille Marsolet lui fournit vraisemblablement des informations précieuses sur les nations autochtones. En 1695, Catalogne participe à la reconstruction de l'hôpital de Montréal en plus d'effectuer une mission de ravitaillement des troupes en guerre contre les Iroquois.

En 1696, Catalogne accompagne le gouverneur Louis de Frontenac (1622-1698) lors d'une expédition militaire. En 1704, il dirige les travaux de l'enceinte autour de la ville de Trois-Rivières. L'année suivante, il prend part à la défense de Terre-Neuve contre l'attaque de troupes anglaises. Catalogne participe à des travaux au fort de Chambly et il lève les plans du gouvernement du Canada en 1707 et 1708. À la fin de 1710, il revient diriger des travaux d'ingénierie au fort Chambly. Il est nommé sous-ingénieur à Montréal en juin 1712. En 1714, il prend en charge des travaux de la redoute du cap Diamant et du château Saint-Louis à Québec. Dès 1706, Catalogne cherche à se faire reconnaître par l'Académie des Sciences en soumettant une étude sur la longitude et la dérivation des navires.

En 1720, le comte de Saint-Pierre demande les services de Catalogne à l'île Saint-Jean (île du Prince-Édouard). Catalogne est promu capitaine en 1723 et il commande une garnison à Louisbourg sur l'île du Cap-Breton, alors nommée l'île Royale. Il acquiert une exploitation agricole près du barachois de la rivière Miré. Il y produit des légumes, du blé, de l'orge, de l'avoine, des melons et du tabac en plus d'exploiter une carrière de pierre calcaire. À son décès à Louisbourg en 1729, il y possède des propriétés en plus de celles de la rivière Miré, de Québec et de Montréal.

Des références aux plantes dans les publications de Catalogne

En 1712, Catalogne produit un mémoire de 50 pages sur les seigneuries. Ce travail décrit, seigneurie par seigneurie, les ressources naturelles et les principales productions des agriculteurs. Les noms des seigneurs et les limites géographiques des seigneuries sont indiqués. Il y a aussi à l'occasion quelques remarques à caractère économique ou administratif. Par exemple, il recommande que les agriculteurs n'aient pas à respecter tous les jours fériés décrétés par l'Église catholique. Cet ancien protestant ne semble pas manquer de culot par rapport à l'application de ces règles de l'Église. Il conclut son mémoire en formulant diverses recommandations sur l'agriculture et l'état pitoyable des routes au pays.

Catalogne produit en 1715 un mémoire similaire à celui de 1712. Ce document a neuf pages supplémentaires et représente, selon Robert Le Blant, «plus de garanties scientifiques que celui de 1712». Catalogne a aussi rédigé un *Recueil de se [sic] qui s'est passé au Canada au sujet de la guerre, tant des Anglois que des Iroquois, depuis l'année 1682.* Il s'agit essentiellement d'un récit commenté des événements militaires dont Catalogne a été témoin. Contrairement aux mémoires sur les seigneuries de 1712 et de 1715, ce recueil contient peu d'informations importantes sur les végétaux, sinon que l'on détruit les plantes cultivées lors des invasions militaires en territoire amérindien tout en tentant de retrouver les «caches» de leurs récoltes.

Le mémoire de 1712 et les plantes

Le texte du mémoire commence ainsi: «Le Canada n'est à quelque chose près qu'une forêt confuse et mélangée de toutes sortes de bois et plantes.» Catalogne énumère ensuite les bois et «les arbrisseaux et plantes qui portent du fruit». Les espèces ligneuses sont les pins, le pin rouge, l'épinette blanche, l'épinette rouge, la prusse (pruche), les cèdres, le sapin, les chênes blancs et rouges, l'érable, la «plesne [plaine]» ou «femelle de l'érable», le merisier, trois sortes de frênes (franc frêne, frêne métis et frêne bâtard), trois sortes de noyers (noyer dur, noyer à la fine écorce, noyer tendre), les hêtres, le bois blanc, les ormes (blanc et rouge), le bois de tremble et le bouleau.

L'importance et les usages particuliers des bois

Le premier nom est celui rapporté par Catalogne. Les appellations entre parenthèses correspondent aux noms modernes.

Du persil de Macédoine à la baie James!

En 1686, Catalogne fait partie d'une expédition militaire d'une centaine d'hommes, commandée par Pierre de Troyes (décédé en 1688) et guidée par Pierre Le Moyne d'Iberville (1661-1706), visant à déloger les Anglais de leurs forts établis dans la région du sud de la baie d'Hudson. Partie de Montréal le 20 mars, la troupe atteint la baie trois mois plus tard. On s'empare facilement de trois forts et Catalogne décrit différentes péripéties survenues durant ce voyage. À un certain moment, les vivres vinrent à manquer. La seule ressource disponible est «un persil de Macédoine»!

À cette époque, le persil de Macédoine réfère à diverses plantes ombellifères (apiacées). Le plus souvent, cette appellation désigne le céleri à côtes (*Apium graveolens*). Avant l'ère chrétienne, le persil de Macédoine fait partie du fameux mithridate, ce médicament complexe utilisé comme antidote à l'effet des poisons. On le retrouve aussi dans la célèbre thériaque, cette panacée généralement composée de dizaines de médicaments qui sert à guérir toutes sortes de maladies et empoisonnements. Il n'y a pas de céleri à l'état naturel ou cultivé dans la région de la baie d'Hudson et de la baie James. Catalogne réfère donc à une espèce indigène. Il n'est pas le premier en Nouvelle-France à utiliser cette appellation. Louis Nicolas avait mentionné sa présence en plus de celle du «persil commun» et du «persil bien meilleur». Pour Nicolas, les deux premiers persils se retrouvent dans les jardins, alors que le «persil bien meilleur» est indigène et correspond vraisemblablement à la livèche d'Écosse (*Ligusticum scoticum*). Il est possible que Catalogne réfère aussi à cette livèche, qui est d'ailleurs présente sur les rivages de la baie James.

Source: Bouchard, Serge et Marie-Christine Lévesque, *Ils ont couru l'Amérique. De remarquables oubliés*, II, Montréal, Lux, 2014, p. 132-136. Catalogne, Gédéon de, *Recueil de se [sic] qui s'est passé au Canada au sujet de la guerre, tant des Anglois que des Iroquois, depuis l'année 1682.* Manuscript relating to the early history of Canada. Relation sur le Canada, 1682-1712, Quebec, Published under the auspices of the Literary and Historical Society of Quebec, Printed by Middleton & Dawson, 1871, p. 11.

Concernant les pins (*Pinus* sp.), «il y en a quelques-uns qui jettent aux extrémités les plus hautes un(e) espèce de champignon semblable à du tondre, que les habitants appellent garigue, fort en usage parmi les Sauvages pour les maux de poitrine et pour la dysenterie».

La prusse (pruche) (pruche du Canada, *Tsuga canadensis*), «dure longtemps en terre pour servir de clôtures. Les tanneurs se servent de l'écorce pour tanner les cuirs et les Sauvages en font de la teinture couleur tirant sur le turquin pour faire leur broderie».

Les cèdres (thuya occidental, *Thuja occidentalis*) durent «longtemps en terre» et à cause de leur «légèreté» sont en «grand usage à clore les villes de Montréal, et des Trois-Rivières, à palissader les terrasses à Québec et généralement à clore tous les forts du pays et la plupart des clôtures des champs et jardins. C'est aussi le seul bois dont on se sert à faire du bardeau. Ces arbres produisent une espèce de gomme en façon d'encens que l'on emploie aux exercices de l'office divin». Au début du siècle précédent, Marc Lescarbot avait écrit sur l'usage de la gomme de sapin, plutôt que celle du thuya, comme encens qu'il avait recommandé à quelques églises de Paris.

Le sapin (sapin baumier, *Abies balsamea*) contient «une espèce de baume» qui est «fort estimé pour la prompte guérison des plaies depuis quelques années. Contre le sentiment des chirurgiens, on l'a mis en usage pour la purgation qui fait son effet sans causer ni douleur ni tranchée. Ceux qui s'en purgent par précaution, se peuvent dispenser de garder la chambre sans craindre de mauvaises suites». Catalogne exprime donc un désaccord avec des recommandations médicinales entérinées par les chirurgiens reconnus.

L'eau sucrée d'érable (érable à sucre, *Acer saccharum*) est «employée à faire du sucre et du sirop». Certains «conservent de cette eau dans des vases pour l'exposer aux chaleurs de l'été qui se convertit en vinaigre». Cette dernière remarque est inédite. Depuis l'Antiquité, le vinaigre est un produit médicinal qui est de plus utilisé comme agent de désinfection.

Le merisier (bouleau jaune, *Betula alleghaniensis*) «jette beaucoup plus d'eau que l'érable, un peu amère propre à faire du sucre, lui restant néanmoins un peu d'amertume. L'écorce des racines est en usage parmi les Sauvages pour guérir certaines maladies qui surviennent aux femmes».

Le franc frêne (frêne d'Amérique [frêne blanc], *Fraxinus americana*) sert à «faire des futailles à mettre des marchandises sèches». Le «frêne métis» (frêne de Pennsylvanie [frêne rouge], *Fraxinus pennsylvanica*) «a la même propriété». Les endroits enrichis en frênes sont nommés «frênières, dont les terres sont très fertiles en toutes sortes de grains lorsqu'elles sont défrichées, terme dont l'on se sert ici pour les terres réduites à la culture». L'utilisation du suffixe *-ière* pour décrire des regroupements végétaux est fréquente à cette époque en Nouvelle-France.

Le noyer à la fine écorce (caryer cordiforme, *Carya cordiformis*) produit «de bonnes huiles par l'essai Mrs du Séminaire en ont fait il y a quelques années, les Sauvages en tirent aussi pour en mettre à leurs cheveux, il produit aussi de l'eau plus sucrée que l'érable mais en petite quantité». Michel Sarrazin avait aussi mentionné un noyer du Canada comme pouvant fournir une sève épaisse «en très petite quantité». Bernard Boivin a interprété que ce texte s'applique cependant au noyer cendré (*Juglans cinerea*).

Le noyer tendre aux «noix longues et aussi grosses que celles d'Europe» (noyer cendré, *Juglans cinerea*) a un bois «presque incorruptible dans la terre et dans l'eau et très difficile à consommer par le feu».

Le bois des hêtres (hêtre à grandes feuilles, *Fagus grandifolia*) est «fort bon à faire des rames pour les chaloupes» et produit «beaucoup de faînes desquelles il serait aisé de tirer de l'huile, les ours en font leur principale nourriture».

Le bois blanc (tilleul d'Amérique, *Tilia americana*) a un bois «très doux et aisé à mettre en ouvrage, les Sauvages lèvent les écorces pour couvrir leurs cabanes».

Les ormes (orme d'Amérique, *Ulmus americana* et/ou orme rouge, *Ulmus rubra*) ont une écorce utile aux Iroquois «pour faire des canots d'une seule pièce, quelques-uns à contenir vingt-cinq hommes, ils s'en trouvent de creux où les ours et les chats sauvages prennent leur gîte depuis le mois de novembre jusqu'au mois d'avril sans en sortir ni sans faire aucun amas pour vivre, néanmoins ceux que l'on tue le printemps sont plus gras qu'en toute autre saison, les Sauvages assurent qu'ils s'engraissent en se léchant les pattes».

D'autres observations sur les végétaux, dont le cotonnier qui pousse comme l'asperge

Après les arbres, Catalogne énumère les «arbrisseaux et plantes qui portent du fruit». Ce sont les pruniers aux «prunes âcres», les vinaigriers avec lesquels quelques-uns font infuser les fruits «dans de l'eau pour faire une espèce de vinaigre», le «*pemina*» au fruit «rouge très vif mais astringent» (correspondant au terme algonquien *pimbina*), trois sortes de groseilles, les «piquants, de noires et à grappes», le «bluest [bleuet]» au fruit «merveilleux pour guérir en peu de temps de la dysenterie, les Sauvages en font sécher comme on fait en France des cerises», l'atoca au fruit «âcre on s'en sert à faire des confitures», les «épines ou Ebeaupin [aubépines]», le cotonnier qui «pousse comme l'asperge», le «soleil» qui est «fort commune dans les champs des Sauvages» et dont la graine donne de l'huile aux Sauvages «pour s'huiler les cheveux», le «blé d'Inde», une «citrouille fort petite eu égard à celle d'Europe», les «melons français et melons d'eau», «l'herbe de capillaire» et le «houblon pour faire la bière».

Catalogne remarque qu'il ne peut pas détailler «un nombre infini de plantes et simples dont les propriétés ne sont quasi connues qu'aux Sauvages qui par le moyen desquelles font de très belles cures». Catalogne inclut une observation d'intérêt sur le «cotonnier». Les «touffes de fleurs en forme de houppe on les secoue en pressant dans un vase qui contient une quantité d'eau de laquelle tombe une espèce de miel qui en la faisant bouillir produit du sucre. La graine se forme dans une gousse qui contient une espèce de coton». Cette espèce est l'asclépiade commune (*Asclepias syriaca*). Il n'est pas le premier à décrire la récolte

du nectar des fleurs d'asclépiade. Michel Sarrazin est le premier à mentionner la préparation de sucre à partir des fleurs d'asclépiade. Louis Nicolas indique le premier la présence de «miel» dans ces fleurs. Il est possible que la préparation du sucre d'asclépiade date déjà de l'époque du séjour de Nicolas (1664-1675) en Nouvelle-France. La préparation du sucre d'asclépiade se perpétue pendant au moins quelques décennies, car Pehr Kalm y fait encore allusion en 1749. Kalm souligne cependant que les faibles rendements ne justifient pas l'effort.

Catalogne fournit aussi une liste des arbres «fruitiers venus d'Europe». Ce sont les pommiers, poiriers, cerisiers, pruniers, pêchers, cognassiers, vignes et gadelles. Il y a de plus les «grains venus d'Europe» qui sont le blé («froment»), le seigle, l'avoine, les lentilles, le chanvre, le lin et le tabac. Il indique que «c'est ici le meilleur pays du monde pour le laboureur, puisqu'il n'y en a pas un seul qui ne mange de bon pain de froment, preuve de cela on y trouve peu de mendiants».

Le texte de la description des seigneuries contient aussi quelques observations botaniques. Par exemple, on fait sur l'île de Montréal de 100 à 120 barriques de cidre à la propriété de «Mr Labbé de Belmont». Il y a plusieurs «cédrières et frênières» dans la paroisse de «la Pointe au Tremble». À la «seigneurie des Mille Isles», les glands des chênes sont donnés aux jeunes porcs par les «plus ménagers». La «seigneurie de la Valterie [Lavaltrie]» contient des «pignières». Catalogne spécifie que «c'est le terme des contrées des pins et par d'autres des savanes et toutes sortes de bois». Deux décennies plus tard, un rapport d'arpenteur au Saguenay fait aussi part de l'usage du terme *pinière*.

L'agriculture amérindienne, les textiles et le goudron

Les Sauvages des missions «du Saut au Récollet» et «du Saut St Louis» cultivent du blé d'Inde, des fèves de haricot, des citrouilles, des melons et des soleils (tournesols). Ils produisent aussi du sucre d'érable et «amassent l'herbe de capillaire qu'ils vendent aussi à la ville». Catalogne observe que «ce sont ordinairement les femmes qui sont occupées à l'agriculture». Plusieurs seigneuries contiennent plus «de bois de sapinage que d'autres». Les habitants de la côte de la seigneurie de Beaupré « passent et le sont effectivement pour les plus riches de Canada, depuis très longtemps ils fabriquent des toiles et droguets ». On fait du goudron à la « seigneurie de la Baie St Paul », mais on pourrait en faire tout autant dans plusieurs autres seigneuries. La plupart des habitants de l'île d'Orléans ou de Saint-Laurent « fabriquent des toiles et droguets, même au-delà de leur usage, de sorte qu'ils en vendent en quantité ». Les droguets sont des tissus en laine. Sur cette même île, ce sont les bois de la « paroisse de St Laurent » qui « sont plus gros qu'en tout le reste de l'île ».

Les vignes d'Europe aidées par celles d'Amérique

L'Amérique est le continent le plus riche en espèces de vigne (*Vitis* spp.). Trente-cinq espèces de vigne, sur les 48 espèces connues mondialement, en sont originaires. Les vignes américaines sont cependant beaucoup moins adaptées à la vinification en comparaison avec l'espèce *Vitis vinifera* proliférant en Europe et au Proche-Orient. Les vignes d'Amérique sont dites « foxées ». Ce terme réfère à l'arôme typique, jugé indésirable, des vins issus des vignes sauvages d'Amérique et de leurs hybrides avec la vigne européenne.

Des vignes d'Amérique ont cependant joué un rôle de premier plan pour la survie des nombreux cépages de vigne européenne attaqués par des parasites dévastateurs et même mortels. La vigne des rivages (*Vitis riparia*), observée dès 1536 par Jacques Cartier (1491-1557), a servi et sert encore de porte-greffe résistant à des parasites. D'autres vignes d'Amérique sont couramment utilisées comme porte-greffes pour les divers cépages commerciaux de *Vitis vinifera*. Merci aux vignes américaines !

Sources : Ayala, Francisco J., « Elixir of life : *In vino veritas* », *Proceedings of the National Academy of Sciences,* 2011, 108 (9) : 3457-3458. Robinson, Jancis, *Encyclopédie du vin,* Hachette, 1997, p. 432.

Une vigne d'Amérique du Nord (?) illustrée en 1635. Certains ont suggéré que l'espèce *Vitis laciniatis foliis,* la vigne aux feuilles laciniées, illustrée dans la flore nord-américaine de Jacques Cornuti en 1635, correspond à la vigne des rivages (*Vitis riparia*), une espèce de vigne nord-américaine. Cela est douteux, car le nom de cette vigne aux feuilles très découpées apparaît dans la liste des plantes du Jardin du roi en 1665 comme étant la vigne d'Autriche. En 1755, l'horticulteur et savant Duhamel du Monceau est de l'avis que cette vigne aux feuilles très découpées n'est pas d'origine canadienne. Selon du Monceau, la vigne canadienne a plutôt des feuilles d'érable. Pour James Pringle, il s'agit bel et bien d'une variété de vigne cultivée d'Europe (*Vitis vinifera*).

Source : Cornuti, Jacques, *Canadensium Plantarum, aliarumque nondum editarum Historia,* Paris, 1635, p. 183 : cité dans Litalien, Raymonde et Denis Vaugeois (dir.), *Champlain. La naissance de l'Amérique française,* Québec, Septentrion, 2004, p. 371. Banque d'images, Septentrion.

Du goudron pour désinfecter les malades et les doléances du Séminaire de Québec envers la goudronnerie de Baie-Saint-Paul

La préoccupation de fabriquer du goudron à proximité des pinières de pin rouge se manifeste assez tôt en Nouvelle-France. Louis Nicolas y fait allusion durant son séjour entre 1664 et 1675. En 1670, l'intendant Jean Talon (1626-1694) écrit au ministre que «le sieur Arnould Alix, le faiseur de goudron» a «écorché» 1 500 arbres. L'année suivante, l'intendant écrit qu'il y a maintenant 6 000 arbres «écorchés». Le goudron est essentiel pour l'étanchéité des navires. En plus de la goudronnerie de la Baie-Saint-Paul du temps de l'intendant Talon, il y aura d'autres sites autorisés pour construire les fourneaux nécessaires à la production du goudron. Ce produit a de plus une utilité dans le monde médical. On l'utilise comme désinfectant avec du vinaigre pour «parfumer», c'est-à-dire fumiger, certains malades. Une ordonnance de 1721 émanant de l'intendant de la Nouvelle-France décrète que les matelots malades sur un navire doivent être traités «par la fumée du goudron et du vinaigre» avant d'être autorisés à débarquer à Québec. De plus, leurs «hardes» doivent être «blanchies» à bord du navire. À cette époque, des toiles imbibées de vinaigre servent souvent au lavage et à la désinfection du corps. L'expression «faire sa toilette» est vraisemblablement issue de cette façon de se laver avec des toiles imprégnées de substances désinfectantes ou détergentes, comme le vinaigre et des extraits végétaux.

Au début de la décennie 1720, les autorités du Séminaire de Québec réclament, à nouveau et depuis longtemps, des compensations pour le tort causé à leur moulin à scie par les activités de la fameuse goudronnerie de Baie-Saint-Paul. Il y a de moins en moins de grands pins à proximité de leur moulin. Ce n'est pas la première fois que le Séminaire de Québec lutte légalement au sujet de la goudronnerie de Baie-Saint-Paul. De 1672 à 1679, une bataille juridique épique a lieu avec Léonard Pitoin et Pierre Dupré qui s'étaient engagés à fabriquer à Baie-Saint-Paul 87 barils de goudron pendant huit ans à partir de 1672. Le problème est que ces entrepreneurs très peu productifs croient de plus posséder des terres du Séminaire. Malgré tous ces aléas judiciaires, la production de goudron se poursuit. En 1723, un navire quittant Québec transporte 126 barils de goudron vers Rochefort. Un baril contient de 35 à 40 pots (environ 2,26 litres par pot) de goudron utilisé pour les besoins de la marine. Le baril est acheté au prix de 20 livres. L'année suivante, un navire contient 180 barils achetés au même prix et entreposés dans les magasins du roi à Québec. En 1746, un navire transporte 171 barils de goudron produit dans la région de Sorel et de Baie-Saint-Paul.

L'un des promoteurs du goudron et de ses dérivés est Médard-Gabriel Vallette de Chévigny qui séjourne en Nouvelle-France de 1712 à 1754. Vers la fin de la décennie 1720, il est responsable de 25 soldats et de 2 sergents à la goudronnerie du roi à la Grande-Anse dans la seigneurie de La Pocatière. En 1734 et 1736, il produit environ 1 000 livres (en poids) de produits résineux. En 1737, il cesse ses activités. L'un de ses anciens employés, Antoine Serindac, prend le relais de la production du goudron.

Sources : Anonyme, *Facture des effets appartenant au roi chargés sur la flûte du roi le Chameau*, 1724 (31 octobre), Archives nationales d'outre-mer (ANOM, France), COL C11A 46/folio 274-274verso. Disponible sur le site Archives Canada-France au http://bd.archivescanadafrance.org/. Bégon, Michel, *Facture des bois et autres effets*, 1723 (14 octobre), Archives nationales d'outre-mer (ANOM, France), COL C11A 45/folio 205. Disponible sur le site Archives Canada-France au http://bd.archivescanadafrance.org/. Girard, Joseph Chanoine, «La goudronnerie de la Baie Saint-Paul», *Bulletin des recherches historiques,* 1934, 40 : 467-486 et 552-566. Hocquart, *Lettre de Hocquart au ministre*, 1746 (octobre), Archives nationales d'outre-mer (ANOM, France), COL C11A 85/folio 54-65verso. Disponible sur le site Archives Canada-France au http://bd.archivescanadafrance.org/. Pritchard, James S., «Vallette de Chévigny, Médard-Gabriel», *Dictionnaire biographique du Canada en ligne*, vol. III, 1741-1770. Disponible au http://www.biographi.ca. Roy, Pierre-Georges, *Inventaire des ordonnances des intendants de la Nouvelle-France (1705-1760) conservées aux Archives provinciales de Québec*, Beauceville, L'Éclaireur, limitée, 1919. Ordonnance du 30 juillet 1721. Disponible au http://archive.org/.

Instruments pour la récolte des résines végétales et les différentes préparations de produits issus des résines, incluant le goudron. En bas à gauche, la résine est extraite de conifères à l'aide d'incisions effectuées avec des haches ou d'autres instruments spécialisés. Les résines sont le plus souvent traitées à la chaleur à l'aide de fours spécialement conçus à cet effet. On peut aussi extraire des dérivés de résines, comme le goudron, en chauffant directement les bois résineux selon des conditions particulières. Henri-Louis Duhamel du Monceau (1700-1782) est un grand savant français du Siècle des Lumières intéressé par l'ingénierie navale et tous les dérivés des résines végétales employés par la marine. Il illustre donc la diversité des instruments et des contenants en usage avec les résines végétales extraites des conifères.

Source: Duhamel du Monceau, Henri-Louis, *Traité des arbres et arbustes qui se cultivent en France en pleine terre*, tome 1, Paris, 1755, p. 18. Bibliothèque de recherches sur les végétaux, Agriculture et Agroalimentaire Canada, Ottawa.

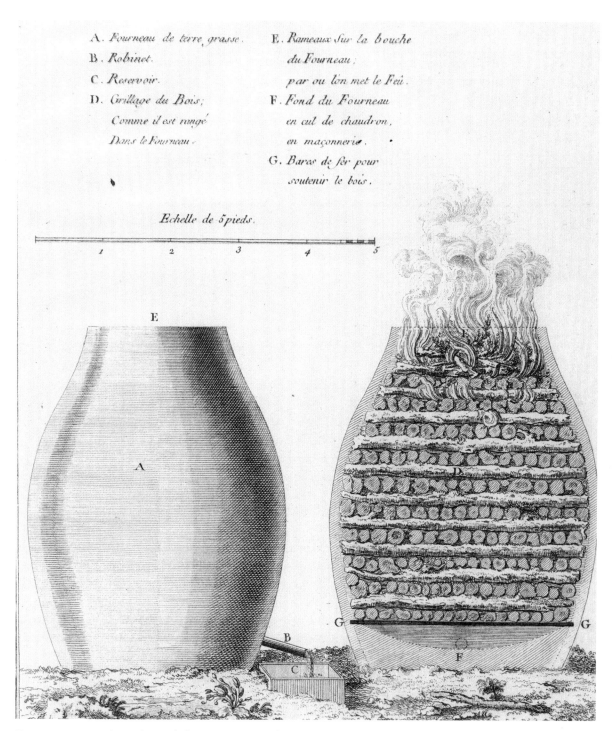

A. *Fourneau de terre grasse.*
B. *Robinet.*
C. *Reservoir.*
D. *Grillage du Bois;*
   Comme il est rangé
   Dans le Fourneau.

E. *Rameaux Sur la bouche*
   du Fourneau;
   par ou l'on met le Feu.
F. *Fond du Fourneau*
   en cul de chaudron,
   en maçonnerie.
G. *Bares de fer pour*
   soutenir le bois.

Echelle de 5 pieds.

Fourneau pour tirer le goudron et le brai gras. Dans un fourneau de terre grasse (argile), on dispose de façon très compacte des morceaux de bois résineux de conifères provenant le plus souvent d'espèces de pins (*Pinus* spp.). On met le feu par le haut et la résine est recueillie dans un réservoir à l'aide d'un robinet au bas du four. Le fourneau a environ cinq pieds de hauteur et plus de trois pieds de diamètre dans sa partie la plus large. Le goudron noirâtre a une consistance onctueuse, alors que les préparations subséquentes de brais peuvent être liquides et même solides.

Source : Duhamel du Monceau, Henri-Louis, *Traité des arbres et arbustes qui se cultivent en France en pleine terre*, tome 2, Paris, 1755, p. 168. Bibliothèque de recherches sur les végétaux, Agriculture et Agroalimentaire Canada, Ottawa.

Une maladie du froment
et un moyen de lutte plutôt inefficace

Curieusement, le dernier paragraphe du mémoire de 1712 traite d'une maladie du blé. Le blé malade est échaudé, «c'est-à-dire que lorsqu'il survient des orages ou des brumes du matin si le soleil vient à donner dessus avant que la rosée soit desséchée le dommage s'en suit, il n'y a que le froment qui est sujet à ses accidents les plus prudents y remédient en partie en secouant la rosée avec une ligne». Cette maladie du blé est vraisemblablement causée par des champignons microscopiques plutôt que par des conditions météorologiques. Malheureusement, secouer les plants de blé avec une corde a probablement favorisé la dissémination de l'inoculum fongique. Ce moyen de lutte n'est assurément pas efficace. Il a probablement le même effet que l'excommunication des insectes ravageurs rapportée par Lahontan. L'utilisation du soufre ou d'extraits de tabac, comme le rapporte le médecin du roi Jean-François Gaultier, aurait probablement eu un meilleur effet tant sur les champignons phytopathogènes que sur les insectes envahisseurs.

Le manuscrit de Catalogne
de 1712 influence d'autres auteurs
décrivant les plantes canadiennes

Le premier avril 1721, le jésuite François-Xavier de Charlevoix écrit à Chambly une lettre dans le cadre de son voyage en Amérique initié en 1720 par ordre du roi. Dans cette missive, il décrit les poissons, les oiseaux et les animaux «propres du Canada». Il traite aussi «des arbres, qui lui sont communs avec la France et de ceux, qui lui sont particuliers». Le texte sur les végétaux canadiens est essentiellement une copie peu modifiée du mémoire de 1712 de

Le lin, le chanvre et la dîme

En 1735, Pierre-Herman Dosquet (1691-1777), le quatrième évêque de Québec qui aime bien séjourner dans son domaine de villégiature dit de Samos en banlieue de la ville de Québec, demande aux autorités de la colonie d'augmenter de façon substantielle la dîme. Au lieu de percevoir la 26ᵉ part des céréales produites par les paroissiens, le prélat souhaite désormais recevoir la 13ᵉ part des récoltes céréalières, tout en ajoutant un tribut sur les légumes, le chanvre, le lin et même le tabac.

Le gouverneur de la Nouvelle-France et l'intendant argumentent que les agriculteurs ne se soumettront pas docilement à cette demande contraignante. Les autorités refusent donc l'augmentation de la dîme proposée par l'évêque, qui avait d'ailleurs défendu à ses prêtres de porter la perruque et d'engager des femmes, sans lien de parenté, pour les tâches accomplies au presbytère.

Au siècle précédent, la récolte du chanvre en Hollande tient compte du sexe des plantes. Les plants mâles qui produisent les fibres les plus fines sont récoltés quelques semaines avant les plants femelles aux fibres plus grossières. Les fibres des plants mâles servent surtout pour les cordes, les canevas et les grosses toiles, alors que les fibres femelles sont préférées pour les filets de pêche et les cordages. En France, Henri-Louis Duhamel du Monceau décrit en détail la fabrique des cordages dans les corderies de la marine à partir des fibres de chanvre. Du Monceau expérimente même de façon élaborée sur la valeur de diverses techniques de fabrication et de protection des cordages.

Sources: Bieleman, Jan, «Dutch agriculture in the golden age, 1570-1660», dans Davids, K. et Noordegraaf, L. (éd.), *The Dutch economy in the Golden Age*, Amsterdam, 1993, p. 159-182. Duhamel du Monceau, Henri-Louis, *Traité de la fabrique des manœuvres pour les vaisseaux: ou, l'Art de la corderie perfectionné*, seconde édition, Paris, chez Desaint, 1769. Richard, Edouard, *Supplement to Dr Brymner's Report on Canadian Archives 1899 by Mr. Edouard Richard* (Being an Appendix to Report of the Minister of Agriculture), printed by order of Parliament, S. E. Dawson, Printer to the King's Most Excellent Majesty, Ottawa, 1901, p. 198.

Gédéon de Catalogne. Cependant, Charlevoix ne cite pas cet auteur. Il ajoute quelques informations complémentaires tout en retranchant certaines observations du mémoire de Catalogne.

Par exemple, il ajoute que le baume (gomme) du sapin est appelé «baume blanc» à Paris. On lui assure que ce baume «chasse la fièvre, et guérit les maux d'estomac et de poitrine. La manière d'en user est d'en mettre deux gouttes dans un bouillon». Charlevoix spécifie que les «avirons de canots se font de bois d'érable». Il note que les canots des Iroquois faits d'une seule pièce «de l'écorce de l'orme rouge» peuvent contenir 20 hommes. Catalogne avait mentionné 25 hommes sans spécifier qu'il s'agit de l'orme rouge. Le mot algonquien *pemina* utilisé par Catalogne pour nommer le pimbina devient «pemine» pour Charlevoix. Le mot *pimbina* dérive du mot algonquien *(ne)p(e)imina*, qui se rencontre sous diverses graphies.

Un observateur humaniste et enthousiaste à l'occasion

Passant de simple soldat à capitaine et d'arpenteur à ingénieur, Catalogne est aussi un observateur humaniste. Il observe et relate les différents usages des arbres et des herbes, accordant attention spéciale et respect envers le savoir-faire amérindien. Il ne craint pas de commenter les situations variées observées et de suggérer des pistes d'amélioration de différentes natures. Il s'enthousiasme aussi à l'occasion pour certaines cultures en Nouvelle-France, comme celles du lin et du chanvre.

Le lin cultivé en Nouvelle-France est plus beau qu'en Europe

La production du lin cultivé (*Linum usitatissimum*) et du chanvre cultivé (*Cannabis sativa*) est particulièrement bonne dans la «seigneurie du platon Ste Croix». La «seigneurie de la Pointe à la Caille et

L'huile de lin ou de noyer, un des secrets bien gardés du renommé stradivarius?

Antonio Stradivari (1644-1737), dit Stradivarius, est un luthier italien de très grande renommée qui œuvre à Crémone, en Lombardie. Il sait fabriquer des instruments de musique, particulièrement des violons, aux tonalités exceptionnelles. Quels sont les secrets de fabrication de ses instruments? Utilise-t-il des bois spéciaux ou des traitements particuliers des fibres? Pour les violons, le secret semble lié, au moins en partie, à l'usage d'un vernis résineux qui pénètre peu dans les pores du bois et qui permet donc de mieux faire résonner une gamme étendue de tonalités. Selon des analyses modernes, ce vernis est généralement à base de résine de conifère en présence d'huile siccative de lin ou de noyer. De la colle animale, extraite de tissus riches en collagène, joue le rôle d'agent émulsifiant pour le mélange d'huile et de résine. Cette émulsion est de plus stabilisée par l'ajout de particules minérales d'argile. À l'occasion, des colorants et d'autres substances sont incorporés à l'émulsion qui sert de vernis que l'on peut appliquer tout simplement avec les doigts. Depuis plus de deux siècles, on tente de décoder les modes de fabrication de l'illustre luthier et de ses prédécesseurs qui ont produit, entre 1550 et 1750, des instruments de musique qui ont toujours l'estime des connaisseurs. À l'occasion, le vernis des violons de cette époque contient du rouge de cochenille provenant vraisemblablement de l'Amérique à moins que les luthiers n'aient utilisé une autre source. Malgré certains progrès de la recherche, il y a encore beaucoup à apprendre sur ces fameux vernis.

Sources: Harris, Nigel et autres, «A recreation of the particulate ground varnish layer used on many violins made before 1750», *Journal of the Violin Society of America VSA Papers,* 2007, 21 (1): 1-15. Tai, Bruce H., «Stadivari's varnish: a review of scientific findings. Part II», *Journal of the Violin Society of America VSA Papers,* 2009, 22 (1): 1-31.

Rivière du Sud» contient des «sapinières» et «les arbres fruitiers y viennent comme à Québec».

Dans sa conclusion, Catalogne recommande d'obliger les habitants «à semer quantité de chanvre et lin qui vient en ce pays plus beau qu'en Europe». On doit aussi «assujettir les habitants à élever et nourrir les bêtes à cornes au lieu du grand nombre de chevaux qui ruinent les pacages et qui entretiennent les habitants à de grosses dépenses». Le roi pourrait aussi envoyer «toutes sortes d'artisans particulièrement des ouvriers en cordages et filasse».

Le lin, bien plus qu'une plante à fibres

Même si Catalogne n'y fait pas allusion, on extrait depuis fort longtemps des graines de lin une huile aux propriétés particulières et aux multiples usages et qui sert même de médicament. Dès l'Antiquité, le réputé médecin grec Hippocrate recommande l'usage de graines de lin partiellement écrasées pour divers traitements. Une recette du VIIIe siècle, décrivant la préparation des vernis protecteurs, fait référence à l'utilisation de l'huile de lin. Cette huile, contrairement à l'huile d'olive par exemple, a la capacité de s'assécher rapidement lorsqu'utilisée comme solvant pour diverses résines que l'on désire appliquer pour protéger des surfaces, comme le bois. L'huile de noix de noyer a des propriétés similaires à celles de l'huile extraite des graines de lin. Cependant, l'huile de lin sèche généralement plus rapidement. Ces huiles qui sèchent sont dites siccatives.

Sources

Anonyme, «Mémoire de Gédéon de Catalogne sur les plans des seigneuries et habitations des gouvernements de Québec, les Trois-Rivières et Montréal», *Bulletin des recherches historiques,* 1915, 21 (9): 257-269, (10): 289-302 et (11): 321-335.

Charlevoix, François-Xavier de, «Neuvième Lettre», *Journal d'un voyage fait par ordre du roi dans l'Amérique septentrionale I*, édition critique par Pierre Berthiaume, Montréal, Presses de l'Université de Montréal, Bibliothèque du Nouveau Monde, 1994 (1721), p. 357-389.

Le Blant, Robert, *Histoire de la Nouvelle-France. Tome Ier. Les Sources Narratives du début du XVIIIe siècle et le Recueil de Gédéon de Catalogne,* Dax, Éditions P. Pradeu, 1940.

Mathieu, Jacques, *L'annedda. L'arbre de vie*, Québec, Septentrion, 2009, p. 107-108.

Roy, Pierre-Georges, «Gédéon de Catalogne», *Bulletin des recherches historiques,* 1907, 13: 50-54.

Thorpe, F. J., «Catalogne, Gédéon (de)», *Dictionnaire biographique du Canada,* vol. II: 125-127.

1712-1757, NOUVELLE-FRANCE ET CHINE. DEUX JÉSUITES, LE GINSENG CANADIEN ET LA « GRÂCE DE LA NOUVEAUTÉ »

JOSEPH-FRANÇOIS LAFITAU (1681-1746) est né à Bordeaux dans une famille aisée. Il entre au noviciat des Jésuites en 1696 et termine sa théologie en 1711. La même année, il souhaite être envoyé en mission en Nouvelle-France. Il arrive en 1712 et s'installe au Sault Saint-Louis (Caughnawaga) en face de Montréal. Il y exerce son ministère jusqu'en 1717. Son mentor est son collègue missionnaire Julien Garnier (1643-1730), qui a séjourné pendant une cinquantaine d'années parmi les Iroquois.

En 1717, Lafitau retourne en France pour défendre un mémoire contre la vente de l'eau-de-vie aux Amérindiens. Il demande aussi de déménager le village iroquois vers son emplacement actuel. En 1722, il est nommé procureur des missions jésuites de la Nouvelle-France à Paris. Il assume cette responsabilité jusqu'en 1741. Il revient en Nouvelle-France pour un séjour entre 1727 et 1729.

Lafitau publie deux ouvrages à Paris qui contiennent des informations botaniques inédites sur l'Amérique du Nord. En 1718, il produit un mémoire « concernant la précieuse plante du gin-seng de Tartarie, découverte en Canada ». Ce mémoire est dédié au duc d'Orléans et, comme par hasard, Lafitau nomme cette plante *Aureliana* en l'honneur de Philippe II (1674-1723). En 1724, il publie une œuvre ethnologique de grande réputation *Mœurs des Sauvages amériquains, comparées aux mœurs des premiers temps*. Dans ce livre, Lafitau conclut que les Amérindiens ont une origine asiatique. Il décrit et interprète correctement plusieurs comportements et rituels chez les Iroquois. Il sera reconnu plus tard comme un précurseur de l'ethnologie moderne.

La découverte du ginseng d'Amérique et deux autres espèces de la même famille

Dans son mémoire, Lafitau raconte qu'il a pris connaissance en octobre 1715 du récit du 12 avril 1711 de son collègue jésuite Jartoux sur le ginseng de Chine. Pierre Jartoux (1669-1720) œuvre en Chine et l'empereur lui confie rien de moins que la mission de cartographier l'empire. Vers la fin du mois de juillet 1709, Jartoux observe lui-même le fameux ginseng. Il expérimente même les effets bénéfiques de cette plante. Il raconte qu'« un corps de dix mille Tartares était occupé à chercher le ginseng » par l'ordre de l'empereur de Chine, qui supervise d'ailleurs lui-même tout le commerce de cette plante médicinale très recherchée. Jartoux produit une illustration du ginseng de Chine que Lafitau examine avec soin. Jartoux émet l'hypothèse que le ginseng de Chine est peut-être présent dans les forêts canadiennes. Il écrit : « S'il s'en trouve en quelque autre pays du monde, ce doit être principalement en Canada, dont les forêts et les montagnes, au rapport de ceux qui y ont demeuré, ressemblent assez à celles-ci. » Lafitau a la ferme intention de vérifier si le ginseng de Chine se trouve en territoire canadien. Comme Jartoux, le missionnaire croit que certaines plantes chinoises peuvent aussi se retrouver en Amérique du Nord, particulièrement au Canada.

Joseph-François Lafitau découvre le ginseng en sol canadien en 1716. Cette plante, le ginseng à cinq folioles (*Panax quinquefolius*), lui paraît semblable, sinon identique, à l'illustration du ginseng de Chine fournie par son collègue. Il ne réalise pas que le ginseng à cinq folioles est une espèce américaine différente des espèces asiatiques (*Panax ginseng, Panax sinensis* et autres espèces). Il décrit cependant avec justesse deux autres plantes canadiennes qui ressemblent « pas mal de loin » au ginseng. Une première espèce est la « salsepareille » nommée « chassepareille » au Canada. « Les Français en font une grande estime, et les Sauvages la mettent au rang de leurs vulnéraires. » Les Iroquois la nomment *tsioterese* qui signifie « longue racine ». Il s'agit de l'aralie à tige nue (*Aralia nudicaulis*) qui appartient à la famille des araliacées, tout comme le ginseng.

Une seconde espèce, apparentée « de loin » au ginseng, est utilisée par les Iroquois « pour rétablir les forces perdues ». Cette espèce aux propriétés toniques est nommée *Tsioterese-gôa* pour la distinguer de la salsepareille. Les Iroquois « prennent une poignée de la poudre de cette racine qu'ils délayent dans de l'eau qu'ils boivent, et leurs forces sont sur le champ rétablies. Ils font le même remède avec succès et avec la même préparation pour se guérir du coup de soleil, cette racine est d'ailleurs un des plus excellents vulnéraires qu'on puisse trouver ». Cette plante est nommée « anis sauvage » par les Français. Lafitau décrit alors l'aralie à grappes (*Aralia racemosa*). Il écrit qu'il a vu cette espèce dans l'herbier de « monsieur Jussieu et dans celui de monsieur Vaillant ». Lafitau a donc visité le Jardin royal à Paris où il a rencontré les botanistes Sébastien Vaillant et Antoine de Jussieu. Dès 1635, Jacques Cornuti avait décrit cette espèce canadienne.

Michel Sarrazin a expédié des ginsengs à Paris sous le nom *Aralia*

Joseph-François Lafitau révèle qu'il a appris à Paris que Michel Sarrazin a déjà envoyé le ginseng au Jardin royal. Il « avait envoyé [cette plante] sous le nom d'*Aralia*. Il ne pouvait pas alors la connaître pour ce qu'elle est, la lettre du père Jartoux n'ayant pas encore paru dans ce temps-là. Il en avait aussi envoyé une autre espèce beaucoup plus petite sous le même nom d'*Aralia*, je l'ai vue dans l'herbier du célèbre M. Vaillant ». Lafitau réalise donc que Sarrazin a déjà récolté deux espèces de ginseng américain plusieurs années avant lui. La seconde espèce est le ginseng à trois folioles (*Panax trifolius*). Sarrazin n'avait pas réalisé que les deux plantes qu'il a nommées *Aralia* sont en fait des espèces américaines de ginseng. Le médecin du roi semble cependant bien informé en 1717 de l'identification du ginseng nord-américain. En effet, dans une lettre adressée à l'abbé Jean-Paul Bignon, un ami et supporteur de Tournefort, Sarrazin écrit qu'il a envoyé au Jardin royal « des racines vivantes de geinsing ». Deux ans plus tard, Sarrazin veille encore à expédier des spécimens vivants de diverses espèces à Paris.

Un compte-rendu anonyme de l'Histoire de l'Académie royale des Sciences de 1718 précise que la plante de ginseng expédiée par Sarrazin en 1704 à M. Fagon pour le Jardin du roi est nommée « *Aralia humilis fructu majore* ». En 1717, Sébastien Vaillant donne au ginseng du Canada expédié par Sarrazin le nouveau nom d'*Araliastrum quinquefolii folio majus*. Le nom générique *Araliastrum* dérive du nom *Aralia* donné par Sarrazin. Sébastien Vaillant est le premier à distinguer clairement les *Araliastrum* (qui deviendront plus tard les *Panax,* les ginsengs) des *Aralia,* les aralies, qui conservent leur nom original. Vaillant est en contact étroit avec des scientifiques anglais, comme William Sherard et le réputé Hans Sloane qui succède à Isaac Newton comme président de la Société royale des Sciences à Londres. Vaillant interagit aussi régulièrement avec son collègue français Antoine de Jussieu.

Lafitau est donc le premier à identifier le ginseng à cinq folioles (*Panax quinquefolius*) au ginseng de Tartarie. Lafitau le nomme *Aureliana Canadensis, Sinensibus Gin-seng, Iroquoeis Garent-oguen,* c'est-à-dire l'Aureliane de Canada, en chinois Gin-seng, en Iroquois *Garent-oguen*. Le mot *Aureliane* honore le duc d'Orléans.

Les aléas du commerce du ginseng d'Amérique

La découverte de Lafitau crée à l'époque un engouement et une agitation peu commune. Pour Marie-Victorin, « cette découverte produisit à l'époque autant d'émotion et de cupidité que beaucoup plus tard l'annonce des mines d'or de la Californie ». Des colons français abandonnent leurs champs pour aller chercher cette plante précieuse. Malheureusement, les racines récoltées sont souvent mal traitées pour assurer une excellente conservation. Les racines canadiennes sont dépréciées sur le marché. De plus, les Chinois découvrent qu'on leur vend du ginseng qu'on identifie à tort comme une espèce vraiment chinoise. La méfiance s'installe donc dans ce marché lucratif. Les Chinois préfèrent de plus utiliser leur ginseng indigène.

Lafitau décrit en 1718 la méthode appropriée pour conserver les racines récoltées. Selon la recette du père Jartoux, il faut d'abord bien nettoyer la racine, la tremper rapidement dans de l'eau presque bouillante et la sécher « à la fumée d'un millet jaune, qui lui communique un peu de sa couleur ». Lafitau ajoute qu'on peut utiliser le maïs pour remplacer le

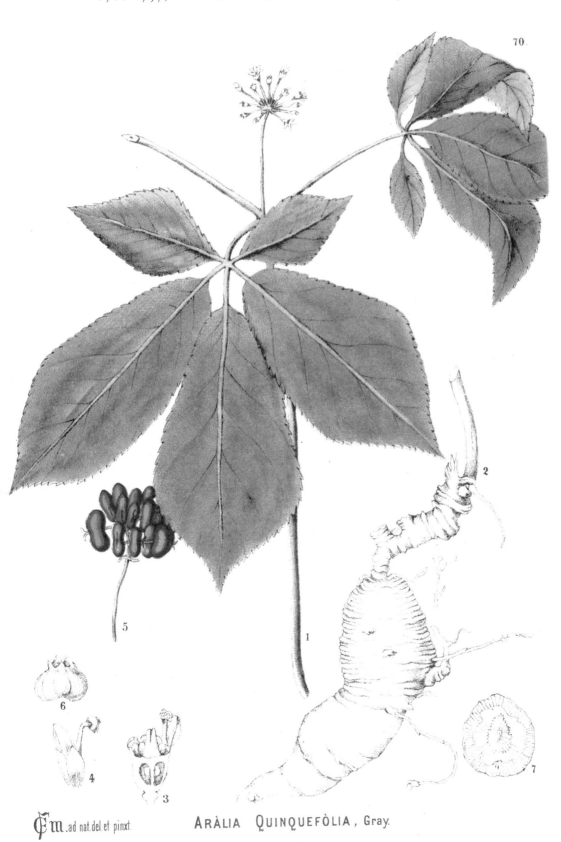

70.

2

5

1

6

4

3

7

ℭ𝔪 .ad nat.del. et pinxt.

ARÀLIA QUINQUEFÒLIA, Gray.

Le ginseng à cinq folioles (*Panax quinquefolius*) illustré en 1887 dans un traité de plantes médicinales d'Amérique. Charles Frederick Millspaugh (1854-1923), un botaniste de renom, est né à Ithaca (État de New York) et étudie à l'Université Cornell avant d'obtenir un diplôme en médecine à New York. Millspaugh est le neveu du fondateur de l'Université Cornell, Ezra Cornell. Millspaugh a appris de son père l'art et la science de l'illustration scientifique. Ce ginseng d'Amérique est identifié dans le traité de Millspaugh comme une aralie à cinq folioles (*Aralia quinquefolia*). Cela n'est pas surprenant, car les ginsengs appartiennent, tout comme les aralies, à la famille des araliacées.

Source : Millspaugh, Charles Frederick, *American Medicinal Plants; an illustrated and descriptive guide to the American plants used as homoepathic remedies...*, tome 1, planche 70, illustrée par l'auteur, New York et Philadelphie, 1887. Bibliothèque de recherches sur les végétaux, Agriculture et Agroalimentaire Canada, Ottawa.

millet jaune. Les conseils de Lafitau ne semblent pas être suivis par les chasseurs du ginseng d'Amérique à la recherche de profits rapides.

Malgré divers problèmes, le commerce du ginseng nord-américain se poursuit pendant quelques décennies. Par exemple, Louis Franquet (1697-1768), qui séjourne en Nouvelle-France en 1752 et en 1753, écrit que «tous les habitants de la campagne, y compris les Sauvages, négligent tout pour s'y adonner. C'est une fureur aujourd'hui : et, malheureusement, on n'attend point qu'elle soit mûre pour la cueillir. De là, il arrivera que sa qualité dégénère et qu'on perdra l'une des productions les plus capables d'enrichir ce pays. D'ailleurs, il n'y a ni ordre ni arrangement : chacun se croit en droit de le couper sur les terres de son voisin». Franquet recommande qu'on instaure une compagnie unique régissant la récolte et le commerce du ginseng. Ce commerce prend aussi une certaine importance dans les colonies anglaises et en Angleterre. En Amérique, Albany, la capitale de l'actuel État de New York, devient un lieu de commerce en concurrence avec Montréal.

Le ginseng canadien est l'objet d'un commerce important durant les décennies 1740 et 1750. Le paroxysme est atteint en 1752 avec 34 580 livres de ginseng d'Amérique exporté vers le port de La Rochelle. Au mois d'août 1752, les autorités de la Nouvelle-France publient une ordonnance spécifiant que les racines du ginseng doivent être cueillies seulement à partir du milieu du mois d'août jusqu'en décembre. Il ne faut pas effectuer des cueillettes de ginseng à d'autres moments de l'année.

En 1788, Daniel Boone (1734-1820) récolte environ 13,6 tonnes de racines de ginseng en Virginie occidentale et au Kentucky. À environ 10 cents la livre, l'explorateur accumule potentiellement la jolie somme de 3 000 dollars. Malheureusement, les racines sont endommagées par l'eau et le prix de vente à Philadelphie diminue beaucoup. En 1809, on peut encore constater l'exportation d'un baril de ginseng au port de Québec. La soi-disant mauvaise qualité de la préparation du ginseng semble précipiter le déclin de ce commerce. Il faut aussi spécifier que les empereurs chinois appréciaient d'abord et avant tout le ginseng provenant de la Chine ou de la Corée. À la cour impériale, on n'utilise que les

racines provenant de ces pays. Le marché du ginseng américain n'a jamais réussi à atteindre massivement le réseau influent de la cour impériale chinoise.

Une thèse et l'intérêt du ginseng canadien à Paris

Une source d'information privilégiée est la thèse sur le ginseng soutenue par Lucas Augustin Folliot à la Faculté de médecine de Paris le 9 février 1736. Ce travail présente des extraits de la lettre de Pierre Jartoux datant du 12 avril 1711. On apprend que Jartoux expérimente l'effet du ginseng sur son propre pouls. Folliot est au fait que Sébastien Vaillant crée en 1718 un nouveau genre de plantes, nommé *Araliastrum*, pour le ginseng ou ninzin, un mot déformé du dialecte cantonnais. Cependant, l'auteur de la thèse utilise l'appellation *Aureliana canadensis*. Selon Folliot, l'espèce américaine a déjà été reconnue comme du vrai ginseng par les Chinois. Le travail de recherche conclut que le ginseng «répare les forces diminuées par la maladie».

La «grâce de la nouveauté»: d'autres remarques botaniques ou médicinales de Lafitau

Dans son livre de 1724, Lafitau décrit les divers travaux horticoles des Iroquoises. Il inclut des informations sur les plantes cultivées par d'autres nations amérindiennes. Au sujet des produits de l'érable, il mentionne que les Iroquoises «font cuire leur blé d'Inde en guise de pralines dans leur sirop d'érable, et elles mêlent leur sucre broyé avec les farines groulées [moulues], dont elles font les provisions pour tous leurs voyages». D'autres observateurs ont aussi souligné l'importance pour les Amérindiens des mélanges du sucre d'érable avec la farine de maïs. La préparation du maïs cuit dans le sirop d'érable est cependant une observation rapportée beaucoup moins fréquemment.

Pour Lafitau, «la nécessité a rendu les Sauvages médecins et herboristes: ils recherchent les plantes avec curiosité, et les éprouvent toutes: de sorte que sans le secours d'une physique bien raisonnée ils ont trouvé par un long usage qui leur tient lieu de science, bien des remèdes nécessaires à leurs maux.

Outre les remèdes généraux, chacun a les siens en particulier dont il est fort jaloux. En effet, rien n'est plus capable de les accréditer parmi eux que la qualité de bons médecins. Il faut avouer qu'ils ont des secrets admirables pour des maladies dont notre médecine ne guérit point».

Le missionnaire accepte l'idée que les Amérindiens ont trouvé par essais et erreurs des remèdes efficaces inconnus des Européens. Il ajoute cependant que le dosage des remèdes amérindiens laisse à désirer. Ils «dosent leurs purgatifs et leurs vomitifs comme pour des chevaux». Les traitements sont un peu rudes. Cependant, les Amérindiens excellent pour guérir les plaies et les fractures. «Les Français dans ce pays-là conviennent qu'ils l'emportent sur nous en cette matière.» Dans certains cas, les Iroquois mettent autour d'une plaie «un cercle d'herbes médicinales» avec lesquelles on a fait préalablement une décoction.

Lafitau rapporte qu'un collègue jésuite souffrant d'une «paralysie universelle» a été guéri en huit jours par un Amérindien. Les Jésuites ont connu le secret, «mais on l'a perdu». Il croit que c'est une racine d'une plante «au fonds des marais» mêlée «avec de la ciguë». Lafitau réfère peut-être à une racine de nénuphar, de sagittaire ou de quenouille mélangée à celle de la cicutaire maculée (*Cicuta maculata*). Cette cicutaire est cependant une espèce pouvant causer la mort.

Les Iroquois font suer les malades avec «le bois d'épinette, et d'autres branches de sapinage qu'ils font bouillir dans une grande chaudière, dont ils reçoivent la vapeur de dessus une estrade, sur laquelle ils s'étendent». Les fièvres sont traitées «par des lotions froides d'herbes médicinales, qui font un contraste avec le chaud».

En fin de compte, Lafitau identifie peu d'espèces végétales médicinales. Il est cependant plus loquace sur les conceptions et les attitudes amérindiennes face à la maladie. Il remarque que les Iroquois préfèrent souvent les médecins d'une autre nation et même les Européens. Selon Lafitau, la «grâce de la nouveauté» fait son effet. Dans son mémoire de 1718, il fait aussi part du même comportement. Les Iroquois emploient préférablement les remèdes européens, malgré l'efficacité de leurs propres médicaments.

Un autre jésuite de la Nouvelle-France et la botanique en Chine

Le missionnaire Pierre Noël Le Chéron d'Incarville (1706-1757) fournit des informations sur les ginsengs canadien et chinois. D'Incarville, né à Louviers, près de Rouen, d'un père écuyer et d'une mère issue de la bourgeoisie, séjourne au Canada entre 1730 et 1739 comme enseignant et «régent dans les basses classes» chez les Jésuites à Québec après ses études à Rouen. À son retour en France, il se rend en Chine en 1740 et y séjourne jusqu'à son décès. Il fait parvenir du ginseng de Chine à divers correspondants et il commente les vertus médicinales du ginseng du Canada et de Chine. Il note que les Amérindiens du Canada utilisent surtout la racine de ginseng dans les cas d'épuisement extrême.

La verrerie et l'apocyn du Canada pour l'empereur de Chine

Au milieu du XVIIIᵉ siècle, quelques missionnaires jésuites participent à la construction de palais et de jardins pour la cour impériale chinoise. À son arrivée en Chine, d'Incarville travaille comme verrier à la cour impériale à Pékin sous le règne de Qianlong (règne 1735-1796), mais le missionnaire est aussi intéressé par la botanique. Comme verrier, il a le rare privilège d'accompagner l'empereur en 1742 dans une tournée d'inspection des travaux en verrerie.

En 1742, d'Incarville écrit à Bernard de Jussieu afin d'obtenir toutes sortes de graines, car l'empereur chinois aime beaucoup les végétaux. Parmi les espèces demandées, d'Incarville inclut «l'apocin du Canada». Il souhaite aussi recevoir du bleuet (canadien?), des tulipes, des anémones, des renoncules, des œillets, la fleur de la passion, la couronne impériale, des lis et plusieurs autres plantes à fleurs. L'année suivante, il réitère sa demande au même botaniste. Il semble que ce soit une façon pour d'Incarville de maintenir l'estime de l'empereur et d'obtenir un meilleur accès à l'information sur l'histoire naturelle et les ressources du pays. En 1746, il réclame à ses amis botanistes des légumes et des plantes condimentaires utilisés en Europe, comme les chicorées et les choux-fleurs. De 1742 à 1757, d'Incarville rédige 16 lettres mentionnant la

Le réputé verre de Venise et les cendres végétales

À partir du XIIIᵉ siècle, les verriers de Venise développent une expertise pour la production d'objets en verre de haute qualité. Vers le XVᵉ siècle, la technique vénitienne est déjà reconnue dans toute l'Europe tant pour les objets communs (*vitrum blanchum*) que pour ceux de luxe (*cristallo*). La qualité du verre de Venise s'explique par la sélection des deux matériaux de base, la silice (sable) et les sels alcalins. Ces sels proviennent de cendres (*alume catino*) d'halophytes croissant en Égypte, en Syrie ou en Espagne.

Certaines plantes halophiles, adaptées pour vivre en milieu salé, ont la capacité d'accumuler dans leurs tissus des quantités appréciables de sels alcalins, comme le carbonate de sodium. Ainsi, leurs cendres sont de bonnes sources de sels tant pour la fabrication du verre que du savon. Le savon est tout simplement le résultat de la réaction entre des sels alcalins, d'origine minérale ou végétale, et des corps gras. Plusieurs artisans de diverses régions européennes tentent d'imiter les succès des verriers de Venise. On fabrique alors le verre à la façon de Venise, comme à Anvers où l'apogée de la production est atteint au début du XVIIᵉ siècle. De nos jours, le verre récupéré sur les sites archéologiques peut être analysé pour déterminer sa composition et l'origine minérale ou végétale des sels alcalins ayant servi à sa production.

Sources : Barkoudah, Youssef et Julian Henderson, «Plant ashes from Syria and the manufacture of ancient glass: ethnographic and scientific aspects», *Journal of Glass Studies,* 2006, 48: 297-321. Smit, Z. et autres, «Spread of façon-de-Venise glassmaking through central and western Europe», *Nuclear Instruments and Methods in Physics Research,* 2004, B 213: 717-722.

demande d'une centaine de plantes. La plupart de ces missives sont destinées à Bernard de Jussieu du Jardin du roi à Paris. Il écrit aussi à Duhamel du Monceau, Cromwell Mortimer (vers 1693-1752) de l'Académie royale des sciences à Londres et au comte Cyrille Razoumofski de l'Académie des sciences et des arts à Saint-Pétersbourg.

Le Chéron d'Incarville impressionne grandement l'empereur avec le mimosa (*Mimosa pudica*). Cette espèce est alors connue sous le nom de sensitive, car ses feuilles et ses pétioles réagissent rapidement au toucher et même au souffle d'un individu. L'empereur accorde alors au botaniste amateur un meilleur accès et de plus grandes responsabilités dans les jardins impériaux. D'Incarville est très intéressé par la sériciculture, l'élevage des vers à soie sur des végétaux. Dès 1750, d'Incarville est nommé membre correspondant de Claude-Joseph Geoffroy (1685-1752) de l'Académie des Sciences à Paris. Geoffroy est intéressé par la chimie et la botanique. D'Incarville correspond aussi avec plusieurs botanistes européens et le chimiste français Jean Hellot (1685-1766).

L'identité de l'apocyn du Canada

L'apocyn canadien, réclamé par Le Cheron d'Incarville, est peut-être le «petit apocyn du Canada à port dressé» (*Apocynum minus rectum Canadense*) décrit en 1635 par Jacques Cornuti dans la première flore nord-américaine. Cette plante correspond à l'asclépiade incarnate (*Asclepias incarnata*). Cornuti a de plus décrit une autre espèce d'apocyn présente au Canada, mais qui porte le nom de grand apocyn de Syrie à port dressé (*Apocynum majus Syriacum rectum*) correspondant à l'asclépiade commune (*Asclepias syriaca*). Dans une publication posthume de Jacques Barrelier en 1714, «l'apocin de Canada» correspond aussi à l'asclépiade incarnate tout comme pour l'historien jésuite Charlevoix qui décrit et illustre (planche LVI) ce même «petit Apocynum du Canada» en 1744. En fait, l'illustration de Charlevoix est identique à celle utilisée par Cornuti en 1635. Par contre, en 1674, Paolo Boccone illustre un apocyn canadien différent, l'*Apocynum Canadense foliis Androsaemi majoris* correspondant à l'apocyn à feuilles d'androsème (*Apocynum androsaemifolium*).

L'apocyn à feuilles d'androsème (*Apocynum androsaemifolium*) dans un magazine anglais de botanique de renom. De nos jours, deux espèces du Québec portent le nom d'apocyn : l'apocyn à feuilles d'androsème (*Apocynum androsaemifolium*) et l'apocyn chanvrin (*Apocynum cannabinum*). Le premier apocyn provoque des lésions cutanées chez certaines personnes. On le nomme d'ailleurs herbe à puce dans certaines régions. Cette appellation réfère cependant en général aux espèces toxiques du genre *Toxicodendron*. L'apocyn à feuilles d'androsème est illustré sous l'appellation Apocynum d'Amérique à feuilles d'Androsème en 1676 dans le livre de Denis Dodart sous l'égide de l'Académie des Sciences à Paris. Cette plante a été apportée de l'Acadie, probablement par Jean Richer en 1670. Cette espèce est aussi l'*Apocynum Canadense foliis Androsaemi majoris* décrite par Paolo Boccone en 1674.

Source : *The Botanical Magazine*, 1794, vol. 8, planche 280. Bibliothèque de recherches sur les végétaux, Agriculture et Agroalimentaire Canada, Ottawa.

On ne peut pas distinguer à partir de la seule appellation si d'Incarville réfère à une asclépiade ou à un apocyn. De nos jours, deux espèces du Québec portent le nom d'apocyn : l'apocyn à feuilles d'androsème (*Apocynum androsaemifolium*) et l'apocyn chanvrin (*Apocynum cannabinum*). Le premier apocyn provoque des lésions cutanées chez certaines personnes. On le nomme d'ailleurs herbe à puce dans certaines régions. Cette appellation réfère cependant en général aux espèces toxiques du genre *Toxicodendron*.

De grandes premières botaniques pour l'ancien professeur à Québec

Le Chéron d'Incarville est le premier Européen à décrire le *Yang Tao*, ce fruit que les Chinois cueillent à l'état sauvage, nommé plus tard kiwi (*Actinidia chinensis*). Sur le spécimen de son herbier, d'Incarville note que l'« on mêle l'eau dans laquelle on a fait bouillir les branches dans la composition du papier pour lui donner du corps ». Il est aussi responsable de l'introduction de quelques espèces chinoises en Europe. C'est le cas du sophora du Japon (*Styphnobilum japonicum* aussi nommé *Sophora japonica*) dont des graines sont semées en 1747 au Jardin du roi à Paris. Un sophora aurait fleuri seulement 30 ans plus tard. Les fleurs de cet arbre étaient une source de colorant pour la tunique de l'empereur chinois. En 1747, Le Chéron d'Incarville expédie à Bernard de Jussieu à Paris des graines de l'arbre à panicules (*Koelreuteria paniculata*). Entre 1743 et 1757, d'Incarville envoie des graines de l'ailante glanduleux (*Ailanthus altissima*) à divers botanistes. Cette espèce était cultivée en Chine pour nourrir certains vers à soie en plus de posséder de bonnes vertus médicinales. Des auteurs, comme Peter Feret ou Shiu Ying Hu, rapportent que d'Incarville semblait croire que les graines de l'ailante expédiées vers 1751 à la Société royale de Londres étaient celles du fameux arbre à laque (*Toxicodendron vernicifluum*), si renommé en Chine et au Japon pour la résine utilisée comme vernis protecteur et décoratif. La première illustration de l'ailante publiée en Europe est celle de John Ellis en 1756 dans une étude démontrant les difficultés d'identifier correctement ce fameux arbre à vernis asiatique. Dès 1784, l'ailante glanduleux est introduit en Amérique du Nord à Philadelphie. Au Connecticut, il fait compétition de nos jours au chêne rouge indigène (*Quercus rubra*) dans certaines régions. Les feuilles froissées et les fleurs mâles ont une odeur peu agréable, d'où le nom populaire de « frêne puant » en français et d'« arbre puant » en anglais. Sur le spécimen de son herbier, d'Incarville note que « cet arbre ressemble au frêne, mais la fleur ni le fruit ne conviennent point au frêne : son fruit ressemble plutôt à l'érable ». L'ailante est devenu une espèce ornementale en Europe et en Amérique du Nord, même si elle est à ce jour considérée comme une espèce envahissante. On préfère généralement les plants femelles sans odeur florale désagréable. On a dû prendre des mesures de lutte contre l'ailante envahisseur dans certains secteurs du parc provincial Rondeau sur les rives du lac Érié, en Ontario. Au XIXe siècle, on tente sans succès en Europe d'utiliser cette espèce pour produire de la soie à l'aide des cocons du papillon *Samia cynthia*. Des substances de l'ailante peuvent causer des dermatites. Cet arbre produit aussi l'ailanthone, une substance permettant de mieux éliminer les espèces végétales avoisinantes qui lui font compétition. Dès 1874, le pépiniériste canadien Auguste Dupuis (1839-1922) vend au Québec des « Ailanthes de 2 à 3 pieds » de hauteur au coût de 30 cents.

D'Incarville a été en possession d'un ouvrage médical chinois de 1505, le *Bencao pinhui jingyao*, orné de plus de 400 illustrations florales de grande qualité. Deux séries d'exemplaires de ces illustrations sont conservées à Paris. D'Incarville s'est de plus intéressé à des savoirs utiles aussi divers que les feux d'artifice, les mines, les vernis et les cires sans oublier la rédaction d'un dictionnaire manuscrit. Il a constitué un herbier de plantes chinoises dont quelques centaines de spécimens persistent à ce jour. Le genre botanique *Incarvillea* sera nommé en son honneur. On retrouve d'ailleurs dans son herbier un spécimen d'*Incarvillea sinensis*. Au décès d'Incarville, un collègue jésuite rapporte que « l'empereur a contribué pour les frais de ses funérailles ». Les végétaux réclamés par d'Incarville, y compris l'apocyn du Canada, ont peut-être réussi à mieux impressionner l'empereur !

Un gros sophora du Japon sur l'île Martha's Vineyard au Massachusetts

En mission en Chine, le jésuite Pierre Noël Le Chéron d'Incarville expédie au milieu du XVIIIe siècle au Jardin du roi à Paris des graines d'un arbre chinois alors inconnu en Europe. Malgré le nom acquis plus tard référant au Japon, cet arbre est une espèce indigène en Chine. Au siècle suivant, la mode des plantes orientales s'accentue et plusieurs espèces se retrouvent en Amérique du Nord pour des fins ornementales. C'est le cas du sophora du Japon (*Styphnobilum japonicum* aussi nommé *Sophora japonica*). Vers 1833, Thomas Milton, un capitaine de navire, aurait rapporté lors d'un voyage en Orient un échantillon d'un jeune sophora transplanté par la suite près d'une rue d'Edgartown sur l'île Martha's Vineyard, au Massachusetts. On peut encore observer ce gros arbre au début du XXIe siècle.

Source : Pakenham, Thomas, *Le tour du monde en 80 arbres*, éditions du Chêne, 2002, p. 7.

Sources (Lafitau)

Appleby, J. H., « Ginseng and the Royal Society », *Notes and Records of the Royal Society of London,* 1983, 37 (2) : 121-145.

Carlson, Alvar W., « Ginseng : America's Botanical Drug Connection to the Orient », *Economic Botany,* 1986, 40 (2) : 233-249.

Fenton, William N., « Lafitau, Joseph-François », *Dictionnaire biographique du Canada en ligne*, vol. III, 1741-1770. Disponible au http://www.biographi.ca.

Fenton, William N. et E. L. Moore, « J.-F. Lafitau (1681-1746). Precursor of Scientific Anthropology », *Southwestern Journal of Anthropology,* 1969, 25 (2) : 173-187.

Franquet, Louis, *Voyages et mémoires sur le Canada par Franquet*, Montréal, Éditions Élysée et Institut canadien de Québec, 1974.

Lafitau, Joseph-François, *Mémoire présenté à son altesse royale Monseigneur le Duc d'Orléans, Régent du Royaume de France : concernant la précieuse plante du Ginseng de Tartarie, découverte en Canada par le P. Joseph François Lafitau, de la Compagnie de Jésus, Missionaire des Iroquois du Sault Saint Louis*, Paris, chez Joseph Monge, 1718. Disponible au http://gallica.bnf.fr/.

Lafitau, Joseph-François, *Mœurs des Sauvages Amériquains, comparées aux mœurs des premiers temps*, Paris, 1724. Disponible au http://gallica.bnf.fr/.

Lessard, Rénald, « Aux XVIIe et XVIIIe siècles. L'exportation de plantes médicinales canadiennes en Europe », *Cap-aux-Diamants,* 1996, 46 : 20-24.

Small, Ernest et Paul M. Catling, *Les cultures médicinales canadiennes*, Ottawa, Conseil national de recherches du Canada (CNRC) et Presses scientifiques du CNRC, 2000.

Sumner, Judith, *American Household Botany. A history of Useful Plants, 1620-1900*, Portland, Oregon, Timber Press, 2004.

Wong, M. et autres, « Une thèse parisienne consacrée au ginseng en 1736 », *Bulletin de l'École française d'Extrême-Orient,* 1973, tome 60 : 359-374.

Yun, Tak-Koo, « Brief introduction of *Panax ginseng* C. A. Meyer », *J. Korean Medical Science,* 2001, 16 (supplément) : S3-5.

Sources (Le Chéron d'Incarville)

Byrne, Emily Curtis, « A plan of the Emperor's Glassworks », *Arts asiatiques,* 2001, 56 : 81-90.

Collin, Pascal et Yann Dumas, « Que savons-nous de l'ailante ? », *Revue forestière française,* 2009, 61 (2) : 117-130.

Dumez, Hervé, « *Koelreuteria paniculata*. Jefferson, le sphinx et les fleurs », *Le Libellio d'AEGIS,* 2011, 7 (3) : 49-55.

Ellis, John, « A letter from Mr. John Ellis, F.R.S. to Philip Carteret Webb, Esq ; F. R. S. attempting to ascertain the tree that yields the common varnish used in China and Japan ; to promote its propagation in our American colonies ; and to set right some mistakes botanists appear to have entertained concerning it », *Philosophical Transactions (Royal Society of London),* 1756, 49 : 866-876. Cette lettre fut lue le 25 novembre 1756 devant les membres de la Société royale de Londres.

Feret, Peter P., « *Ailanthus* : variation, cultivation, and frustration », *Journal of Arboriculture,* 1985, 11 (12) : 361-368.

Franchet, A., « Les plantes du Père d'Incarville dans l'Herbier du Muséum d'Histoire Naturelle de Paris », *Bulletin de la Société botanique de France,* 1882, 29 : 2-13.

Genest, Gilles, « Les Palais européens du Yuanmingyuan : essai sur la végétation dans les jardins », *Arts asiatiques,* 1994, 49 : 82-90.

Hu, Shiu Ying, « Ailanthus », *Arnoldia,* 1979, 39 : 29-50.

Thinard, Florence, *L'herbier des explorateurs*, Toulouse, Éditions Plume de carotte, 2012.

NICOLAS LEMERY (1645-1715) est né à Rouen. Ses deux parents, Julien Lemery et Suzanne Duchemin, professent la religion réformée. À partir de 1660, Nicolas Lemery fait son apprentissage d'apothicaire chez son oncle maternel dans sa ville natale. En 1666, il migre à Paris pour étudier avec le réputé Christophe Glaser (1615-1672), apothicaire de Louis XIV et démonstrateur de chimie au Jardin du roi. Il quitte les enseignements de Glaser parce que ce dernier « est très peu sociable » entre autres raisons. Après un séjour à Montpellier (1668-1672), il s'installe à Paris où il fait de gros profits en vendant surtout le cosmétique « blanc d'Espagne » qui sert à blanchir le visage. Il achète en 1674 une charge d'apothicaire privilégié.

Lemery doit quitter ses fonctions en 1683 et vendre sa boutique à cause de son allégeance religieuse protestante. Il s'installe pendant quelques mois en Angleterre. Il revient rapidement à l'Université de Caen où il devient médecin la même année. Lemery abjure la religion réformée en 1686 et obtient le rare privilège d'être à la fois apothicaire et médecin. Il publie une *Pharmacopée Universelle* en 1697 et un *Traité universel des Drogues Simples* en 1698. Ces livres deviennent rapidement des succès d'édition. En 1675, l'ouvrage *Cours de Chymie* connaît un tel succès qu'il devient la référence incontournable de l'enseignement de la chimie en Europe. Ce livre très populaire lui rapporte beaucoup de prestige et d'excellentes ressources financières. Deux fils de Lemery, Louis et Jacques, deviennent aussi des membres de l'Académie royale des Sciences à Paris. Un peu avant Lemery, Pierre Pomet (1658-1699) avait publié en 1694 à Paris l'*Histoire générale des drogues des plantes, des animaux et des minéraux*. Pomet et Lemery sont considérés comme des précurseurs de la pharmacopée moderne.

Lemery recense quelques drogues végétales canadiennes dans ses ouvrages. Voici celles décrites dans la deuxième édition (1714) du *Traité universel des Drogues Simples* aussi identifié *Diction(n)aire ou Traité universel des Drogues Simples*.

Le sucre d'érable, les capillaires et l'arbre de vie

Les noms entre parenthèses correspondent aux noms modernes.

L'érable et son sucre du Canada (érable à sucre et possiblement aussi l'érable rouge). Il y a ce que certaines personnes nomment la « manne d'Érable » qui est « plutôt un sucre », selon Lemery. Ce « sucre gris qui a le goût du sucre ordinaire » est produit au Canada par l'évaporation de la « sève ou liqueur douce au goût ». Les « feuilles et ses fruits sont astringents ». Selon Lemery, les semences des fruits ont d'ailleurs un « goût désagréable ». D'autres auteurs font aussi référence à la « manne » en décrivant les érables du Canada. En 1715, Pierre-Joseph Garidel (1658-1737) écrit que le « suc doux exsude même des feuilles en consistance visqueuse, de la même manière que la manne ». Il ajoute que « cette liqueur épaissie sur les feuilles, étant détrempée dans de l'eau chaude, par l'infusion des dites feuilles, purge presque aussi bien que la manne ». Ce médecin et botaniste spécialiste des plantes de la Provence est évidemment dans l'erreur quant au mode d'obtention du sucre à partir des feuilles.

Le capillaire du Canada (adiante du Canada). Il est « le plus estimé de tous, parce qu'il a le plus d'odeur ». Il est si commun, principalement au Canada, « que les marchands en garnissent leurs marchandises au lieu de foin, quand ils veulent les envoyer dans les pays éloignés. C'est par ce moyen que nous en recevons beaucoup. Mais il est meilleur quand il vient enveloppé à part dans des sacs de papier, ou enfermé dans des boîtes, parce que son odeur s'y est mieux conservée. On doit le choisir nouveau, vert, odorant, entier, mou au toucher ». Lemery indique donc qu'on peut récupérer les capillaires qui « garnissent » les marchandises. Il s'agit d'une bonne façon d'obtenir cette plante médicinale à peu de frais. On peut douter fortement que seul l'adiante soit utilisé pour protéger les marchandises lors de leur transport. D'autres fougères et même d'autres plantes à fleurs ont vraisemblablement été utilisées à cette fin. Pourquoi alors ne pas les récupérer pour en faire des médicaments exotiques pouvant générer un bon profit?

Nicolas Lemery explicite les vertus des capillaires. «Ils sont pectoraux, apéritifs, ils excitent le crachat, ils adoucissent les âcretés du sang, ils provoquent les mois aux femmes.» Il indique que le capillaire du Canada «est beaucoup plus grand que le nôtre». Pour cet auteur, le mot latin *Adiantum* décrivant cette espèce signifie «qui ne se mouille point. En effet, l'*Adiantum* ne se mouille point, quoiqu'on le trempe dans l'eau». Quant au mot *capillaire*, ce terme vient de «quelque ressemblance que ses tiges ont avec des cheveux». Cette remarque est différente de celle de Jacques Cornuti qui spécifie en 1635 que ce mot fait plutôt référence aux racines filiformes. Qui a raison? L'effet dit lotus de certaines surfaces végétales hydrophobiques, qui repoussent l'eau et ne se mouillent pas, a déjà été discuté à l'appendice 7 du premier tome de *Curieuses histoires de plantes du Canada* pour l'adiante du Canada.

À la fin du traité, Lemery fait part des tarifs des drogues simples et composées dans les boutiques des apothicaires à Paris. La conserve de «capillaire de Canada» se vend 8 sols l'once, au même prix que les conserves de fleurs d'orange, de pivoine, d'œillet et de plusieurs autres plantes. À cette époque, la conserve la plus dispendieuse est celle des «noix muscades» à 30 sols l'once. Les conserves les moins dispendieuses se vendent 6 sols l'once. C'est le cas, par exemple, de la conserve de cynorrhodons faite à partir des fruits de rosiers.

Les sirops de capillaire du Canada sont très utilisés en France depuis longtemps. En 1705, Charles Plumier écrit déjà: «Nous observons tous les jours en France du capillaire du Canada, de même que celui de Montpellier, dans toutes les maladies de poitrine.» Dès 1685, la Compagnie des marchands apothicaires et épiciers de Paris écrit au premier médecin du roi concernant un litige ayant trait à une «affaire du sirop de capillaires de Canada, que distribue le sieur Leblond». On devine que le sieur ne fait pas partie de ladite Compagnie qui possède des droits commerciaux exclusifs et qui les protège légalement.

III.
Capillaire du Canada.

Le capillaire du Canada (adiante du Canada, *Adiantum pedatum*) illustré en 1744. L'historien jésuite Pierre-François-Xavier de Charlevoix décrit 98 plantes d'Amérique du Nord. Parmi celles-ci, il fournit l'illustration du capillaire du Canada qu'il emprunte sans modification à la flore du Canada publiée en 1635 par Jacques Cornuti, un médecin parisien. Les sirops médicinaux de capillaire du Canada sont fréquemment recommandés en France et même ailleurs en Europe par les autorités médicales et font souvent l'objet d'un certain commerce.

Source: Charlevoix, François-Xavier de, *Histoire et description générale de la Nouvelle-France*, tome second, planche III, Paris, 1744. Bibliothèque de recherches sur les végétaux, Agriculture et Agroalimentaire Canada, Ottawa.

Le capillaire du Canada (adiante du Canada, *Adiantum pedatum*) illustré en 1872 dans un traité sur les fougères. Après la description de l'espèce par Jacques Cornuti en 1635, les sirops médicinaux de capillaire du Canada sont souvent recommandés en France et même ailleurs en Europe. En 1744, l'historien jésuite Charlevoix utilise sans modification l'illustration du livre de Jacques Cornuti.

Source : Lowe, Edward Joseph et autres, *Ferns : British and Exotic*, nouvelle édition, tome 3, planche 14, Londres, 1872. Bibliothèque de recherches sur les végétaux, Agriculture et Agroalimentaire Canada, Ottawa.

Les thés et ses succédanés. Nicolas Lemery discute longuement des thés de la Chine, du Japon et de La Martinique. Ce dernier est une espèce différente. Au chapitre du thé de l'Europe, il écrit que ce thé « est la véronique, on emploie aussi à la façon du thé, la mélisse, la petite sauge, les capillaires de Canada(s), la fleur de coquelicot (Coquelicoq), les herbes vulnéraires de Suisse, l'ortie blanche et plusieurs autres plantes ». Les capillaires du Canada font donc partie du choix des espèces utilisées comme un succédané du thé en Europe. Il faut considérer que plusieurs fougères peuvent porter indistinctement le nom de capillaire. Ce nom a en effet un attrait médicinal et commercial fort utile. Lemery ne reprend pas les propos dénonciateurs de Simon Paulli concernant la valeur supérieure du thé européen par rapport au thé asiatique.

Concernant les thés populaires de l'époque, Philip Miller rapporte en 1752 que certains Anglais aiment beaucoup le thé « *Ozweego* » qui provient d'une tradition nord-américaine. Pour Miller, cette plante est décrite par Jacques Cornuti en 1635 sous le nom « *Origanum Canadense fistulosum* ». Il s'agit de la monarde fistuleuse (*Monarda fistulosa*) qui est différente de la monarde écarlate (*Monarda didyma*), une autre espèce généralement reconnue comme le « thé d'Oswégo ». Si Miller a raison, il faut donc considérer la monarde fistuleuse comme une espèce de thé. Le mot *Oswégo* et l'utilisation de l'infusion des feuilles de la monarde sont évidemment d'origine amérindienne.

L'arbre de vie ou thuya (thuya occidental). Lemery observe que les feuilles et le bois du cèdre sont utiles. Le bois est « détersif, céphalique, sudorifique, propre pour résister au venin, pour les maladies des yeux et des oreilles, étant pris en poudre ou en infusion ». Pour Lemery, le terme *arbre de vie* est utilisé « à cause qu'il demeure vert en été et en hiver, ou bien à cause de son odeur forte ». Il s'agit d'un autre exemple illustrant bien le fait que l'expression *arbre de vie* peut signifier une propriété ou une caractéristique applicable à diverses espèces.

D'autres drogues canadiennes non végétales

En plus des végétaux, Nicolas Lemery vante les mérites des extraits de castor, de loutre et de huart.

Par exemple, la graisse, le foie et les testicules de loutre sont utilisés. Les « testicules desséchés et pulvérisés sont estimés propres pour l'épilepsie : la dose en est depuis un scrupule jusqu'à une drachme ». Quant au huart, qui « a sous la gorge une manière de petite cravate blanche et noire qui produit un assez plaisant effet », sa graisse est « très bonne pour amollir et fortifier les nerfs ».

Un recueil de curiosités rares et nouvelles : du tabac pour tuer les mouches

En 1681, Nicolas Lemery publie à Lausanne un *Recueil de curiositez rares et nouvelles dans les plus admirables effets de la Nature* qui contient des centaines de recettes de toutes sortes. Ainsi, pour faire mourir des punaises, il suffit de « frotter le bois avec [du] jus de vieux concombre qu'on laisse pour avoir la graine ». Pour tuer les mouches, pourquoi ne pas utiliser une plante de l'Amérique ? « Mettez du tabac en feuilles dans un pot, et le faites infuser en eau par 24 heures, après y ajoutez du miel et le faites bouillir une heure, et ensuite mettez de la farine de froment en forme de sucre : cela attire les mouches, et toutes celles qui en boivent meurent assurément. » Le miel n'attire pas seulement les mouches, il est aussi fort utile pour conserver les greffes des végétaux. On n'a qu'à les conserver « dans des tuyaux de fer blanc, et les ensevelir de miel : elles se conservent quatre mois ».

Les plantes étrangères d'Amérique du Nord ne sont pas toujours reconnues pour toutes leurs valeurs utilitaires. Elles suscitent même souvent la méfiance. Il en est un certain nombre cependant qui pénètrent plutôt rapidement et efficacement les circuits commerciaux habituels. Le tabac est l'une des espèces dont l'influence est remarquable et relativement rapide, particulièrement en Virginie, cette colonie anglaise au sud de la Nouvelle-France.

L'importance commerciale et médicinale du tabac : à la grâce de Dieu

La colonie anglaise de la Virginie s'installe en 1607 à Jamestown, la ville de James (Jacques) nommée en l'honneur du roi d'Angleterre. En 1604, ce roi a publié un opuscule dénonçant très vigoureusement le tabagisme. Malgré cette réticence royale, la popularité du tabac s'accroît tant en Angleterre que dans cette nouvelle colonie commerciale d'Amérique du Nord. En 1610, on importe en Angleterre du tabac des Espagnols pour la somme d'environ 60 000 livres sterling. Au début de cette même décennie, John Rolfe (vers 1585-1622) perfectionne la culture du tabac commun (*Nicotiana tabacum*) en Virginie.

Dès 1614, quatre barriques de 170 livres (en poids) de tabac virginien arrivent en Angleterre. L'année suivante, la colonie en exporte 2 300 livres, alors que les Espagnols en vendent 58 300 livres sur le même marché. En 1617, la colonie atteint le seuil de livraison de 20 000 livres. Dès 1621, on doit promulguer certaines restrictions quant à sa culture. En 1639, on recense déjà 213 inspecteurs du tabac virginien. En 1719, la Virginie produit 29 millions de livres de tabac séché. Cinquante ans plus tard, cette production atteint 55 millions de livres.

Au XVIIe siècle, les méthodes culturales s'améliorent et on utilise des cultivars de plus en plus performants. On rapporte que des producteurs jettent des graines de tabac au feu pour déterminer si les semences de ce lot pourront bien germer. En brûlant, les bonnes graines font du bruit comme de la poudre à fusil. On sème les graines en janvier en ajoutant des cendres au mélange de sol recouvert de feuilles et de rameaux de chêne. On utilise aussi comme paillis de la paille traitée à la fumée de soufre. Les plantules sont transplantées sur des monticules de terre de la hauteur du genou. Ces buttes ressemblent évidemment à celles qu'utilisent les Amérindiens pour la culture du maïs. On sarcle régulièrement, on rechausse les plants en croissance

À la grâce de Dieu : le tabac bénéfique pour la santé et maléfique pour les terres

Au XVIIe siècle en Europe, le tabac est couramment recommandé comme médicament dans les traités médicaux, les livres des remèdes pour les pauvres et les écrits révélant les secrets de la médecine. Ainsi, en 1668, l'«onguent appelé *Gratia dei,* ou onguent blanc, très souverain, pour guérir (les) plaies tant vieilles que nouvelles» contient de l'herbe à la reine mâle et femelle. Marie Fouquet (1590-1681), mère de l'homme d'État Nicolas Fouquet (1615-1680), fait la promotion des remèdes facilement disponibles et à peu de frais, comme l'huile du baume souverain fait de fleurs séchées de tabac. En 1677, Jean Le Royer de Prade (1625-1685), un ami de Cyrano de Bergerac, publie une *Histoire du tabac.* L'auteur explique comment purger, parfumer, colorer et gommer les trois sortes de tabac (mâle, femelle et le petit) avant d'utiliser leur poudre à des fins récréatives ou médicinales.

On utilise même le tabac pour des problèmes oculaires. Selon le médecin suisse Jacob Constant de Rebecque (1645-1732), «le parfum du tabac cuit dans le vin, reçu dans les yeux par un entonnoir les éclaircit». Ce fondateur du jardin botanique de Lausanne et ardent défenseur des remèdes à base de plantes locales fait une exception en recommandant cette plante étrangère, car «la nécessité prétendue des remèdes étrangers n'est pas tant un effet de la stérilité de notre terroir, que de notre intelligence». Dès 1672, on fait part cependant de problèmes agronomiques relatifs à la culture du tabac. Cultiver une grande quantité de millet et de tabac «achèverait d'épuiser les terres de leur substance». Attention au tabac, malgré ses nombreux avantages médicinaux et récréatifs !

Sources : Anonyme, *Instruction generale pour la teinture des laines, et manufactures de laine*, Paris, chez François Muguet, 1672, p. 146. Anonyme, *Secrets touchant la medecine*, Paris, chez Michel Vaugon et chez Pierre Promé, 1668, p. 180. De Prade, Monsieur, *Histoire du tabac, ou il est traité particulierement du tabac en poudre*, Paris, chez M. Le Prest, 1677. Fouquet, Marie, *Recueil de receptes où est expliquée la maniere de guerir à peu de frais toute sorte de maux tant internes, qu'externes inveterez, & qui ont pafsé jufqu'à present pour incurables*, Lyon, chez Jean Certe, 1676, p. 51. De Rebecque, Jacob Constant, *Essay de la pharmacopée des Suisses*, Berne, 1709, p. 12, 150-151.

et on extirpe les gourmands. Les sommités sont enlevées au début de la floraison tout en conservant les plus belles feuilles. Les feuilles sont séchées selon diverses procédures, le plus souvent dans des abris.

On reconnaît deux types de tabac commun (*Nicotiana tabacum*) cultivés dans la colonie de la Virginie. À partir de la décennie 1650, on distingue le tabac *Oronoco* et celui au parfum doux (*sweet-scented*). *Oronoco* est le nom du fleuve sud-américain Orénoque dont l'embouchure se situe au Venezuela. On retrouve d'ailleurs du tabac commun indigène dans les régions du bassin de ce fleuve. Le tabac *Oronoco* a des feuilles ovales, larges et minces avec une nervure centrale épaisse. Ce tabac produit des feuilles de coloration pâle après le séchage. On préfère cependant l'autre type de tabac au parfum doux, même si ses feuilles séchées sont plus foncées. Son goût, plus aromatique et moins âcre, est apprécié par les priseurs et les fumeurs de pipe de l'époque. Le marché principal de l'*Oronoco* est la France et la Hollande, alors que l'Angleterre importe surtout le tabac au parfum doux.

Une herbe de Jamestown hallucinogène

Une autre herbe de la Virginie attire l'attention. Il s'agit de la stramoine commune (*Datura stramonium*) alors et toujours nommée « jimson weed », *jimson* étant une contraction du mot *Jamestown*. Comme le rapporte Richard Evans Schultes (1915-2001), des tribus algonquiennes de l'est de l'Amérique du Nord utilisent l'herbe de *jimson* comme « ingrédient principal d'un médicament enivrant » nommé *wysoccan* par les Amérindiens. Les extraits de stramoine commune font entrer de jeunes Algonquiens dans un état hallucinogène lors d'un rite d'initiation en relation avec le passage à l'état d'adulte. Selon Paul Wise, le mot *wysoccan,* aussi écrit sous diverses formes (*whigsacan, wighsakon* et autres), signifie « amer » en référence au goût de certaines plantes. Le même auteur suggère que le fameux épisode de sorcellerie de Salem au Massachusetts en 1692 résulterait de l'effet de la consommation d'extraits hallucinogènes de la stramoine commune. Le mot algonquien *wysauke*, souvent rapporté en référence à l'asclépiade commune (*Asclepias syriaca*), correspond aussi au goût amer de certaines substances.

Sources

Dorveaux, Paul, « Apothicaires membres de l'Académie royale des Sciences (suite) : VI. Nicolas Lemery », *Revue d'histoire de la pharmacie*, 1931, n° 75 : 208-219.

Garidel, Pierre-Joseph, *Histoire des plantes qui naissent aux environs d'Aix, et dans plusieurs autres endroits de la Provence*, Aix, 1715. Disponible à la bibliothèque numérique du jardin botanique royal de Madrid au http://bibdigital.rjb.csic.es/spa/.

Hardin, David S., « "The same sort of seed in different earths" : tobacco types and their regional variation in colonial Virginia », *Historical Geography*, 2006, 34 : 137-158.

Herndon, Melvin, *Tobacco in Colonial Virginia ; the Sovereign Remedy*, Williamsburg, Virginia, Virginia 350th Anniversary Celebration Corporation, 1957.

Lafont, Olivier, « Nicolas Lemery et l'acidité », *Revue d'histoire de la pharmacie,* 2002, n° 333 : 53-62.

Lemery, Nicolas, *Recueil de curiositez rares et nouvelles dans les plus admirables effets de la Nature*, Lausanne, 1681.

Lemery, Nicolas, *Traité universel des drogues simples…*, deuxième édition, Paris, chez Laurent d'Houry, Imprimeur-Libraire, 1714. Disponible à la bibliothèque numérique du jardin botanique royal de Madrid au http://bibdigital.rjb.csic.es/spa/. Note : cet ouvrage est aussi identifié par l'auteur avec le titre *Diction(n)aire ou Traité universel des drogues simples.*

Miller, Philip, *The Gardeners Dictionary. The Sixth Edition ; Carefully Revised ; and Adapted to the Present Practice*, Londres, 1752. Disponible à la bibliothèque numérique du jardin botanique royal de Madrid au http://bibdigital.rjb.csic.es/spa/.

Plumier, Charles, *Traité des fougères de l'Amérique*, Paris, 1705. Disponible à la bibliothèque numérique du jardin botanique royal de Madrid au http://bibdigital.rjb.csic.es/spa/.

Schultes, Richard Evans, « Le règne végétal et les substances hallucinogènes », troisième partie, *Bulletin des stupéfiants,* 1970, 22 (1) : 23-53.

Wise, Paul Melvin, « Cotton Mathers's wonders of the invisible world : an authoritative edition », *English Dissertations*, Paper 5, Georgia State University, 2005, p. 113-163.

VERS 1715, NOUVELLE-FRANCE. UN TRAFIQUANT DE FOURRURES, UN SAC DE REMÈDES ET DES « COSSINS »

NICOLAS PERROT (VERS 1644-1717) est né en France. Âgé d'environ 16 ans, il arrive en Nouvelle-France comme « donné » au service des Jésuites. Il a rapidement des contacts fréquents avec les Amérindiens, qui semblent bien l'estimer. En 1667, il forme une compagnie avec trois partenaires intéressés au commerce des fourrures. En 1670, l'intendant Jean Talon l'envoie en mission comme interprète dans la région des Grands Lacs. Il accompagne Simon-François Daumont de Saint-Lusson (décédé après 1677), qui prend possession de territoires au nom du roi de France.

En 1671, Perrot épouse Madeleine Raclot et ils s'établissent dans la seigneurie de Bécancour. En 1685, il devient commandant à la baie des Puants (Green Bay, Wisconsin) et dans les régions avoisinantes. Il a un talent particulier pour les négociations complexes impliquant diverses nations amérindiennes qui deviennent belliqueuses à l'occasion. Il voyage beaucoup pour la traite des fourrures et il devient un coureur des bois chevronné. En 1687, il perd toute sa cueillette de pelleteries à cause d'un incendie dans un entrepôt. Il participe en 1689 à la construction du fort Saint-Nicolas à l'embouchure de la rivière Wisconsin. Après la fermeture des postes de l'Ouest en 1696, Perrot revient sur sa concession de Bécancour. Il est presque toujours endetté et ses créanciers sont constamment à ses trousses de façon agressive. Il est promu capitaine de milice en 1708 et le demeure jusqu'à son décès. Son corps est inhumé dans l'église de Bécancour.

Selon l'historien Reuben Gold Thwaites (1853-1913), Perrot a laissé une trace concrète de son séjour comme commandant dans la région du Wisconsin. En 1686, il fait don d'un ostensoir à la mission Saint-François Xavier des Jésuites située à De Pere au Wisconsin. Cette œuvre d'art en argent, qui représente un soleil et qui rappelle la disposition des rayons externes du tournesol (*Helianthus annuus*), est conservée au musée de la Société historique du Wisconsin à Madison. Les appellations populaires soleil et grand soleil pour désigner le tournesol font évidemment référence à la similarité de sa forme avec l'astre solaire.

Un mémoire sur les nations amies et ennemies

Perrot rédige un mémoire sur ses relations avec les Amérindiens. Le style est simple, direct et sincère dans le *Mémoire sur les mœurs, coustumes et religion des sauvages de l'Amérique septentrionale*. Ces caractéristiques reflètent vraisemblablement ses qualités de négociateur avec les Amérindiens. Le livre vise d'abord à informer l'intendant Michel Bégon (intendance de 1711 à 1725) sur la position de certaines nations amérindiennes amies ou ennemies de la colonie française. Le mémoire concerne surtout les Outaouais de la région des Grands Lacs. Pendant plus de cinq décennies, Perrot maintient des contacts avec cette nation amérindienne. Commerçant de fourrures, explorateur et interprète de premier plan, Perrot est considéré comme le meilleur ambassadeur auprès des Amérindiens de l'Ouest.

Pindikossan : un sac contenant des racines et des poudres médicinales pour les Amérindiens

Perrot rapporte que les Amérindiens ont « un sac de cuir qu'ils appellent leur sac de guerrier ou, en leur langue, leur *pindikossan*, dans lequel seront des peaux de hiboux, de couleuvres, des soies blanches, de perroquets, de pies, et d'autres animaux les plus rares. Ils y auront aussi des racines ou des poudres pour leur servir de médecine ».

Y aurait-il une parenté lointaine entre *kossan* de *pindikossan* et le mot québécois *cossin* qui décrit une diversité d'objets généralement de peu de valeur ? Il n'y a aucune évidence à ce sujet, mais on conviendra que ce sac de cuir des Amérindiens contient divers objets du type cossin. Malheureusement, peu d'auteurs ont décrit en détail, comme Perrot, le *pindikossan* et surtout son contenu probablement fort utile pour la médecine et certaines cérémonies rituelles. Ce sac semble différent de celui utilisé par les Amérindiens pour transporter les provisions de farine de maïs lors des longs voyages.

De folles avoines

Perrot rapporte que « les Chiripinons ou Assiniboüalas (Assiniboines) sèment dans leurs marais quelques folles avoines qu'ils recueillent ». Ces propos sur les Assiniboines des plaines des États-Unis et du Canada sont plutôt interprétés comme signifiant que les Amérindiens récoltent la folle avoine sauvage plutôt que celle résultant de semailles préalables. Il n'y a pas d'évidence concluante de semailles de la folle avoine par les Amérindiens. Ailleurs dans le texte, Perrot affirme que le goût de la folle avoine « est meilleur que celui du riz ». Cette folle avoine correspond à diverses espèces de zizanie (*Zizania* spp.). En 1756, Louis-Antoine de Bougainville (1729-1811) note dans son journal de voyage des informations sur la folle avoine. « La folle avoine est une espèce de grain ressemblant à l'avoine, dont on fait le même usage que du riz et qui est une nourriture fort saine. Cette plante fait le blazon (blason) des armes de cette nation. » Bougainville fait référence à la nation des Folles-Avoines, qui est fort attachée « aux intérêts français ». La preuve est que des membres de cette nation ont amené à Montréal plusieurs prisonniers amérindiens qui sont des ennemis des Français.

   L'une des premières mentions de la folle avoine est celle du texte de la *Relation* des Jésuites de 1657-1658. En 1673, le missionnaire jésuite Jacques Marquette (1637-1675) décrit la récolte de la folle avoine durant son voyage de découverte du Mississippi.

Une branche d'arbre pour attirer les castors

Lors de la chasse aux castors par les Amérindiens, Perrot nous apprend qu'ils se servent à l'occasion d'un « appât qui est la branche d'un arbre qu'on nomme bois de tremble ». Il s'agit vraisemblablement du peuplier faux-tremble (*Populus tremuloides*), qui est effectivement une essence forestière aimée des castors.

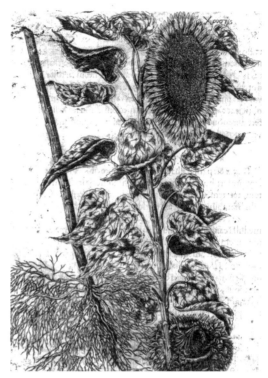

Une illustration en 1611 du tournesol (*Helianthus annuus*) aux grandes vertus médicinales. Le médecin français Paul Reneaulme (1560-1624) subit en 1607 les critiques acerbes de la puissante Faculté de médecine de Paris parce qu'il a publié l'année précédente un livre vantant les nouveaux courants de la médecine chimique. L'un de ses amis est Théodore (Turquet) de Mayerne, l'un des médecins européens les plus réputés de son époque qui s'inspire d'ailleurs de certaines pratiques médicinales de Reneaulme. Ce dernier est de plus un très grand savant de la langue et de l'histoire grecques. Il recommande que les médecins préparent leurs médicaments, le plus souvent simples, sans l'aide des apothicaires qui les multiplient inutilement pour des gains pécuniaires. En 1611, il publie à Paris un livre de botanique médicale qui fait beaucoup référence aux Anciens. Toutes les plantes, y compris les nouvelles espèces d'Amérique, ont leur appellation grecque. C'est le cas du tournesol, nommé *kryshis* (mot francisé), provenant d'une région du Pérou et dont la décoction des feuilles est recommandée pour traiter les ulcères « sordides ». L'extrait du tournesol est aussi efficace dans les cas de gonorrhée virulente. Reneaulme souligne que les fleurs du tournesol exsudent une résine du type de la térébenthine. Le médecin ne fait aucune allusion aux usages du tournesol par les Amérindiens. Il fournit une illustration du tournesol qui inclut la racine, la tige, les feuilles et deux capitules floraux.

Source : Reneaulme, Paul, *Specimen Historiae Plantarum*, Paris, 1611, p. 83.

Des becs d'un pic considéré disparu dans le *pindikossan*?

En 1731, Mark Catesby (1683-1749) révèle dans un premier volume illustré sur l'histoire naturelle de l'Amérique que les Amérindiens du Canada recherchent et estiment beaucoup les becs du *Picus Maximus rostro albo*, c'est-à-dire le plus gros pic à bec blanc. Catesby spécifie que les Amérindiens du Canada en font des ornementations pour les chefs et les grands guerriers qui disposent les pointes des becs vers l'extérieur. Comme les Amérindiens du Nord n'ont pas ces oiseaux dans leur pays froid, ils doivent les acheter des nations amérindiennes vivant plus au sud. Le prix d'un bec équivaut à deux ou trois peaux d'animaux. Cet oiseau convoité est le pic à bec ivoire (*Campephilus principalis*), maintenant considéré comme disparu depuis des décennies aux États-Unis. Mark Catesby est le premier Européen à fournir l'illustration de cette espèce. Le 20 décembre 1820, le réputé ornithologue américain d'origine française Jean-Jacques Audubon (1785-1851) tue le premier de plusieurs spécimens de ce pic. Il est témoin que l'on vend la tête de ces pics aux passagers des bateaux à vapeur le long du Mississippi. Comme Catesby près d'un siècle auparavant, Audubon note le grand intérêt des Amérindiens pour les becs et les têtes de ce pic pour leur ornementation.

Étonnamment, au XXIᵉ siècle, on croit observer en Arkansas et en Floride cet oiseau disparu. On met cependant en doute la véracité de ces observations. Le débat entourant la disparition de ce pic est toujours d'actualité.

Sources : Catesby, Mark, *Natural History of Carolina, Florida and the Bahamas Islands*, vol. 1, London, 1731, p. 16. Disponible sur le site de l'Université de Virginie au http://xroads.virginia.edu/. Krupa, James J., «Scientific Method & Evolutionary Theory Elucidated by the Ivory-billed Woodpecker Story», *The American Biology Teacher*, 2014, 76 (3) : 160-170.

Un poison inactivé par la chaleur

La racine de l'ours « est un véritable poison si on la mangeait crue, mais ils la coupent par tranches fort minces et la font cuire dans un fourneau pendant trois jours et trois nuits : c'est par le feu qu'ils font évaporer en fumée la substance crue qui en compose le venin, et elle devient ensuite ce qu'on appelle communément de la cassave ». Le mot *cassave* réfère au manioc (*Manihot esculenta*), une plante originaire d'Amérique du Sud cultivée depuis des millénaires en Amérique tropicale et subtropicale pour ses racines riches en amidon. Le tapioca est une préparation à partir des extraits des racines du manioc. Les racines du manioc produisent naturellement des substances contenant du cyanure toxique et requièrent un traitement prolongé à la chaleur pour s'en débarrasser. Le manioc n'est cependant pas connu comme la racine de l'ours. On ne sait pas si Perrot décrit bel et bien le manioc ou une plante requérant un traitement similaire au manioc. Quelques décennies plus tard, Pehr Kalm mentionne que les ours mangent les feuilles du chou puant (*Symplocarpus foetidus*). Les ours seraient-ils aussi avides des racines du chou puant ?

Une grosse racine récoltée sous la glace

Perrot décrit la collecte d'une grosse racine sous la glace des marais gelés. « Ils tirent aussi l'hiver de dessous la glace dans les marais où il y a beaucoup de vase et peu d'eau, une certaine racine, [...] elle ne se trouve que dans la Louisiane à quinze lieues plus haut que l'entrée d'Ouisconching (Wisconsin). Les Sauvages nomment en leur langue cette racine *pokekoretch*, et le Français ne lui donne aucun nom, parce qu'il ne s'en voit point du tout en Europe. » Ces racines de la dimension de « grosses raves » sont cuites sur un brasier et elles ont un goût de châtaigne. Les Amérindiens en font provision en tranches minces en les faisant sécher par la fumée. La fleur, en forme de couronne rouge, produit des graines comestibles qui goûtent aussi la châtaigne « quand elles sont cuites sous de la cendre chaude ».

En 1903, Alfred Hamy mentionne qu'Ovide Brunet, ancien professeur de botanique à l'Université Laval, a suggéré que cette plante est le *Nelumbium luteum formosum*, correspondant probablement au lotus jaune d'Amérique (*Nelumbo lutea*). Pour certains auteurs, cette espèce porte le nom « volet » tout comme d'autres plantes aquatiques du genre *Nuphar* ou *Nymphaea*. En 1732, l'arpenteur Joseph-Laurent Normandin rapporte que les Amérindiens du Saguenay récoltent de grosses racines d'une espèce aquatique portant le nom volet que l'on identifie par la suite au genre *Nuphar*.

Sources

Gosselin, Amédée, « Le journal de M. de Bougainville », dans P.-G. Roy, *Rapport de l'archiviste de la Province de Québec pour 1923-1924*, Ls-A. Proulx. Imprimeur de sa Majesté le Roi, 1924, p. 208.

Hamy, Alfred, *Au Mississipi. La première exploration (1673). Le Père Jacques Marquette de Laon, prêtre de la Compagnie de Jésus (1637-1675) et Louis Jolliet, d'après M. Ernest Gagnon*, Paris, Honoré Champion, Libraire, 1903, p. 109-110 et 269-270.

Perrault, Claude (en collaboration avec), « Perrot, Nicolas », *Dictionnaire biographique du Canada en ligne*, vol. II, 1701-1740. Disponible au http://www.biographi.ca.

Perrot, Nicolas, *Mémoire sur les mœurs, coustumes et rellition des sauvages de l'Amérique septentrionale*, édition établie par Jules Tailhan, Lux, Collection « Mémoire des Amériques », 2007.

Thwaites, Reuben Gold, *Father Marquette*, New York, D. Appleton & Company, 1902, p. 168.

VERS 1724, AU PAYS DES ILLINOIS. PLUSIEURS REMÈDES AMÉRINDIENS, DONT DES BRANCHES DE JEUNE PIN POUR LE MAL VÉNÉRIEN

EN 1926, LE BARON MARC DE VILLIERS DU TERRAGE (1867-1936) publie un document anonyme retrouvé dans les archives nationales des colonies françaises. Il s'agit d'un rapport sur les mines et les plantes du Mississippi, dans lequel se trouvent des informations inédites sur des plantes médicinales. Marc de Villiers du Terrage démontre un grand intérêt pour l'histoire de l'Amérique française, particulièrement celle de la Louisiane. De temps à autre, il a accès à des manuscrits peu connus. C'est le cas d'un manuscrit sur l'Amérique du Nord qu'il nomme *Codex Canadensis* et qu'il attribue erronément à Charles Bécart de Granville (1675-1703). On sait maintenant que ce *Codex* est l'œuvre du missionnaire jésuite Louis Nicolas. Par contre et malgré de bons indices, l'auteur du manuscrit dont il est ici question n'a pu être formellement identifié.

Plusieurs plantes médicinales, plusieurs maladies

Les noms modernes des plantes sont présentés entre parenthèses.

La feuille de vinaigrier (sumac vinaigrier, *Rhus typhina*) « avec la racine d'une herbe fort commune dans les bois et qui a, sur ses feuilles, une espèce de bourre ». Cette espèce fournissant la racine est nommée *pallaganghy* qui signifie « âcre ». Le rapporteur indique que ce nom est « générique ». On ajoute de plus des graines de vinaigrier. Ce mélange est utile dans des conditions aussi diverses que « les femmes accouchées et qui ne sont pas entièrement délivrées », les blessures qui laissent perdre beaucoup de sang par la bouche et les malades « hydropiques ». Si l'on n'ajoute pas les graines de vinaigrier, la préparation reste utile contre les « gencives gâtées » par le « mal de terre », le « scorbut » ou d'autres problèmes. L'espèce qui possède « une espèce de bourre » est impossible à identifier. La

bourre correspond possiblement à la pubescence, cette accumulation de poils à la surface des feuilles. Diverses espèces possèdent cette caractéristique morphologique.

« L'écorce de la racine de cerisier (*Prunus* sp.), mâchée et tenue longtemps sur les gencives, guérit le mal de terre. » Pour les organes « brûlés ou gelés, ou qui sont attaqués du mal vénérien », on se sert de la « même drogue ». D'autres observateurs ont rapporté diverses utilisations du cerisier de Virginie, le cerisier à grappes (*Prunus virginiana*), y compris la récolte de la sève. L'auteur du présent document mentionne aussi l'utilité de « l'eau de merisier à grappe ». Il est donc probable que cette espèce de cerisier soit différente du cerisier à grappes.

Pour diverses blessures, on se sert « d'une racine qu'on appelle du mot générique *oüissoücatcks*, c'est-à-dire à plusieurs pattes ». Cette espèce, non identifiée, ne semble donc pas posséder une seule racine majeure dite pivotante.

« Pour les écrouelles, on se sert de la racine d'herbe à serpents qu'on appelle *akiskioüraroui*. » Il y a diverses plantes portant ce nom. Quelques décennies plus tard, Pehr Kalm présente un résumé de plusieurs identifications de plantes utilisées dans les cas de morsures de serpents.

« La racine de bois blanc bouillie » (tilleul d'Amérique, *Tilia americana*) est bonne pour les brûlures. Le tilleul est généralement plus connu pour l'utilité de ses fibres.

La feuille, l'écorce ou la racine bouillie de chêne blanc (chêne blanc, *Quercus alba* ou chêne à gros fruits, *Quercus macrocarpa*) est bonne pour les plaies. Il s'agit probablement de l'action bénéfique des tanins contenus dans les différents organes et tissus des chênes.

L'écorce de jeunes pins (*Pinus* sp.) est aussi bonne pour les plaies et les brûlures. Ces écorces contiennent des substances résineuses et des tanins pouvant procurer des effets bénéfiques sur des plaies ou des brûlures.

« La racine d'anis bouillie » (aralie à grappes, *Aralia racemosa*) guérit « toutes sortes de plaies ». L'aralie à grappes a une longue histoire d'utilisation médicinale et alimentaire en Amérique du Nord. Cette espèce est illustrée et décrite dès 1635 par Jacques Cornuti.

Le « bois de plomb » pour le « cancer et le flux du sang ». C'est le dirca des marais (*Dirca palustris*). L'observateur ajoute qu'il a vu guérir un cancer et qu'il « faut emporter de ce bois en France ». Louis Nicolas est le premier à mentionner cette espèce en

Nouvelle-France. Michel Sarrazin ainsi que Jean-François Gaultier font aussi référence aux propriétés médicinales de cet arbuste, qui est aussi apprécié pour la qualité de ses fibres que pour la confection de divers ouvrages utilitaires ou décoratifs.

« La racine de salsepareille pour les plaies et coupures » (aralie à tige nue, *Aralia nudicaulis*). Comme l'aralie à grappes, cette espèce a une longue histoire d'utilisation médicinale. Elle fait déjà partie de l'herbier du médecin allemand Joachim Burser, constitué au plus tard en 1620.

« La racine et écorce de sureau pour une personne percluse de ses membres » (*Sambucus* sp.). « Il faut la faire bouillir et y mettre un peu de potasse. » *Être perclus* signifie « avoir perdu de la motricité ». La

À peu près toutes les parties du sureau fournissent des remèdes et attention aux désirs de Vénus

Le médecin suisse Jacob Constant de Rebecque (1645-1732) prône avec une grande ardeur l'utilisation médicinale des plantes locales plutôt que les espèces étrangères. Pour cet auteur, « notre Europe n'est pas destituée de plantes [...] douées d'excellentes vertus contre toutes sortes de maladies ». Cette prise de position n'empêchera pas des savants de Nouvelle-France de se procurer son ouvrage, sans doute pour mieux connaître les usages médicinaux des plantes. Parmi celles-ci, le sureau est utile par ses fleurs, ses baies, son écorce interne, son éponge et ses sommités. On fait une eau, un esprit, un vin et une huile à partir des fleurs de *Sambucus*. Plusieurs préparations, dont une teinture, utilisent les baies. L'écorce interne « purge les humeurs », alors que l'éponge est bonne pour les yeux en traitement « en dedans » ou « en dehors ». On mange même les sommités « en salade » pour purger les eaux. Il est possible que le terme *éponge* réfère au tissu spongieux de la moelle des tiges. Étonnamment, la moelle de sureau est encore utilisée de nos jours par des artisans horlogers pour le nettoyage de petites pièces métalliques.

Jacob Constant de Rebecque énumère des remèdes contre les « désirs de Vénus ». Le désir sexuel est éteint ou diminué grâce à la décoction de feuilles de saule (*Salix*). On peut aussi recommander l'*agnus costus*. Gare cependant aux graines de rave (*Rapa*) et de roquette (*Eruca*), qui excitent le désir de Vénus tout comme l'artichaut (*Cynara*), le cardon (*Cynara cardunculus* anciennement nommé par certains *Carduus esculentus*) et le baume (*Balsamum*) provenant d'Europe, d'Amérique ou d'Asie. Le médecin termine son traité en spécifiant comment on doit cueillir les plantes guérisseuses. Il ne faut surtout pas subir l'influence des superstitieux et des rêveurs qui utilisent diverses postures pour leur récolte tout en tenant compte des constellations. L'auteur indique cependant qu'on doit récolter généralement lorsque la lune est croissante par temps sec et serein. Note : les noms latins des plantes sont ceux de l'auteur en 1688.

Source : De Rebecque, Jacob Constant, *L'apoticaire francois charitable*, Lyon, chez Jean Certe, 1688, p. 73-74, 85, 90-91, 99, 104, 195 et 250.

potasse est préparée à partir de cendres de bois géné-ralement non résineux. La potasse a fait l'objet d'un certain commerce en Nouvelle-France. On exporte même ce produit aux multiples usages. On observe de plus des mentions de l'utilisation médicinale de la potasse.

« De la racine de gingembre, pilée en poudre, pour empêcher les tranchées à une femme dans l'enfante-ment » (asaret du Canada, *Asarum canadense*). Cette espèce, dégageant des arômes particuliers, est déjà décrite par Jacques Cornuti en 1635.

« De l'herbe à mille feuilles pour toutes sortes de coupures » (*Achillea* sp.). Une espèce fort commune est l'achillée millefeuille (*Achillea millefolium sensu lato*) qui est, selon Moerman, l'espèce médicinale la plus utilisée par les Amérindiens en Amérique du Nord. Une achillée canadienne a été signalée dès 1689 en Hollande.

« De la feuille de hêtre bouillie pour les douleurs des yeux » (hêtre à grandes feuilles, *Fagus grandifolia*). Dans certaines régions, des feuilles de hêtre, déco-lorées et desséchées à l'automne, peuvent demeurer attachées à l'arbre pendant la saison hivernale.

« La racine de fougère qui porte de la graine et de la plus petite. Il faut la faire bouillir à petit feu et infuser jusqu'à ce que l'eau soit rouge et qu'elle ait diminuée environ du tiers. » Une fougère qui porte de la graine est le *Filix baccifera* de la flore de Jacques Cornuti en 1635 (cystoptère bulbifère, *Cystopteris bulbifera*).

« De l'eau de merisier à grappe mâché ou pilé, ou de l'écorce de samelier, ou ebeaupain mâchée ou pilée pour les plaies. » Le merisier à grappe est le cerisier à grappes (*Prunus virginiana*). L'ebeaupain est l'aubépine (*Crataegus* sp.). Le mot *samelier* est probablement une variante de *senellier*. Pour Marie-Victorin, « le nom populaire *cenellier* (ou *senellier*) est un canadianisme, dérivé du nom français du fruit : cenelle ou senelle ».

« De l'aune, qui amène de petites graines rouges bouillies pour faire vomir. Le bois rouge fait le même effet. » Les fruits des aulnes (*Alnus* sp.) sont plutôt brunâtres. Le bois rouge est probablement une espèce de cornouiller (*Cornus* sp.).

« De l'écorce de bois piquant » pour attirer le pus. Il s'agit possiblement du clavalier d'Amérique (*Zan-thoxylum americanum*), également connu sous le nom commun de frêne épineux. Cet arbuste est aussi mentionné par d'autres auteurs, comme Charlevoix, Jean-François Gaultier et Duhamel du Monceau. Un texte de Louis Nicolas sur l'oranger américain laisse croire que sa description réfère peut-être au clavalier d'Amérique. L'illustration de l'oranger qu'il fournit dans son *Codex* représente cependant une espèce qui semble différente du frêne épineux.

« De la liane blanche pour les maux vénériens. » Il s'agit peut-être du bourreau-des-arbres (*Celastrus scandens*). Si tel est le cas, cette espèce envoyée en France par Michel Sarrazin, est décrite pour la pre-mière fois, selon Marie-Victorin, par Antoine Tristan Danty d'Isnard du Jardin des Plantes à Paris en 1716.

De bois de rose à bois puant

En Europe, la bourdaine (*Rhamnus frangula*, maintenant nommé *Frangula alnus*) est un arbuste à divers usages. Lorsque les vanniers chauffent le bois de ses tiges pour mieux les fendre, la bourdaine dégage une odeur qui lui vaut le nom populaire de bois puant ou bois qui pue. Pourtant, ce beau bois apprécié par les artisans est aussi connu sous le nom de bois de rose sans oublier celui de bois de poudre, car sa poudre de bois carbonisé sert de très bonne poudre à fusil.

Source : Bertrand, Bernard, *L'herbier boisé. Histoires et légendes des arbres et arbustes*, Toulouse, Éditions Plume de carotte, 2014, p. 44.

« Pour le cours de ventre, du vinaigrier. » C'est le sumac vinaigrier (*Rhus typhina*). Consulter la mention précédente de cette espèce.

« De la racine de bois puant, pour le cours de ventre, et flux de sang : il faut la faire bouillir et ne point boire autre chose jusqu'à parfaite guérison. » C'est probablement le ptéléa trifolié (*Ptelea trifoliata*). Le « bois puant » a été mentionné par Louis Nicolas. Marie-Victorin rapporte que le fruit amer a servi de succédané du houblon. Son nom anglais est d'ailleurs *Three-leaved hop-tree*.

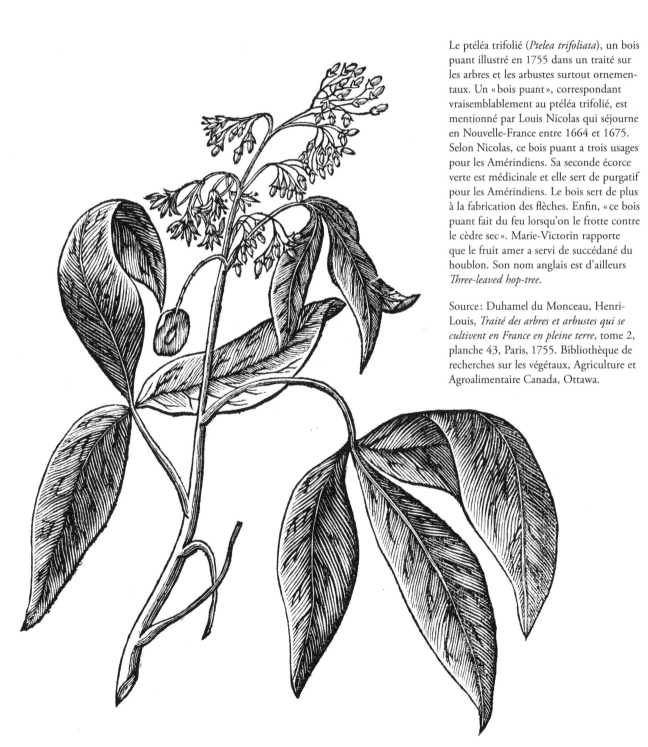

Le ptéléa trifolié (*Ptelea trifoliata*), un bois puant illustré en 1755 dans un traité sur les arbres et les arbustes surtout ornementaux. Un « bois puant », correspondant vraisemblablement au ptéléa trifolié, est mentionné par Louis Nicolas qui séjourne en Nouvelle-France entre 1664 et 1675. Selon Nicolas, ce bois puant a trois usages pour les Amérindiens. Sa seconde écorce verte est médicinale et elle sert de purgatif pour les Amérindiens. Le bois sert de plus à la fabrication des flèches. Enfin, « ce bois puant fait du feu lorsqu'on le frotte contre le cèdre sec ». Marie-Victorin rapporte que le fruit amer a servi de succédané du houblon. Son nom anglais est d'ailleurs *Three-leaved hop-tree*.

Source : Duhamel du Monceau, Henri-Louis, *Traité des arbres et arbustes qui se cultivent en France en pleine terre*, tome 2, planche 43, Paris, 1755. Bibliothèque de recherches sur les végétaux, Agriculture et Agroalimentaire Canada, Ottawa.

L'importance et les usages diversifiés des quenouilles

«La racine d'un certain roseau qui porte des quenouilles» pour «attirer ce qui est dans la plaie» (typha, *Typha* sp.). Les quenouilles sont aussi fréquemment utilisées à des fins alimentaires et textiles par les Amérindiens. Le mot latin *typha* est l'équivalent de la racine grecque *typhe*, qui est aussi en lien avec les termes *typhon* et *typhus*. Pour certains, *typha* dérive du grec *typhos* signifiant «marais», le lieu de croissance des quenouilles. Pour d'autres, *typha* provient du verbe *typhein*, c'est-à-dire «fumer», décrivant peut-être aussi la fumée du pollen abondant des quenouilles. On doit de plus considérer la parenté avec les mots grecs *typhaon*, *typhoeus*, *typhon* et *typhos*, qui réfèrent à des mythes depuis des millénaires. Au-delà des nombreux usages amérindiens des quenouilles, certaines nations les incluent dans leur mythologie.

Les Mayas considèrent que le Créateur a donné naissance à la chair de l'homme en utilisant l'arbre du genre *Erythrina*, alors que la chair de la femme est issue des quenouilles. Quelques nations choisissent des noms de clans en référence aux quenouilles. Chez les Abénaquis et les Micmacs, les quenouilles jouent des rôles actifs dans des légendes. Les nations Omaha et Hopi considèrent les quenouilles comme sacrées. Pour Daniel Austin, on semble avoir négligé cette dimension mythique dans les études ethnobotaniques des quenouilles.

Selon Reinhard et autres, les ancêtres précolombiens des Pueblos du sud-ouest des États-Unis mangeaient des épis de fleurs mâles des quenouilles. L'analyse d'excréments humains bien conservés, les coprolithes, sur divers sites archéologiques des Pueblos montre que ces Amérindiens consommaient aussi les épis terminaux des prêles (*Equisetum* sp.). Celles-ci portent des spores que l'on peut confondre avec les grains de pollen des peupliers (*Populus* sp.) lorsque l'on traite chimiquement les échantillons à examiner par microscopie. Dans les régions permettant la conservation adéquate des coprolithes humains, leur analyse permet de recueillir plusieurs informations sur le mode de vie, la nutrition et même certaines maladies humaines.

Des branches de pin très utiles

«Des branches de jeunes pins bouillies» pour le mal vénérien (*Pinus* sp.). Les maladies vénériennes ont été soignées par les Européens avec divers remèdes provenant d'Amérique, comme le fameux gaïac. Il s'agit d'une rare mention de l'usage de branches de jeunes pins dans l'arsenal thérapeutique contre le mal vénérien.

Des branchages de pin pour identifier les cabarets!

Le 22 novembre 1726, l'intendant Claude-Thomas Dupuy (1678-1738) émet une ordonnance qui prescrit les règlements «pour tenir cabaret», c'est-à-dire pour vendre de l'alcool dans certains établissements en Nouvelle-France. On compte 14 règlements. L'article III spécifie «que tous ceux qui tiendront cabaret et qui vendront vin, eau-de-vie et autres boissons à petites mesures, seront tenus de pendre à leur porte une enseigne ou tableau avec bouchon de verdure, sans tableau à leur choix, faits de pin ou d'épinette ou autres branchages de durée, qui conserve sa verdure en hiver». À l'époque, ce «bouchon» était un rameau de verdure ou une couronne de lierre qu'on suspendait aux portes des établissements où l'on vendait de l'alcool.

Source: Anonyme, *Complément des ordonnances et jugements des gouverneurs et intendants du Canada, précédé des commissions des dits gouverneurs et intendants et des différents officiers civils et de justice*, Québec, Imprimé sur une adresse de l'Assemblée législative du Canada. De la presse à vapeur de E. R. Fréchette, 1856, p. 447.

D'autres informations botaniques

À la suite des « remèdes des Sauvages », le rapporteur indique que « le café vient à merveille au Mississippi ». Est-ce une indication valable que l'on a tenté d'introduire le caféier dans cette région d'Amérique du Nord ? Malgré la nouvelle mode du café, il y avait encore des résistances à l'introduction et à l'utilisation de cette espèce exotique, du moins en Europe.

On décrit de plus deux plantes tinctoriales. La première, nommée *onçacioü*, est utile pour teindre en jaune. « Elle ressemble à des pissenlits. » Cette plante se trouve « en abondance dans la rivière des Illinois ». Plusieurs espèces peuvent correspondre à cette description. La seconde espèce porte le nom de *micousiouaki rouge*. Sa racine séchée est bouillie avec « trois fois autant de graines de vinaigrier ». Le baron Marc de Villiers semble suggérer qu'il s'agit peut-être de la racine *tisavoyance*. Si c'est le cas, il s'agit peut-être de la savoyane (*Coptis trifolia*). L'étude la plus exhaustive sur les plantes tinctoriales proviendra de Pehr Kalm quelques décennies plus tard. Ce terme algonquien décrit aussi une ou des espèces de gaillet (*Galium* sp.) pouvant fournir un colorant rouge, alors que la savoyane permet d'obtenir plutôt une coloration jaune orangé.

L'auteur du mémoire

Un candidat possible est Jacques-Pierre Daneau de Muy (1695-1758). Durant la décennie 1730, il commande le poste de Saint-Joseph des Illinois au Michigan. Il étudie la flore régionale et il rapporte en France en 1736 une importante collection de plantes reconnues comme des espèces médicinales. Il aurait aussi déposé un mémoire à ce sujet. Il fait parvenir à l'intendant de la colonie des spécimens végétaux. Selon Rénald Lessard, le gouverneur Beauharnois indique en 1736 que Daneau de Muy a étudié les plantes des pays d'en haut. Il aurait rapporté des poudres, des racines et des feuilles et il aurait guéri plusieurs Amérindiens grâce aux plantes locales. De retour au Canada, on connaît très peu ses activités entre 1737 et 1744. Comme son père Nicolas entre 1696 et 1703, il commande le fort de Chambly de 1752 à 1754. D'autres évidences indiquent qu'il est commandant à Chambly plutôt entre 1751 et 1753. Il est aussi commandant du fort de Détroit où il décède le 18 mai 1758. En arrivant à Chambly, sa famille élargie inclut une esclave panise. Il a possiblement obtenu de cette esclave de bonnes informations sur les plantes et leurs usages. Cet officier accepte finalement d'affranchir Geneviève Caris, qui l'a possiblement aidé dans ses relations avec les Amérindiens. Jacques-Pierre Daneau de Muy semble donc avoir suivi les traces de son père. Il a été en étroites relations avec les Amérindiens. Il a, semble-t-il, su colliger des informations inédites sur les propriétés médicinales des végétaux. On devine que ces utilisations médicinales sont majoritairement, sinon toutes, d'inspiration amérindienne.

Sources

Anonyme, « Un officier botaniste à Saint-Joseph des Illinois », *Nova Francia*, vol. 2, 1926-1927, p. 188. Ce résumé indique Jean-Pierre Daneau de Muy plutôt que Jacques-Pierre.

Austin, Daniel F., « Sacred connections with cat-tail (*Typha*, Typhaceae)-Dragons, water-serpents and reed-maces », *Ethnobotany Research & Applications*, 2007, 5 : 273-303.

De Villiers, Marc, « Recettes médicales employées dans la région des Illinois vers 1724 », *Société des américanistes de Paris*, 1926, tome 18 : 15-20.

Fortin, Réal, *Le Fort de Chambly*, Québec, Septentrion, 2007.

Lessard, Rénald, *Au temps de la petite vérole. La médecine au Canada aux XVIIe et XVIIIe siècles*, Québec, Septentrion, 2012.

MacLeod, Malcolm, « Daneau de Muy, Jacques-Pierre », *Dictionnaire biographique du Canada en ligne*, vol. III, 1741-1770. Disponible au http://www.biographi.ca.

Moerman, Daniel E., *Native American Medicinal Plants. An Ethnobotanical Dictionary*, Portland, Oregon, Timber Press, 2009.

Reinhard, Karl J. et autres, « Pollen concentration analysis of ancestral Pueblo dietary variation », *Paleoecology*, 2006, 237 : 92-109.

Reinhard, Karl J. et autres, « Understanding the pathoecological relationship between ancient diet and modern diabetes through coprolite analysis : a case example from Antelope Cave, Mojave County, Arizona », *Papers in Natural Resources*, 2012, paper 321.

1725 OU PLUS TARD, ÎLE ROYALE. ON EXPÉDIE EN FRANCE DES RACINES DE SALSEPAREILLE ET DES TRONÇONS D'ARBRES UTILISÉS EN MÉDECINE AMÉRINDIENNE

LA BIBLIOTHÈQUE DU MUSÉUM NATIONAL D'HISTOIRE NATURELLE DE PARIS possède un manuscrit anonyme de 1725 ou plus tard sur les plantes de l'île du Cap-Breton. Ce document contient une brève description de quelques plantes locales et il y est fait mention de l'envoi de graines, de racines et même de tronçons d'arbres. Quelques plantes séchées sont ajoutées dans les marges ou sur des feuilles du document. Ce manuscrit de 25 pages fournit des observations ethnobotaniques intéressantes concernant particulièrement des usages amérindiens de certaines espèces. En fait, ce mémoire accompagne une caisse d'échantillons vraisemblablement destinés au Jardin du roi à Paris.

L'île Royale, un peu d'histoire

La colonie de l'île Royale est fondée en 1713 pour compenser les pertes de territoires lors du traité d'Utrecht mettant fin à la guerre de Succession d'Espagne (1701-1713). Avant ce traité, la Nouvelle-France comprend cinq colonies : le Canada (incluant la région des Grands Lacs), l'Acadie, Terre-Neuve (en partage avec l'Angleterre), la Baie du Nord (baie d'Hudson) et la Louisiane, qui inclut aussi le pays des Illinois. Après 1713, il ne reste que le Canada, une partie de l'Acadie (Nouveau-Brunswick), la Louisiane et la colonie de l'île Royale. Ce territoire comprend alors l'île Royale (île du Cap-Breton), l'île Saint-Jean (île du Prince-Édouard) et les îles de la Madeleine. De 1745 à 1749, cette colonie est assiégée par les forces anglo-américaines, mais elle est reprise par les Français. En 1758, les Anglais s'emparent pour la seconde fois de Louisbourg, la capitale de l'île Royale, et la France cède cette possession en 1763. Le nombre d'habitants de cette colonie n'a jamais dépassé 9 000 et environ le tiers de la population se trouve à Louisbourg. Le commerce gravite autour de la pêche et surtout de la production de morue séchée

exportée vers les marchés européen et antillais. Les ports français les plus importants pour ce commerce sont ceux de Saint-Malo et de Saint-Jean-de-Luz. La morue représente de 70 à 80 % des exportations de l'île Royale vers les Caraïbes. Le rhum et la mélasse forment le gros des importations en provenance des Antilles. Une boisson populaire des pêcheurs est la sapinette, cette bière d'épinette à base de mélasse et de rameaux d'épinette. Les jardins sont plutôt nombreux sur l'île Royale. Sur les 506 cartes et plans de l'île, 115 montrent des jardins à Louisbourg et ailleurs.

Des plantes de l'Isle Royale et de leurs usages

La « véritable coraline » avec du vin blanc contre les vers

Cette espèce marine se trouve « sur le bord de la mer dans le port de Louisbourg » et peut être de couleur verte, rouge et blanche. L'auteur en expédie un échantillon séché cueilli en 1725 au port de Louisbourg. Cette plante, qui « s'est toujours conservée de même qu'elle se voit aujourd'hui », a la particularité de s'attacher « à des vieilles moules ou à des cailloux ». On donne « de cette coraline blanche impalpable dans un verre de vin blanc [...] aux petits enfants qui ont des vers ». Ce remède « réussit parfaitement bien fort » tant pour les enfants que pour « ceux qui sont avancés en âge ».

Dans la région de la Nouvelle-Écosse, comme aux rivages de la Gaspésie et du Saint-Laurent, cette espèce correspond vraisemblablement à l'une ou l'autre des espèces indigènes de salicorne, la salicorne de Virginie (*Salicornia depressa*) ou maritime (*Salicornia maritima*). Les travaux récents ont démontré que la salicorne d'Europe (*Salicornia europaea*) ne se retrouve pas en Amérique.

Les feuilles en cornet de la « sarrazine » servent de contenants résistants à la cuisson pour préparer des soupes

Les Amérindiens qui « courent les bois se servent des feuilles de cette plante pour boire les boissons […] car en tout temps ces feuilles sont pleines d'eau très pure ». Ces « feuilles servent aux petits enfants de ce pays de pot à faire du bouillon, car ils y font bouillir de l'eau dedans devant le feu sans que ces feuilles brûlent et y font en badinant des soupes dedans qu'ils mangent ensuite tous ensemble ». Cette façon de faire des enfants était beaucoup plus en usage « dans les commencements de la colonie ».

Il s'agit de la sarracénie pourpre (*Sarracenia purpurea*) avec ses feuilles en cornet. Dès 1571 dans *Stirpium adversaria nova*, Pierre Pena et Mathias de l'Obel rapportent avoir observé des feuilles de sarracénie remplies d'un baume ou d'un encens liquide. Faisait-on alors chauffer dans les feuilles de sarracénie des résines, des gommes ou divers extraits végétaux qui pouvaient même être conservés dans ces contenants après leur refroidissement ? La résistance au feu des feuilles de sarracénie contenant du liquide est une remarque inédite. Gédéon de Catalogne et François-Xavier de Charlevoix utilisent le même terme (sarrazine) qui fait référence à la description de cette espèce par Michel Sarrazin, le premier médecin du roi à Québec.

La « thysaouyarde » contre les ulcères et le scorbut

Cette plante, « fort connue dans ce pays », sert aux Amérindiens pour guérir « des ulcères de la bouche ». Il s'agit de la mâcher « continuellement ». Cette espèce est aussi un « antiscorbutique ». L'auteur révèle qu'il a guéri des malades atteints de scorbut lorsque tout l'équipage d'un navire « de la compagnie des Indes » en a souffert. L'auteur a alors utilisé des « gargarismes avec la dite plante ». Il a aussi guéri « les jambes de ceux qui l'avaient aux jambes et ce en moins de 4 à 5 jours ». On croirait relire l'histoire de la guérison rapide du scorbut de l'équipage de Jacques Cartier à la suite de l'hivernage de 1536 à Québec.

Cette « thysaouyarde » est la savoyane (*Coptis trifolia*). Ce terme algonquien est vraisemblablement micmac tout comme les autres mots amérindiens mentionnés dans le mémoire.

L'herbe à Jean Hébert, du nom de son découvreur

Cette espèce « était fort connue à l'Acadie ». On en trouve aussi à « port Saint-Pierre vulgairement port Toulouse ». Elle est nommée « herbe à Jean Hébert » parce que l'on « prétend que celui qui en a fait la découverte s'appelait Jean Hébert ». La feuille est semblable à la « feuille de vigne ». L'auteur a expédié un échantillon de feuille séchée, de racine et de graine. La racine « jette un suc rouge » qui est comme du « sang quand on la casse ».

Ce Jean Hébert demeure inconnu pour l'instant, mais il est facile d'identifier à l'aide de la feuille séchée la sanguinaire du Canada (*Sanguinaria canadensis*) décrite par Jacques Cornuti dès 1635 et par plusieurs autres observateurs. Michel Sarrazin avait nommé cette plante *Bellarnosia canadensis*, la beauharnoise du Canada, en l'honneur de François de Beauharnois qui fut intendant de la Nouvelle-France de 1702 à 1705. Selon les propos de la flore dite de 1708 des plantes du Canada, Sarrazin spécifie « qu'il a plu à nos dames sauvagesses et à quelques apprivoisées aussi de croire qu'il pouvait causer l'avortement. Ce que je ne crois pas. Je m'en sers souvent pour provoquer les mois, mais je ne sais encore rien qui approche de ce qu'on en dit ».

Kacokar, une plante à fleurs d'un très beau bleu céleste

Ce terme algonquien désigne une plante « onctueuse » qui est nommée « herbe grasse » par les Créoles. Les Amérindiens s'en servent pour traiter les problèmes de gencives, d'enflures et d'hydropisie. Les fleurs sont d'un « très beau bleu céleste ». Les « feuilles étant vertes sont bleuâtres et très grasses de sorte que l'eau n'y reste nullement dessus ». Elles sont couvertes d'une « folle farine » qui « s'efface quand on y touche avec les doigts ». L'auteur a envoyé des « graines dans un petit sac de cuir ». Cette plante est sans contredit la mertensie maritime (*Mertensia maritima*) que Marie-Victorin décrit comme l'une des plus voyantes des rivages maritimes avec ses fleurs bleues.

Plant séché de savoyane en bordure du texte sur la thysaouyarde dans le *Mémoire sur les plantes de l'île Royale* vers 1725. *Thysaouyarde* est une variante du mot *tisavoyane* correspondant à la savoyane (*Coptis trifolia*). Marie-Victorin rapporte quelques variantes de *savoyane*, comme *sabouillane* et *sibouillane*, tout en indiquant qu'il s'agit d'une abréviation de *tisavoyane* (ou tissavoyane pour d'autres auteurs). Le missionnaire récollet Chrestien Leclercq souligne que les Micmacs estiment beaucoup les racines de la plante «tissaouhianne» pour une belle teinture de vêtements et d'objets envoyés en France par «curiosité». Avant lui, le missionnaire jésuite Louis Nicolas est à court de mots durant son séjour en Nouvelle-France (1664-1675) pour vanter la valeur tinctoriale des racines de «attissoueian». Ce terme algonquien donne naissance au canadianisme *savoyane*, qui décrit généralement la savoyane (*Coptis trifolia*). Aux siècles suivants, d'autres observateurs ajoutent que ce terme algonquien peut décrire deux sortes de plantes tinctoriales, une pour le rouge (*Galium tinctorium* ou une autre espèce de gaillet) et une autre pour le jaune (*Coptis trifolia*).

Source: Anonyme, *Mémoire sur les plantes qui sont dans la cais(s) e B*, 1725 ou plus tard. Manuscrit conservé au Muséum national d'histoire naturelle (Paris), p. 7. Ce document décrit des espèces de l'île Royale (île du Cap-Breton) et inclut quelques échantillons de plantes séchées.

> **Thysaouyarde**
> plante terrestre —
>
> cette plante est fort comm. dans ce pays; c'est avec cette plante que les sauvages se guerisent des ulceres de la bouche en la maschand continuellement, Et c'est un antiscorbutique j'en ai gueri un nombres j'ay qui étoit at. quee' de cette maladies pen dant cet anneé ou il nous est venüe un bastiment de la com pagnie des Indes en relage appellé le mauvais dont toute l'equipage estoit pres que attaquee du scorbut, Et faisant faire des gargarisme avec laditte plante, la fait peut gar gariser souvent la bouche de ceux qui lavois à la bouche Et Etuves souvent les jambes de ceux qui lavois aux jambes Et au en moins de .4. ó .5. jours

Feuille séchée de l'herbe à Jean Hébert, la sanguinaire du Canada (*Sanguinaria canadensis*), dans le *Mémoire* sur les plantes de l'île Royale. Ce Jean Hébert demeure inconnu. Dès 1635, Jacques Cornuti mentionne la présence de cette espèce dans sa flore nord-américaine. Michel Sarrazin nomme cette plante *Bellarnosia canadensis*, la beauharnoise du Canada, en l'honneur de François de Beauharnois qui fut intendant de la Nouvelle-France de 1702 à 1705. Selon les propos de la flore de 1708 des plantes du Canada, Sarrazin spécifie «qu'il a plu à nos dames sauvagesses et à quelques apprivoisées aussi de croire qu'il pouvait causer l'avortement. Ce que je ne crois pas. Je m'en sers souvent pour provoquer les mois, mais je ne sais encore rien qui approche de ce qu'on en dit».

Source: Anonyme, *Mémoire sur les plantes qui sont dans la cais(s) e B*, 1725 ou plus tard. Manuscrit conservé au Muséum national d'histoire naturelle (Paris), p. 6. Ce document décrit des espèces de l'île Royale (île du Cap-Breton) et inclut quelques échantillons de plantes séchées.

Chicouasbane, une plante des étangs appréciée des castors

Cette espèce au nom algonquien est fort semblable au «ni(y)mphéa». Les «castors mangent beaucoup de cette racine». La feuille séchée permet d'identifier le calla des marais (*Calla palustris*). Charlotte Erichsen-Brown a suggéré que cette espèce est l'*oscar* des Hurons, comme rapporté par Gabriel Sagard, le missionnaire récollet.

Des graines d'une plante de ce pays avec une espèce de coton

L'auteur indique que le nom de cette espèce est inconnu. De plus, les Amérindiens ne «disent rien de cette plante». Elle a la particularité de posséder une «espèce de coton, c'est-à-dire que ces feuilles à mesure qu'elles croissent il y a une espèce de coton qui les tient ensemble». Il est impossible d'identifier cette plante.

Des tronçons d'arbres dont il est parlé dans les Remèdes des Sauvages

L'auteur spécifie qu'on a d'abord envoyé un morceau de bois de «franc frêne duquel les Sauvages se servent de la cendre pour ventouser les malades». Il y a de plus un «tronçon de bois d'orinal ou orignal duquel ils se servent pour la pleurésie et la fluxion de poitrine». La fluxion de poitrine décrit la pneumonie. On a aussi expédié un «tronçon de bois de laurier» et un «autre tronçon de racine de salsepareille». Enfin, il y a une boîte de carton contenant du «tonde ou espèce d'amadou provenant dedans le cœur de vieux merisier» que l'on trouve «presque dans tous les bois francs».

Pour certains auteurs de l'époque, le franc frêne désigne le frêne blanc, alors que le frêne bâtard est le frêne noir. D'autres auteurs ajoutent le frêne métis correspondant au frêne dit rouge. Généralement, le frêne blanc est le frêne d'Amérique (*Fraxinus americana*). La référence aux ventouses à l'aide de cendres de frêne blanc semble inédite.

Échantillon séché de ros-solis (rossolis), la droséra à feuilles rondes (*Drosera rotundifolia)*, une petite plante carnivore des tourbières, dans le *Mémoire* sur les plantes de l'île Royale vers 1725. L'auteur mentionne des usages médicinaux de cette plante qui est aussi présente en Europe. Au début du xixᵉ siècle, le botaniste suisse Augustin Pyramus de Candolle (1778-1841) indique que l'usage médicinal de cette droséra en Europe qui a été «beaucoup préconisé, est tombé en désuétude». À droite d'une hampe florale, on reconnaît deux feuilles arrondies avec les pseudopoils glanduleux caractéristiques.

Source: Anonyme, *Mémoire sur les plantes qui sont dans la cais(s) e B*, 1725 ou plus tard. Manuscrit conservé au Muséum national d'histoire naturelle (Paris). Ce document décrit des espèces de l'île Royale (île du Cap-Breton) et inclut quelques échantillons de plantes séchées, p. 21.

Le bois d'orignal peut correspondre à deux espèces distinctes de petits arbres. Cette appellation décrit l'érable de Pennsylvanie (*Acer pensylvanicum*) ou la viorne bois-d'orignal (*Viburnum lantanoides*). Il s'agit de l'une des premières mentions de l'expression «bois d'orignal» qui décrit l'habitude de cet animal à manger les jeunes rameaux des petits arbres. Cette expression est reprise par Duhamel du Monceau en 1755.

Quelques bois aromatiques peuvent représenter le bois de laurier. Est-ce le laurier des Iroquois ou sassafras officinal (*Sassafras albidum*) ou plutôt un laurier correspondant aux myriques, comme le myrique baumier (*Myrica* sp. ou *Myrica gale*)? Le sassafras officinal n'est répertorié au Canada qu'en Ontario. L'auteur fait donc peut-être référence aux myriques ou à une tout autre espèce, car à cette époque, le laurier pouvait désigner diverses sortes de bois aromatique.

Les vieux merisiers permettant de récolter l'amadou sont les gros bouleaux jaunes (*Betula alleghaniensis*). L'amadou servait de matériau particulièrement combustible pour allumer les feux. En général, l'amadou référait alors à la chair des polypores. Dans le texte étudié, l'amadou semble provenir des tissus décomposés à l'intérieur des bouleaux à moins qu'il ne s'agisse d'un champignon poussant à partir du bouleau en décomposition. Le terme *amadou* peut aussi à l'époque décrire des champignons, souvent des polypores, dont l'usage est médicinal. Pehr Kalm décrit en 1749 l'utilisation de polypores comme matériau utilisé pour l'allumage des feux en Nouvelle-France.

Pacogire, plante des étangs mâle et femelle

«En suivant la qualité de cette plante, c'est le véritable ni(y)mphéa.» Il y en a de «mâle et de femelle». On a envoyé «de sa graine dans une espèce d'étui faite avec des morceaux de roseau». L'auteur rapporte évidemment une appellation algonquienne. Il est impossible de conclure s'il s'agit d'une espèce du genre *Nymphaea* ou *Nuphar*.

Ros-solis, petite plante terrestre médicinale pour les Européens

Cette espèce identifiée par son nom européen «est à profusion dans ce pays, mais les Sauvages n'en font aucun usage». Selon l'auteur, cette plante a cependant «une qualité merveilleuse pour la vue, la poitrine étant pectorale, ophtalmique et béchique».

Les remarques d'intérêt médicinal de la part de l'auteur laissent croire qu'il a possiblement une formation médicale. Il décrit des usages médicinaux de cette plante qui est aussi présente en Europe. Il s'agit de la droséra à feuilles rondes (*Drosera rotundifolia*), cette petite plante carnivore des tourbières. Au début du XIXe siècle, le botaniste suisse Augustin Pyramus de Candolle (1778-1841) indique que l'usage médicinal de cette droséra qui a été «beaucoup préconisé, est tombé en désuétude».

Salsepareille, plante terrestre

Cette espèce est «en grande quantité dans les bois». Elle n'a pas cependant «la même force que celle qui vient de l'Amérique méridionale». On a d'ailleurs expédié «un tronçon de sa racine». En général, la salsepareille de Nouvelle-France correspond à l'aralie à tige nue (*Aralia nudicaulis*). Cette espèce est d'ailleurs déjà présente dans l'herbier de Joachim Burser vers 1620. Une salsepareille mexicaine devient la première plante d'Amérique à être illustrée en 1570 dans le premier livre de médecine imprimé sur ce continent.

La droséra, une espèce médicinale à la fin du XIXe siècle en Amérique. Même si au début du XIXe siècle, le botaniste suisse Augustin Pyramus de Candolle (1778-1841) indique que l'usage médicinal de cette droséra en Europe qui a été «beaucoup préconisé, est tombé en désuétude», cette petite plante carnivore (insectivore) fait encore partie de certains traités botaniques médicinaux d'Amérique.

Source: Millspaugh, Charles Frederick, *American Medicinal Plants; an illustrated and descriptive guide to the American plants used as homoepathic remedies…*, tome 1, planche 29, illustrée par l'auteur, New York et Philadelphie, 1887. Bibliothèque de recherches sur les végétaux, Agriculture et Agroalimentaire Canada, Ottawa.

Charles Darwin, son fils et la droséra insectivore à feuilles rondes

Charles Darwin (1809-1882), le renommé protagoniste de la théorie de l'évolution par la sélection naturelle, publie un livre sur les plantes carnivores en 1875. Trois ans plus tard, son fils Francis (1848-1925) présente les résultats de son étude expérimentale sur la nutrition de la droséra à feuilles rondes. Les Darwin sont fascinés par les plantes carnivores qui ont su développer des modes uniques de nutrition dans des milieux pauvres en éléments nutritifs. Les tentacules des feuilles de la droséra peuvent emprisonner efficacement des insectes qui deviennent de bonnes sources nutritives à digérer et à assimiler. Biochimiquement, l'exosquelette des insectes, riche en chitine, représente une source potentielle d'azote puisque ce polymère est composé de longues molécules de N-acétyl-D-glucosamine, un sucre aminé. Ce n'est qu'en 2005 que l'on démontre pour la première fois que les tentacules de la droséra produisent une activité enzymatique (chitinase) pour dégrader la chitine du squelette externe des insectes. Ces chitinases semblent donc contribuer à l'arsenal enzymatique requis pour décomposer les proies capturées par les tentacules gluantes de la droséra. D'autres types d'enzymes, comme des protéases hydrolysant les protéines, sont sûrement aussi nécessaires pour dégrader la matière complexe des organes protecteurs des insectes.

Sources : Matusikova, Hdiko et autres, «Tentacles of in vitro-grown round-leaf sundew (*Drosera rotundifolia* L.) show induction of chitinase activity upon mimicking the presence of prey», *Planta*, 2005, 222 : 1020-1027. Renner, Tanya et Chelsea D. Specht, «Molecular and functional evolution of class 1 chitinases for plant carnivory in the Caryophyllales», *Molecular Biology and Evolution,* 2012, 29 (10) : 2971-2985.

Petit(t)e fougère

Il y en a beaucoup, particulièrement du côté de «Milnimikesche». Cette fougère semble correspondre à la dryoptère intermédiaire (*Dryopteris intermedia*) présente dans toutes les provinces maritimes au Canada.

Il y a une autre espèce de fougère dont on a envoyé des graines «dans un petit tuyau de roseau dont le nom est écrit dessus». Cette autre espèce pourrait correspondre à la cystoptère bulbifère (*Cystopteris bulbifera*) répertoriée au Nouveau-Brunswick et en Nouvelle-Écosse. Cette fougère est signalée par Jacques Cornuti en 1635 dans la première flore nord-américaine.

L'auteur du mémoire

À ce jour, l'auteur du mémoire demeure inconnu. Cependant, comme le rapporte Kenneth Donovan, on peut noter la présence d'au moins quatre personnages de l'époque vivant sur l'île qui semblent particulièrement intéressés par les ressources naturelles du pays, la flore, l'agriculture et le jardinage. Il s'agit de Pierre-Jérôme Boucher, de Gédéon de Catalogne, de François-Madeleine Vallée et de Louis-Simon Le Poupet de la Boularderie.

Pierre-Jérôme Boucher (vers 1688-1753), dessinateur dès 1717 à Louisbourg, cartographe et ingénieur, produit en 1723 un rapport sur son exploration de l'île Royale. Il expédie des fruits, des fossiles, des coquillages et un macareux empaillé à Maurepas, le ministre de la Marine (1723-1749) sous Louis XV. Il se propose également d'envoyer des dessins d'oiseaux au ministre. Ingénieur de très bonne réputation, il est l'auteur de plusieurs documents techniques.

Gédéon de Catalogne, cartographe et ingénieur, vit dans la région de Louisbourg en 1725 et dans les années qui suivent. Il avait déjà rédigé des rapports sur les seigneuries de la Nouvelle-France qui contiennent des descriptions de plusieurs plantes. Il est aussi le premier auteur à utiliser le terme *sarrazine* pour identifier la sarracénie pourpre. Gédéon de Catalogne commande une garnison à Louisbourg et il possède une exploitation agricole près du barachois de la rivière Miré où il produit des légumes, du blé, de l'orge, de l'avoine, des melons et du tabac. Il décède à Louisbourg en 1729. En 1727, Catalogne écrit au ministre Maurepas pour l'informer de ses expérimentations agricoles. Le

Échantillon séché de «petite [petite] fougère» dans le *Mémoire* sur les plantes de l'île Royale vers 1725. Cette fougère semble correspondre à la dryoptère intermédiaire (*Dryopteris intermedia*), une espèce présente dans toutes les provinces maritimes au Canada.

Source : Anonyme, *Mémoire sur les plantes qui sont dans la cais(s) e B*, 1725 ou plus tard. Manuscrit conservé au Muséum national d'histoire naturelle (Paris), p. 25. Ce document décrit des espèces de l'île Royale (île du Cap-Breton) et inclut quelques échantillons de plantes séchées.

27 avril 1728, Maurepas envoie un mémoire au gouverneur Saint-Ovide invitant les sujets de la colonie à recueillir des objets de curiosité et à noter leurs observations.

François-Madeleine Vallée (décédé en 1742) procède aussi à des expérimentations agricoles. Il obtient un brevet d'arpenteur en 1731. Vallée a un jardin de fleurs locales et étrangères. Ses expérimentations semblent répondre à une demande émanant du ministre Maurepas en 1733.

Louis-Simon Le Poupet de la Boularderie (vers 1674-1738) a été commandant de Port d'Orléans (North Bay Ingonish) à l'île Royale où il est responsable de pêcheurs et de colons. Il a la réputation d'avoir un très beau jardin à l'île Royale. Son fils Antoine et lui ont de bonnes relations avec divers personnages à Versailles et ils sont reconnus comme des agriculteurs efficaces.

En plus de ces quatre personnages, il faut noter que Roland-Michel Barrin de La Galissonière (1693-1756), le futur gouverneur général par intérim (1747-1749) de la Nouvelle-France, a séjourné brièvement à l'île Royale en 1722, en 1737 et en 1739. Cet officier de marine grandement intéressé par les sciences a possiblement étudié et rapporté des plantes de cette région à plus d'une reprise. En 1739, au retour de son voyage à Louisbourg, il rapporte des plantes pour le Jardin du roi à Paris avec quelques oiseaux empaillés plus ou moins bien conservés et d'autres bagatelles.

Michel Sarrazin, le médecin du roi à Québec, ne semble pas l'auteur du mémoire. En effet, la longue description de la sarracénie par Sarrazin est tout à fait différente de celle du mémoire tant par le contenu que par le style. Il en est de même pour la description et l'appellation de la sanguinaire par Sarrazin en comparaison avec celles du présent manuscrit sur l'herbe à Jean Hébert.

Même si l'auteur demeure inconnu à ce jour, il est intéressant de souligner sa préoccupation de tenir compte d'informations amérindiennes, d'ailleurs inédites à l'occasion, sur les plantes et leurs usages.

Sources

Anonyme, *Mémoire sur les plantes qui sont dans la cais(s) e B*, 1725 ou plus tard. Manuscrit conservé au Muséum national d'histoire naturelle (Paris). Une copie numérisée de ce manuscrit a été généreusement transmise à Jacques Mathieu par l'intermédiaire de Cécile Aupic et de Gérard Aymonin du Muséum.

Balcom, B. A., *La pêche de la morue à l'Île Royale, 1713-1758*, Ottawa, Parcs Canada, Environnement Canada, Études en archéologie, architecture et histoire, Direction des lieux et des parcs historiques nationaux, 1984.

De Candolle, Augustin Pyramus, *Essai sur les propriétés médicales des plantes*, seconde édition, Paris, chez Crochard, 1816, p. 110.

Donovan, Kenneth, «Imposing Discipline Upon Nature: Gardens, Agriculture and Animal Husbandry in Cape Breton, 1713-1758», *Material Culture Review*, 2006, 64 : 20-37.

Hoad, Linda M., «La chirurgie et les chirurgiens de l'Île Royale», dans *Histoire et archéologie*, vol. 6, Canada, Parcs Canada, Direction des lieux et des parcs historiques nationaux, Affaires indiennes et du Nord, 1979.

1727, HOLLANDE. DEUX ESPÈCES CANADIENNES DANS UNE FLORE ÉLABORÉE PAR UN PARTISAN DU SEXE DES PLANTES

SÉBASTIEN VAILLANT (1669-1722) est le fils d'un marchand à Vigny, près de Magny en Val d'Oise au nord-ouest de Paris. Dès l'âge de quatre ans, Sébastien fréquente l'école. « Son inclination naturelle le porta dès l'âge de cinq ans à contempler les plantes, qu'il trouvait aux environs de son lieu natal. » Il apporte des plantes « dans le jardin de son père, et en chargea en peu de temps tellement le terrain, qu'il ressemblait à une terre inculte et pleine d'herbes sauvages ». Son père lui aménage donc un jardin pour ses collections botaniques.

À six ans, Sébastien est en pension à Pontoise chez l'abbé Subtil, responsable de sa scolarisation qui inclut l'apprentissage du latin. L'abbé Subtil est particulièrement sévère. Sébastien trouve un moyen efficace de se réveiller tôt le matin pour étudier. Son oreiller est « garni dans son milieu d'un fort gros clou de cuivre relevé en bosse ». Cela « lui blessa tellement la tête, qu'il lui vint ensuite une loupe à la nuque du cou, laquelle il a porté pendant toute sa vie ». Le jeune Vaillant apprend à jouer de l'orgue. À partir de l'âge de 11 ans, il devient organiste pour diverses communautés religieuses.

Sébastien Vaillant est « reçu à l'Hôtel-Dieu de Pontoise en qualité de garçon chirurgien », où il s'intéresse à l'anatomie et à la chirurgie sans négliger ses observations botaniques. Il devient lieutenant et chirurgien dans l'armée. En 1691, il se rend à Paris « dans le dessein de travailler dans l'Hôtel-Dieu de cette ville en qualité d'externe ». Il assiste aux cours dispensés au Jardin du roi par Joseph Pitton de Tournefort, qui remarque rapidement « la grande assiduité » de cet étudiant.

En 1692, Vaillant exerce la chirurgie à Neuilly, correspondant probablement à Neuilly-sur-Seine, en banlieue de Paris. Il cueille toujours des plantes lors de ses déplacements et il pratique « son art sans exiger de récompense ». Il assiste « toujours aux cours des démonstrations du Jardin royal ». Vaillant arrive « ordinairement le premier à cinq heures du matin ». Il « apportait souvent des plantes de la campagne, qui manquaient au jardin, et il les plaçait chacune selon son genre à la réquisition de monsieur Tournefort ».

Guy-Crescent Fagon, le premier médecin du roi, « le trouv[e] par hasard » et l'invite à « demeurer chez lui en qualité de son secrétaire ». Il accepte cet emploi à Paris et espère « satisfaire sa passion favorite pour les plantes ». Son travail est si apprécié qu'il obtient du roi « la permission d'entrer dans tous les lieux les plus réservés des jardins de sa Majesté ». Il collectionne les plantes pour son herbier et ceux de Fagon et de Tournefort. En 1702, Vaillant obtient son premier emploi botanique comme « garçon de laboratoire ». Il commence alors à analyser systématiquement les plantes identifiées dans les livres de Tournefort.

En 1708, Fagon lui offre « la charge honorable de professeur et sous démonstrateur des plantes du Jardin royal ». Vaillant s'empresse de mener « aussitôt les étudiants en botanique à la campagne ». On rapporte que ses cours et ses démonstrations sont fort prisés par les étudiants. Il enseigne à plusieurs centaines de personnes. Vaillant devient aussi « Garde du Cabinet des Drogues du Roi ». En 1714, il est responsable de l'installation de la première serre chauffée « à fourneaux » au Jardin royal. En 1716, Sébastien Vaillant est nommé membre de l'Académie des Sciences. Il obtient en 1717 une seconde serre chaude « double de la première, et à deux fourneaux ». Avant l'aménagement de ces serres, la protection à l'hiver se limite à isoler certaines structures. Parmi les isolants utilisés, le son de grains de sarrasin est à l'honneur.

Un botaniste qui prône des idées avant-gardistes

En 1718, Vaillant publie *Discours sur la structure des fleurs* dans lequel il évoque le concept, encore très contesté à l'époque, de la reproduction sexuée des plantes. Il est l'un des premiers botanistes à mettre en évidence l'importance du pistil et des étamines comparativement à la corolle qui est l'organe préféré de ses collègues de l'époque. Il n'ose pas publier cet opuscule provocateur en France. Il introduit les termes *étamine*, *filament* (filet), *ovaire*, *ovule* et *placentation* dans leur sens botanique moderne. Il publie son opuscule à Leyde avec le soutien du très réputé Hermann Boerhaave (1668-1738), médecin, chimiste et botaniste responsable du Jardin botanique de Leyde. Les idées avant-gardistes de Vaillant sur les organes reproducteurs influencent grandement Linné, qui considère Vaillant comme l'un des grands botanistes de tous les temps, comme Tournefort et Robert Morison. Vaillant produit quelques publications dans les comptes-rendus de l'Académie des Sciences entre 1718 et 1721. Il correspond régulièrement avec les principaux botanistes du monde afin de mieux « pourvoir le jardin du roi ».

En mai 1721, Vaillant écrit désespérément à son bon ami Boerhaave pour lui demander « de publier son livre » sur les plantes des environs de Paris. Boerhaave obtient l'appui financier et scientifique de William Sherard, un ami botaniste anglais. Une première version est produite en 1723, l'année suivant le décès de Vaillant. Cette édition incomplète est critiquée par plusieurs botanistes, incluant Bernard de Jussieu (1699-1777), un collègue de Vaillant et le frère d'Antoine de Jussieu. Ce n'est qu'en 1727 que Boerhaave produit la version complète de la flore de Vaillant. Boerhaave doit lui-même investir beaucoup financièrement pour obtenir toutes les illustrations réalisées par l'artiste Claude Aubriet. Il assume de plus les frais de gravure des 350 illustrations.

Un chercheur minutieux et excessif

Vaillant est un travailleur minutieux et excessif. Petit à petit, il ruine sa santé. Son ami et biographe hollandais Herman Boerhaave rapporte qu'il « rendit par la bouche de petites pierres dures, dont le nombre monta à plus de 400, ce qui lui attira un asthme, qui devint incurable ». Vaillant épouse Françoise Nicole Bossonet en 1701. Ils n'ont pas d'enfant. Au décès de Fagon, Vaillant refuse « par une grandeur d'âme et un désintéressement sans égal » les droits sur les eaux minérales lui étant cédés en héritage. Il accepte cependant l'héritage de l'herbier de Fagon. Le roi Louis XV achète le « cabinet de curiosités » de Vaillant. Ce dernier a donc su préserver des échantillons d'intérêt pour la royauté.

Tout au long de sa carrière, Vaillant s'oppose souvent à certains concepts et à certaines identifications botaniques de son maître Tournefort. Comme ce dernier, il contribue à constituer la base du futur herbier du Muséum d'histoire naturelle de Paris. Ses idées sur la reproduction sexuée des plantes sont avant-gardistes. Il ne croit pas, cependant, que le pollen pénètre jusque dans l'ovaire. En utilisant des grains de pollen rougeâtres du pavot oriental, il n'observe pas le pollen coloré dans l'ovaire blanchâtre. Il en déduit qu'un « esprit volatile » dérivé du pollen est le principe responsable de la fécondation. Le grand Linné s'inspire souvent des identifications de Vaillant dans sa flore des environs de Paris, qui décrit environ 1 550 espèces ou variétés de plantes. Un peu plus du quart de ces identifications sont nouvelles. Vaillant adore disséquer les plantes et herboriser particulièrement dans la région parisienne et en Normandie. Il devient petit à petit l'expert des plantes de la très grande famille des composées (astéracées).

Des plantes canadiennes dans les livres de Vaillant publiés en 1718 et en 1727

Le *Discours sur la structure des fleurs* de 1718 décrit aussi « l'établissement de trois nouveaux genres de plantes, l'*Araliastrum*, la *Sherardia* et la *Boerhaavia* ». Les noms des deux derniers genres réfèrent à ses bons amis William Sherard et Hermann Boerhaave, les deux responsables de la publication posthume de sa flore parisienne.

Le nouveau genre *Araliastrum* inclut deux espèces de ginseng décrites par Michel Sarrazin. Vaillant compare le genre *Araliastrum* avec le genre semblable nommé *Aralia*. Trois espèces d'*Aralia* du Canada sont décrites par Sarrazin. Ces cinq espèces canadiennes ont été, selon Vaillant, expédiées dès 1700 au Jardin royal de Paris. Vaillant ajoute la description de quelques usages médicinaux fournis par Sarrazin.

Le livre *Botanicon Parisiense* publié en 1727 décrit deux espèces canadiennes parmi environ 1 550 espèces ou variétés. L'espèce *Cassida palustris minima, flore purpurescente* est synonyme, selon Vaillant, de *Cassida Canadensis pumila, Origani folio*, une espèce décrite par Michel Sarrazin. Selon Bernard Boivin, cette dernière description correspond à la scutellaire minime, *Scutellaria parvula*,

Le ginseng à cinq folioles (*Panax quinquefolius*) illustré en 1744. L'historien jésuite Pierre-François-Xavier de Charlevoix décrit 98 plantes d'Amérique du Nord. Parmi celles-ci, il fournit l'illustration du *gin-seng* (ginseng) d'Amérique. Il est bien conscient que ses collègues jésuites Pierre Jartoux en Chine et Joseph-François Lafitau en Nouvelle-France ont contribué beaucoup aux connaissances de cette espèce. Charlevoix emprunte d'ailleurs l'illustration de 1744 du ginseng au livre publié en 1718 par Joseph-François Lafitau sur la découverte du ginseng en Amérique du Nord. L'illustration met en évidence la racine tant recherchée par plusieurs intervenants impliqués dans son commerce.

Source : Charlevoix, François-Xavier de, *Histoire et description générale de la Nouvelle-France*, tome second, planche XIII, Paris, 1744. Bibliothèque de recherches sur les végétaux, Agriculture et Agroalimentaire Canada, Ottawa.

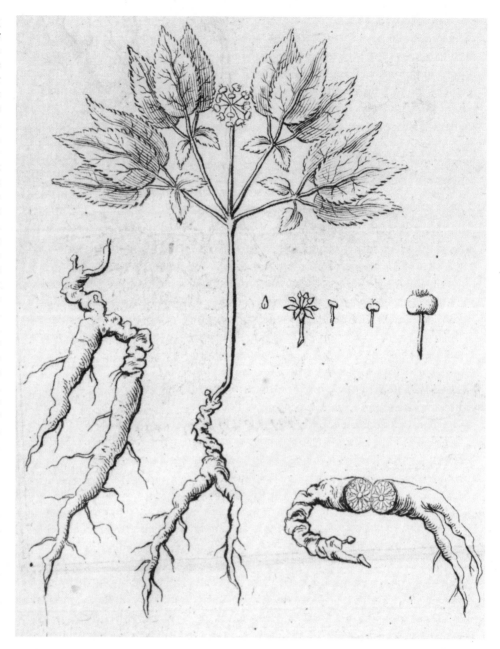

une espèce indigène de l'Amérique du Nord. Selon certains botanistes, la première description identifie une scutellaire européenne. Vaillant aurait donc confondu deux scutellaires qui se ressemblent, car il n'y a aucune évidence que la scutellaire canadienne de Sarrazin soit devenue une plante colonisant les environs de Paris.

Le cas d'une espèce envahissante nommée herbe de monsieur de Beaufort

La seconde espèce canadienne rapportée dans la flore parisienne correspond à la vergerette du Canada, *Erigeron canadensis,* qui était déjà devenue une espèce étrangère envahissante. Curieusement,

Un ami de Hans Sloane est le plus grand collectionneur de curiosités naturelles en Hollande

Albertus Seba (1665-1736), un très riche apothicaire d'Amsterdam, est aussi un collectionneur hors pair d'objets naturels souvent exotiques, comme les plantes, les coraux, les coquillages et les animaux de toutes sortes. Sa première collection est tellement réputée qu'elle est achetée en 1717 par Pierre le Grand, le tsar de Russie, qui se déplace d'ailleurs lors de cette acquisition. Après cette vente, Seba remet sur pied une nouvelle collection fort impressionnante qui fera l'objet de quatre publications de ce *Thesaurus* entre 1734 et 1765. En 1734, Hermann Boerhaave, le protecteur de Sébastien Vaillant, écrit une préface élogieuse pour le premier volume de Seba. Cette collection contient des plantes des Amériques, incluant le robinier faux-acacia (*Robinia pseudoacacia*). En 1730, Seba publie une méthode inédite pour la préparation simple et facile de squelettes de feuilles et de fruits qui sont d'ailleurs représentés dans le premier volume du *Thesaurus*.

Sources : Seba, Albertus, « The anatomical preparation of vegetables », *Philosophical Transactions* (Royal Society) (1683-1775), 1730, 36 (1729-1730) : 441-444. Seba, Albertus, *Le cabinet des curiosités naturelles*, Taschen, Cologne, 2011. Ouvrage reproduisant les illustrations de la collection de Seba et publié en quatre volumes entre 1734 et 1765 sous le nom de *Locupletissimi rerum naturalium thesauri*. Le robinier est illustré à la page 61.

Vaillant rapporte que cette espèce est nommée « herbe de monsieur de Beaufort ». Plus tard, ce nom est associé à une autre espèce européenne de vergerette à fleurons de couleur bleue (*Erigeron vulgare*). Qui est ce monsieur de Beaufort ? Ce nom de famille est possiblement associé au premier duc anglais de Beaufort (Henry Somerset) dont l'épouse, Mary (1630-1715), est une jardinière passionnée de botanique. Les Beaufort ont des contacts fréquents avec les botanistes anglais, comme Leonard Plukenet, William Sherard et Hans Sloane qui hérite de l'herbier de la famille des Beaufort. Sherard est même le tuteur d'un petit-fils du duc de Beaufort. Il serait intéressant de vérifier si la vergerette du Canada fait partie de l'herbier de la duchesse de Beaufort légué à Hans Sloane.

Sébastien Vaillant et la flore du Canada en 1708

Comme Bernard Boivin l'a rapporté, Sébastien Vaillant a joué un rôle de premier plan dans l'élaboration d'un manuscrit concernant la flore du Canada en 1708 à partir des échantillons expédiés à Paris par Michel Sarrazin. Pour Boivin, cette flore est le fruit de la collaboration entre Vaillant au Jardin du roi et Sarrazin à Québec.

Sources

Boivin, Bernard, « La Flore du Canada en 1708. Étude d'un manuscrit de Michel Sarrazin et Sébastien Vaillant », *Études littéraires,* 1977, 10 (1/2) : 223-297. Aussi disponible sous forme de mémoire de l'Herbier Louis-Marie de l'Université Laval dans la collection Provancheria n° 9 (1978), Québec.

Dubovsky, H., « Famous physician-botanists », *South Africa Medical Journal,* 1985, 67 (22) : 901-905.

Greuter, Werner et autres, « Vaillant on *Compositae* – Systematic Concepts and Nomenclatural Impact », *Taxon,* 2005, 54 (1) : 149-174.

Lindeboom, G. A., « Boerhaave : Author and Editor », *Bulletin of the Medical Library Association,* 1974, 62 (2) : 137-148.

Rousseau, Jacques, « Sébastien Vaillant : An Outstanding 18th Century Botanist », *Regnum Vegetabile,* 1970, 71 : 195-228.

Vaillant, Sébastien, *Discours sur la structure des fleurs, leurs différences et l'usage de leurs parties : prononcé à l'Ouverture du Jardin Royal de Paris le Xe Jour du mois de Juin 1717. Et L'établissement de trois nouveaux genres de plantes, l'Araliastrum, la Sherardia, la Boerhaavia. Avec la Defcription de deux nouvelles Plantes rapportées au dernier genre,* Leyde, 1718. Disponible à la bibliothèque numérique du jardin botanique royal de Madrid au http://bibdigital.rjb.csic.es/spa/.

Vaillant, Sébastien, *Botanicon Parisiense ou Dénombrement par ordre alphabétique des plantes qui se trouvent aux environs de Paris,* Leyde et Amsterdam, 1727. Disponible à la bibliothèque numérique du jardin botanique royal de Madrid au http://bibdigital.rjb.csic.es/spa/.

1732, SAGUENAY–LAC-SAINT-JEAN. UN RAPPORT D'ARPENTEUR AVEC QUELQUES « VOLETS » BOTANIQUES

JOSEPH-LAURENT NORMANDIN (né vers 1709) est un jeune arpenteur qui reçoit la mission de « parcourir toutes les rivières et lacs qui se déchargent dans la rivière du Saguenay, en tirant vers l'ouest, depuis le poste de Chicoutimi jusqu'à la hauteur des terres, y marquer les limites par des fleurs de lis plaqués sur les arbres et du tout dresser procès-verbal exact en forme de journal ». Cette ordonnance promulguée par l'intendant Gilles Hocquart (1694-1783) a été précédemment émise, le 30 mars 1730, à Louis Aubert de La Chesnaye (1690-1745). Malheureusement, La Chesnaye ne peut compléter sa mission à cause d'un manque de guides amérindiens en 1731 et d'une fracture à la jambe en 1732. Normandin et « le sieur de la Ganière » (René Laganière) sont les responsables pour le second effort de l'intendance qui souhaite délimiter le Domaine du Roi, aussi connu sous le nom de la Traite de Tadoussac. Le pays du Saguenay-Lac-Saint-Jean a des territoires de traite flous et ces imprécisions causent divers problèmes. Il faut donc bien borner ce territoire à l'aide de repères visuels sculptés dans les « sapins épinettes ». Utilisant les informations de Normandin, de Laganière et de La Chesnaye, l'ordonnance du 23 mai 1733 de l'intendant Hocquart spécifie finalement les limites du domaine du roi.

Le nom de la ville de Normandin, au Lac-Saint-Jean, honore la contribution de cet arpenteur qui a exploré et étudié cette région. Le succès de ses déplacements est évidemment assuré par la collaboration de guides amérindiens. Dans son journal, Normandin note toutes sortes d'observations sur les distances parcourues, la topographie, les rivières, les essences forestières et même quelques postes de traite. Il parle peu des guides amérindiens et de son compagnon de voyage. Il mentionne un poste de traite à environ 85 kilomètres au nord-ouest de Saint-Félicien. Il décrit même brièvement deux bâtiments. Ce poste date déjà de quelques années et il est exploité jusqu'en 1935, soit pendant près de 200 ans.

Selon Robert Simard, des fouilles archéologiques sont effectuées au poste de traite d'Ashuapmushuan à partir de 1966. Dès 1873, James Richardson avait produit un rapport géologique et botanique sur cette vallée dite de l'Ashuapmushuan.

Dans son journal, l'arpenteur énumère les essences forestières, comme les pins, les trembles, les épinettes, les boulots, les sapins, les (h)ormes et les (h)ormeaux. Les arbustes sont les aunes, les buis, les bois rouges et les bluets. Les « aunais » sont les regroupements d'aunes, alors que les « pinières » sont composées de pins. Les « molières » sont les tourbières composées de « terrain mou ». Le mot *savane* est synonyme de *molière*. L'arpenteur mentionne le « portage de la trippe de roche » ainsi qu'un lac du même nom. La tripe de roche fait référence à diverses espèces de lichens colonisant les roches. Louis Nicolas a fourni la première illustration de la tripe de roche en Nouvelle-France dans son *Codex canadensis*. Normandin sculpte des fleurs de lis sur certains arbres pour indiquer les balises d'arpentage ou d'autres informations. L'ordonnance de l'intendant Hocquart indique qu'il s'agit de « sapins épinettes ».

Les usages de végétaux rapportés par l'arpenteur

Les Amérindiens mangent la racine des « volets » qui est « grosse comme le poignet ». Les Amérindiens font cependant très attention pour ne pas consommer les racines des volets contenant de petits vers rouges, qui sont mortels selon leur croyance. « Ils prétendent que lorsque les castors mangent de cette racine et qu'il s'y trouve de ces vers, ils meurent aussitôt. Ils rapportent aussi des exemples de plusieurs de leurs enfants qui après en avoir mangé sont morts sur le champ. »

Cette espèce est probablement le grand nénuphar jaune (*Nuphar variegatum*), qui produit de gros rhizomes horizontaux cylindriques pouvant atteindre trois mètres de longueur et quinze centimètres de diamètre. Ce nénuphar est abondant dans la région du Saguenay–Lac-Saint-Jean. Le mot *volet* provient de la région du nord-ouest de la France où il décrit d'ailleurs un nénuphar. Comme le souligne Marthe Faribault, ce terme botanique est aussi utilisé par le jésuite Pierre-Philippe Potier (1708-1781) dans la région de Détroit où il séjourne à partir de 1744 jusqu'à son décès. Selon Potier, le volet est la « feuille de nénuphar ».

Marie-Victorin écrit que « cette espèce est l'universel nénuphar jaune du Canada : elle est caractéristique des innombrables lacs laurentiens ». Russel Bouchard suggère qu'anciennement, ce « plus boréal des nénuphars, était spécifiquement nommé volet, vraisemblablement en raison du déploiement des deux lobes de la feuille, comme des volets, lorsqu'elle atteint la surface de l'eau ». Il ajoute que les insectes sont des « larves inoffensives de moucherons (famille des Chironomidés) encore peu connus de nos jours, des parasites qui minent les rhizomes et accélèrent ainsi leur putréfaction ».

Steve Canac-Marquis et Pierre Rézeau rapportent que le mot *volet* a été utilisé pour la première fois en Louisiane vers 1765 par Vaugine de Nuisement pour décrire le lotus jaune d'Amérique (*Nelumbo lutea*), cette plante aquatique à très larges feuilles flottantes dont les graines et les racines sont comestibles. Ces auteurs ajoutent que Pierre-Charles De Liette comparait en 1721 le lotus jaune d'Amérique au nénuphar connu sous le nom de « volet ». De Liette décrit que les Amérindiennes des Illinois font sécher « au soleil ou à la fumée » les grosses racines de cette espèce aquatique qui ont la particularité d'être « toutes remplies de trous ».

Les remèdes des Amérindiens

Les guides amérindiens indiquent que les branches d'épinette bouillies leur servent « à différentes choses ». Ils montrent à Normandin un petit arbrisseau qui est leur meilleure herbe médicinale. « Il y en a de semblables à Québec. » Normandin n'identifie pas cet arbrisseau avec lequel il est familier, car « il y a longtemps que je [le] connais ». Cette description trop générale ne permet pas évidemment d'identifier le petit arbrisseau. Est-ce le cornouiller stolonifère (*Cornus stolonifera*), le myrique baumier (*Myrica gale*) ou une autre espèce ?

Une question de nomenclature végétale

Doit-on utiliser *pinède*, *pineraie* ou *pinière* pour décrire un ensemble de pins ? Normandin, tout comme le missionnaire jésuite Pierre-Philippe Potier, utilise le terme *pinière*. Malheureusement, dans les temps modernes, ce terme semble devenir moins utilisé que les deux autres. Rappelons que Gédéon de Catalogne utilise aussi le terme *pignière*. Dès 1664, Pierre Boucher spécifie que les lieux où poussent les pins sont des « pinières ». Au sujet du terme *pinière* mentionné par Pierre Boucher, Jacques Rousseau spécifie qu'il s'agit du « seul nom populaire des formations de pins » et qui « est à conserver ». Pour mieux respecter notre patrimoine onomastique, pourquoi ne pas utiliser la terminologie du sage gouverneur des Trois-Rivières qui est en force tout au long du Régime français en Nouvelle-France et même beaucoup plus tard ? Le père Louis-Marie (Lalonde) (1896-1978) utilise d'ailleurs le mot *pinière* dans sa *Flore-Manuel* de 1931. Une circonscription électorale de la région de la Montérégie au Québec porte, à juste titre, le nom de La Pinière pour rappeler l'importance des populations de grands pins.

Par extension, pourquoi ne pas favoriser l'usage plus généralisé des termes se terminant en *-ière* qui ont été longtemps en usage pour décrire les lieux ou peuplements des arbres du territoire de l'Amérique française ? En fait, selon Marthe Faribault, Pierre-Philippe Potier rapporte l'usage de 14 termes avec le suffixe *-ière* pour décrire les lieux d'arbres : senelière (aubépine), ormière, frênière, chênière, pinière, sapinière, hêtrière, érablière, merisière, tremblière, épinetière, cédrière, cyprière (pin divariqué ou pin gris) et sasafratière (sassafras). À ces 14 noms, il faut ajouter atocatière qui décrit évidemment les lieux des atocas. N'y a-t-il pas une certaine logique et un meilleur respect des traditions à privilégier l'utilisation plus généralisée du suffixe *-ière* ? Les cannebergières de l'Amérique du Nord ne devraient-elles pas plutôt porter le nom d'atocatières ? Après les États du Wisconsin et du Massachusetts, le Québec se classe au troisième rang mondial pour ce qui est du volume des récoltes d'atocas. Le mot *atoca* dérive d'un nom iroquoien.

Il serait opportun d'adopter au besoin la termino-logie populaire de l'époque de la Nouvelle-France. Entre autres avantages, ce langage bien implanté respectait une logique de partage d'un suffixe commun pour décrire les peuplements de végétaux. Les canadianismes *cédrière* et *érablière* ont réussi à survivre et à s'imposer tout comme les termes *sapinière* et *hêtrière*. D'autres termes et expressions, trop bien archivés, pourraient être utilisés plus fréquemment.

Une question de patrimoine

Sous la présidence de l'administrateur public québécois Roland Arpin (1934-2010), un rapport sur la politique du patrimoine culturel au Québec révèle que 71,4 % des Québécois estiment que la langue est ce qui représente le mieux leur patrimoine. Cette langue pourrait peut-être un peu mieux refléter notre patrimoine des connaissances des végétaux et de leurs

Le myrique baumier (*Myrica gale*) dans une flore d'Allemagne. En Nouvelle-France, les habitants ont l'habitude de nommer le myrique baumier « poivrier ». D'autres noms sont le *gale* ou le piment royal (aussi piment-royal). Le myrique baumier est aussi présent dans la zone nordique en Europe, où il a été utilisé à profusion dans diverses recettes de bières produites au Moyen Âge et subséquemment.

Source : Schlechtendal, Diederich Frank Leonhard von et autres, *Flora von Deutschland*, vol. 10, planche 915, édité par Ernst Hallier, 1882. Bibliothèque de recherches sur les végétaux, Agriculture et Agroalimentaire Canada, Ottawa.

Pierre-Philippe Potier et le premier lexique du parler français au Canada

Pierre-Philippe Potier est né en Belgique en 1708. Il arrive comme missionnaire jésuite à Québec en 1743. Durant la traversée, il note que le menu quotidien inclut des végétaux, comme les grosses et les petites fèves, les « fèves de rames » ou « fayaux », les lentilles, les pois et la « crête marine ». Il séjourne pendant huit mois à la mission des Hurons de Lorette où il note que le frère Boispineau (Charles ou Jean-Jard) « saigne mal […] [et] donne de mauvais remèdes ». Cette remarque sur un collègue jésuite qui soigne les malades suggère une certaine connaissance médicale de la part de Potier, qui administre d'ailleurs lui-même les bons remèdes.

De 1744 jusqu'à son décès en 1781, il séjourne dans la région du Détroit où il contribue à fonder la première paroisse en Ontario, dans l'actuelle ville de Windsor. Potier a du talent pour l'apprentissage des langues et il note attentivement les façons de parler des Canadiens. Il est l'auteur de l'unique lexique du français parlé de l'époque. Potier recense divers termes décrivant les végétaux et certains de leurs usages. Marthe Faribault et d'autres auteurs ont répertorié plusieurs de ces termes. En plus de l'usage généralisé du suffixe *-ière* pour désigner les peuplements ou lieux de végétaux, Potier fait part d'au moins une centaine de mots ou expressions botaniques comme blé d'Inde fleuri (maïs soufflé), pémina (pimbina), macopine, pomme de terre, graines de perdrix, bois-tort, bois de chat, plaine blanche, plaine rouge, bois de calumet, bois de flèche, praline ou « blé d'Inde gralé dans la poële [poêle] avec de la graisse » et brasse de tabac qui constitue la « mesure de tabac roulé » utilisée dans les échanges commerciaux avec les Amérindiens. Potier définit le « cornar » comme « une graine qui s'attache aux habits » et le « varet » est une « plante aquatique dont les carouges se nourrissent ».

Sources : Faribault, Marthe, « Le vocabulaire botanique dans les écrits du père Potier (XVIIIᵉ siècle) », dans Marcel Bénéteau (dir.), *Le passage du Détroit, 300 ans de présence francophone/Passages : Three Centuries of Francophone Presence at Le Détroit*, Windsor, University of Windsor, Humanities Research Group nᵒ 11, 2003, p. 77-95. Halford, Peter W., « En route vers les Illinois et le Pays d'en Haut : quelques aspects du vocabulaire de Détroit », dans Marcel Bénéteau (dir.), *Le passage du Détroit, 300 ans de présence francophone/Passages : Three Centuries of Francophone Presence at Le Détroit*, Windsor, University of Windsor, Humanities Research Group nᵒ 11, 2003, p. 97-108. Toupin, Robert, *Les écrits de Pierre Potier*, Ottawa, Presses de l'Université d'Ottawa, Collection « Amérique française », 1996.

usages. Comme le soulignait Sylva Clapin en 1894 : « Qu'on le veuille ou non, la langue d'un peuple est une résultante générale de faune, de flore, de climat différents : insensiblement les hommes se façonnent là-dessus, en reçoivent le contrecoup jusque dans leur structure intime, jusque dans leurs fibres les plus secrètes. »

Sources

Bouchard, Russel, *L'exploration du Saguenay par J.-L. Normandin en 1732 : Au cœur du Domaine du Roi. Journal original retranscrit, commenté et annoté*, Québec, Septentrion, 2002.

Canac-Marquis, Steve et Pierre Rézeau, *Journal de Vaugine de Nuisement. Un témoignage sur la Louisiane du XVIIIᵉ siècle*, Québec, Presses de l'Université Laval, 2005.

Clapin, Sylva, *Dictionnaire canadien-français ou lexique-glossaire des mots, expressions et locutions…*, Montréal et Boston, C.O. Beauchemin et Sylva Clapin, 1894, p. XI. Disponible sur le site Notre mémoire en ligne au http://canadiana.org/.

Desfayes, Michel, *Noms des plantes dans les parlers gallo-romans*. Disponible au http://michel-desfayes.org/plantesdefrance.html.

Groupe-conseil sur la Politique du patrimoine culturel du Québec, *Notre patrimoine, un présent du passé*, 2000.

Normandin, Joseph-Laurent, *Journal de Joseph-Laurent Normandin en 1732*, Université du Québec à Chicoutimi, 1732. Disponible au www.ens.uqac.ca/dsh/grh/journal-normandin.pdf.

Richardson, James, « Rapport sur la région située au nord du Lac St. Jean », dans *Rapport des Opérations de 1870-1871. Rapport Géologique*, traduit de l'anglais par T. G. Coursolles et E. B. de St. Aubin, Ottawa, 1873.

Rousseau, Jacques, « Pierre Boucher, naturaliste et géographe », dans Pierre Boucher, 1664, *Histoire véritable et naturelle des mœurs et productions du pays de la Nouvelle-France vulgairement dite le Canada*, Société historique de Boucherville, p. 282 pour les commentaires sur le terme *pinière*, 1964 (1664).

Simard, Robert, *Le poste de traite d'Ashuapmouchuan*, dossiers de recherche, Chicoutimi, Études amérindiennes, Centre de recherche du Moyen Nord, Université du Québec à Chicoutimi, 1979.

1736, PARIS. PRÈS D'UNE CENTAINE DE PLANTES CANADIENNES EN DÉMONSTRATION POUR LES ÉTUDIANTS EN MÉDECINE ET LES CURIEUX

ANTOINE DE JUSSIEU (1686-1758) est Lyonnais de naissance. Son père, Laurent de Jussieu, est médecin et maître apothicaire. Sa mère, Louise Cousin, compose un herbier lorsqu'elle est enceinte d'Antoine, ce qui semble un présage de la future carrière de son rejeton. Après des études théologiques qu'il abandonne, Antoine étudie la médecine à Montpellier à partir de 1704 après avoir été tonsuré à l'âge de 14 ans. La botanique est cependant sa préoccupation constante. Durant sa jeunesse, il herborise dans la région de Lyon avec Jean-Baptiste Goiffon (1658-1730), médecin et échevin de Lyon. Il continue ses explorations botaniques pendant ses études universitaires et ses voyages. Il organise même un petit laboratoire pour ses expérimentations et il recueille des fossiles durant son séjour à Montpellier. Le 15 décembre 1707, il est reçu médecin. Il œuvre pendant peu de temps dans la ville de Trévoux.

En 1708, Antoine de Jussieu décide de visiter le réputé botaniste Joseph Pitton de Tournefort. Il arrive à Paris au moment de l'accident mortel de Tournefort. Il décide alors d'aller se consoler en herborisant en Normandie et en Bretagne. En 1710, Guy-Crescent Fagon, médecin du roi et responsable du Jardin du roi à la suite du décès de Tournefort et de la retraite d'Antoine Tristan Danty d'Isnard, offre à Antoine de Jussieu le poste de professeur au Jardin. À 24 ans, Jussieu devient le successeur de celui qu'il considère comme son maître. Sébastien Vaillant aurait pu être aussi un successeur au poste de Tournefort, car il était déjà « sous démonstrateur extérieur des plantes ».

Le 1er août 1712, Jussieu devient membre de l'Académie des Sciences en tant qu'élève botaniste. Trois ans plus tard, il est promu « pensionnaire botaniste ». En 1716, il devient membre de la Société royale de Londres. Il donne des cours et des démonstrations à Paris pour les étudiants en médecine et d'autres auditeurs intéressés à la botanique. Il herborise aussi dans diverses régions de la France ainsi qu'en Espagne et au Portugal. Il s'intéresse beaucoup aux plantes exotiques, comme le caféier. Il démontre que cette plante est un arbre et non une herbe ou même une certaine terre, comme le soutenaient alors quelques personnes. En 1715, il fournit une première description botanique du caféier. Il l'identifie cependant erronément comme étant le jasmin d'Arabie (*Jasminum arabium*), probablement à cause de la fragrance des fleurs. Il faut attendre Charles Linné en 1737 pour reconnaître la spécificité botanique du caféier baptisé officiellement *Coffea arabica*. Jussieu est familiarisé avec le caféier depuis que le bourgmestre d'Amsterdam en a offert à Louis XIV en 1714. En 1716, il étudie une variété de « café marron » rapportée de l'île de la Réunion. Pour lui, cette variété diffère du « café bourbon » provenant de la même île. En janvier 1719, il écrit au grand physicien Isaac Newton pour le remercier de son soutien quant à sa nomination à la Société royale de Londres. Jussieu est aussi en relation avec sir Hans Sloane qui, comme Newton, devient président de la Société royale de Londres.

Au mois d'août 1722, le roi Louis XV (1710-1774), âgé de 12 ans, demande à Antoine de Jussieu de l'instruire sur les documents de la collection royale illustrant les plantes et les animaux. La présentation du botaniste plaît tellement au roi et aux autorités qu'il obtient la permission d'emprunter le livre qui devient connu sous l'appellation *Les Grandes Heures d'Anne de Bretagne*. Ce livre de prières d'Anne de Bretagne (1477-1514), l'épouse de Charles VIII et de Louis XII, est orné de 300 illustrations de plantes de l'artiste Jean Bourdichon (1457-1521) qui est peintre à la cour de Louis XI, de Charles VIII, de Louis XII et de François Ier. Ce livre magnifique est produit entre 1503 et 1508 à Tours dans la vallée de la Loire. Les dessins des plantes sont réalisés à partir d'échantillons vivants. Le 14 novembre 1722, Jussieu présente devant l'Académie des Sciences ses suggestions d'identification des espèces illustrées dans ce très beau livre.

Tôt après la découverte de l'Amérique, une gourde de ce continent est dite de Turquie !

Parmi les enluminures produites par Jean Bourdichon entre 1503 et 1508 dans *Les Grandes Heures d'Anne de Bretagne*, on retrouve l'illustration d'une plante nommée *Colloquitida* en latin et « Que-gourdes de Turquie » en français. Pour certains auteurs, cette gourde correspond à l'espèce américaine *Cucurbita pepo* subsp. *texana* originaire de la région du Golfe du Mexique. Si tel est le cas, il s'agit d'un autre exemple de la confusion géographique quant à l'origine des plantes découvertes en Amérique depuis l'époque de Christophe Colomb. Cette confusion rappelle le maïs d'Amérique identifié dès le XVIᵉ siècle comme le blé de Turquie ou d'Espagne.

Des chercheurs examinent attentivement des œuvres d'art révélant des indices sur les végétaux et leurs usages historiques. Ainsi, des peintures du XVIIᵉ siècle permettent d'identifier des maladies végétales précises et des symptômes causés par des insectes spécifiques. Certaines œuvres d'art ont une valeur documentaire tant en botanique descriptive qu'en botanique appliquée à l'alimentation, aux textiles et à divers symboles et rites.

Sources : Janick, Jules, « Plant iconography and art : source of information on horticultural technology », *Bulletin UASVM Horticulture*, 2010, 67 (1) : 11-23. Paris, H. S. et autres, « First known image of *Cucurbita* in Europe, 1503-1508 », *Annals of Botany*, 2006, 98 : 41-47.

En 1722, Antoine de Jussieu fait une présentation à l'Académie des Sciences sur le vanillier. Il possède de l'information, obtenue d'un diplomate à Cadix, sur cette orchidée qui deviendra la seule espèce de cette famille botanique à être économiquement importante en tant que denrée alimentaire. Il utilise le nom générique *Vanilla* et il rapporte que cette plante tropicale est déjà cultivée dans un monastère espagnol de Cadix. Antoine de Jussieu n'est pas seulement intéressé par la botanique. Il pratique la médecine surtout orientée vers les pauvres. Il est aussi attiré par la minéralogie et l'étude des fossiles. En 1718, de Jussieu exprime l'opinion avant-gardiste que les fossiles de plantes, trouvés en Europe, ne correspondent pas tous à des espèces européennes. En fait, certaines fougères fossiles ressemblent beaucoup à des espèces tropicales. En 1728, Jussieu suggère la création d'une nouvelle classe de plantes, les *Plantae Fungosae*, qui regroupe les champignons et les lichens. Les divers herbiers du clan Jussieu forment, avec ceux de Tournefort et de Sébastien Vaillant, le noyau historique de ce qui devient l'herbier du Muséum national d'histoire naturelle à Paris, reconnu comme le plus riche au monde.

Le clan botanique des Jussieu

Le clan Jussieu inclut Antoine et ses deux frères, Bernard (1699-1777) et Joseph (1704-1779), en plus de leur neveu Antoine-Laurent (1748-1836) et son fils Adrien. Les cinq membres de cette famille deviennent tous membres de l'Académie des Sciences et associés au Jardin du roi à Paris. Les trois frères en font même partie simultanément. Cela constitue un fait unique dans l'histoire de ces institutions. Bernard œuvre aux côtés d'Antoine alors que Joseph séjourne (1735-1771) dans les Andes et en Amazonie, d'où il expédie des plants de coca et de quinquina au Jardin du roi. En tant que botaniste, Joseph fait aussi partie de l'expédition de Charles de La Condamine (1701-1774) en Amérique du Sud.

Joseph de Jussieu, l'explorateur et le quinquina

Pendant plus de 35 ans, Joseph de Jussieu séjourne en Amérique du Sud où il dispense des soins médicaux et observe attentivement la nature, particulièrement les plantes. En 1737, il produit un manuscrit sur l'arbre à quinquina qui ne sera publié que deux siècles plus tard par la Société du traitement des quinquinas. Dans ce document, Jussieu décrit sept espèces d'arbres à quinquina tout en incluant un chapitre sur la falsification de l'écorce. «La cupidité pénètre partout […] le sort de l'écorce de quinquina a été celui de toutes les autres marchandises.» Il note cependant qu'on «peut établir très facilement par le goût que le quinquina est falsifié».

Joseph de Jussieu est «certain que les premiers qui apprirent les vertus et l'efficacité de cet arbre furent les Indiens du village Malacatos». Il ajoute que «sous le règne des Incas les Indiens étaient des botanistes experts et des connaisseurs subtils des vertus de toutes sortes d'herbes». Ils nommaient cet arbre *yarachucchu carachucchu*, *yara* signifiant «arbre», *cara* «écorce» et *chucchu* «frisson de la fièvre». Ils l'appelaient aussi *ayac cara*, «écorce amère». «Une fois qu'un moine de la Société des Jésuites, malade de la fièvre intermittente, traversait le village Malacatos, un cacique (chef indien) eut pitié de lui […] l'Indien alla sur la montagne, en rapporta l'écorce dont il donna la décoction au moine.» De là provient l'appellation «poudre des Jésuites». Joseph de Jussieu propose de nommer cet arbre *kinakina* et non *quinaquina* à cause de la confusion avec un autre arbre. Finalement, le choix idéal de nom pour Jussieu serait *maurépasie* pour qu'on «sache ce que les botanistes et les autres savants doivent à l'illustre comte de Maurepas». Avant Joseph de Jussieu, le grand botaniste Charles Plumier devait lui aussi partir à la recherche du fameux quinquina. Malheureusement, il décède avant de pouvoir accomplir sa mission.

Des historiens ne sont pas d'accord avec l'interprétation de Joseph de Jussieu quant aux connaissances des Amérindiens sur cet arbre avant l'arrivée des Espagnols. Certains prétendent même que ce sont les Espagnols qui ont montré ce savoir médicinal aux Amérindiens. Cette controverse est encore présente dans certains documents.

Des références aux plantes canadiennes par Antoine de Jussieu

En 1718, Antoine de Jussieu publie *Discours sur le progrès de la botanique au Jardin Royal de Paris. Suivi d'une introduction à la connoissance des plantes,* *prononcez à l'ouverture des demonstrations publiques, le 31 may 1718.* Dans cette histoire de la botanique française, il indique que Jacques Cornuti, qui a publié «son Histoire des Plantes de Canada», était «fort ami de Robin». Il s'agit de Jean Robin (1550-1629) qui, avec l'appui d'Henri IV, a eu «le soin de cultiver (avec une petite pension) à Paris dans un jardin particulier, celles que quelques voyageurs curieux avaient apportées des parties de l'Amérique où nous avions des colonies». Selon Antoine de Jussieu, les plantes décrites par Cornuti ont été «élevées à Paris» par ce dernier. Cette observation de Jussieu diffère de certains propos de Cornuti référant plutôt à des espèces provenant du jardin des Robin ou des Morin.

Cette histoire de la botanique française contient aussi des réflexions plus philosophiques sur cette science. Selon Jussieu, «[i]l est surprenant que tant de savants eussent peine à se convaincre, que le grand livre dans lequel la botanique doit s'étudier, fut la nature même». Jussieu s'insurge à juste titre contre la botanique uniquement livresque. Curieusement, plus de 200 ans plus tard, on retrouve les mêmes propos dans l'introduction de la *Flore laurentienne* de Marie-Victorin. Celui-ci dénonce le «régime exclusif de papier noirci» et suggère de reprendre «contact avec la nature qui est notre mère».

En 1719, Antoine de Jussieu ajoute un court appendice à la troisième édition du livre *Institutiones rei herbariae* de Tournefort. Une plante canadienne y est décrite et illustrée. C'est la sarracénie pourpre (*Sarracenia purpurea*), connue alors sous le nom «*Sarracena Canadensis, foliis cavitis & auritis*», c'est-à-dire la sarracénie du Canada à feuilles creuses comme de longues oreilles. Le nom *Sarracena* honore la contribution de Michel Sarrazin.

Un manuscrit sur les cours de botanique au Jardin du roi

En 1736, un manuscrit décrit les cours de botanique et les herborisations entre le 12 juin et le 22 juillet. Il s'agit du *Cours de botanique fait au Jardin royal des Plantes de Paris par M. de Jussieu, professeur royal et médecin en la Faculté de médecine de Paris.* Il est possible que Bernard de Jussieu, le frère d'Antoine, ait aussi contribué à l'élaboration de ce manuscrit. Ce document énumère les plantes observées durant les leçons dictées de botanique et les herborisations en « campagne ». Parmi plusieurs centaines d'espèces, 91 ont un nom canadien. La majorité de ces espèces ont été nommées par d'autres botanistes, comme Tournefort, Jacques Cornuti ou Michel Sarrazin. Quelques noms canadiens semblent cependant nouveaux. Par exemple, on trouve *Cataria canadense altissima urticae folio caule purpurescente*, c'est-à-dire une herbe à chat très haute du Canada à feuille d'ortie et à tige purpurine. Une autre espèce d'herbe à chat canadienne est à tige rampante. Cette espèce semble différente de celle décrite par Sarrazin sous le nom de *Cataria altissima, scrophulariae folio*, c'est-à-dire la grande cataire à feuille de scrophulaire correspondant à l'agastache faux-népéta (*Agastache nepetoides*).

Il y a de plus la description de 12 espèces canadiennes de verge d'or, parmi lesquelles quelques noms semblent nouveaux. C'est aussi le cas pour les quatre asters du Canada. Le *Bonduc canadense* ne semble pas avoir été décrit par d'autres auteurs auparavant. Jean-François Gaultier, le marquis de La Galissonière et Duhamel du Monceau font aussi mention de cette espèce.

Les informations les plus intéressantes concernent les remarques ajoutées aux noms des plantes. À titre d'exemple, l'espèce correspondant à l'arisème petit-prêcheur (*Arisaema triphyllum* subsp. *triphyllum*) produit des feuilles utilisées sur les plaies de morsures de serpents à sonnettes. Cette plante dégage une « odeur d'ail ». Une espèce correspondant à une asclépiade (*Asclepias* sp.) est mangée comme des asperges au Canada et porte le nom « herbe de la ouette (ouate) ». Jussieu ajoute qu'elle est aussi connue sous le nom « gobe mouche ». Il s'agit probablement de l'asclépiade commune (*Asclepias syriaca*). Quel beau nom oublié pour cette espèce !

La plante correspondant au phytolaque d'Amérique (*Phytolacca americana*) est employée au Canada « comme mechoacan ». Pour Jussieu, le nom « salsepareille de Terre-Neuve ou de Canada » décrit l'aralie du Canada étudiée par Sarrazin. Cette espèce correspond à l'aralie à tige nue (*Aralia nudicaulis*). Jussieu écrit que l'espèce *Hedysarum triphyllum Canadense* décrite par Cornuti est d'usage contre les morsures de serpents à sonnettes. Le baume du Canada provient de « l'épinette ou la sapinette de

Canada ». La confusion semble persister entre ces deux termes décrivant des conifères. L'arpenteur Joseph-Laurent Normandin ne parlait-il pas lui aussi de « sapins épinettes » ?

Il y a aussi l'« herbe à la puce en Canada », décrite par Cornuti comme une vigne à trois feuilles du Canada. Jussieu donne quelques détails révélateurs sur le ginseng du Canada. Il utilise le nom donné initialement par Joseph-François Lafitau, « *Aureliana Canadensis, Sinensibus Gin-seng, Iroquoeis Garent-oguen* », c'est-à-dire l'aureliane de Canada, en chinois Gin-seng, en Iroquois garent-oguen. Il est surprenant que Jussieu n'utilise pas la nomenclature de son collègue Sébastien Vaillant qui avait alors nommé la même plante « *Araliastrum quinque-folii folio majus* » en 1717, une année précédant le mémoire de Lafitau.

Un ouvrage posthume par un médecin du roi à Québec qui n'y séjourne jamais

En 1772 est publié l'ouvrage posthume *Traité des vertus, des plantes d'Antoine de Jussieu* par Pierre Louis Gandoger de Foigny (1732-1770). Gandoger de Foigny avait été nommé médecin du roi à Québec, mais il n'y séjourne jamais. Le livre est issu des manuscrits dictés « pendant quarante ans à un prodigieux nombre d'étudiants ». Ces notes de cours sont devenues « un bien commun à tous ». Selon la conception de Jussieu, les médicaments sont « les corps simples ou mixtes qui sont capables de changer les mauvaises dispositions des solides et des fluides du corps humain, et d'en rétablir les fonctions ». Les médicaments simples « sont ceux que l'on emploie tels que la nature les produit, sans alliage, altération ou décomposition ». Le traité ne concerne « que des médicaments simples, encore ne traiterons-nous de ceux que le règne végétal fournit ». Ce sont « les plantes, les arbres, arbrisseaux et arbustes ».

Une référence à un médicament canadien

Au chapitre des plantes « diurétiques », Antoine de Jussieu mentionne l'utilisation des « cinq capillaires », c'est-à-dire « la scolopendre, le capillaire de Canada, le céterac [cétérac], le politric [polytric], le ruta-muraria ». Curieusement, Jussieu réfère spécifiquement au capillaire du Canada sans mentionner le capillaire de Montpellier, qui possède aussi une bonne réputation thérapeutique. Jussieu est peut-être de l'avis de Nicolas Lemery qui déclarait que le capillaire du Canada est le plus estimé. Étonnamment, selon Lemery, il est le meilleur à cause de son odeur qui trahit ses propriétés médicinales.

Une plainte écrite de la part des étudiants de médecine envers le professeur de botanique

Le 14 juin 1730, des étudiants de médecine déposent une plainte écrite au «préfet du Jardin du Roy» soulignant qu'Antoine de Jussieu leur dicte «un traité très sommaire des vertus des plantes» sans préciser suffisamment les propriétés de ces espèces. Le 20 juin, Jussieu écrit au préfet Chirac que ses démonstrations au jardin durent deux heures et demie et que la dictée qui suit à l'amphithéâtre est d'une heure. Les étudiants ont donc assez de temps pour connaître les plantes, incluant les 91 espèces avec un nom canadien.

Antoine de Jussieu et une publication posthume de Jacques Barrelier

Jacques Barrelier (1606-1673) est Parisien de naissance. En 1634, il devient médecin avant de devenir membre de l'ordre des Prêcheurs. Ce dominicain est particulièrement intéressé par la botanique. Pendant ses loisirs, il herborise fréquemment en France, en Espagne et en Italie. Il œuvre pendant 23 ans à Rome. Il y crée d'ailleurs un jardin pour mieux étudier les végétaux. Il entreprend la rédaction d'un livre décrivant les plantes étudiées lors de ses herborisations et contenant des illustrations de plusieurs espèces. Pour des raisons de santé, il doit revenir dans sa ville natale en 1672 et y décède l'année suivante. Un incendie détruit le manuscrit de Barrelier, mais les planches servant aux illustrations sont épargnées.

Antoine de Jussieu décide alors de finaliser le travail de Barrelier à partir des planches rescapées. Il publie en 1714 une partie de l'œuvre de ce dernier intitulée *Plantae per Galliam, Hispaniam et Italiam observatae, iconibus aeneis exhibitae*. Ce livre fait mention d'un peu plus d'un millier de plantes observées par Barrelier en France, en Espagne et en Italie. Les descriptions sont accompagnées d'illustrations accumulées par Barrelier.

En plus des plantes européennes, on retrouve diverses espèces des Amériques, incluant 24 plantes

L'asclépiade incarnate (*Asclepias incarnata*), une espèce d'Amérique du Nord décrite dès 1635 par Jacques Cornuti et adoptée dans plusieurs jardins d'Europe. En 1702, elle est illustrée dans un livre posthume d'Abraham Munting sous le nom de *Apocynum Americanum Asclepiadeum*, c'est-à-dire littéralement l'apocyn d'Amérique comme l'asclépiade. Dès 1672, Abraham Munting (1626-1683) mentionne la présence de quelques espèces canadiennes dans le Jardin botanique de Groningue. Le livre en deux tomes d'Abraham Munting contient d'excellentes illustrations présentées dans un cadre artistique bien réussi. C'est le cas de l'asclépiade incarnate.

Source : Munting, Abraham, *Phytographia curiosa… Pars prima*, 1702, figure 106. Bibliothèque numérique du Jardin botanique de Madrid.

canadiennes. Cette liste est présentée à l'appendice 6 du présent ouvrage. La majorité de celles-ci sont les mêmes que celles décrites par Jacques Cornuti en 1635. Barrelier utilise d'ailleurs souvent les mêmes illustrations que celles de Cornuti. En plus des

La verveine à feuilles d'ortie (*Verbena urticifolia*), illustrée en 1702. Dès 1672, Abraham Munting (1626-1683) mentionne la présence de quelques espèces canadiennes dans le Jardin botanique de Groningue. Son livre posthume en deux tomes contient d'excellentes illustrations. Pour Abraham Munting, cette verveine se nomme *Verbena maxima urticae folio spicata*, c'est-à-dire littéralement la grande verveine en épis à feuilles d'ortie.

Source: Munting, Abraham, *Phytographia curiosa… Pars secunda*, 1702, figure 225. Bibliothèque numérique du Jardin botanique de Madrid.

noms latins, on retrouve huit noms français associés à des plantes canadiennes. Les noms modernes entre parenthèses suivent les noms mentionnés par Barrelier.

Il s'agit de l'apocin de Canada (asclépiade incarnate, *Asclepias incarnata*), la pimprenelle de Canada (sanguisorbe du Canada, *Sanguisorba canadensis*), la verveine de Canada à feuilles d'ortie (verveine à feuilles d'ortie, *Verbena urticifolia*), le lis martagon de Canada (lis du Canada, *Lilium canadense*), le sabot de Notre-Dame (cypripède acaule, *Cypripedium acaule*), le capillaire de Canada (adiante du Canada, *Adiantum pedatum*), la vigne-vierge (vigne vierge à cinq folioles, *Parthenocissus quinquefolia* ou la vigne vierge commune, *Parthenocissus inserta*) et l'angelique à tige rouge (angélique pourpre, *Angelica atropurpurea*). Toutes ces espèces ont été précédemment décrites par d'autres auteurs.

L'utilisation frauduleuse d'une espèce d'Amérique par des chirurgiens acadiens et canadiens

La plante n° 595 est le *Phytolacca Americana majori et minori fructu*, selon la nomenclature de Tournefort. Barrelier illustre cette espèce avec le nom *Solanum majus ramosum*. Il s'agit du phytolaque d'Amérique (*Phytolacca americana*). Antoine de Jussieu fait rarement des commentaires non botaniques sur les espèces répertoriées par Barrelier. Curieusement, Jussieu écrit que les chirurgiens acadiens et canadiens font un usage usurpateur de la racine de cette espèce. Ils la substituent pour la plante médicinale bien connue sous le nom *mechoacan*. Encore une fraude concernant l'utilisation de plantes canadiennes!

Antoine de Jussieu n'est jamais venu en Acadie ou en Amérique du Nord. Il a vraisemblablement déduit cette information de Michel Sarrazin qui a expédié plusieurs plantes canadiennes au Jardin du roi à Paris. Antoine de Jussieu a même annoté un catalogue alphabétique des plantes canadiennes reçues de Sarrazin. Sarrazin a expédié la plante à usage frauduleux dès 1698 au Jardin royal. Les commentaires sur cette espèce dans le document de la flore du Canada en 1708 commenté par Bernard Boivin ne sont pas aussi dénonciateurs. Le texte spécifie qu'on «la croit un *mechoacam* en

4

Canada. Les chirurgiens la coupent par tranches et s'en servent dans les portions hydragogues. Il est moins puissant que le véritable *mechoacam*, mais il purge véritablement. C'est une plante d'Acadie qu'on cultivait ici dans les jardins où elle a péri ». Antoine de Jussieu a peut-être raison de dénoncer la substitution frauduleuse, mais Sarrazin semble conclure que le phytolaque purge réellement, même s'il est moins efficace que le vrai *mechoacam*. Ce n'est pas une habitude fréquente pour Sarrazin de souligner l'efficacité médicinale des plantes du Canada ou de l'Acadie. Il a plutôt tendance à douter des propriétés réelles de ces remèdes locaux. Des explications supplémentaires sur le *mechoacam*, souvent orthographié *mechoacan*, sont présentées à la dernière histoire.

Michel Sarrazin et Antoine de Jussieu ne se doutent pas que le phytolaque d'Amérique représente une espèce toxique, et même mortelle à l'occasion, pour les humains. Cette plante contient de plus diverses protéines antivirales à large spectre qui font l'objet de plusieurs recherches biomédicales contemporaines. Ces protéines sont fonctionnellement apparentées à des toxines mortelles pour l'humain, comme la ricine, qui préoccupe les autorités concernées par le bioterrorisme.

Une vigne vierge : la vigne vierge à cinq folioles (*Parthenocissus quinquefolia*) ou la vigne vierge commune (*Parthenocissus inserta*). Les vignes vierges d'Amérique sont parmi les plantes ornementales adoptées rapidement par les jardiniers et les horticulteurs européens. À l'époque et pour certaines illustrations, il n'est pas toujours possible de différencier les deux espèces énumérées précédemment. Dans ce traité de plantes médicinales d'Amérique, l'auteur Millspaugh est médecin et botaniste. Il illustre avec dextérité cette vigne vierge alors nommée *Ampelopsis quinquefolia*.

Source : Millspaugh, Charles Frederick, *American Medicinal Plants ; an illustrated and descriptive guide to the American plants used as homoepathic remedies*..., tome 1, planche 40, illustrée par l'auteur, New York et Philadelphie, 1887. Bibliothèque de recherches sur les végétaux, Agriculture et Agroalimentaire Canada, Ottawa.

Sources

Barrelier, Jacques, *Plantae per Galliam, Hispaniam et Italiam observatae, iconibus aeneis exhibitae*, 1714. Disponible à la bibliothèque numérique du jardin botanique royal de Madrid au http://bibdigital.rjb.csic.es/spa/.

Boivin, Bernard, « La Flore du Canada en 1708. Étude d'un manuscrit de Michel Sarrazin et Sébastien Vaillant », *Études littéraires*, 1977, 10 (1/2) : 223-297. Aussi disponible sous forme de mémoire de l'Herbier Louis-Marie de l'Université Laval dans la collection Provancheria n° 9 (1978), Québec.

Cremers, Georges et Cécile Aupic, « Spécimens de Charles Plumier déposés à Paris dans les collections de ptéridophytes américains de Tournefort, Vaillant, Danty d'Isnard et Jussieu », *Adansonia*, 2007, série 3, 29 (2) : 159-193.

Fouché, J. G. et L. Jouve, « *Vanilla planifolia* : history, botany and culture in Réunion island », *Agronomie*, 1999, 19 : 689-703.

Grandjean de Fouchy, Jean-Paul, « Éloge de M. de Jussieu », *Histoire et Mémoires de l'Académie royale des Sciences*, 1758, p. 115-126. Disponible au www.academie_sciences.fr/activite/archive/dossiers/eloges/jussieu_p115_vol3556.pdf.

Guyotjeannin, Charles, « À propos d'Antoine et de Bernard de Jussieu », *Revue d'histoire de la pharmacie,* 1994, 82 (301) : 175-176.

Guyotjeannin, Charles, « À propos d'un cours de Botanique médicale de "M. de Jussieu" », *Revue d'histoire de la pharmacie,* 1996, 84 (309) : 169-177.

Hall, Alfred Rupert, « Further Newton Correspondence », *Notes and Records of the Royal Society of London,* 1982, 37 (1) : 7-34.

Jacquot, Jean, « Sir Hans Sloane and French Men of Science », *Notes and Records of the Royal Society of London,* 1953, 10 (2) : 85-98.

Jussieu, Antoine de, *Discours sur le progrès de la botanique au Jardin Royal de Paris. Suivi d'une introduction à la connoissance des plantes, prononcez à l'ouverture des demonstrations publiques, le 31 may 1718*, Paris, 1718.

Jussieu, Antoine de, *Cours de botanique fait au Jardin royal des Plantes de Paris par M. de Jussieu, professeur royal et médecin en la Faculté de médecine de Paris*, Paris, 1736. Disponible à la Bibliothèque numérique interuniversitaire de santé (Paris) au http://www.biusante.parisdescartes.fr/histmed/medica/cote?pharma ms_000090.

Jussieu, Antoine de, *Traité des vertus, des plantes, ouvrage posthume de Antoine de Jussieu, édité et augmenté d'un grand nombre de Notes par M. Gandoger de Foigny*, 1772. Disponible à la Bibliothèque numérique interuniversitaire de santé (Paris) au http://www.biusante.parisdescartes.fr/histmed/medica/cote?pharma ms_018095.

Jussieu, Joseph de, *Description de l'arbre à quinquina*, Paris, publié en 1936 par la Société du traitement des quinquinas, 1737 (1936). Disponible au http://gallica.bnf.fr/.

Lacroix, Alfred, *Figures de savants*, tome IV, Paris, Gauthier-Villars, imprimeur-éditeur, 1938, p. 109-124.

Lécolier, Aurélie et autres, « Unraveling the origin of *Coffea arabica* "Bourbon pointu" from la Réunion : a historical and scientific perspective », *Euphytica*, 2009, 168 : 1-10.

Pinard, Fabrice, « Sur les chemins des caféiers », *Études rurales,* 2007, 180 : 17-34.

Regourd, François, « Capitale savante, capitale nationale : sciences et savoirs coloniaux à Paris aux XVIIᵉ et XVIIIᵉ siècles », *Revue d'histoire moderne et contemporaine*, 2008, 55 (2) : 121-151.

Tournefort, Joseph Pitton de, *Institutiones rei herbariae. Editio tertia, Appendicibus aucta ab Antonio de Jussieu Lugdeneo, Doctore Medico Parifienfi, Botanices Profeffore, Regiae Scientiarum Academiae, & Regiae Societatis Londinenfis Socio. Tomus primus*, Paris, 1719.

Ward, L. F., « A Glance at the History of Our Knowledge of Fossil plants », *Science*, 1885, vol. 5, n° 104 : 93-95.

1744, PARIS. UN HISTORIEN DE RENOM COMPILE DES INFORMATIONS SUR LE TRÈS RÉPUTÉ *SENEKA* GUÉRISSEUR ET LE SUC DE SANG-DRAGON QUI SERT À TEINDRE LES CABINETS

LA FAMILLE DE PIERRE-FRANÇOIS-XAVIER DE CHARLEVOIX (1682-1761) est d'ancienne noblesse dans la ville de Saint-Quentin (Aisne). François-Xavier entre au noviciat des Jésuites en 1698 après des études au collège des Bons-Enfants de sa ville natale. En 1705, il est envoyé en Nouvelle-France comme enseignant au collège des Jésuites. De retour en France en 1709, il est élevé à la prêtrise en 1713 et devient professeur au collège Louis-le-Grand à Paris. En 1719, on lui demande de faire des recommandations sur les frontières de l'Acadie continuellement en dispute entre la France et l'Angleterre. En 1720, il reçoit la mission d'étudier l'existence possible de la fameuse « mer de l'Ouest » séparant le Nouveau Monde de l'Orient. Charlevoix arrive à Québec en septembre 1720. Il se rend au lac Supérieur, descend le Mississippi et se retrouve à La Nouvelle-Orléans en janvier 1722. Il projette de revenir à Québec par le chemin inverse. La maladie le contraint à rentrer en France où il présente son rapport au ministre à Paris en janvier 1723. Charlevoix publie l'année suivante le récit de ses deux années et demie d'exploration sous la forme de 36 lettres adressées à la duchesse de Lesdiguières.

Il faut attendre 1744 pour la publication à Paris de l'*Histoire et description générale de la Nouvelle-France*. Cette *Histoire* inclut aussi son *Journal d'un voyage fait par ordre du roi dans l'Amérique septentrionale*. En 1742, Charlevoix est nommé procureur des missions des Jésuites du Canada et de la Louisiane, ainsi que du monastère des Ursulines de la Nouvelle-France. Charlevoix publie des traités historiques sur le Japon (1715 et 1736), Saint-Domingue (1730-1731), le Paraguay (1756) en plus d'une œuvre sur la vie de Marie de l'Incarnation (1724) qui sera canonisée en 2014 en même temps que François de Laval, le premier évêque de Québec.

Les informations botaniques de Charlevoix sont dispersées dans son *Journal*. Elles sont cependant regroupées dans une section de l'*Histoire* intitulée *Description des plantes principales de l'Amérique septentrionale*.

Les principales informations botaniques du *Journal*

Les informations livrées par Charlevoix sont généralement condensées et empruntées à d'autres auteurs, comme Gédéon de Catalogne, Antoine-Denis Raudot (1679-1737), Joseph-François Lafitau, Nicolas Denys et Jacques Cornuti.

Charlevoix admet que les Amérindiens « qui connaissent fort bien les vertus de leurs plantes, ont fait de tout temps de cette eau (d'érable) l'usage, qu'ils en font encore aujourd'hui : mais il est certain qu'ils ne savaient pas en former le sucre, comme nous leur avons appris à le faire. Ils se contentent de lui donner deux ou trois bouillons, pour l'épaissir un peu, et en faire une espèce de sirop, qui est assez agréable ». Charlevoix a rapporté du sucre d'érable qu'il a « donné à fondre à un raffineur d'Orléans […] il en fit des tablettes que j'ai eu l'honneur de vous présenter, et que vous trouvâmes, Madame, si excellentes. On objectera que s'il était d'une bonne nature, on l'aurait fait entrer dans le commerce : mais on n'en fait pas assez pour que cela devienne un objet, et peut-être a-t-on tort : il y a bien d'autres choses, que l'on néglige dans ce pays-ci ».

Charlevoix fait référence à « Madame la Duchesse de Lesdiguières », Gabrielle-Victoire de Rochechouart Mortemart (vers 1670-1740), à qui il dédie son *Journal*. Il est convaincu que les Amérindiens n'ont pu découvrir la fabrication du sucre d'érable à partir de la production de sirop. Cette opinion est contraire à celle de Pehr Kalm, qui affirme quelques années plus tard que les Amérindiens connaissent la production de sirop et de sucre d'érable depuis des temps immémoriaux. Plusieurs auteurs rapportent les propos de Charlevoix quant à l'origine euro-péenne de la production de sucre d'érable. Cette interprétation est cependant possiblement erronée. Charlevoix reconnaît par contre le savoir amérin-dien quant à l'usage de «leurs plantes» et il semble conscient de certaines opportunités de commerce avec des produits d'Amérique.

Au sujet du sirop et du sucre d'érable, Charlevoix indique que «le plane, qu'on appelle ici *plaine,* le merisier, le frêne et les noyers de différentes espèces, donnent aussi de l'eau, dont on fait du sucre : mais elle rend moins, et le sucre n'en est pas si bon». Faut-il conclure que ce sont encore les Européens qui ont appris aux Amérindiens à faire du sucre à partir de ces autres arbres ? Il est bien plus probable que les Amérindiens, qui connaissent bien «leurs plantes», aient découvert les usages de ces sèves sucrées. Les noyers produisant de la sève sucrée sont possiblement des caryers. Charlevoix poursuit sur le sucre d'érable en indiquant que «quelques-uns néanmoins donnent la préférence à celui, qui se tire du frêne : mais on en fait fort peu. Auriez-vous cru, Madame, qu'on trouve en Canada ce que Virgile dit en prédisant le renouvellement du siècle d'Or, que le miel coulerait des arbres ?»

Au chapitre du serpent à sonnettes, Charlevoix spécifie que «dans tous les endroits où se rencontre ce dangereux reptile, il croît une plante, à laquelle on a donné le nom d'herbe à serpent à sonnettes, et dont la racine est un antidote sûr contre le venin de cet animal : il ne faut que la piler, ou la mâcher, et l'appliquer comme un cataplasme sur la plaie. Cette plante est belle et facile à reconnaître. Sa tige ronde, un peu plus grosse, qu'une plume d'oie, s'élève à la hauteur de trois à quatre pieds, et se termine par une fleur jaune de la figure, et de la grandeur d'une marguerite simple. Cette fleur a une odeur très douce. Les feuilles de la plante sont ovales, étroites, soutenues cinq à cinq en patte de poule-d'Inde, par un pédicule d'un pouce de long». On a suggéré qu'il s'agit du bident feuillu (*Bidens frondosa*), qui correspond au *Bidens Canadensis Anagyridis folio, flore luteo* décrit par Charlevoix dans sa *Description des plantes principales de l'Amé-rique septentrionale.* Deux plantes canadiennes avaient déjà été mentionnées par Tournefort avec le nom *Bidens.*

À propos des bois du Canada et de quelques autres espèces

Charlevoix traite ensuite de la description «des bois du Canada» en commençant par deux espèces de pins. Les «deux sortes de pins, tous produisent une résine fort propre à faire le bray et le goudron». Selon Charlevoix, certains pins blancs «jettent aux extrémités les plus hautes une espèce de champignon semblable à du tondre, que les habitants appellent *guarigue,* et dont les Sauvages se servent avec succès contre les maux de poitrine, et contre la dysenterie». Les pins rouges «sont plus gourmeux et plus massifs, mais ne viennent pas si gros». Les noms scientifiques modernes sont *Pinus strobus* et *Pinus resinosa,* pour le pin blanc et le pin rouge.

Suivent quatre espèces de sapin au Canada. Comme pour d'autres textes botaniques, Charlevoix répète généralement les informations de Gédéon de Catalogne à partir du texte du 7 novembre 1712 *Sur les plans des habitations et Seigneuries des Gou-vernemens de Quebec, les 3 Rivieres et Montreal.* Pour Charlevoix, la première espèce ressemble à l'espèce européenne. Les trois autres espèces sont «l'épinette blanche, l'épinette rouge, et la pérusse». Pour Charlevoix, l'épinette blanche et la pérusse «sont excellentes pour la mâture». L'épinette blanche a son écorce «unie et luisante, et il s'y forme de petites vessies de la grosseur d'une fève de haricot, qui contient une espèce de térébenthine souveraine pour les plaies, qu'elle guérit en très peu de temps, et même pour les fractures. On assure qu'elle chasse la fièvre, et guérit les maux d'estomac et de poitrine. La manière d'en user est d'en mettre deux gouttes dans un bouillon. Elle a aussi la qualité de purger. C'est ce qu'on appelle à Paris le *baume blanc*». Charlevoix semble ainsi décrire deux espèces en une, l'épinette blanche (*Picea glauca*) et la gomme de sapin baumier (*Abies balsamea*).

«L'épinette rouge ne ressemble presque en rien à l'épinette blanche. Son bois est massif, et peut être d'usage pour la construction et la charpente.» C'est le mélèze laricin (*Larix laricina*). Charlevoix s'inspire de Catalogne qui révèle que l'épinette rouge perd sa verdure en hiver.

Une « epinette, ou sapinette du Canada » illustrée en 1744. Même si les gros conifères nord-américains attirent l'attention des premiers explorateurs, l'illustration détaillée de ces espèces est plutôt tardive dans l'histoire des connaissances botaniques nord-américaines. C'est le cas des épinettes (*Picea* sp.). L'épinette illustrée dans le livre de Charlevoix correspond vraisemblablement à l'épinette blanche (*Picea glauca*). Le terme *épinette* est aussi utilisé à l'époque pour décrire un autre genre de conifère, l'épinette rouge référant au mélèze laricin (*Larix laricina*).

Source : Charlevoix, François-Xavier de, *Histoire et description générale de la Nouvelle-France*, tome second, planche XC, Paris, 1744. Bibliothèque de recherches sur les végétaux, Agriculture et Agroalimentaire Canada, Ottawa.

La pérusse a une écorce qui «est fort bonne pour les tanneurs, et les Sauvages en font une teinture, qui tire sur le turquin». C'est assurément la pruche, le tsuga du Canada (*Tsuga canadensis*). Louis Nicolas avait indiqué que les tanneurs de Lévis se servaient au siècle précédent de l'écorce de la pruche pour le tannage des peaux.

En résumé, les quatre espèces de sapin de Charlevoix sont une épinette ressemblant à une espèce européenne, l'épinette blanche qui produit en fait la gomme du sapin baumier (*Abies balsamea*), l'épinette rouge qui est le mélèze (*Larix laricina*) et la pérusse qui correspond à la pruche du Canada (*Tsuga canadensis*).

Après les quatre sapins, Charlevoix mentionne deux sortes de cèdres, le blanc et le rouge. Toujours inspiré par Catalogne, Charlevoix distingue le cèdre blanc (thuya occidental, *Thuja occidentalis*) et le rouge (genévrier de Virginie, *Juniperus virginiana*). Il ne révèle aucune nouvelle information à leur sujet.

Quant aux deux sortes de chênes, le blanc et le rouge, il n'y a aucune information inédite sur le chêne blanc (*Quercus alba*) ou le rouge (*Quercus rubra*). Le chêne blanc peut correspondre aussi au chêne à gros fruits (*Quercus macrocarpa*).

Charlevoix distingue ensuite deux sortes d'érable, le mâle et la femelle. Charlevoix utilise le mot *rhene* pour nommer l'érable femelle. Il s'inspire directement de Catalogne qui rapporte que «la rhesne est appelée femelle de l'érable». Dans une version de 1715 du texte de Catalogne, ce mot disparaît et est remplacé par le terme *plaine* pour décrire l'érable femelle. L'érable mâle est l'érable à sucre (*Acer saccharum*), alors que la plaine ou la rhe(s)ne est l'érable rouge (*Acer rubrum*). L'utilisation du mot *rhesne* en 1712 par Gédéon de Catalogne pour décrire l'érable rouge n'est reprise que par Charlevoix en 1744. L'origine et la signification de ce terme associé à l'érable rouge demeurent énigmatiques. Le mot *rhene* est aussi rencontré dans les textes botaniques de Jean-François Gaultier. Dans ce cas, le mot *renne* désigne l'animal qui se nourrit du bois d'un arbre qui se nomme «bois de caribou», la viorne bois-d'orignal (*Viburnum lantanoides*).

Quant au merisier, tout comme Catalogne, Charlevoix indique qu'il permet de préparer un sucre amer à partir de la sève. Il est aussi un

Attention à l'odeur de fleurs, comme celle provenant des roses

Aux XVe et XVIe siècles, des auteurs commencent à décrire divers symptômes d'inconfort en présence de certaines fleurs. Au XVIIe siècle, le médecin suisse Jacob Constant de Rebecque (1645-1732) fait part du suivi d'un patient qui souffre depuis 13 ans de problèmes causés par l'odeur des roses (*coryza a rosarum odore*). Il s'agit en fait de descriptions de réactions allergiques induites par le pollen des fleurs. À la même époque, le médecin anglais Nehemiah Grew (1628-1711) est le premier à décrire les grains de pollen grâce à la microscopie.

On sait maintenant que moins de 10 % des familles de plantes sont anémophiles, c'est-à-dire que leur pollen est transporté par le vent plutôt que par des insectes ou d'autres animaux. Les plantes anémophiles sont le plus souvent les sources d'allergènes, car elles produisent de nombreux grains de pollen légers pour favoriser leur dispersion dans l'air. Ces grains de pollen ont des protéines allergènes sur leur surface qui provoquent des réactions immunitaires chez les individus sensibles. Les espèces entomophiles, dont la pollinisation se fait par l'intermédiaire d'insectes, produisent beaucoup moins de pollen allergène. Si les conditions environnementales favorisent le développement d'espèces anémophiles, comme les bouleaux par exemple, les humains deviennent exposés à un nombre accru de grains de pollen à potentiel allergène.

Source : Wood, Stuart F., «Review of hay fever. 1. Historical background and mechanisms», *Family Practice*, 1986, 3 : 54-63.

Le frêne d'Amérique (*Fraxinus americana*) dans un traité de plantes médicinales d'Amérique. Pierre-François-Xavier de Charlevoix distingue trois sortes de frêne : le franc, le métis et le bâtard. En s'inspirant de Gédéon de Catalogne, Charlevoix présente ces trois espèces dans le même ordre. Le franc frêne croît parmi les érables, alors que les deux autres espèces vivent « dans des terres basses et fertiles ». Cette remarque écologique permet d'identifier la première espèce comme étant le frêne blanc ou frêne d'Amérique (*Fraxinus americana*). Il est le seul frêne à se développer dans les bois riches. Les deux autres espèces préfèrent les terrains humides, comme les bords des rivières (*Fraxinus pennsylvanica*) ou les lieux marécageux (*Fraxinus nigra*).

Source : Millspaugh, Charles Frederick, *American Medicinal Plants ; an illustrated and descriptive guide to the American plants used as homoepathic remedies…*, tome 2, planche 137, illustrée par l'auteur, New York et Philadelphie, 1887. Bibliothèque de recherches sur les végétaux, Agriculture et Agroalimentaire Canada, Ottawa.

remède amérindien « contre certaines maladies qui surviennent aux femmes ». C'est le bouleau jaune (*Betula alleghaniensis*), nommé « merisier » à cause d'une certaine ressemblance avec la feuille du merisier européen (*Prunus avium*), qui appartient à la famille des roses, les rosacées.

Charlevoix distingue trois sortes de frêne : le franc, le métis et le bâtard. En s'inspirant de Catalogne, Charlevoix présente ces trois espèces dans le même ordre. Le franc frêne croît parmi les érables, alors que les deux autres espèces vivent « dans des terres basses et fertiles ». Cette remarque écologique permet d'identifier la première espèce comme étant le frêne blanc ou frêne d'Amérique (*Fraxinus americana*). Il est le seul frêne à se développer dans les bois riches. Les deux autres espèces préfèrent les terrains humides, comme les bords des rivières (*Fraxinus pennsylvanica*) ou les lieux marécageux (*Fraxinus nigra*). À l'époque et selon le contexte, les termes *franc*, *métis* et *bâtard* peuvent décrire respectivement les couleurs de peau blanche, rouge et noire. Par extension, on a appliqué à l'occasion ces termes à certaines couleurs chez les plantes. Selon cette terminologie, le frêne métis est le frêne rouge (*Fraxinus pennsylvanica*) et le frêne bâtard est le frêne noir (*Fraxinus nigra*). Cette corrélation linguistique n'est pas toujours parfaite. Par exemple, Pehr Kalm identifie le frêne métis au frêne blanc ou frêne d'Amérique (*Fraxinus americana*), alors que le frêne bâtard désigne le frêne noir ou frêne gras (*Fraxinus nigra*).

Pour Charlevoix, il y a trois sortes de noyer : le dur, le tendre et celui qui a l'écorce très fine. Le noyer dur produit de petites noix, bonnes à manger, mais difficiles à extraire. C'est vraisemblablement le caryer ovale (*Carya ovata*), qui produit une amande douce. Le noyer tendre est sans contredit le noyer cendré (*Juglans cinerea*), car il est le seul à produire des « noix longues ». Le troisième, qui a l'écorce très fine, produit des amandes amères. On extrait une très bonne huile des noix. « Cet arbre produit de l'eau plus sucrée que celle de l'érable, mais en petite quantité. » C'est possiblement le caryer cordiforme (*Carya cordiformis*). Dans ce dernier cas, Charlevoix répète à nouveau les propos de Catalogne quant à l'eau sucrée d'un noyer. Michel Sarrazin a aussi fait des commentaires au sujet d'un noyer à eau sucrée.

Le hêtre est « ici fort abondant ». Il produit beaucoup de « faynes, dont il serait aisé de tirer de l'huile. Les ours en font leur principale nourriture, aussi bien que les perdrix ». Il s'agit du hêtre à grandes feuilles (*Fagus grandifolia*).

Le bois blanc est aussi « très abondant ». On en fait des planches, des madriers et même des futailles pour les marchandises sèches. « Les Sauvages en lèvent les écorces pour couvrir leurs cabanes. » C'est évidemment le tilleul d'Amérique (*Tilia americana*).

Suivent deux espèces d'orme, le blanc et le rouge. « C'est de l'écorce de l'orme rouge, que les Iroquois font leurs canots. » Ces deux espèces sont l'orme d'Amérique (*Ulmus americana*) et l'orme rouge (*Ulmus rubra*).

« Le tremble vient ordinairement le long des rivières, et des mares. » C'est le peuplier faux-tremble (*Populus tremuloides*). Gédéon de Catalogne ajoute que l'écorce du tremble est le principal aliment des castors.

Charlevoix poursuit en énumérant des « arbres particuliers au pays ». Il y a d'abord les « pruniers, chargés de fruits, mais fort âcres ». Quelques espèces de pruniers (*Prunus* sp.) correspondent à cette description, comme le prunier d'Amérique (*Prunus americana*) et le prunier noir (*Prunus nigra*). Il y a aussi le vinaigrier, dont on fait une « espèce de vinaigre » avec les fruits aigres. C'est le sumac vinaigrier (*Rhus typhina*).

« Le *pemine* est une autre espèce d'arbrisseau » qui porte un fruit d'un rouge très vif et astringent. Ce *pemine* est la forme francisée du *p(e)imina* ou *pimbina* amérindien. Deux espèces de viorne portent encore de nos jours le nom de *pimbina,* la viorne trilobée (*Viburnum opulus* subsp. *trilobum* var. *americanum*) et la viorne comestible (*Viburnum edule*). Le terme *pimbina* serait dérivé du terme algonquien (*ne*)*p(e)imina*.

Charlevoix mentionne ensuite trois sortes de groseilliers (*Ribes* sp.), le bleuet (*Vaccinium* sp.), les atocas ou canneberges (*Vaccinium oxycoccos* et

Vaccinium macrocarpon) et l'épine blanche qui sert de nourriture à plusieurs bêtes sauvages. Cette épine blanche, aussi nommée «ebeaupins», est l'aubépine (*Crataegus* spp.). Le «cotonnier» est cette plante qui pousse comme l'asperge et dont on produit un sucre à partir du miel récolté des fleurs. Il s'agit de l'asclépiade commune (*Asclepias syriaca*).

Charlevoix aborde ensuite les plantes cultivées par les Amérindiens dans leurs champs. Il y a d'abord le «soleil» dont les Amérindiens «tirent une huile, dont ils se graissent les cheveux». C'est le tournesol (*Helianthus annuus*). Il y a aussi le «maiz», le «haricot», les «citrouilles, et les melons», c'est-à-dire le maïs (*Zea mays*), le haricot (*Phaseolus vulgaris*), les citrouilles et les courges (*Cucurbita pepo*).

Charlevoix répète les propos de Catalogne qui indique que les melons ordinaires français et les melons d'eau sont connus des Amérindiens avant l'arrivée des Européens. Cette remarque est litigieuse. La plupart des spécialistes de ces plantes soutiennent que ces deux espèces (*Cucumis melo* et *Citrullus vulgaris*) sont sûrement introduites en Amérique. Personne ne peut cependant fournir de date ou de période précise d'introduction en sol américain.

Deux autres plantes considérées par Charlevoix sont le «houblon, et le capillaire». On ignore évidemment la période précise d'introduction du houblon d'Europe (*Humulus lupulus* var. *lupulus*). Quant au «capillaire», il s'agit de l'adiante du Canada (*Adiantum pedatum*), qui fait l'objet d'un commerce avec l'Europe. Il faut cependant noter que le terme *capillaire* peut à l'occasion s'appliquer à d'autres fougères.

D'autres informations botaniques dispersées dans le texte

À propos des Sioux, Charlevoix rapporte que ces Amérindiens des Prairies «vivent de folle-avoine». C'est probablement une référence à la *Relation des Jésuites* de 1657-1658 qui contient une des premières mentions de la folle avoine. Quelques espèces de zizanie (*Zizania* spp.) correspondent à la folle avoine, comme la zizanie aquatique (*Zizania aquatica*) et la zizanie des marais (*Zizania palustris* var. *palustris*). Cette dernière espèce est préférée aujourd'hui à cause de ses grains plus allongés.

Décrivant certaines coutumes amérindiennes, Charlevoix mentionne qu'ils connaissent «une plante, qui rend insensible au feu la partie, qui en

---

Une invention horticole des Hurons : semer citrouilles et courges dans du bois pourri

Théodat (frère Gabriel) Sagard séjourne au pays des Hurons en 1623 et 1624. Le missionnaire récollet décrit la culture des végétaux. Au sujet des citrouilles (*Cucurbita pepo*), incluant aussi les gourdes, Sagard note que les femmes huronnes amassent le bois pourri des vieilles souches en forêt. Dans une «grande caisse d'écorce», on dépose «un lit de ladite poudre, sur lequel ils sèment de la semence de citrouilles, qu'ils couvrent après d'un autre lit de la même poudre, et sur celui-ci sèment derechef des semences, jusqu'à 2, 3 et 4 fois autant qu'ils veulent». Pour favoriser la germination, on ajoute un couvercle d'écorce en laissant «quatre ou cinq bons doigts de vide dans la caisse».

La caisse est exposée «à la fumée du feu» en la suspendant à l'aide de deux perches. La germination a lieu «en fort peu de jours». On transplante les plantules «par bouquets avec leur terre». Le traitement à la fumée peut jouer deux rôles. La chaleur accélère la germination alors que cette fumigation peut vraisemblablement contribuer à diminuer ou à inhiber le développement de certains agents pathogènes.

Source: Sagard, Gabriel, *Histoire du Canada et voyages que les Frères Mineurs Récollets ont fait pour la conversion des infidèles*, Paris, 1636, p. 283-284.

est frottée, et qu'ils n'en ont jamais voulu donner la connaissance aux Européens ». Il note que « la feuille de la plante de l'anémone de Canada, d'ailleurs fort caustique, a cette vertu ». Personne n'a jamais vérifié ces propriétés non démontrées de l'anémone du Canada (*Anemone canadensis*).

Charlevoix a une section sur l'herbe à puce et ses effets. Selon lui, certaines personnes en sont même affectées par le seul regard de cette plante toxique qu'il faut éviter. « On n'y connaît point encore d'autre remède que la patience : au bout de quelque temps tout se dissipe. » C'est l'herbe à puce (*Toxicodendron radicans*) qui produit une huile toxique qui requiert un contact avec la peau pour causer ses effets toxiques. Le seul regard ne peut pas évidemment transmettre la substance toxique aux tissus sensibles. Un contact avec la substance délétère est requis. Il est cependant possible de déclencher des réactions de sensibilité en s'exposant à la fumée provenant du brûlage de cette espèce.

« Des citrons du Détroit. » Charlevoix indique que la racine de cette plante « est un poison mortel et très subtil, et en même temps un antidote souverain contre la morsure des serpents. Il faut la piler et l'appliquer à l'instant sur la plaie : ce remède est prompt et immanquable ». C'est le podophylle pelté (*Podophyllum peltatum*) déjà signalé par Samuel de Champlain.

« Du ging-seng de Canada. » Charlevoix débute en affirmant que les Amérindiens se « sont de tout temps plus appliqués que les autres à la médecine, font grand cas du ging-seng, et sont persuadés que cette plante a la vertu de rendre les femmes fécondes ». Il fait aussi allusion à Joseph-François Lafitau qui l'a découvert au Canada en 1716 après avoir lu la description du collègue Jartoux, missionnaire en Chine. C'est le ginseng à cinq folioles (*Panax quinquefolius*).

Sur un tout autre sujet, Charlevoix décrit les « ornements des femmes » amérindiennes. Il note que ces dernières poudrent leurs cheveux « avec de l'écorce de pérusse réduite en poussière ». Cette observation d'un usage inédit de l'écorce de la pruche du Canada (*Tsuga canadensis*) est inspirée de son collègue jésuite Joseph-François Lafitau.

Tournesols, topinambours et patates

Dans une autre section sur les aliments amérindiens, Charlevoix décrit d'abord les tournesols (*Helianthus annuus*) utilisés pour leur huile. Ils sont différents des topinambours ou des pommes de terre. Les topinambours sont les racines comestibles du topinambour (*Helianthus tuberosus*). Quant aux patates distinctes des pommes de terre, elles se retrouvent « dans les îles et dans le continent de l'Amérique méridionale ». Ces patates, vraisemblablement les patates douces (*Ipomea batatas*), ont été plantées avec succès en Louisiane. Les propos de Charlevoix concordent avec l'observation que la pomme de terre (*Solanum tuberosum*) n'est pas très populaire en Nouvelle-France, contrairement à la Nouvelle-Angleterre. La patate douce semble alors plus présente en Louisiane que dans le reste de l'Amérique française. Selon le contexte, le terme *patate* sert à décrire la patate douce (*Ipomoea batatas*) ou la

Le tournesol contre les fièvres

Parmi les plantes médicinales des Aztèques avant la découverte des Amériques, les graines de *chilamacatl* sont utilisées contre les fièvres. Les médecins aztèques notent cependant qu'ingérer trop de graines de tournesol provoque des maux de tête. En 1611, le médecin français Paul Reneaulme (vers 1560-1624) publie un livre décrivant une centaine de plantes incluant le tabac et le tournesol qu'il affirme provenir du Pérou. Les décoctions de feuilles de tournesol, cultivé dans les jardins français, sont recommandées pour traiter les ulcères « sordides ».

Sources : Montellano, Bernard Ortiz de, « Empirical Aztec Medicine », *Science*, 1975, 188 (4185) : 215-220. Reneaulme, Paul, *Specimen Historiae Plantarum. Plantae typis aeneis expressae*, Paris, 1611, p. 83-86.

pomme de terre (*Solanum tuberosum*). À l'occasion, il peut donc y avoir des confusions terminologiques quant aux patates.

Des remèdes amérindiens contre les maladies vénériennes

Charlevoix est assez flatteur envers l'efficacité de certains remèdes amérindiens, car « ces peuples ont encore des remèdes prompts et souverains contre la paralysie, l'hydropisie et les maux vénériens ». Ils utilisent le « bois de gayac » et le « sassafras » contre les deux dernières maladies. Ils font une boisson efficace comme remède si on en fait un « usage continuel ». Tout ce que Charlevoix présente des remèdes amérindiens est emprunté à son collègue jésuite Lafitau.

La rivière des Macopines et l'indigo sauvage au pays des Natchez

Avant d'entrer dans le Mississippi, Charlevoix décrit une rivière dite des Macopines. Selon l'édition critique du *Journal* par Pierre Berthiaume, ce terme décrirait les racines comestibles de la sagittaire à larges feuilles (*Sagittaria latifolia*). Ce mot est aussi rapporté par Pierre-Philippe Potier.

Avant de terminer son périple vers La Nouvelle-Orléans, Charlevoix explore la région occupée par les Natchez, cette nation amérindienne vivant à l'est du Mississippi, près de l'actuelle ville de Natchez au Mississippi. Il décrit longuement leurs us et coutumes et mentionne que les « arbres les plus communs dans ces bois sont le noyer et le chêne ». Partout, « les terres sont excellentes ». On y trouve d'ailleurs de « l'indigo sauvage » (*Indigofera* sp.). À cette époque, le commerce de l'indigo est encore très important, non seulement en Europe, mais dans les colonies d'Amérique. Durant son séjour en Nouvelle-France (1664-1675), Louis Nicolas avait souligné l'importation de cette teinture concentrée sous forme de pâte produite dans les îles françaises d'Amérique. Charlevoix spécifie qu'on n'a pas « encore fait l'épreuve » de cet indigo sauvage. Il est cependant persuadé « qu'il ne réussira pas moins que celui, qu'on a trouvé dans l'isle de Saint-Domingue ». Sur cette île, on exploite l'indigo sauvage et celui « qu'on y a transplanté d'ailleurs ». Selon Charlevoix, « l'expérience nous apprend qu'une terre, qui produit naturellement cette plante, est fort propre à porter l'étrangère, qu'on veut y semer ».

En 1716, les Français avaient érigé au pays des Natchez le fort Rosalie, en l'honneur de Hélène-Angélique-Rosalie de Laubespine de Verderonne, comtesse de Pontchartrain et épouse du ministre français du même nom. Ce fort devait servir à contrer les avancées anglaises et à diminuer l'hostilité croissante des Natchez envers les Français. Malheureusement, des massacres des deux côtés dégénèrent et entraînent l'anéantissement de cette nation. Une carte du fort Rosalie avant le massacre de 1729 indique la présence d'une « indigoterie » située tout près du « logis des nègres » et de l'observatoire servant à l'« appel des nègres ». On présume que les esclaves noirs exécutaient, entre autres travaux, les tâches reliées à la préparation des extraits d'indigo. Cette carte révèle aussi la présence d'un grand jardin à proximité de l'indigoterie. Enfin, il est écrit que près du fleuve Saint-Louis (Mississippi), les « écors ou montagnes sont remplies de très excellent capilaire ». L'utilisation médicinale de fougères dites « capillaires » est toujours en vogue à cette époque. Le mot *capillaire* n'identifie pas nécessairement et uniquement l'adiante du Canada (*Adiantum pedatum*).

La description de 98 plantes de l'Amérique septentrionale et l'illustration de 96 d'entre elles

Dans une section de 56 pages accompagnant le second tome de l'*Histoire et description générale de la Nouvelle-France*, Charlevoix décrit sommairement 98 plantes de l'Amérique du Nord. Quatre-vingt-seize d'entre elles sont illustrées, car il avoue n'avoir pu trouver d'illustration pour deux espèces. Soixante-dix-huit illustrations sont des emprunts aux publications d'autres auteurs comme Mark Catesby (41 emprunts), Jacques Cornuti (36 emprunts) et Joseph-François Lafitau (1 emprunt). Les descriptions des plantes sont aussi inspirées des écrits de ces auteurs. Dans plusieurs cas, Charlevoix présente même moins d'informations par rapport aux descriptions originales. Cela trahit en partie le

L'œuvre artistique et scientifique de Mark Catesby

Mark Catesby (1683-1749) s'intéresse à l'histoire naturelle grâce à John Ray, un illustre botaniste londonien vivant à proximité de la demeure de Catesby. Même si Catesby n'a pas de formation universitaire, il devient l'un des naturalistes explorateurs anglais les plus reconnus de son époque. De 1712 à 1719, il séjourne en Virginie où sont installés sa sœur Elizabeth et son époux, médecin et politicien influent. Catesby étudie attentivement la faune et la flore. Ses dessins de spécimens sont particulièrement de grande qualité et scientifiquement informatifs. Il explore aussi la nature de la Caroline du Sud (1722-1725) et des Bahamas (1725-1726) avant de retourner en Angleterre. Il a de plus séjourné en Jamaïque en 1714.

Les publications de Catesby sur l'histoire naturelle de la Caroline, de la Floride et des Bahamas incluent 220 planches illustrant 109 oiseaux, 33 amphibiens et reptiles, 46 poissons, 31 insectes, 9 quadrupèdes et 171 plantes. Ces ouvrages ont requis une vingtaine d'années de travail. Catesby est un artiste autodidacte qui apprend d'ailleurs à graver lui-même ses illustrations sur les plaques de cuivre. En 1768, le roi Georges III achète un exemplaire des dessins originaux de Catesby, conservés depuis à la bibliothèque du Château de Windsor. Le premier volume de *Natural History of Carolina, Florida and the Bahamas Islands* paraît à Londres en 1731. Il faut attendre 12 ans avant la parution du second volume. Catesby publie à compte d'auteur tout en ayant le support financier de 154 souscripteurs dont 29 sont des membres de l'Académie royale des Sciences à Londres. Le secrétaire de cette société écrit qu'il s'agit du plus beau chef-d'œuvre depuis l'invention de l'imprimerie (*the most magnificent work I know since the Art of printing has been discovered*). Les publications de Catesby ont la distinction d'inclure les textes français traduits par un médecin d'origine française dont Catesby ne peut révéler l'identité par modestie du traducteur! Les ouvrages de Catesby sont parmi les plus dispendieux de ce genre à l'époque, car les centaines de planches sont colorées à la main.

Sources: Egerton, Frank N., «A History of the Ecological Sciences, Part 22: Early European Naturalists in Eastern North America», *Bulletin of the Ecological Society of America (ESA)*, 2006, 87 (4): 341-356. Reveal, James L., «A nomenclatural summary of the plant and animal names based on images in Mark Catesby's», *Natural History* (1729-1747). *Phytoneuron*, 2012, 11: 1-32.

style concis des descriptions empruntées par Charlevoix. Un peu moins d'une vingtaine d'illustrations ne semblent pas être des emprunts à d'autres auteurs. Dans ces cas, la plupart de ces espèces se retrouvent au Canada.

Des usages de plantes parmi les 98 espèces compilées par Charlevoix

La plante n° 5 est le « myrthe à chandelle », maintenant connue sous le nom de cirier de Pennsylvanie (*Morella pensylvanica*). Pour Charlevoix, il y a en fait deux espèces de cet arbrisseau utilisé pour fabriquer de la cire. On fait bouillir les fruits dans de l'eau et on obtient une huile qui « surnage ». En refroidissant, cette huile durcit en une cire d'un vert pâle qui devient encore plus clair après une autre ébullition. Une « bougie » faite de cette cire dure aussi longtemps que les bonnes bougies utilisées en Europe. La fumée dégagée de ces bougies éteintes « a une odeur de myrthe ». Pour rendre cette cire moins friable, on y ajoute « un quart de suif ». La fabrication de cette cire était connue dès 1721 en Louisiane. Cette espèce est présente aux Îles de la Madeleine et dans les provinces maritimes. Marie-Victorin signale que les fruits blancs cireux fournissent un succédané de la cire d'abeille. En 1748, Pehr Kalm note qu'un savon d'un parfum agréable est fabriqué à partir de cette cire. Les médecins et les chirurgiens utilisent la cire de myrte dans des pâtes appliquées sur des blessures. Les Amérindiens auraient utilisé la racine pour diminuer le mal de dents. Kalm projette de rapporter en Scandinavie de nombreuses semences de ce myrte producteur de cire.

La plante n° 28, le « plane d'Occident », est le platane occidental (*Platanus occidentalis*). Cet arbre d'Amérique « est très commun dans toutes les forêts des parties méridionales de Canada et dans celles de la Louisiane ». On prétend que sa racine « est un remède infaillible contre toutes sortes d'écorchures ». Il s'agit d'utiliser la « pellicule intérieure » bouillie et d'y ajouter ensuite « de la cendre de la pellicule même ». Depuis peu, on estime qu'il fait partie de la flore du Québec à la suite de la découverte récente de quelques individus non loin de la frontière américaine.

La plante n° 37, l'« arbre pour le mal des dents », correspond au clavalier d'Amérique (*Zanthoxylum americanum*). Cet arbre est utilisé en Virginie et en Caroline dans les cas de maux de dents. Et c'est « de là que l'arbre a pris son nom ». Cette espèce a la particularité d'appartenir à la famille des rutacées qui fournit les agrumes, comme les citrons, les oranges, les pamplemousses et les mandarines.

Daniel Fortin suggère que l'oranger américain décrit par Louis Nicolas pourrait correspondre au clavalier d'Amérique, aussi nommé frêne piquant. C'est possible si l'on se fie à une partie de la description, mais les illustrations du « petit oranger de la Virginie » et même de la « plante qui porte des citrons » du *Codex* de Louis Nicolas semblent plutôt correspondre à une autre plante sans épines et à gros fruits, peut-être le plaqueminier de Virginie (*Diospyros virginiana*). La description de l'oranger américain dans le texte de l'*Histoire naturelle* de Nicolas indique qu'il s'agit d'un arbrisseau à épines, à fleurs blanches et à fruit gros comme un pois sans pépins. Pour Nicolas, ce fruit a une odeur « plus forte que l'odeur des meilleures oranges de Provence, son écorce leur ressemble ». Nicolas a goûté au fruit de l'oranger américain qui possède « une humeur si âpre » qu'il faut environ une demi-heure pour se trouver « soulagé et le cerveau fort purgé ». Certaines des caractéristiques de l'oranger américain fournies par Louis Nicolas semblent correspondre à celles de l'arbre pour le mal de dents.

La plante n° 63, le « seneka », est le polygale sénéca (*Polygala senega*), aussi connu sous le nom populaire

Du sang-dragon pour guérir, embaumer, expérimenter en alchimie ou imiter le bois d'acajou

De nos jours, le terme *sang-dragon* désigne une gamme de résines végétales rouges produites par des espèces appartenant aux genres *Dracaena*, *Daemonorops*, *Pterocarpus* et *Croton*. Dès l'Antiquité, le médecin grec Dioscoride mentionne l'usage médicinal de la résine *kinnabai* provenant d'une espèce de dragonnier (*Dracaena cinnabari*) croissant sur l'île de Socotra, située en mer d'Arabie, à l'entrée du golfe d'Aden. Jusqu'au xvᵉ siècle, cette espèce est la principale source en Europe du sang-dragon médicinal et utilitaire. Les médecins grecs, romains et arabes en font divers usages. Au Moyen Âge, des chirurgiens arabes l'appliquent en poudre sur le nombril après la coupure du cordon ombilical. À la même époque, le sang-dragon fait partie des résines recommandées pour les embaumements. Les alchimistes sont de plus fascinés par sa couleur et sa texture. Des artisans l'utilisent comme vernis pour imiter la couleur du bois d'acajou et même sur le marbre pour le colorer en rouge.

Sources : Georges, Patrice, « Les aromates de l'embaumement médiéval : entre efficacité et symbolisme », *Le monde végétal. Médecine, botanique, symbolique*, textes réunis par Agostino Paravicini Bagliani, Micrologus' Library, n° 30, Firenze, Edizioni del Galluzzo, 2009, p. 257-268. Gupta, Deepika et autres, « Dragon's blood : botany, chemistry and therapeutic uses », *Journal of Ethnopharmacology*, 2008, 115 : 361-380. Langenheim, Jean H., *Plant Resins. Chemistry, Evolution, Ecology, and Ethnobotany*, Portland, Cambridge, Timber Press, 2003, p. 441-444.

de sénéca. Charlevoix s'empresse de spécifier que peu de plantes d'Amérique sont plus estimées que cette espèce. Les Français «la nomment simplement racine contre les serpents à sonettes, ou seneka». Les Amérindiens «la regardent comme un spécifique contre le venin du serpent à sonnettes». Charlevoix relate ensuite les propos de Tennent, un médecin anglais qui a séjourné pendant plusieurs années en Virginie et qui a été témoin de l'efficacité curative de cette plante. Jean-François Gaultier tient exactement les mêmes propos au sujet des remarques de John Tennent. Cette espèce avait une grande réputation comme antidote dans les cas de morsures de serpents. Les Amérindiens l'avaient fait connaître aux Européens. Pehr Kalm y fait aussi allusion. Cette espèce affectionne les alvars, ces écosystèmes rocheux et arides où se déploie une végétation caractéristique.

Charlevoix présente deux plantes à partir des descriptions détaillées de Michel Sarrazin. La plante

Le «seneka», le polygale sénéca (*Polygala senega*), aussi connu sous le nom populaire de sénéca. En 1744, l'historien jésuite Charlevoix indique que peu de plantes d'Amérique sont plus estimées que cette espèce. Les Amérindiens «la regardent comme un spécifique contre le venin du serpent à sonnettes». Cette espèce a eu une grande réputation comme antidote dans les cas de morsures de serpents. Pehr Kalm y fait aussi allusion. Cette espèce affectionne les alvars, ces écosystèmes rocheux et arides où se déploie une végétation caractéristique. Dans la présente illustration, la racine ressemble grossièrement au bas d'un corps humain avec deux jambes. Cette représentation anthropomorphique d'une racine fourchue de forme humaine a été pendant longtemps celle de la racine de la mandragore aux vertus magiques. Cette ressemblance n'est peut-être cependant que fortuite en ce qui concerne le «seneka».

Source : Charlevoix, François-Xavier de, *Histoire et description générale de la Nouvelle-France*, tome second, planche LXIII, Paris, 1744. Bibliothèque de recherches sur les végétaux, Agriculture et Agroalimentaire Canada, Ottawa.

n° 65 est la sarrasine, la sarracénie pourpre (*Sarracenia purpurea*). Gédéon de Catalogne avait utilisé ce terme dès 1712. On trouve aussi cette appellation dans un mémoire de 1725 ou plus tard sur l'île Royale. Curieusement, ce nom n'est pas utilisé fréquemment par la suite. Le mot *sarrazine* traduit bien par contre ce que signifient littéralement les mots latins *Sarracena* ou *Sarracenia* donnés par les botanistes à cette plante. Charlevoix indique que la description de cette espèce a été «envoyée par M. Sarrasin, dont ce simple a pris son nom». Le texte de Sarrazin expédié au botaniste Tournefort à Paris s'est probablement retrouvé dans les mains de Charlevoix. Ce dernier fait d'ailleurs référence à «M. de Tournefort» à quelques occasions.

La plante n° 66, le «sang-dragon», correspondant à la sanguinaire du Canada (*Sanguinaria canadensis*), produit un «suc» rouge utile pour teindre les «cabinets». Il s'agit d'une mention inédite d'un usage technologique particulier du suc coloré de la sanguinaire qui porte le nom de sang-dragon en référence au sang-dragon médicinal et utilitaire connu depuis l'Antiquité.

Les plantes n° 68 et n° 69 représentent, selon Charlevoix, deux espèces de «canneberge ou atoca». Ces plantes vivent dans «des pays tremblants», les tourbières. Charlevoix spécifie que la description de la première espèce de canneberge provient de Michel «Sarrasin». Il est possible que les deux espèces d'atoca de Charlevoix soient en fait deux stades différents de maturité de la canneberge à gros fruits (*Vaccinium macrocarpon*).

La plante n° 88 est le «sorbier du Canada» sauvage, qui ne diffère du «domestique, que par son fruit, qui croît par ombelles, comme celui du sureau». Les grives «en sont fort friandes, et on s'en sert pour les prendre, d'où vient l'épithète d'*aucuparia*». Le nom latin rapporté par Charlevoix est *Sorbus aucuparia Canadensis*. C'est le sorbier d'Amérique ou le sorbier plaisant (*Sorbus americana* ou *Sorbus decora*), aussi connu sous le nom populaire de cormier. Les autres appellations *Maska*, *Maskouabina* et leurs variantes sont d'origine algonquienne. Louis Nicolas est l'un des premiers auteurs à rapporter le terme *cormier*. Il spécifie même «cormier bâtard», vraisemblablement en comparaison avec le sorbier européen qu'il estime franc, c'est-à-dire normal et donc supérieur.

La plante n° 89, la bruyère qui porte des baies, «se trouve en plusieurs endroits du Canada et dans l'île Royale». Cette espèce est la camarine noire (*Empetrum nigrum*), qui est aussi présente dans le nord de l'Europe. Charlevoix spécifie que cette plante est la «première espèce de bruyère» qui a été «connue des Anciens».

La plante n° 90 est l'«epinette ou sapinette du Canada». Pour Charlevoix, c'est «la plus grande des quatre espèces de sapin, qu'on trouve en Canada». Il s'agit vraisemblablement de l'épinette blanche (*Picea glauca*), même s'il n'est pas possible de préciser l'espèce à partir de la seule illustration.

La plante n° 91 est la «bourgene du Canada» qui correspond possiblement à la viorne cassinoïde ou flexible qui porte les noms populaires de bourdaine (*Viburnum nudum* var. *cassinoides* ou *Viburnum lentago*). Charlevoix rapporte qu'on prétend «que sa semence, pilée et réduite en huile, garantit de la vermine». L'écorce intérieure, trempée dans du vin, fait vomir et purge l'estomac. Cuite dans du vin, cette même écorce «guérit de la gale» et soulage le mal de dents. Le «bluet long en olive» de Louis Nicolas correspond possiblement à l'une de ces deux espèces.

La plante n° 92 est le «mélèze ou cèdre du Canada». Selon Charlevoix, monsieur de Tournefort, «sur le rapport de M. Sarrasin» a rangé le cèdre du Canada parmi les mélèzes. «Mais ni l'un ni l'autre n'en a rien dit de particulier. On ne marque pas même, si sous ce titre on comprend également le cèdre blanc et le cèdre rouge, dont j'ai expliqué la différence dans mon Journal.» Charlevoix avoue donc qu'il ne sait pas comment interpréter les propos ou l'absence de propos de Tournefort et de Sarrasin quant à la classification du mélèze, nommé cèdre du Canada, par rapport aux deux autres espèces de cèdre. La confusion règne encore à cette époque quant à l'identité botanique de différents conifères

Entouré de trois élégantes botanistes, un riche homme d'affaires de Woodfield (Sillery) commente les plantes décrites par Charlevoix

En 1829, William Sheppard (1784-1867) est le premier au Canada à suggérer des identifications pour les espèces mentionnées par Charlevoix. Il commente aussi leur distribution géographique. Sheppard est un riche commerçant de bois qui investit dans la construction navale au Bas-Canada. Tout comme son épouse, Harriet Campbell, il est très intéressé par l'histoire naturelle. En 1816, Sheppard achète le magnifique domaine de Woodfield d'une centaine d'acres qu'il embellit et aménage avec des volières et des serres. Passionnés de la nature, les Sheppard publient même des articles sur les plantes et les coquillages. En 1842, après l'incendie destructeur de leur villa, qui comprend une galerie d'œuvres d'art, un musée d'histoire naturelle et une bibliothèque de quelque 3 000 ouvrages, les Sheppard construisent un nouveau manoir à Woodfield. En 1847, un revers de fortune force William Sheppard à vendre ce domaine. Il acquiert une villa plus modeste à Farymead, où il termine ses jours. Une plaque commémorative rappelle aujourd'hui le lieu familial d'inhumation en pleine nature, situé le long de l'actuel terrain de golf de Drummondville au Québec.

Entre 1833 et 1847, William Sheppard est président de la Literary and Historical Society of Quebec pendant quelques termes. Son épouse herborise avec la comtesse Dalhousie, l'épouse de George Ramsay, gouverneur de l'Amérique du Nord britannique, et Anne Mary Perceval (1790-1876), l'élégante châtelaine de Spencer Wood. Ce domaine englobe une partie de l'actuel site du Bois-de-Coulonge à Québec. En fait, les Sheppard sont les voisins des Perceval sur les hauteurs de Sillery et madame Sheppard est probablement responsable de l'intérêt botanique de sa voisine. Durant son séjour à Québec (1810-1828), madame Perceval est en contact avec plusieurs botanistes de l'époque. Quant aux Sheppard, ils échangent des spécimens botaniques avec Frederick Pursh (1774-1820) qui vit au Bas-Canada entre 1816 et 1820. On peut donc supposer que l'article de William Sheppard sur la botanique de Charlevoix inclut des informations issues de consultations avec des botanistes de renom comme Pursh. Un monument érigé au cimetière Mont-Royal rappelle que Pursh a terminé ses jours à Montréal dans une abjecte pauvreté. Dans sa communication botanique, William Sheppard propose 95 identifications pour les 98 espèces décrites par Charlevoix. Il souligne la présence de certaines espèces dans la grande région de Québec, incluant le bassin de la rivière Etchemin dont l'embouchure se jette sur la rive sud du Saint-Laurent face aux anciens grands domaines de Sillery. Lors d'un hommage suivant le décès de Sheppard, son ami LeMoine écrit «que, âgé de 83 ans, il venait me convier à un examen des fougères indigènes dans les profondeurs du ruisseau Saint-Denis. Excursion intéressante, mais passablement ardue, comme j'eus lieu de le constater»!

Sources: Cayouette, Jacques, «Anne Mary Perceval, l'élégante châtelaine de Spencer Wood», *Flora Quebeca*, 2004, 9 (1): 8-11. LeMoine, James MacPherson, *L'album du touriste*, Québec, Imprimé par Augustin Coté et Cie, 1872, p. 80-85. Savard, Pierre, «Sheppard, William», *Dictionnaire biographique du Canada,* vol. 9. Sheppard, William, «Observations on the American Plants described by Charlevoix», *Transactions of the Literary and Historical Society of Québec,* vol. 1, Quebec, Printed for the Literary and Historical Society; by François Lemaitre, Star Office, 1829, p. 218-230.

nommés «cèdres». Comme Charlevoix le souligne, le cèdre du Canada est en fait le mélèze laricin (*Larix laricina*). Charlevoix ne semble pas réaliser toutes les différences entre le mélèze, le cèdre blanc (*Thuja occidentalis*) et le cèdre rouge (*Juniperus virginiana*). Pour Charlevoix, le mot *cèdre* est appliqué à trois genres botaniques différents. Il faut donc interpréter avec prudence le sens du mot *cèdre* utilisé par les premiers explorateurs d'Amérique du Nord au XVIᵉ siècle. Deux siècles plus tard, la confusion terminologique persiste, comme en témoignent les propos de Charlevoix.

La plante n° 96, le «petit buis du Canada», est l'airelle rouge (*Vaccinium vitis-idaea*). On se sert de ses baies astringentes avec succès «dans la diarrhée et dans les dysenteries». Charlevoix spécifie que cette plante croît «en plusieurs endroits de l'Europe et du Canada». Louis Nicolas décrit cette espèce de façon différente, en la nommant d'ailleurs «pomme de terre».

La dernière espèce, portant le n° 98, est le «panacé's musqué du Canada». Charlevoix reprend en fait la description de 1635 de Jacques Cornuti. Il avoue qu'il n'a pu trouver «la figure» pour illustrer cette espèce. Ce fut aussi le cas pour Cornuti, qui n'en fournit pas l'illustration. À ce jour, personne n'a pu identifier cette espèce. En 1829, William Sheppard propose qu'il s'agisse peut-être d'une ombellifère (apiacée) (*Chaerophyllum claytoni?*). Leonard Plukenet croit plutôt que cette plante musquée est une autre espèce d'aralie, l'aralie à tige nue (*Aralia nudicaulis*), l'autre panacée du Canada étant l'aralie à grappes (*Aralia racemosa*). Au sujet de cette dernière espèce qu'il présente aussi, Charlevoix indique que les «cuisiniers» font usage des fruits de cette plante.

Sources

Charlevoix, François-Xavier de, *Journal d'un voyage fait par ordre du roi dans l'Amérique septentrionale*. Édition critique par Pierre Berthiaume, Montréal, Presses de l'Université de Montréal, Bibliothèque du Nouveau Monde, 1744 (1994).

Charlevoix, François-Xavier de, *Histoire et description générale de la Nouvelle-France*, Paris, tome second, 1744. Disponible au http://gallica.bnf.fr/.

Doyon, Pierre-Simon, *L'iconographie botanique en Amérique française*, Trois-Rivières, Université du Québec à Trois-Rivières, 2006. Disponible au https://oraprdnt.uqtr.uquebec.ca/pls/public.

Erichsen-Brown, Charlotte, *Medicinal and other uses of North American plants*, New York, Dover Publications, 1989.

Fortin, Daniel, *Histoire Naturelle des Indes Occidentales du Père Louis Nicolas. Partie I: La botanique*, Québec, Les Éditions GID, 2014, p. 305 et 438.

Hayne, David M., «Charlevoix, Pierre-François-Xavier de», *Dictionnaire biographique du Canada en ligne*, vol. III, 1741-1770. Disponible au http://www.biographi.ca/.

Roy, J.-Edmond, «I. Essai sur Charlevoix (Première partie)», *Mémoires de la Société royale du Canada*, 1907, section 1: 3-95.

1749, NOUVELLE-FRANCE. UN CHERCHEUR EN BOTANIQUE ÉCONOMIQUE RENCONTRE À QUÉBEC UN PERSONNAGE LUI RAPPELANT SON GRAND MAÎTRE NATURALISTE CHARLES LINNÉ

PEHR KALM (1716-1779), de souche finlandaise, est né en Suède dans une famille plutôt pauvre. Son père est pasteur luthérien et sa mère est d'ascendance écossaise. Sa famille déménage en Finlande en 1721 après l'occupation de ce pays par les Russes pendant sept ans. Kalm fréquente l'Université de Turku (Abo) à partir de 1735 dans l'ancienne capitale de la Finlande. En 1740, le baron Sten Carl Bielke (1709-1753), un membre fondateur de l'Académie royale des Sciences de Suède, l'invite à diriger ses plantations expérimentales. Kalm fréquente alors l'Université d'Uppsala où il assiste aux conférences du célèbre physicien suédois Anders Celsius (1701-1744). Kalm utilisera d'ailleurs un thermomètre mis au point selon la technique de Celsius pendant son séjour en Amérique. À partir de 1741, Kalm devient l'ami et le disciple de Charles Linné, qui est aussi membre fondateur de l'Académie. Linné, Bielke et leur cercle influent d'amis recommandent Kalm à l'Académie comme botaniste pour la cueillette de plantes d'Amérique du Nord. Le but ultime est de trouver de nouvelles espèces d'intérêt économique adaptées au climat scandinave, particulièrement à celui de la Suède. Peu avant son départ, Kalm devient professeur d'économie reliée à l'histoire naturelle (agronomie) à l'Université de Turku. Kalm a déjà l'expérience d'un voyage en pays nordique, car il a séjourné en Russie avec le baron Bielke.

Après un séjour en Angleterre où il rencontre le réputé naturaliste Mark Catesby, Kalm atteint l'Amérique du Nord. Il y séjourne de 1748 à 1751. Il s'efforce d'apprendre tout sur l'histoire naturelle du pays tant par ses explorations et ses lectures que par ses rencontres avec des informateurs. Il explore le Canada parce que ce pays a un climat comparable à celui de la Suède et de la Finlande. Entre 1753 et 1761, il publie en suédois un journal condensé de son voyage en Amérique du Nord. Ce compte-rendu est traduit du vivant de Kalm en allemand, en anglais et en néerlandais. Seules les traductions allemandes proviennent du manuscrit original suédois. Tous ces livres sont émondés par rapport au journal de route détaillé de Kalm. Par exemple, la partie du voyage au Canada compte environ 85 000 mots, alors que le journal de route en contient plus du double. Pour remédier à cette lacune, l'ethnobotaniste Jacques Rousseau (1905-1970) et le traducteur Guy Béthune entreprennent de publier la version intégrale du voyage de Kalm au Canada. Rousseau consacre une dizaine d'années de travail ardu à cette œuvre. Il décède cependant en 1970, sept ans avant la parution de cette traduction annotée.

La contribution botanique de Kalm et sa reconnaissance

Dans le journal de route, on trouve les descriptions latines détaillées des espèces décrites par Kalm et plusieurs informations d'intérêt botanique. Ce document décrit aussi plusieurs aspects de la vie sociale en Nouvelle-France au milieu du XVIIIe siècle. Kalm rapporte en Suède d'importantes collections d'objets de sciences naturelles. Il récolte ou obtient des semences de plusieurs végétaux en plus de constituer un herbier de quelques centaines de plantes. À son retour en Suède, Kalm divise son herbier en trois lots : le sien, la part de Linné et celle de la reine Louisa-Ulrica. La part conservée par Kalm devait servir à rédiger une flore canadienne qui aurait eu pour nom *Flora canadensis*. Malheureusement, ce projet ne se concrétise pas. On se console en lisant le journal de route dans lequel cette flore est présentée sous forme préliminaire. En 1763, un ancien ami de Kalm écrit que son projet de flore canadienne n'est pas commencé parce qu'il a trop à faire pour améliorer sa situation financière. Il doit même assumer une charge pastorale pour compléter son salaire de professeur. De plus, la moitié de son herbier a été dévoré par les vers. On estime que Kalm aurait récolté environ 900 plantes pour son herbier nord-américain. Un peu moins de 400 échantillons sont conservés jusqu'à ce jour dans l'herbier de Linné et dans celui de la reine Louisa-Ulrica.

Jacques Rousseau croit que « Linné aurait pu l'aider davantage, mais déjà il voyait en lui un compétiteur. Kalm est un homme bon et qui a besoin de la bonté des autres : Linné n'en a pas à lui offrir. Il n'a que des serviteurs, jamais des collaborateurs ». Ce fut peut-être le cas, mais il ne faut pas oublier que Linné a soutenu Kalm pour son expédition. Selon Rousseau, Linné, en 1753, signale 81 plantes nord-américaines récoltées par Kalm dont 59 proviennent du Canada, 18 de la Pennsylvanie et 4 de la Virginie. Linné mentionne aussi plus de 200 autres espèces nord-américaines sans spécifier les régions de leur provenance. Rousseau estime que Kalm aurait récolté environ 475 espèces durant son périple canadien. À partir de la publication de Rousseau et Bethune, Daniel Fortin a publié une liste alphabétique des quelque 400 plantes observées par Kalm en 1749.

Linné accepte le nom du genre *Gaultieria* (*Gaultheria*) décrit par Kalm en 1751 pour honorer la contribution de Jean-François Gaultier qui l'a accompagné dans ses pérégrinations botaniques dans la région de Québec. Linné refuse cependant l'appellation *Galissonieria* suggérée par Kalm en l'honneur du marquis de La Galissonière. Kalm propose aussi en 1751 l'utilisation du nom *Lechea* pour l'appellation d'un nouveau genre. Linné acquiesce en 1753 sans la mention que ce nom a été proposé par Kalm. Linné a donné crédit à Kalm pour d'autres contributions botaniques. À titre d'exemple, Linné indique dans la seconde édition (1755) de sa flore de Suède qu'une infusion des racines d'agrimoine (eupatoire) sert au Canada, selon Kalm, dans les cas de fièvre. La racine de la benoîte des ruisseaux (*Geum rivale*) est utilisée au Canada pour les fièvres intermittentes. Comme le rapporte Jacques Rousseau, Linné est particulièrement satisfait de la découverte par Kalm de la lobélie bleue (*Lobelia siphilitica*) pour son usage médicinal. Pour Linné, c'est « comme une découverte plus

importante que je ne puis l'exprimer ». Pourtant, dès 1676, l'Académie royale des Sciences à Paris avait publié une belle illustration de cette espèce nord-américaine.

Le périple en sol nord-américain

La prospection de Kalm débute le 15 septembre 1748 à Philadelphie. Il est accompagné d'un jardinier du baron Bielke qui fait aussi office d'assistant de voyage. Kalm est accueilli par Benjamin Franklin et plusieurs de ses amis, dont le botaniste John Bartram (1699-1777) avec qui il passe plusieurs heures à identifier des plantes américaines. À l'époque, Bartram est considéré par Linné comme le plus grand botaniste du monde. Il est aussi l'un des fondateurs en 1743, avec Benjamin Franklin, de l'American Philosophical Society dont le siège social est situé à Philadelphie.

Kalm explore la Pennsylvanie et, en juin 1749, il remonte la rivière Delaware. Il rejoint la rivière Hudson et arrive le 13 juin à Albany. Le 19 juillet, il atteint le lac Champlain. Kalm se dirige ensuite vers Montréal et Québec, où il arrive le 5 août 1749. Dans cette ville, il bénéficie de l'hospitalité du marquis de La Galissonière et de l'accompagnement de Jean-François Gaultier, naturaliste et médecin du roi. Kalm n'obtient pas la permission de Jacques-Pierre de Taffanel de La Jonquière (1685-1752), le nouveau gouverneur de la Nouvelle-France, de poursuivre ses explorations vers la région des Grands Lacs. Les tensions dans cette région sont apparemment trop importantes. Il retourne alors en Pennsylvanie à l'automne 1749 en suivant le parcours inverse. Cependant, en août 1750, il réussit à se diriger vers les Grands Lacs et à explorer la région des chutes du Niagara. Il quitte l'Amérique en février 1751. Célibataire au départ de son aventure américaine, il revient avec une épouse et la fille de celle-ci.

À son retour, Linné est heureux d'examiner les diverses collections, les plantes séchées et les semences récoltées par Kalm. En 1753, Linné décrit un peu plus de 700 plantes américaines, dont environ 90 grâce aux informations et aux échantillons de Kalm. Soixante de ces espèces sont décrites comme étant nouvelles. En fait, on estime que Kalm aurait

Des descendants canadiens de l'aubépine ayant servi de couronne d'épines lors de la crucifixion du Christ

Selon une légende canadienne, une branche de l'aubépine utilisée lors de la crucifixion de Jésus aurait des rejetons en Ontario. À l'époque de la Nouvelle-France, des fortifications (fort Conti, fort Denonville, la «Maison de la Paix», avant l'appellation fort Niagara) sont érigées du côté est à l'embouchure de la rivière Niagara qui se déverse dans le lac Ontario. Durant la période de contrôle de ce site par les Français, on aurait apporté de France une branche d'aubépine de la Terre sainte, obtenue par l'intermédiaire d'un pape, qui aurait produit des rejetons viables. Lors d'excursions sur la rive ouest du Niagara, on aurait planté ces aubépines près du futur fort George, actuellement situé à Niagara-on-the-Lake, en Ontario. Il y aurait même des descendants actuels de cette aubépine extraordinaire.

Il y a deux problèmes scientifiques au sujet de cette légende. D'abord, il n'y a aucune évidence que la couronne d'épines du Christ était formée de rameaux d'aubépines (*Crataegus* sp.). Bien au contraire, les spécialistes des plantes de la Bible croient que des espèces comme la pimprenelle épineuse (*Sarcopoterium spinosum*) ou le jujubier épine du Christ (*Ziziphus spina-christi*) représentent des choix plus probables de plantes épineuses en usage pour la crucifixion du Christ. Enfin, il n'existe aucune évidence botanique démontrant que des aubépines de la région du Niagara soient issues d'une espèce de la Terre sainte. Malgré sa belle formulation et sa valeur symbolique, cette légende a des épines. Il est vrai cependant que plusieurs pèlerins rapportent de la Terre sainte des échantillons de ce qu'ils croient être des plants apparentés à celui de la couronne d'épines. Les pèlerinages contribuent effectivement à la dissémination de certaines espèces.

Sources : Bernat, Clark et Joy Ormsby, *Looking back Niagara-on-the-Lake Ontario*, St. Catharines, Ontario, Looking Back Press, 2003, p. 108. Dafni, Amots et autres, «The ethnobotany of Christ's Thorn Jujube (*Ziziphus spina-christi*) in Israel», *Journal of Ethnobiology and Ethnomedicine,* 2005, 1 : 8. Musselman, Lytton John, *Plants of the Bible and the Quran*, Oregon, Timber Press, 2007, p. 102-103.

contribué à la connaissance d'environ 115 nouvelles espèces nord-américaines. Kalm reprend ses activités de professeur d'économie à Turku. Globalement, il n'a pas rapporté de plantes qui ont eu un impact économique majeur en Scandinavie. Selon Pierre Morisset, un botaniste scandinave lui a signalé qu'une espèce d'aubépine nord-américaine (*Crataegus* sp.) se retrouverait actuellement sur le site du jardin de Kalm. Jacques Rousseau croit que Kalm est aussi responsable de l'introduction dans son pays de la vigne vierge à cinq folioles (*Parthenocissus quinquefolia*).

Fin observateur des régions visitées, Kalm décrit adéquatement plusieurs plantes nord-américaines et leurs usages. Ses écrits demeurent une source privilégiée d'informations crédibles et parfois originales. En 1753, Linné lui dédie le genre *Kalmia* en plus d'une espèce de lobélie et de millepertuis (*Lobelia kalmii* et *Hypericum kalmianum*). Le genre *Kalmia* comprend huit espèces, toutes nord-américaines. D'autres espèces ont porté ou portent son nom, comme le brome de Kalm (*Bromus kalmii*), l'épervière de Kalm (*Hieracium kalmii* maintenant nommée *Hieracium umbellatum*) et le nénuphar de Kalm (*Nuphar kalmiana* maintenant nommé *Nuphar microphylla*). Comme Marie-Victorin le souligne, Kalm est celui qui fournit à Linné le plus grand nombre de types botaniques canadiens. Kalm, admis à l'Académie des Sciences, obtient aussi le titre de docteur en théologie avec les quelques bénéfices pécuniaires qui s'y rattachent. Les restes de Kalm reposent dans le «caveau des prêtres» de l'église Sainte-Marie près de Turku, où il fut pasteur de 1763 à sa mort.

Une espèce de *Kalmia*, en l'honneur de Pehr Kalm : le kalmia à feuilles étroites (*Kalmia angustifolia*). Pehr Kalm (1716-1779), de souche finlandaise, devient un botaniste qui explore l'Amérique du Nord pour une meilleure connaissance des ressources végétales qui intéressent beaucoup le savant suédois Charles Linné. En 1749, il se rend en Nouvelle-France où il herborise avec Jean-François Gaultier dans la grande région de Québec. Son maître, Charles Linné, nomme des espèces et même un genre botanique en l'honneur des contributions de Pehr Kalm.

Source : Loddiges, Conrad & Sons, *The Botanical Cabinet consisting of coloured delineations of plants from all countries...*, vol. 6, planche 502, 1821. Bibliothèque de recherches sur les végétaux, Agriculture et Agroalimentaire Canada, Ottawa.

Kalmia angustifolia *(rubra)*.

Parmi divers usages de plantes nord-américaines, de la poudre de *Kalmia* pour éternuer

Au début du XIXe siècle, Augustin Pyramus de Candolle publie un essai sur les usages médicinaux des végétaux. Au sujet de certaines plantes de l'Amérique septentrionale, on apprend que la racine de la lobélie cardinale (*Lobelia cardinalis*) sert de vermifuge aux Amérindiens. Des «expériences récentes indiquent aussi une propriété narcotique dans les fruits» de la sanguinaire du Canada (*Sanguinaria canadensis*). L'analyse du latex de l'asclépiade commune (*Asclepias syriaca*) permet de déceler une «substance élastique» représentant 12,50 parties sur 100 de l'extrait. L'herbe à pisser des Canadiens (chimaphile à ombelles, *Chimaphila umbellata*) est devenue populaire «dans la médecine anglaise». On l'emploie sous forme d'extrait en pilule, à la dose de cinq scrupules par jour. Le scrupule est une unité de mesure de poids d'environ un gramme. Quant à l'espèce *Hydrastis canadensis*, cette plante à la racine amère et piquante est appelée «Yellow-Root» par les «Anglo-Américains». Sa belle couleur jaune «serait une des plus brillantes si l'on parvenait à la fixer». Il s'agit de l'hydraste du Canada, une espèce considérée «menacée» de nos jours au Canada.

La «poudre brune qui adhère aux pétioles des feuilles de presque toutes les espèces de *Kalmia*, d'*Andromeda* et de *Rhododendron*, ainsi que celle qui entoure leurs graines, est populairement employée aux États-Unis comme sternutatoire». Provoquer des éternuements fait partie de l'arsenal des méthodes d'évacuation des mauvaises humeurs. Des médecins recommandent d'introduire dans le nez des substances pour induire la sternutation. Diverses poudres de végétaux, comme celles du tabac ou du cabaret (asaret, *Asarum*), sont recommandées. Depuis l'Antiquité, des plantes sont nommées *Ptarmica* (du mot grec *ptairo* signifiant «éternuer»). De nos jours, le terme *ptarmica* s'applique à un genre ou à une espèce, comme l'achillée ptarmique, aussi nommée achillée sternutatoire ou herbe à éternuer. À l'époque, la sternutation est même utilisée pour soigner les animaux malades!

Source: De Candolle, Augustin Pyramus, *Essai sur les propriétés médicales des plantes*, seconde édition, Paris, chez Crochard, 1816, p. 70, 116, 189, 195, 197, 214.

Quelques commentaires botaniques relatifs à la grande région de Québec

Kalm présente le fameux commerce du ginseng (ginseng à cinq folioles, *Panax quinquefolius*). À l'été 1748, le ginseng du Canada se vend six francs la livre, alors que son prix usuel est plutôt de cinq francs. À l'époque, le salaire moyen d'un ouvrier qualifié est d'environ un franc par jour. Les Amérindiens jouent un grand rôle dans la collecte du ginseng. Les colons français sont même incapables d'engager des Amérindiens au temps des récoltes du ginseng. Ils sont tous à la recherche de la plante. Kalm signale qu'au début, il y en avait beaucoup dans la région de Montréal, mais qu'au moment de son séjour, on ne peut plus en trouver un seul plant. Les Amérindiens ont donc déplacé leur territoire de cueillette vers la Nouvelle-Angleterre.

Le ginseng est vendu par les Amérindiens aux marchands qui doivent faire sécher les racines pendant au moins deux mois. Étendues sur les planchers, les racines sont retournées une à deux fois par jour. On semble ignorer le secret de la méthode chinoise qui permet d'obtenir un produit supérieur. Cette méthode inclut, semble-t-il, le trempage des racines dans une décoction de feuilles de ginseng. La méthode chinoise permet de produire des racines pratiquement transparentes avec une texture compacte.

Une autre plante de grand commerce est le capillaire (adiante du Canada, *Adiantum pedatum*). Cependant, Kalm ne trouve pas cette espèce à Québec. Plusieurs personnes d'Albany et du Canada lui assurent que le thé de cette espèce est très utilisé pour les problèmes respiratoires et pectoraux. Ces

Des navets sous la neige contre le scorbut qui sévit à Terre-Neuve

Au début du XVIIᵉ siècle, Terre-Neuve est le site de plusieurs tentatives d'établissement de colonies anglaises, comme celle à Cupids (1610) et à Ferryland (1621) dans la région de la péninsule d'Avalon. À cette époque, le scorbut est une maladie fréquente sur cette île à cause des difficultés d'alimentation saine, diversifiée et riche en végétaux. Les rapports d'exploration et d'établissement de colonies font souvent allusion aux divers remèdes contre le scorbut. Parmi ceux-ci, on note au printemps de 1613 que des navets semés l'année précédente ont contribué à guérir certains hommes du scorbut. En 1617, William Vaughan recommande donc aux marins de manger des navets en mer avant même d'arriver à destination.

Source : Crellin, John K., « Early settlements in Newfoundland and the scourge of scurvy », *Canadian Bulletin of Medical History*, 2000, 17 : 127-136.

usages ont été initialement révélés par les Amérindiens. Ce capillaire américain est préféré au capillaire européen (*Adiantum Capillus Veneris* maintenant nommé *Adiantum capillaris-veneris*) pour son utilisation en chirurgie. C'est ce qui explique les grandes quantités expédiées annuellement en France. En général, le prix à Québec varie de 5 à 15 sols la livre. Les Hurons de Lorette se rendent au-delà de Montréal pour en récolter. Ils cueillent aussi du ginseng pour le vendre aux Français.

Kalm discute ensuite des herbes culinaires cultivées dans la région. Les navets sont abondants et surtout consommés durant l'hiver. Les oignons et les poireaux sont populaires. Il y a beaucoup de betteraves rouges, de radis, de raiforts, de thym et de marjolaine. La plupart de ces espèces avaient déjà été mentionnées par Louis Nicolas, qui a séjourné en Nouvelle-France entre 1664 et 1675. Les jardiniers affirment qu'ils doivent obtenir de nouvelles graines de France annuellement à cause de la dégénérescence des semences vers la troisième génération. Personne ne plante des pommes de terre (patates) (*Solanum tuberosum*). Les Français ne trouvent pas cette plante délectable et ils se moquent des Anglais qui l'estiment. Ces propos concordent avec ceux de l'historien François-Xavier de Charlevoix.

Kalm distingue quatre espèces de pin dont le pin blanc à cinq aiguilles, très abondant autour de Québec, et le pin rouge avec deux aiguilles longues,

aussi fréquent dans la même région. Les Français nomment l'apocyn à feuilles d'Androsème « herbe à la puce ». Kalm apprend d'un jésuite que Michel Sarrazin avait fait venir un peu de seigle et de blé de Suède. Il décrit la flore et l'agriculture du village huron de Lorette ainsi que les usages de certaines plantes. L'arbre de vie (thuya occidental, *Thuja occidentalis*) est très employé pour les structures en bois enfoncées dans le sol. Les branches servent à faire des balais. En fait, Kalm rapporte que tous les balais sont faits de cèdre blanc, selon l'appellation des Français. Les Amérindiens fabriquent ces balais qu'ils vendent aux Français. L'odeur de ces balais n'est pas « spécialement agréable ». Kalm note que les planchers des maisons sont partout assez sales. Il s'étonne qu'ils ne soient pas lavés souvent et efficacement. Il ne comprend pas que les branches de sapin ne soient pas utilisées sur les planchers ou « sur le pas de la porte pour décrotter les souliers ». Kalm apprend de Paul-Louis Dazemard de Lusignan (1691-1764), commandant du fort Saint-Frédéric, l'avant-poste le plus éloigné sur le lac Champlain situé aujourd'hui à Crown Point, New York, que les feuilles de cèdre broyées dans un mortier et mélangées à du gras pour en faire un onguent constituent un remède rapidement efficace pour soigner les rhumatismes. Kalm note au sujet des immortelles que les « boutons de fleurs blanc-neige sont agréables à voir : ils sont si blancs qu'ils fatiguent la vue ».

Le chocolat et sa mousse : un aliment, un médicament, un symbole

Le cacaoyer (*Theobroma cacao*), un arbre originaire d'Amérique du Sud, a été utilisé à diverses fins par les Olmèques, les Mayas et les Aztèques bien avant l'arrivée des Européens. *Theobroma* (de *theos*, « dieu » et *broma*, « nourriture » ou « aliment ») signifie en grec « nourriture des dieux », alors que *cacao* est un mot dérivé des dialectes amérindiens. Chez les Aztèques, le chocolat est une boisson réservée aux dieux, aux prêtres, aux grands guerriers et aux nobles. Les graines des fruits servent même de monnaie. La boisson de chocolat, un symbole de statut social aztèque, est de surcroît médicinale tout en jouissant d'une réputation aphrodisiaque. Selon divers modes de préparation, les Aztèques ajoutent de la vanille, des piments, du maïs, du rocou (colorant rouge provenant du rocouyer, *Bixa orellana*) et d'autres végétaux. Ces préparations liquides forment souvent en surface une mousse agréable au goût et utile à diverses fins.

Les Européens recherchent de plus en plus à consommer le chocolat exotique et revigorant. Ils y incorporent des ingrédients qui leur sont mieux connus, comme le sucre, la cannelle, les clous de girofle, le poivre et les graines d'anis. Au milieu du XVIIe siècle, on boit le chocolat surtout en Espagne, en Italie et dans les Flandres. La mode du chocolat s'étend bientôt à d'autres régions d'Europe. Le chocolat liquide devient de plus une boisson jugée compatible avec les jeûnes prescrits par l'Église catholique. Dès 1682, Nicolas de Blégny recommande de dégraisser le chocolat pour assurer un effet médicinal salutaire. De Blégny présente des recettes médicinales qui incorporent au chocolat des substances aussi diverses que le sirop de coings et l'or. Il précise longuement la bonne manière de produire la pâte de chocolat, incluant même la bonne posture à adopter lors du broyage avec un appareil sophistiqué. Il décrit la vraie façon d'utiliser les chocolatières à « moulinets de diverses formes pour faire mousser le chocolat ». Préparer le chocolat à la manière de Nicolas de Blégny est un art et une science pour un public averti et à l'aise financièrement. En 1741, Charles Linné, le protecteur de Pehr Kalm, confirme que le chocolat a bel et bien des propriétés médicinales, incluant un effet aphrodisiaque.

En Nouvelle-France, le chocolat est surtout consommé dans les familles aisées et dans certains établissements sous forme de boisson chaude, sucrée ou non, avec ou sans lait, et possiblement assaisonnée au goût avec des épices de tradition européenne. Si on en a les moyens, Nicolas de Blégny recommande d'ajouter un « sirop de vanilles qui se met dans le chocolat en place de sucre pour en augmenter l'agrément, et qui est d'un effet merveilleux dans les rhumes et dans les fluxions de poitrine ». Cette vanille provient souvent du Guatemala. En Nouvelle-France, on a peut-être incorporé à l'occasion des ingrédients locaux, comme le sucre d'érable et les graines moulues d'anis sauvage (aralie à grappes, *Aralia racemosa*) ou d'autres espèces indigènes aromatiques.

Plus de 40 ans avant Nicolas de Blégny, René Moreau (1587-1656), professeur du roi en médecine à Paris, a commenté des recettes de préparation du chocolat provenant de la région de l'Andalousie. Moreau fait part d'une expérimentation inédite pour décider si on ajoute du poivre noir des Indes ou du poivre du Mexique (piment) au chocolat. On expose chaque moitié d'un foie de mouton aux ingrédients. Après 24 heures, la portion du foie avec le poivre noir est desséchée, alors que le piment conserve l'autre moitié humide et succulente, « comme si on n'y eut rien mis ». Il faut donc ajouter du piment et non du poivre au chocolat. Les résultats expérimentaux le confirment !

Sources : Blégny, Nicolas de, *Le bon usage du thé, du café et du chocolat pour la preservation & pour la guerison des Maladies*, Paris, chez l'auteur, la Veuve d'Houry et la veuve Nion, 1687. Bond, Timothy J., « The origins of tea, coffee and cocoa as beverages », *Teas, Cocoa and Coffee: Plant Secondary Metabolites and Health*, Blackwell Publishing Ltd., 2012, chapitre 1, p. 1-24. Dillinger, Teresa L. et autres, « Food of the gods : cure for humanity ? A cultural history of the medicinal and ritual use of chocolate », *Journal of Nutrition,* 2000, 130 : 2057S-2072S. Lippi, Donatella, « Chocolate in history : food, medicine, medi-food », *Nutrients,* 2013, 5 : 1573-1584. Moreau, René, *Du chocolate. Discours curieux divisé en quatre parties...*, Paris, chez Sébastien Cramoisy, Imprimeur ordinaire du Roy, 1643, p. 15-16 et 53-54.

Au cours des repas en Nouvelle-France : du chocolat, du café, du brandy, du vin ou de la bière d'épinette sans oublier les sucreries

Kalm décrit en détail la composition des trois repas quotidiens. Le chocolat est assez fréquent au déjeuner. Les femmes boivent du café, jamais du thé. Le « brandy » est présent pour plusieurs hommes. Le dîner à midi et le souper entre 19 h et 20 h commencent par une soupe à laquelle on ajoute beaucoup de pain. Suivent les viandes avec les salades. On boit un vin « clairet » ou de la bière d'épinette. Les femmes boivent de l'eau ou à l'occasion du vin. Il y a aussi un fruit, des sucreries et du fromage. On termine avec le lait contenant du sucre. Les viandes ne sont pas mangées le vendredi et le samedi pour respecter les rites catholiques romains. Kalm souligne la jovialité et l'esprit de travail des femmes canadiennes. En comparaison, les femmes des colonies anglaises ont tendance à « rejeter tout le fardeau des travaux domestiques sur leur mari ».

D'autres observations botaniques et une exploration dans la région de Charlevoix

Kalm rapporte que le trèfle blanc (*Trifolium repens*) est aussi répandu en Amérique qu'en Europe. On

Kalm et les fosses à goudron suédoises à Baie-Saint-Paul

Le 31 août 1749, Kalm note qu'on fabrique du goudron « en assez grande quantité près de Baie-Saint-Paul : les fosses à goudron sont construites comme chez nous. On a coutume de couper les racines qui servent de combustible, en les gardant attachées à une longueur de tronc d'environ une et demie à deux aunes au-dessus de la racine. Le pin rouge est le seul arbre utilisé pour cette opération. Le pin blanc ou d'autres pins ne conviennent absolument pas ».

Quelles sont ces fosses comme celles en Suède ? Ce pays, comme d'autres régions scandinaves, produit depuis très longtemps du goudron servant surtout à protéger et à imperméabiliser le bois et plusieurs objets du gréement des navires. Les drakkars des Vikings étaient enduits de goudron mélangé à du poil animal. Au XVIIᵉ siècle en Suède, on se sert de fours dont la base ressemble à une fosse délimitée par un socle de briques ou de pierres facilitant la cueillette du goudron durant la combustion lente. Sur cette assise plus ou moins circulaire de quelques mètres de diamètre, les morceaux de bois de pin mort sont empilés pour donner une forme conique au four. Le bois est recouvert de tourbe pour assurer un feu lent durant quelques jours.

Durant la décennie 1660, la France importe cette technologie suédoise pour réduire sa dépendance au goudron provenant des pays du nord de l'Europe. Bientôt, on introduit aussi cette technologie en Nouvelle-France. En 1670, un expert des Landes accompagne l'intendant Jean Talon à Baie-Saint-Paul pour y créer une goudronnerie royale. L'année suivante, Jean Talon écrit qu'il a envoyé un baril de goudron à La Rochelle et un autre à Dieppe pour y être évalué. On a déjà produit huit barils avec de vieux arbres secs. L'intendant ajoute qu'un entrepreneur a 6 000 « pieds d'arbres écorcés qui mûrissent en attendant le moment propre à la distillation ». Ce mûrissement dure « un ou deux ans ». Il ne faut pas utiliser les arbres verts. Les restes d'un four à goudron ont été retrouvés dans la région de Baie-Saint-Paul. Au temps de Kalm, le goudron scandinave est extrait du pin sylvestre (*Pinus sylvestris*), alors qu'en France, on exploite le pin maritime (*Pinus pinaster*). Le pin d'Alep (*Pinus halepensis*) fut aussi utilisé en Grèce et ailleurs dans la région méditerranéenne.

Sources : Langenheim, Jean H., *Plant Resins. Chemistry, Evolution, Ecology, and Ethnobotany*, Portland, Cambridge, Timber Press, 2003, chapitres 6 et 7. Loewen, Brad, « Resinous paying materials in the French Atlantic, AD 1500-1800. History, technology, substances », *The International Journal of Nautical Archaeology*, 2005, 34 (2) : 238-252.

observe que les navires construits avec du chêne américain durent moins longtemps que ceux construits avec le chêne européen. Il rapporte qu'il est témoin qu'un ordre arrivé de France prohibe la future construction de navires de guerre avec le chêne américain. Cet ordre ne fut certes pas toujours suivi par la suite.

Kalm se rend à Baie-Saint-Paul, un petit village agricole qui exploite aussi le goudron du pin rouge. Il y observe deux ou trois noyers cendrés (*Juglans cinerea*), à la limite de leur répartition géographique. Le goudron est extrait seulement des racines et des deux premiers mètres du tronc du pin rouge (*Pinus resinosa*). Les Français ne semblent pas connaître la procédure d'extraction du goudron après avoir enlevé l'écorce. La résine provenant des pins de Baie-Saint-Paul a cependant une très bonne réputation.

Kalm visite la région des Éboulements et du Cap aux Oies. Il observe le seigle de mer (*Elymus arenarius*), le plantain maritime (*Plantago maritima*) et le raisin d'ours (*Arctostaphylos uva-ursi*). On sait aujourd'hui que la première espèce correspond à une espèce européenne qui est parfois introduite en Amérique du Nord. L'espèce américaine est l'élyme des sables d'Amérique (*Leymus mollis* subsp. *mollis*). Les Amérindiens, les Français, les Anglais et les Hollandais d'Amérique du Nord appellent cette dernière plante *Sagackhomi* et mélangent ses feuilles séchées au tabac. Kalm spécifie que l'excellent «*wine-land*», observé par les vieux navigateurs scandinaves, est possiblement le seigle de mer. Les Français ajoutent des feuilles du «laurier» ou «poivrier» sauvage à leur potage (myrique baumier, *Myrica gale*). La racine du caquillier (caquillier édentulé, *Cakile edentula*) est ajoutée à la farine de blé durant les périodes de disette.

À Saint-Joachim, Kalm observe l'utilisation des polypores comme matériau pour démarrer les feux. Il signale que la «pérusse» (tsuga du Canada, *Tsuga canadensis*) donne un bois résistant à la décomposition. Il est cependant inférieur au cèdre blanc. Le frêne (*Fraxinus* sp.) fournit le bois pour les cerceaux des tonneaux. À défaut du frêne, on utilise le cèdre blanc, les arbustes de bouleau, les cerisiers sauvages et d'autres bois. Les femmes teignent la laine jaune avec les graines de «poivrier» (Myrique baumier, *Myrica gale*).

De retour à Québec et des observations sur le tabagisme et l'odeur des colons

Revenu à Québec, Kalm dit du marquis de La Galissonière qu'il est à sa façon une autre forme du grand Linné. Quel compliment! Le marquis est le meilleur promoteur des sciences naturelles de toute l'histoire de la Nouvelle-France. Malheureusement, ce grand homme d'État est rappelé rapidement en France. Il repart avec une collection d'objets de curiosité, de jeunes arbres et d'autres plantes dans des boîtes remplies de terre. À Québec, Kalm a visité les couvents des religieuses. Il a obtenu cette permission de monseigneur Pontbriand. Par contre, il trouve ce personnage «un gros paysan sans savoir-vivre». On ne peut pas accuser Kalm de cacher tous ses sentiments.

Quant aux colons français, Kalm note qu'ils dégagent une odeur d'oignons. Ils en mangent fréquemment, particulièrement les jours sans viande. Ils sont fumeurs et cultivent le tabac près de leur maison. Des garçons de 10 ou 12 ans se promènent avec la pipe en bouche. Au nord de Montréal, le tabac est consommé pur. Près de Montréal et plus au sud, le tabac est souvent mélangé avec l'écorce interne du cornouiller (cornouiller stolonifère, *Cornus stolonifera*). Le colon français aime le lait bouilli et contenant des morceaux de pain et du sucre. Kalm continue ensuite son voyage de retour vers Montréal.

À l'occasion, Kalm expérimente lui-même l'effet de certaines plantes. Il mange beaucoup de fruits d'aralie à grappes pour en étudier les effets. Il s'enduit généreusement de latex d'herbe à puce (apocyn) (*Toxicodendron radicans*) pour constater l'absence d'effet nocif. Kalm indique qu'il aurait expérimenté, sans rien ressentir, plus d'une centaine de fois les effets de l'herbe à puce. Sa grande résistance à l'herbe à puce semble surprenante. Il met à l'épreuve le latex d'une euphorbe et procède à d'autres expérimentations avec le sumac à vernis (*Toxicodendron vernix*), une autre espèce toxique apparentée à l'herbe à puce.

Du jus d'herbe à puce pour marquer la lingerie et la fureur thérapeutique en action

Pehr Kalm a longuement discuté de la toxicité de l'herbe à puce en comparaison avec celle du sumac à vernis. Il note, à juste titre, que brûler du bois de sumac est suffisant pour provoquer des effets nocifs sur la peau. La fumée peut en effet contenir des gouttelettes de résine toxique. Kalm se croit résistant à l'effet du sumac à vernis jusqu'à ce qu'il en subisse un jour les effets nocifs. Il estime alors que sa transpiration inhabituelle aurait servi d'élément déclencheur. Kalm rapporte qu'on élimine des arbres à sumac pour protéger les travailleurs. De tels efforts d'éradication de certaines espèces du genre *Toxicodendron* persistent à ce jour. Étonnamment, Kalm rapporte que les garçons utilisent souvent le jus de l'herbe à puce pour inscrire leur nom sur les vêtements de lin. Plus ces vêtements sont lavés, plus les lettres noircissent! Kalm ajoute que le papier noirci par ce jus devient même plus foncé avec le temps. De nos jours, quelques auteurs utilisent le noircissement des gouttelettes du suc de l'herbe à puce déposées sur du papier comme un indice complémentaire d'identification de l'espèce. Cette technique requiert évidemment des précautions lors des manipulations afin d'éviter tout contact de la résine avec la peau. Des expériences récentes d'application de résine sur du tissu de lin démontrent que ces fibres textiles deviennent facilement colorées en noir. Cependant, la surface colorée s'agrandit par diffusion. Dès 1756, John Ellis avait rapporté des essais similaires de teinture du lin avec diverses résines de *Toxicodendron*. Si l'application de résine sur le lin est suivie d'une fixation à l'aide de l'alun, la coloration noire n'est pas délavée par des lavages avec des savons ou une ébullition dans une lessive à base de cendres de bois.

On informe Kalm que du charbon de bois mélangé à du gras de porc est un bon remède pour diminuer les effets de l'herbe à puce. Historiquement, les traitements suggérés pour contrer ces effets sont nombreux et surprenants à l'occasion. On a même recommandé la morphine ou la strychnine sans oublier les supposés bénéfices de manger le feuillage toxique! Il a évidemment fallu éliminer les remèdes plus nocifs qu'efficaces. Pour Albert Kligman, c'était la fureur thérapeutique (*furor therapeuticus*) à l'œuvre. On a trouvé, dans le parc national de Mesa Verde au Colorado, des fruits bien conservés d'herbe à puce datant du XIIIᵉ siècle dans ce qui semble une trousse de médecine amérindienne.

Parmi les divers traitements modernes pour soulager les effets de la dermatite, une plante est toujours recommandée. C'est le cas de l'eau de bain contenant des extraits d'avoine sous forme colloïdale. La variation quant à la sensibilité entre les individus envers l'herbe à puce demeure inexpliquée. Chez des individus sensibles, il suffit d'un nanogramme (un milliardième de gramme) d'urushiol, l'oléorésine constituée de molécules de catéchol liées à des molécules en chaînes de carbone et d'hydrogène, pour amorcer la dermatite de contact. Cette dermatite de type allergénique est provoquée par les molécules d'urushiol libérées des canaux sécréteurs de l'herbe à puce. Des cellules immunitaires spécialisées (type T) participent à la cascade des réactions physiologiques de défense et d'inflammation conduisant à la dermatite.

Sources: Ellis, John, «A letter from Mr. John Ellis, F.R.S. to Philip Carteret Webb, Esq; F. R. S. attempting to ascertain the tree that yields the common varnish used in China and Japan; to promote its propagation in our American colonies; and to set right some mistakes botanists appear to have entertained concerning it», *Philosophical Transactions (Royal Society of London)*, 1756, 49: 866-876. Cette lettre fut lue le 25 novembre 1756 devant les membres de la Société royale de Londres. Gillis, William T., «Poison-ivy and its kin», *Arnoldia*, 35 (2): 93-123. Page 113 pour une photographie des fruits d'herbe à puce de Mesa Verde du XIIIᵉ siècle. Kligman, Albert M., «Poison ivy (*Rhus*) dermatitis. An experimental study», *Archives of Dermatology*, 1958, 77 (2): 149-180. Lee, Nancy P. et Edgar R. Arriola, «Poison ivy, oak and sumac dermatitis», *Western Journal of Medicine*, 1999, 171: 354-355. Rostenberg Jr., Adolph, «An anecdotal biographical history of poison ivy», *Archives of Dermatology*, 1955, 72 (5): 438-445. Senchina, David S., «Ethnobotany of poison ivy, poison oak, and relatives (*Toxicodendron* spp., Anacardiaceae) in America: veracity of historical accounts», *Rhodora*, 2006, 108 (935): 203-227.

Une synthèse d'informations sur l'utilité de 126 plantes

En plus de son récit de voyage en Amérique, Kalm publie divers comptes-rendus scientifiques. Peu après son retour en 1751, il produit une synthèse des informations concernant les observations de 126 plantes nord-américaines utiles. Voici une sélection de quelques usages non mentionnés dans son récit condensé de voyage. Les premiers noms sont ceux de la nomenclature moderne.

Le sapin baumier (*Abies balsamea*) produit une résine liquide utilisée à diverses fins médicinales.

La pruche du Canada (*Tsuga canadensis*) fournit une teinture rouge brun utile pour soigner les plaies.

Bleu céleste ou bleu d'enfer : il faut de l'ordre dans les couleurs

Sous l'instigation de l'homme d'État Jean-Baptiste Colbert (1619-1683), il est jugé nécessaire à la fin de la décennie 1660 de promulguer un code français des bonnes procédures pour la teinture des fibres textiles. Il y a deux groupes reconnus de teinturiers, ceux du grand teint et ceux du petit teint. Ce code se veut exhaustif, car il concerne toutes les couleurs et les « drogues ou ingrédients qu'on y emploie ». En 1671, on estime qu'il y a cinq couleurs primaires dites « simples, matrices ou premières ». Ces couleurs sont « le bleu, le rouge, le jaune, le fauve et le noir ». Le fauve correspond à la « couleur de racine » ou noisette. Qu'en est-il du bleu, du rouge et du noir ?

Le bleu. Il y a treize « couleurs de la nuance du bleu » : bleu blanc, bleu naissant, bleu pâle, bleu mourant, bleu mignon, bleu céleste, bleu reine, bleu turquin, bleu de roi, fleur de guède, bleu pers, aldego et bleu d'enfer. Il ne faut pas utiliser le bois d'Inde ou du Brésil pour foncer le bleu. C'est une « falsification » qu'il faut dénoncer même dans le cas des « teinturiers du grand et bon teint ».

Le rouge. Des « sept sortes » de rouge, il n'y en a que quatre dont on produit des nuances. Les trois principales « drogues » pour le rouge sont le vermillon, la cochenille et la garance. Pour obtenir le rouge écarlate à la « façon d'Hollande », la laine est bouillie avec l'alun, le tartre, le sel gemme, l'eau forte et la farine de pois dans une chaudière d'étain. On « cochenille » par la suite avec l'amidon, le tartre et la cochenille « mestèque (métèque) ou tescalle ».

Le noir. On « engalle » le tissu avec la galle d'Alep (Syrie) ou d'Alexandrie (Égypte) et du sumac (*Rhus* sp.). L'écorce d'aulne (*Alnus* sp.) est aussi efficace tout comme la « moulée des émouleurs (aiguiseurs de couteaux), couteliers (fabricants de couteaux) et taillandiers (fabricants d'outils en fer) ». On ne recommande pas cependant l'usage de ces moulées.

Dans l'édition de 1699 publiée à Rouen, on ajoute deux sections sur des « secrets » de teinture. La « fine laine teinte en pourpre, et avec du miel, garde son lustre et sa naïve couleur plus de deux cents ans ». Avant de teindre en rouge clair, on prépare les draps de laine dans « l'eau sure faite d'eau de rivière bien nette, de l'agaric et du son, puis on jette de l'arsenic avec alun ». Les préparations bouillies avec l'arsenic dégagent des vapeurs « fort dangereuses ». Pour les laines « teintes du petit teint », on recommande « les racines ou écorces de noyer, avec coques de noix ». Enfin, pour teindre les peaux en bleu, on utilise des « grains d'hièble et de sureau » et de l'alun ou des « peaux d'écorce de raisin noir ». En 1708 et en 1716, de nouvelles éditions deviennent *Le teinturier parfait*.

Sources : Anonyme, *Instruction generale pour la teinture des laines, et manufactures de laine de toutes couleurs, & pour la culture des drogues ou ingrediens qu'on y employe*, Paris, chez François Muguet, 1671. Une édition identique du même éditeur existe aussi en 1672. Anonyme, *Instruction generale pour la teinture des laines, et manufactures de laine de toutes couleurs, & pour la culture des drogues ou ingrediens qu'on y employe*, Rouen, chez Jean-B. Besongne, 1699, p. 176-198.

L'érable à sucre (*Acer saccharum*) produit une sève à partir de laquelle du sucre est produit. Les Amérindiens fabriquaient ce sucre bien avant l'arrivée des Européens. Son bois est utile en menuiserie.

L'érable rouge (*Acer rubrum*) est aussi exploité comme l'érable à sucre. Son bois est utile en menuiserie. Un colorant bleu et une encre noire sont produits à partir de l'écorce.

Le kalmia à feuilles larges (*Kalmia latifolia*) est toxique pour certains animaux.

Le gaillet des teinturiers (*Galium tinctorium*) est nommé « tisavojaune rouge » par les Français du Canada. Les Amérindiens font une magnifique teinture rouge qui ne fade pas en utilisant la racine.

L'apocyn chanvrin (*Apocynum cannabinum*) fournit une fibre résistante à la pourriture et il remplace le chanvre et le lin. On l'utilise pour fabriquer des cordages, des filets, des lignes de pêche et des attelages.

L'aralie à grappes (*Aralia racemosa*) est la meilleure plante pour traiter les plaies. Kalm a lui-même constaté la preuve de son effet thérapeutique. La racine est particulièrement efficace.

L'arisème petit-prêcheur (*Arisaema triphyllum* subsp. *triphyllum*) a des fruits consommés par les Amérindiens, mais ils ne sont pas particulièrement agréables au goût. Les vaches sont cependant très friandes des feuilles.

L'asclépiade commune (*Asclepias syriaca*) est consommée comme le sont les asperges. On croit cependant cette espèce toxique. Les pauvres utilisent les soies des graines comme matériau de remplissage des matelas. Un sucre est obtenu après la cuisson du nectar des fleurs.

L'ostryer de Virginie (*Ostrya virginiana*) est appelé « bois dur » par les Français. Ce bois résistant est très utile pour certaines pièces de construction ou de menuiserie.

Le cornouiller stolonifère (*Cornus stolonifera*) est utilisé en mélange avec le tabac. Une décoction de l'écorce est bonne contre la goutte et contre les refroidissements.

Le dièreville chèvrefeuille (*Diervilla lonicera*) est un remède assuré contre la gonorrhée.

La zizanie aquatique (*Zizania aquatica*) fournit un riz sauvage meilleur que le riz cultivé, selon l'opinion de certains Français. Les Amérindiens en récoltent annuellement.

L'apios d'Amérique (*Apios americana*) fournit des racines bonnes à manger. Les Amérindiens mangent aussi les fruits.

L'impatiente du Cap (*Impatiens capensis*) a des fleurs à partir desquelles on obtient une teinture jaune. Certains la nomment choucreux, comme le révèle son journal de route intégral.

L'iris versicolore (*Iris versicolor*) est utilisé pour ses racines pour traiter des blessures atteignant les os.

L'herbe à puce (*Toxicodendron radicans*) est très toxique. Kalm note cependant qu'il n'est pas lui-même sensible à la toxicité de cette plante. Si la sève est appliquée sur du lin ou du papier, elle produit des taches noires qui ne disparaissent pas.

Le robinier faux-acacia (*Robinia pseudoacacia*) était utilisé autrefois par les Amérindiens pour fabriquer leurs arcs.

Le thuya occidental (*Thuja occidentalis*) peut soulager les douleurs menstruelles, les toux et les excès de table. On utilise alors une décoction des branches.

Le tilleul d'Amérique (*Tilia americana*) fournit aux Amérindiens des cordes et des sacs qui remplacent le chanvre et le lin.

Une étude sur les noyers

Durant son séjour américain, Kalm étudie attentivement les noyers. Il observe d'abord le noyer noir (*Juglans nigra*). Son nom vient de la couleur brunâtre

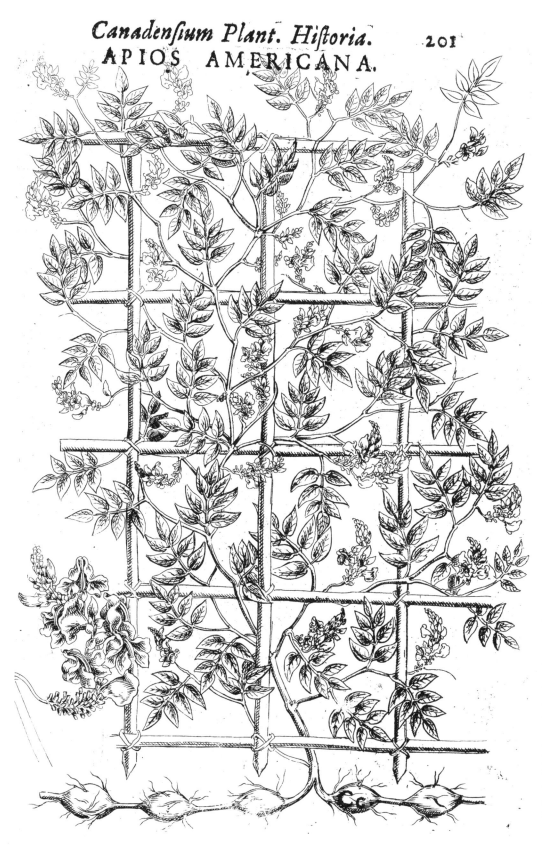

Illustration de l'apios d'Amérique (*Apios americana*) en 1635. Dans sa flore de plantes nord-américaines élaborée à Paris, le médecin Jacques Cornuti inclut la description d'une plante grimpante sur un treillis qui produit des renflements sur les racines et qui ont la forme de petits tubercules. Selon Cornuti, ces racines arrondies et oblongues sont de la grosseur d'une olive. Cornuti a goûté aux racines et aux feuilles de l'apios qui ont une saveur agréable. Il croit donc qu'elles seraient bonnes à manger. Vespasien Robin (1579-1662) est le jardinier qui a fait pousser cette plante à partir de gousses d'Amérique. À partir d'une graine semée dans un vase en terre, Cornuti indique qu'une plante bien vivace s'est développée en l'espace de quatre ans. Il est intéressant de noter que cette espèce conserve à ce jour le nom scienti-fique latin binomial utilisé dès 1635 par Jacques Cornuti.

Source : Cornuti, Jacques, *Canadensium Plantarum, aliarumque nondum editarum Historia*, Paris, 1635, p. 201. Bibliothèque de recherches sur les végétaux, Agriculture et Agroalimentaire Canada, Ottawa.

foncé du bois. Ce noyer a la propriété de tuer toutes les plantes avoisinantes. La cause réelle de ce phénomène est inconnue. L'explication courante de l'époque est que la rosée et la vapeur qui s'échappent du noyer tuent les plantes à proximité. Ainsi, quand les feuilles sont triturées, elles dégagent une forte odeur désagréable. De plus, la rosée ou la pluie s'écoulant de cet arbre forme des taches. On sait aujourd'hui que l'effet herbicide des noyers est dû à la présence d'un métabolite secondaire nommé juglone.

Kalm note que les racines brunâtres à l'intérieur peuvent avoir des zones blanches, alors que les troncs et les branches ont une coloration toute brunâtre. Le bois coloré du noyer noir (*Juglans nigra*) est très apprécié par les menuisiers. Après le bois du cerisier sauvage (cerisier tardif, *Prunus serotina*), le noyer noir est le bois le plus recherché et le plus dispendieux. En 1751, les menuisiers de Philadelphie achètent 100 pieds (en longueur) de noyer noir pour 14 à 20 shillings, alors que le cerisier sauvage se vend entre 14 et 22 shillings.

Avant l'arrivée des Européens, les Amérindiens préparaient une sorte de lait de noix du noyer noir. Les noix séchées sont d'abord broyées en morceaux. Les semences sont ensuite broyées en farine. Cette dernière est mélangée à l'eau pour produire un breuvage ou elle est ajoutée à d'autres aliments. Les Amérindiens utilisent encore cette farine de noyer noir durant les années 1750. Une huile, dite merveilleuse pour les douleurs de la poitrine, est obtenue des semences extraites des noix. Une teinture brune, qui ne pâlit pas, est extraite de l'écorce du noyer ou du brou qui entoure les noix. Ce brou, à l'état frais, tache les mains à tel point que deux ou trois semaines sont requises pour les faire disparaître.

La seconde espèce de noyer est le noyer blanc (noyer cendré, *Juglans cinerea*), qui est appelé « noyers longues » par les Français du Canada à cause de la forme plus allongée que ronde des noix. Selon Kalm, la limite nordique du noyer blanc se situe à Baie-Saint-Paul. Quand les noix sont vertes, leur surface est la plus huileuse parmi toutes les espèces de noix. Lorsque les feuilles sont froissées entre les mains, le noyer blanc dégage une odeur peu agréable, mais moins désagréable et rance que celle du noyer noir.

Le bois du noyer blanc est surtout utilisé comme combustible. À Albany, l'écorce est utilisée pour teindre la laine en noir. La décoction de cette écorce est réputée comme un bon remède contre les maux de dents. Les Amérindiens font bouillir les noix dans l'eau. Ils retirent la couche huileuse qui flotte sur l'eau. Cette huile sert à enduire les cheveux des Amérindiens des deux sexes. Après des efforts physiques importants, ils utilisent aussi cette huile pour soulager les articulations, les mains et les pieds. De plus, les artistes utilisent cette huile qui peut remplacer l'huile de coton, de lin ou de navette.

Au Canada, les noix sont conservées dans du sucre. On récolte les noix à la fin de juin ou au début de juillet lorsqu'elles sont petites avec une coque molle. Elles sont conservées dans le sucre comme on le fait en France avec les noix européennes. Le journal de route est très précis quant à la façon de confire les noix. On « gratte légèrement leur surface : puis on met sur le feu neuf marmites ou petits chaudrons et lorsque l'eau bout, on met d'abord les noix dans une première marmite où on les laisse bouillir pendant quelques minutes, et on les passe de même dans chacune des autres marmites ». On fait cuire ensuite les noix pendant trois heures dans du sucre dissous. Marti Kerkkonen rapporte qu'on peut trouver quelques noyers cendrés en Finlande. On ne sait pas si ces arbres dérivent des cueillettes de noix de Pehr Kalm.

Une étude sur les caryers

Les Français du Canada nomment les noix de leur caryer (caryer cordiforme, *Carya cordiformis*) « noix amères ». Les Amérindiens préparent un lait de noix de caryer, selon la procédure utilisée pour les noyers. Ils préparent aussi une farine à partir des semences entourées des coques. À quelques endroits à Albany et au Canada, les habitants recueillent la sève des caryers et la transforment en sucre par chauffage. On dit que ce sucre est plus doux que celui de l'érable. Cet arbre donne cependant très peu de sève. Les gros paniers des Amérindiens sont faits de bois de caryer. L'écorce sert aussi à construire des canots.

Une étude sur le mûrier sauvage

Les Français du Canada connaissent cette plante qu'ils nomment « meurier » ou « mûrier ». Cependant, selon Kalm, cette espèce (mûrier rouge, *Morus rubra*) ne se retrouve pas en Nouvelle-France. Elle se trouve plutôt dans les régions plus au sud. Les mûriers attirent beaucoup l'attention à l'époque parce que ces arbustes sont les hôtes des vers à soie. On tente évidemment par tous les moyens d'imiter les Chinois pour ce qui est de la production de la soie.

La thèse de John Lyman en 1781 sur les vers à soie laisse croire qu'on a déjà pensé que le mûrier rouge croissait aux environs de Québec où les hivers rigoureux peuvent se comparer à ceux de certaines régions de la Suède. L'un des motifs du voyage de Kalm dans la région de Québec était de rapporter des mûriers de cette région nordique pour tenter de les acclimater en Suède. Sur ce point, l'exploration de Kalm fut un échec. Il n'y a pas eu de mûrier américain acclimaté adéquatement aux conditions de la Suède. La préoccupation de l'utilisation des mûriers et des vers à soie est très présente durant les premières décennies de la colonisation en Amérique du Nord. Comme le rapporte Raymond Phineas Stearns, on exige dès 1669 des informations très précises sur le progrès de la culture des mûriers en Virginie. On tente de bien adapter cette culture aux conditions de l'Amérique du Nord.

Une étude sur les plantes tinctoriales nord-américaines

L'étude sur les plantes tinctoriales d'Amérique du Nord est en fait le travail doctoral d'Esaias Hollberg en 1763. Kalm est le tuteur de cet étudiant. Les observations sont présentées selon les couleurs recherchées.

Le bleu est obtenu de deux plantes dont l'érable rouge (*Acer rubrum*) en chauffant l'écorce dans l'eau à laquelle on ajoute des cendres contenant du cuivre.

La soie produite en Virginie, plus qu'une préoccupation

Le 24 juillet 1621, les dirigeants de la Compagnie de la Virginie rédigent les instructions pour le gouverneur de la colonie et son conseil. Après les deux premières remarques sur l'obéissance à l'Église d'Angleterre et au roi, on défend de porter de la soie en Virginie, sauf pour les personnes ou les familles en autorité. Cette ordonnance ne s'applique pas cependant si on utilise les mûriers cultivés localement. Une autre instruction dénonce la culture excessive du tabac. C'est pourquoi toute personne ne doit pas produire plus de 100 livres en poids de tabac.

Comme le roi a gracieusement fourni des graines de mûrier à la Compagnie, celle-ci doit obliger ses membres à faire des plantations de mûriers près des habitations. En 1620, on a même expédié d'excellents livres sur la sériciculture et la Compagnie a eu le souci d'engager dans la colonie des Français et d'autres hommes d'expérience à grands frais.

Une autre plante dite à soie (*silkgrass*) intéresse beaucoup les autorités. Ses fibres sont très prometteuses malgré les difficultés de culture de cette espèce correspondant vraisemblablement au yucca (*Yucca* sp.). Il est fortement recommandé aux colons d'expérimenter la vraie façon de cultiver cette plante à soie prometteuse. Les autorités réitèrent que la culture du tabac fait partie des « commodités inutiles ». On rappelle enfin aux apothicaires de Virginie de « distiller des eaux chaudes à partir des lies de la bière » et de rechercher les « colorants minéraux, gommes, drogues » afin de les expédier en Angleterre. Deux apothicaires sont d'ailleurs présents dès 1608 en Virginie.

Sources : Bemiss, Samuel M., *The Three Chapters of the Virginia Company of London*, Williamsburg, Virginia, Virginia 350th Anniversary Celebration Corporation, 1957, p. 101-109. Kingsbury, Susan Mary (ed.), *Records of the Virginia Company, 1606-1626, Volume III : Miscellaneous Records*, Washington D.C., U.S. Government Printing Office, 1906-1935, p. 17, 22, 116, 166, 237, 238 et 240. Disponible sur le site de la Bibliothèque du Congrès des États-Unis.

Le bleu du diable, un colorant d'Amérique décrié en Europe

Après l'arrivée des Espagnols au Mexique en 1519, deux colorants, le rouge de cochenille et l'indigo, deviennent des produits d'importance commerciale exportés en Europe. Le rouge de cochenille est extrait d'insectes femelles vivant sur des cactus. L'indigo est le produit d'une transformation chimique dans les tissus de plantes dites à indigo. Ces espèces appartiennent souvent au genre *Indigofera*, qui signifie « porteur d'indigo ». Même si certaines régions d'Europe produisent des substances similaires à ces deux colorants, le commerce des matières colorantes d'Amérique vers l'Europe ne se fait pas nécessairement avec facilité. Les pays européens veulent protéger leurs marchés et leurs produits.

Dès 1577, on déclare en Allemagne que l'indigo d'Amérique n'est rien de moins que le bleu du diable et que ce colorant est corrosif, pourri et même dangereux ! Peu à peu, des teinturiers et des artistes apprennent cependant à apprécier les qualités des nouveaux colorants exotiques.

Source : Vazquez de Agredos Pascual, Luisa et autres, « Kermes and cochineal ; woad and indigo. Repercussions on the discovery of the New World in the workshops of European painters and dyers in the Modern Age », *Arché,* 2007, 2 : 131-136.

Le brun est obtenu de cinq plantes dont les aulnes (*Alnus* sp.) et la pruche du Canada (*Tsuga canadensis*) en utilisant les écorces. Les Français du Canada nomment la pruche « pérusse ». Les femmes canadiennes teignent la laine en brun avec l'écorce de cette « pérusse ».

Le jaune est obtenu de 11 plantes dont la racine du phytolaque d'Amérique (*Phytolacca americana*). Les feuilles et les pétioles de la savoyane (*Coptis trifolia*) teignent les peaux animales d'un beau jaune. Les Français du Canada nomment cette plante « tissavoyanne jaune ». Ils ont appris des Amérindiens la procédure de cette teinture qu'ils utilisent avec la laine et d'autres textiles. Les fleurs et les feuilles des impatientes (*Impatiens* sp.) colorent la laine d'un jaune magnifique. Les femmes du Canada teignent aussi la laine d'un beau jaune avec les fruits du myrique baumier (*Myrica gale*).

Le noir est obtenu de six plantes dont la sève de l'herbe à puce (*Toxicodendron radicans*), qui donne une coloration permanente. Cette sève est cependant toxique et doit être manipulée avec soin. L'oxalide de montagne (*Oxalis montana*) fournit un noir durable si le matériel est chauffé en présence de feuilles dans l'eau. Après séchage, le matériel est cuit en présence de bois de campêche et de cuivre. L'écorce de l'érable rouge (*Acer rubrum*) sert pour colorer en noir. Le tatouage en noir des Amérindiens est accompli avec les charbons des aulnes (*Alnus* sp.). Les charbons sont broyés entre les mains en fine poudre. On ajoute un peu d'eau pour former une pâte. Le dessin est effectué sur la peau avec les charbons. Des aiguilles plongées dans la pâte de poudre de charbon servent à imprimer les dessins. Certains préfèrent effectuer des piqûres avant d'utiliser la pâte noire.

Le rouge est obtenu de sept plantes dont le gaillet des teinturiers (*Galium tinctorium*). Les Français du Canada appellent cette plante des lieux humides « tissavojaune rouge ». Les Amérindiens utilisent la racine pour teindre les poils de porc-épic. La couleur ne disparaît pas au soleil, à l'air ou dans l'eau. Ils utilisent la même racine pour peindre des motifs sur leurs vêtements. Les femmes françaises du Canada teignent des tissus en rouge avec la même plante. La racine de la sanguinaire du Canada (*Sanguinaria canadensis*) est utile aux Amérindiens pour teindre des peaux et autres textiles en rouge avec des reflets jaunâtres. L'écorce de la pruche du Canada (*Tsuga canadensis*) peut aussi produire un colorant rouge. Ce conifère est la « pérusse ».

Un avocat de Québec gagne une médaille d'or pour l'étude du colorant rouge des Amérindiens

En 1829, l'avocat William Green est secrétaire de la Literary and Historical Society of Quebec, fondée cinq ans auparavant. Il s'intéresse beaucoup aux colorants de nature minérale et végétale. Dans le premier volume émanant de cette société savante, Green fait part de ses études sur les substances colorantes du Canada. En plus des argiles de « l'ancienne Lorette » et de Saint-Augustin, on transporte à Québec la réputée terre rouge des îles de la Madeleine et celle de la baie Saint-Paul. Des végétaux canadiens fournissent aux teinturiers et aux peintres des colorants éclatants et durables.

Les Amérindiens utilisent une sorte de gaillet (*Galium*) pour teindre les poils de porc-épic et d'orignal. Les racines bien lavées à l'eau froide sont d'abord bouillies dans l'eau saturée d'alun. L'extrait de rouge est précipité avec un sel alcalin et volatile. Cette laque dissoute dans l'huile se compare au plus beau carmin très résistant à l'effet de la lumière. William Green peint sur une vitre des échantillons de divers colorants, dont le rouge des Amérindiens et le fameux rouge de cochenille. Après deux semaines, le rouge des Amérindiens est le plus stable, et cela même après deux ans d'exposition à la lumière naturelle. Les Hurons nomment cette plante *Tsavooyan*. Certains, comme Pehr Kalm, ont suggéré qu'il s'agit du gaillet des teinturiers (*Galium tinctorium*). Cela est possible, mais d'autres gaillets indigènes pourraient avoir les mêmes propriétés tinctoriales. La description abrégée du gaillet par William Green pourrait correspondre à celle du gaillet piquant (*Galium asprellum*). Une autre *Tsavooyan* correspond à la savoyane (*Coptis trifolia*) au goût amer. Mâcher ses racines guérit les ulcères de la bouche. D'autres auteurs ont rapporté cette distinction entre la « savoyane jaune » (*Coptis*) et la « savoyane rouge » (*Galium*).

L'avocat expérimentateur indique que les Hurons colorent en jaune avec la plante *Ootsigooara Osooqua*, qui signifie « matière colorante jaune ». C'est le myrique baumier (*Myrica gale*). Pour la couleur brune, on fait usage de la partie externe des noix de noyer traitée à l'eau chaude avec de l'alun ou de l'étain. Pour ses études et son article scientifique, William Green reçoit la médaille d'or Isis de la Literary and Historical Society of Quebec décernée en présence de Lord Dalhousie (1770-1838), gouverneur en chef de l'Amérique du Nord britannique.

Source : Green, William, « Memoranda respecting colouring materials produced in Canada », *Transactions of the Literary and Historical Society of Quebec*, Québec, 1829, vol. 1, p. 43-47.

Une étude sur les traitements des morsures du serpent à sonnette par les plantes

Les Français du Canada nomment ce serpent le « serpent à sonnet ». Kalm énumère 11 plantes en plus du tabac qui est devenu un remède populaire. En fait, la poudre de fusil mélangée à du tabac mâché est appliquée sur la morsure. Une partie du jus de tabac est aussi ingérée. Ce traitement a une excellente réputation. Parmi les plantes suggérées, quelques-unes sont des espèces se retrouvant en Nouvelle-France. C'est le cas des actées (*Actaea* sp.), de la sanguinaire du Canada (*Sanguinaria canadensis*) et de la verge d'or du Canada (*Solidago* sp.).

La fabrication de la bière d'épinette

Les Français du Canada sont les brasseurs les plus importants de cette bière. Les Hollandais de la région d'Albany la fabriquent aussi. Peu d'Anglais en dehors de la Nouvelle-Angleterre et de la Nouvelle-Écosse consomment cette boisson.

Les rameaux d'épinette avec les aiguilles de l'année courante sont préférés. Ils sont cueillis et utilisés immédiatement, sinon on les conserve au frais. Ils sont découpés en morceaux avant d'être transférés dans un contenant d'eau qui demeure sur le feu jusqu'à la réduction de la moitié du volume. En parallèle, on fait cuire dans une casserole des grains de blé, d'orge, de seigle ou de maïs. Ces grains sont rôtis tout en étant remués jusqu'à l'obtention d'une couleur presque noire, tout comme on rôtit les grains de café. Les grains bien rôtis sont ajoutés aux rameaux bouillis d'épinette. Les grains de maïs sont les plus recherchés et on estime que l'orge est une espèce supérieure au blé ou au seigle.

Des morceaux de pain sont brûlés jusqu'à ce qu'ils deviennent presque carbonisés. Ils sont alors ajoutés au mélange de rameaux d'épinette et de grains rôtis de céréales. Pour produire deux barils de bière, on utilise environ deux tasses de grains rôtis et une dizaine de petits morceaux de pain brûlé. Lorsque le mélange est réduit de moitié et que les écorces commencent à ramollir, les rameaux sont enlevés. Le liquide est filtré à travers un linge. On ajoute du sirop qui diminue l'âcreté du liquide. On laisse refroidir et on ajoute de la levure ou du levain pour provoquer la fermentation. Durant celle-ci, on enlève les impuretés s'accumulant à la surface. À la fin de la fermentation, on transfère la bière dans des barils ou préférablement dans des bouteilles. Les Français du Canada en boivent régulièrement. Il en est de même pour les officiers et le personnel des différents forts au Canada.

Une description enthousiaste de la culture du maïs

Selon Kalm, les Amérindiens cultivent cette plante extraordinaire depuis des temps immémoriaux. Les Français la nomment « blé d'Inde », les Iroquois *Ohnasta*, les Amérindiens de la Nouvelle-Angleterre *Ewachim-neash* et les Amérindiens exterminés de la Nouvelle-Suède *Jaéskung*. À ce jour, les Amérindiens préfèrent cultiver leur maïs plutôt que les céréales importées d'Europe.

Kalm interroge les Amérindiens quant à l'origine du maïs. Leurs réponses sont souvent fabuleuses et amusantes. Ainsi, on raconte que la corneille a apporté le premier grain des haricots, alors que le mainate ou quiscale bronzé, connu comme l'oiseau voleur du maïs, est responsable de l'apparition du premier grain de maïs. Cette légende des Amérindiens de la Nouvelle-Angleterre explique pourquoi ces deux espèces d'oiseaux sont considérées comme des animaux sacrés. Ils ne sont pas tués par les

Amérindiens malgré les dégâts importants qu'ils infligent aux champs de maïs.

Kalm décrit deux variétés de maïs. La grande variété peut atteindre 18 pieds de hauteur en Caroline et dans les régions plus au sud. La petite variété, qui atteint habituellement une hauteur de trois à quatre pieds, requiert environ trois mois pour parvenir à maturité. Ces variétés ont des grains de couleurs variées. Au Canada, on observe en général des grains blanchâtres et à l'occasion des grains bleus. Le grand maïs produit plus de variations quant à la couleur des grains. Une ou deux semaines après la plantation du maïs, les Amérindiens sèment les haricots près du maïs. À l'occasion, ils sèment aussi du tournesol.

Pour combattre les corneilles, les mainates et les écureuils mangeurs de grains de maïs, on utilise un traitement des semences avec un poison. La racine du vérâtre vert (*Veratrum viride*) est cuite dans l'eau. Les grains de maïs sont incubés durant la nuit dans la décoction refroidie. Les semences deviennent alors toxiques pour les oiseaux et les animaux qui les mangent. Les poules et les canards deviennent d'ailleurs malades s'ils ingurgitent une seule semence traitée avec la racine toxique. Le maïs issu de ces semences traitées n'est pas toxique pour l'humain.

Lorsque le maïs atteint presque sa maturité, on enlève les inflorescences mâles qui sont appréciées comme nourriture par les chevaux et les vaches. Après la récolte des épis de maïs, les Amérindiens les sèchent avec une fumée modérée et les suspendent par la suite dans leurs huttes. De cette façon, les épis demeurent viables pendant quelques années tant pour leur consommation que pour leur usage comme semences. Les Amérindiens conservent aussi le maïs dans des caches souterraines. Ces caches sont entourées d'écorce sèche. Au fond du puits, on étend aussi une herbe sèche par-dessus l'écorce.

Les Européens ont appris des Amérindiens à faire un délicieux potage de maïs. Les Français nomment cette préparation « sagamité ». Les Suédois et certaines tribus amérindiennes la nomment « *sapaan* ». On fait d'abord gonfler des grains de maïs couverts d'eau. Ils sont transférés dans un mortier de bois pour être broyés lentement avec un pilon de bois. On enlève les enveloppes des grains grossièrement broyés en les délavant. Les morceaux des grains sont

Le tournesol, le soleil et la proportion divine

Le mot *tournesol* suggère que cette plante suit le mouvement du soleil. C'est le cas pour les plantules. Cependant, lorsque les fleurs des capitules se forment, le phototropisme des tiges n'est plus actif. Les capitules matures portant les graines font généralement face à l'est, peut-être pour diminuer la chaleur générée par les rayons solaires.

Les graines de tournesol sont disposées en spirale sur les capitules. Certaines spirales tournent dans un sens, tandis que d'autres s'orientent en sens inverse. Étonnamment, ces deux nombres de spirales font partie en succession de la série des nombres de Fibonacci (1, 1, 2, 3, 5, 8, 13, 21, 34, 55, 89, 144, 233,...), du nom du mathématicien italien Leonardo Fibonacci da Pisa (1175-1240). Les capitules comptent souvent 34 spirales dans un sens et 55 dans l'autre. D'autres capitules ont des spirales correspondant à des nombres différents. La proportion mathématique entre ces nombres successifs correspond à la valeur approximative de 1,618... dite proportion divine, ratio ou nombre d'or ou nombre *phi*. La série de Fibonacci se rencontre aussi dans la disposition des écailles sur le fruit de l'ananas et sur les cônes de conifères ainsi que pour la disposition de fleurs sur des capitules. La phyllotaxie est l'étude de la disposition en spirale des feuilles autour de la tige. Souvent, les nombres de feuilles ainsi disposées appartiennent à la série de Fibonacci. Ces nombres et les proportions qui en découlent ont inspiré plusieurs dessinateurs et peintres.

Sources : Adler, I. et autres, « A history of the study of phyllotaxis », *Annals of Botany*, 1997, 80 : 231-244. Livio, Mario, *The Golden Ratio. The story of phi, the world's most astonishing number*, New York, Broadway Books, 2002, chapitres 5, 6 et 7, p. 92-201. Small, Ernest, *North American Cornucopia. Top 100 indigenous food plants*, Florida, CRC Press, Taylor & Francis Group, Boca Raton, 2014, p. 661-667.

cuits dans l'eau en ajoutant des morceaux de viande. Cette bonne nourriture goûte un peu la soupe aux pois, selon l'expérience de Kalm. On peut laisser refroidir ce plat et le réchauffer par la suite. Si la consistance devient trop épaisse, du lait sucré peut être ajouté. Cet ajout semble améliorer le goût. Il est intéressant de noter que le mot *sapaan* semble se rapprocher du terme *soupane*, qui décrit certains mets cuisinés.

Kalm présente des variations de la préparation « *sapaan* ». Certains enlèvent les enveloppes des grains en les exposant à une solution contenant des cendres dissoutes dans l'eau. Les enveloppes se dissolvent et les grains dénudés sont lavés plusieurs fois dans l'eau pour enlever le goût des cendres. Dans ce cas, les grains demeurent entiers. Kalm raconte que le docteur Colden a cru pendant un certain temps que ces grains sans enveloppe représentaient une variété distincte de maïs nommée *Zea semine nudo*, c'est-à-dire le maïs à semence nue. Kalm fait référence à Cadwallader Colden (1688-1776), un politicien et un amateur de botanique tout comme sa fille Jane Colden (1724-1760 ou 1766), considérée par plusieurs comme la première femme botaniste aux États-Unis. Les Colden ont vécu à New York et sur une ferme, nommée Coldengham, le long de la rivière Hudson dans l'État de New York. Ils ont beaucoup étudié la flore de cette région. Kalm a d'ailleurs visité leur domaine.

Certains habitants d'Amérique font une espèce de bière avec les grains de maïs, particulièrement avec le maïs à grains bleus, qui est considéré comme le meilleur. On prépare le malt de maïs comme pour les autres céréales. Il a le même goût que le malt d'orge, mais il doit être lavé de façon minutieuse afin de prévenir le développement de moisissures. Cette bière de maïs atteint sa maturité en une ou deux semaines.

Des habitants du Canada effectuent de longs voyages pour le commerce des fourrures. Dans certains cas, ces expéditions durent de deux à trois ans et l'accès à la nourriture est limité. Ils utilisent

Du maïs préhistorique dans les excréments de bernache au fond d'un lac canadien

Les sédiments bien protégés depuis des siècles au fond du lac Crawford, à l'ouest de Toronto, constituent une source privilégiée d'informations préhistoriques et historiques sur les restes des végétaux qui s'y accumulent. L'étude des grains de pollen et des spores de champignons phytopathogènes permet de déceler, dans les sédiments datant environ de 1300 à 1500, la présence du maïs en plus de celle du haricot, du tournesol et de la courge. Dans ces mêmes couches sédimentaires, on trouve de plus les dépôts d'excréments de la bernache du Canada, qui contiennent des grains de pollen et des spores de champignons identifiables à l'aide de la microscopie. Dans les sites archéologiques voisins du lac Crawford, on signale la présence de restes de graines des mêmes plantes cultivées par les Iroquoiens de l'époque en plus de résidus de graines de tabac (*Nicotiana* sp., vraisemblablement *Nicotiana rustica*, le tabac des paysans) et de pourpier potager (*Portulaca oleracea*).

Sources : McAndrews, John H. et Charles L. Turton, « Canada geese dispersed cultigen pollen grains from prehistoric Iroquoian fields to Crawford Lake, Ontario, Canada », *Palynology*, 2007, 31 : 9-18. McAndrews, John H. et Charles Turton, « Fungal spores record Iroquoian and Canadian agriculture in 2nd millennium A.D. sediment of Crawford Lake, Ontario, Canada », *Vegetation History and Archaebotany*, 2010, 19 : 495-501.

alors une préparation de maïs comme source privilégiée de nourriture concentrée. Le maïs est d'abord cuit dans le sable chaud, dans les cendres ou dans un four après la cuisson du pain. Il est ensuite broyé en morceaux dans un mortier de bois avec un pilon de bois. Les enveloppes des grains sont enlevées par un lavage à l'eau. On ajoute alors du sucre d'érable ou d'autres sucres. Le mélange de maïs cuit et broyé avec le sucre est mis dans un sac ou un autre contenant pour le transport sur de longues distances. Le voyageur utilise environ une demie ou une poignée de cette préparation de maïs sucré à laquelle il ajoute de l'eau. Du gras peut aussi être ajouté. Ce sont surtout les voyageurs les plus riches qui consomment ce maïs additionné de sucre. Les Amérindiens se contentent souvent d'un mélange de grains de maïs avec du gras d'ours, de chevreuil ou d'autres animaux sauvages. Cette préparation de nourriture concentrée à base de maïs est appelée *quitzera* par les Iroquois. Le capitaine Butler, qui a participé avec les Iroquois en 1710 à une guerre pour conquérir le Canada, a informé Kalm que certaines troupes se sont nourries de farine concentrée de maïs. Les autres troupes qui ne l'ont pas consommée ont été malades. Kalm semble croire que cette farine a permis de neutraliser les effets néfastes de l'eau corrompue.

Kalm décrit les efforts majeurs pour combattre les ravageurs du maïs. Les oiseaux et les écureuils sont particulièrement voraces. Selon son journal de route, les quiscales (mainates bronzés) sont des « voleurs de maïs ». Pendant la seule année de 1749, les autorités de la Pennsylvanie ont versé des sommes très importantes à ceux qui leur remettaient des têtes d'écureuils abattus. Les jeunes hommes quittaient leur travail normal pour chasser les écureuils. La loi a dû être modifiée pour diminuer les montants

Le pourpier potager (*Portulaca oleracea*), une mauvaise herbe. La plupart des botanistes estiment que le pourpier est une espèce introduite par les Européens en Amérique. Quelques rapports semblent indiquer sa présence avant les explorations faites par les Européens. Les évidences sur la présence précolombienne du pourpier sont cependant à confirmer. À l'époque, le pourpier est utilisé par les Européens à des fins alimentaires et médicinales. Pour certaines cultures agronomiques, le pourpier est considéré comme une plante nuisible. C'est pourquoi on le retrouve dans ce traité des mauvaises herbes du Canada du début du XXe siècle.

Source : Clark, George H. et James Fletcher, *Les mauvaises herbes du Canada*, ministère de l'Agriculture, Branche du Commissaire des semences, Ottawa, 1906. Planches par Norman Criddle, planche 18. Collection Alain Asselin.

Planche 18

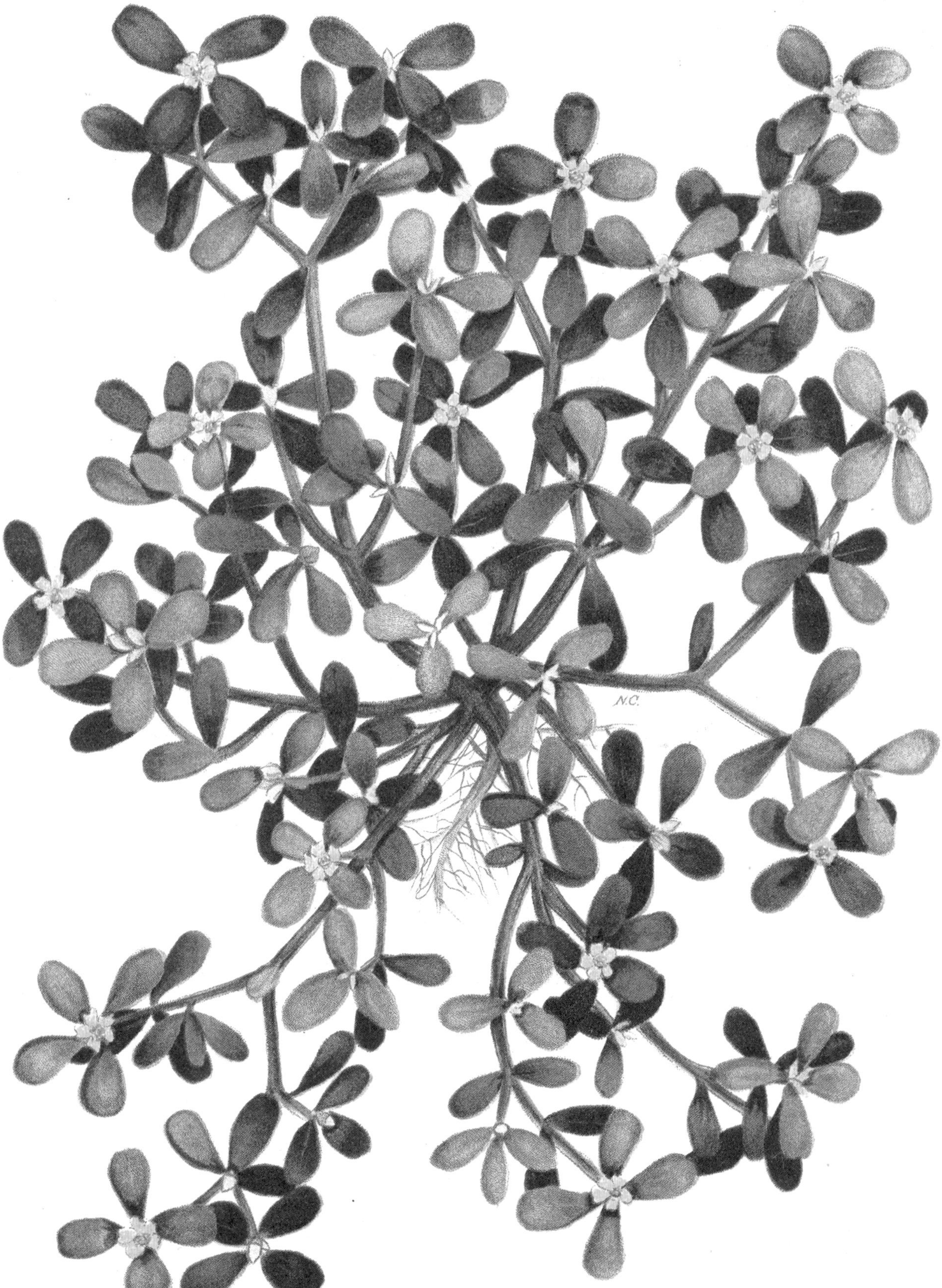

alloués. Une loi similaire a aussi été promulguée en Nouvelle-Angleterre contre les oiseaux. On regretta cependant cette décision en constatant l'augmentation des populations d'insectes nuisibles dévorés par les oiseaux. Ainsi, en 1749, les insectes ravageurs ont détruit toute la production de foin. Les colons ont dû faire venir du foin d'Angleterre pour compenser ces pertes. Selon Kalm, les habitants de la Nouvelle-Angleterre ont alors conclu qu'ils n'auraient pas dû interférer avec la Providence.

Le botaniste aborde finalement les propriétés médicinales du maïs. Contre les enflures, on recommande une préparation de farine de maïs et de lait. On chauffe le mélange en y ajoutant du gras. Cet onguent chaud est appliqué sur les parties enflées. On tente d'utiliser l'onguent le plus chaud possible en le gardant en contact jusqu'à ce qu'il refroidisse. Kalm a lui-même expérimenté ce remède qu'il juge efficace. Il a aussi observé son effet bénéfique sur d'autres patients. Kalm termine ses remarques sur le maïs en citant une dizaine de références consultées. Il inclut l'*Histoire* et la *Description générale de la Nouvelle-France* de François-Xavier Charlevoix publiée à Paris en 1744.

Une description de la fabrication de sucre à partir des plantes de l'Amérique du Nord

Kalm affirme que les Amérindiens fabriquent du sucre à partir de plantes depuis des temps immémoriaux. Cependant, ils ne connaissaient pas le miel ni les abeilles. Ils n'ont pas de mot amérindien pour décrire les abeilles, qu'ils nomment « les mouches des Anglais ». Lors de son voyage, Kalm observe la présence fréquente et même reculée dans les bois de ces insectes introduits par les Européens. Il énumère cinq arbres et deux herbes servant à produire du sucre. Les premiers noms sont ceux de la nomenclature moderne.

L'érable à sucre (*Acer saccharum*) est nommé *Ozekéhta* par les Iroquois et « erable » par les Français du Canada.

L'érable rouge (*Acer rubrum*) est nommé « plaine » ou « plane » par les Français. Une bonne quantité de sucre est produite à partir de cet arbre. La sève est cependant plus diluée que celle de l'érable à sucre. Le sucre est plus foncé, plus doux et plus efficace lorsqu'il est utilisé pour les problèmes de poitrine.

Le bouleau jaune (*Betula alleghaniensis*) est nommé « merisier » par les Français. Il est moins sucré que le second érable. La sève est aussi plus amère. Kalm ajoute que les Amérindiens et les Français ont essayé sans succès de produire du sucre à bouleau à papier (*Betula papyrifera*) servant à la fabrication des canots d'écorce.

Un noyer (*Carya* sp.) fournit un sucre qui est plus doux que tous les autres. Cependant, les faibles rendements de sève récoltée découragent son utilisation. Il semble qu'il s'agit d'une espèce de caryer, possiblement le caryer cordiforme (*Carya cordiformis*). Cet arbre est nommé « noyer amer » par les Français.

Le févier épineux (*Gleditsia triacanthos*). Une préparation sucrée est obtenue à partir des fruits, les gousses.

Après ces arbres, le botaniste décrit deux plantes à sucre.

Le maïs (*Zea mays*). Les tiges non matures contiennent un jus sucré. À l'occasion, on fait du sucre avec ce jus. On détruit cependant beaucoup de plants, car les tiges contiennent peu de jus sucré. Les Amérindiens se nourrissent à l'occasion de ce jus.

L'asclépiade commune (*Asclepias syriaca*). On récolte les fleurs tôt le matin lorsqu'elles sont pleines de rosée. Les fleurs broyées sont cuites. On obtient alors un sucre brun et bon au goût. La quantité de sucre est cependant si faible qu'elle ne justifie pas les efforts requis.

Kalm ajoute que le jésuite François-Xavier de Charlevoix est probablement dans l'erreur lorsqu'il affirme que le frêne (*Fraxinus* sp.) donne aussi une sève sucrée. Kalm suggère que Charlevoix a confondu l'érable à feuilles de frêne avec le frêne. Cet érable est l'érable à Giguère (*Acer negundo*). Kalm ignore

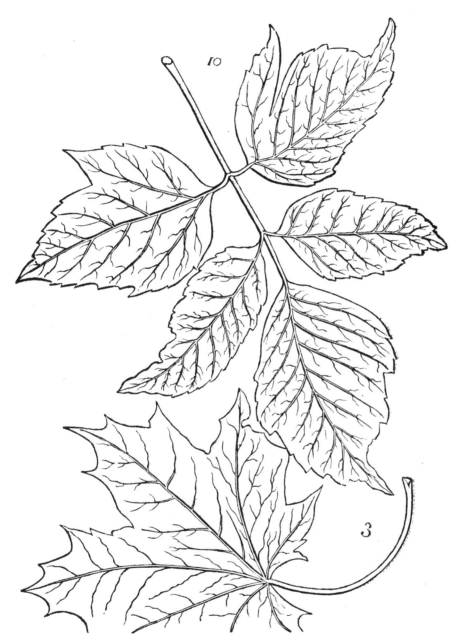

L'érable à Giguère (*Acer negundo*). Cet érable nord-américain a la particularité d'avoir des feuilles avec des folioles, c'est-à-dire des feuilles composées. Comme ces feuilles ressemblent à celles des frênes (*Fraxinus*), il y a eu des confusions entre ces deux types d'arbres. Ainsi, Kalm suggère que l'historien Charlevoix a confondu l'érable à feuilles de frêne avec le frêne. À la même époque, le savant français Duhamel du Monceau fournit une des premières illustrations de cet érable à feuilles composées (haut de l'illustration). L'érable représenté au bas du dessin ressemble à l'érable à sucre. Il pourrait cependant s'agir d'une autre espèce.

Source : Duhamel du Monceau, Henri-Louis, *Traité des arbres et arbustes qui se cultivent en France en pleine terre*, tome 1, planche 11, Paris, 1755, p. 36. Bibliothèque de recherches sur les végétaux, Agriculture et Agroalimentaire Canada, Ottawa.

cependant que Louis Nicolas a aussi rapporté que le « franc frêne » donne une sève sucrée.

L'auteur termine ses propos en décrivant en détail la production du sucre d'érable. Malgré la tradition préhistorique du sucre d'érable, les Amérindiens du Canada produisent un sucre de qualité inférieure à celui préparé par les colons français, qui ajoutent par contre de la farine au sucre d'érable pour en augmenter le poids et la quantité. Ce sucre adultéré peut être fondu et purifié en enlevant la farine. Kalm insiste sur le fait qu'il ne faut pas ajouter de farine au sucre d'érable.

Le botaniste décrit en détail la procédure pour entailler et produire le sucre, qui est expédié annuellement en France surtout à cause de ses propriétés médicinales pour atténuer les problèmes respiratoires dits de poitrine. Lorsqu'il visite les Amérindiens dans leurs villages, Kalm reçoit de gros blocs de sucre d'érable comme cadeau. Le sucre amérindien a tendance à avoir des portions liquides. Les colons français produisent l'équivalent d'un quart de barrique de sucre annuellement et ils n'utilisent aucune autre sorte de sucre. Le sucre d'érable est régulièrement ajouté au lait. Les soldats des forts français produisent aussi annuellement leur sucre d'érable. Comme les colons français, Kalm a mangé du sucre d'érable sur des tranches de pain. Il réaffirme qu'il ajoutait couramment du sucre d'érable à l'eau consommée en forêt. Le goût de l'eau en était amélioré. Malheureusement, ses compagnons anglais ou amérindiens qui ajoutaient du rhum ou de la boisson de maïs devenaient malades.

En plus du sucre, on produit aussi du sirop d'érable. La dernière sève recueillie, qui est plus diluée, est souvent utilisée à cette fin. On obtient le sirop en ne chauffant pas trop la sève. Ce sirop a la meilleure saveur tout en étant aussi efficace contre les maux de poitrine. Les officiers des forts français font provision de ce sirop qu'ils donnent aux visiteurs. Ce sirop mélangé à de l'eau est une boisson délicieuse et bonne pour la santé. On l'utilise aussi dans des confitures et pour préserver des fruits. La sève brute est aussi bonne à boire et contribue à maintenir la santé. Les colons d'Amérique exploitent environ 20 à 40 érables pour leurs propres besoins. Kalm espère que l'érable de Suède puisse fournir une manne aussi précieuse.

La réception de Kalm en Nouvelle-France

En 1900, Joseph-Edmond Roy (1858-1913) publie une analyse passablement détaillée du voyage de Kalm au Canada. L'historien lévisien ajoute en appendice la lettre que l'intendant François Bigot (1703-1778) écrit au ministre des colonies après le départ de Kalm. Le 15 octobre 1749, Bigot explique les pérégrinations et la réception de Kalm en Nouvelle-France. Ce savant suédois, muni des passeports du roi de France et de l'ambassadeur à la cour de Suède, ne s'est occupé « qu'à faire des observations sur les minéraux, sur les végétaux et sur les

animaux ». Le médecin « Gautier » qui l'a toujours accompagné aux environs de Québec nous assure « que ces observations n'avaient d'autre objet que de les connaître et d'en faire la description ». M. de La Galissonière a informé Bigot que des botanistes français ont été « bien traités et même défrayés » lors de leur visite en Suède. C'est pourquoi, Bigot fait payer à Québec « sa pension, ainsi que les dépenses et les recherches qu'il y a faites ». Bigot informe le ministre qu'il va aussi donner ordre de rembourser les dépenses pour son séjour à Montréal.

Bigot informe le ministre que Kalm a été fort déçu de ne pas recevoir l'autorisation du marquis de La Jonquière pour se rendre au fort Frontenac (Kingston, Ontario) et à Chouagan (Oswego, New York). Kalm « a paru mortifié ». Le savant devait alors regretter le départ du marquis de La Galissonière pour la France. Son remplaçant ne semble pas avoir l'étoffe d'un autre Linné. Bigot termine sa missive en espérant l'approbation du ministre pour les remboursements des dépenses. Il présente les états des comptes. Les dépenses totalisent 2 182 livres. Douze livres ont été versés à un Huron de Lorette qui a accompagné Kalm dans les bois pour découvrir diverses plantes dans la région de Québec. Cent cinquante livres ont été versés à des Amérindiens pour l'achat de « blé d'Inde en farine et en grain, pour sucre, folle avoine, fèves et pour diverses sortes de grains ». C'est précisément l'équivalent du montant versé pour sa pension pendant 25 jours à Montréal.

Pour son retour en Nouvelle-Angleterre, on lui octroie 40 livres pour une caisse de vin des Canaries en plus de nombreuses provisions. Il peut aussi compter sur 15 pots et un baril de vin. Il repart avec des cadeaux, comme un arc avec le carquois, une chemise de peau garnie en porc-épic, une paire de mitasses, deux paires de souliers sauvages, une robe de castor pesant 10 livres et garnie en porc-épic, et une palatine de zibeline de martre. Kalm a été logé, nourri et blanchi. On a même assumé les frais d'un barbier et d'un baigneur en plus d'un horloger pour sa montre.

Dans un document du 13 octobre 1749, René de Couagne (1690-1767), un négociant dont la famille a accueilli Kalm lors de son séjour à Montréal, énumère les dépenses concernant l'achat de divers objets pour « Pierre Kalm Suédois […] muni des passeports du roi pour faire la recherche de diverses plantes, graines et herbes ». La dépense la plus dispendieuse est l'achat d'une veste « avec une garniture de bouton d'or » au montant de 112 livres, sans oublier quatre mouchoirs à 6 livres chacun, un bonnet à 4 livres et 10 sols, une « culotte de camelot écarlate » à 16 livres et les quatre chemises de « toile de coton garnie » à 18 livres l'unité. Cet état des dépenses fait part d'un montant total de 397 livres 12 sols et 6 deniers. À l'arrivée de Kalm à Montréal, René de Couagne avait assumé les frais de plus de 1 400 livres associés au séjour de Kalm et de son domestique. Cette somme lui avait été remise par la suite par les autorités. Le domestique accompagnant Kalm était « Laurent Jungstom ».

La lettre de Bigot nous apprend que Kalm n'a pas eu accès à tout le territoire souhaité. Bigot insiste sur le fait que Kalm a limité ses investigations aux sciences naturelles. Il semble y avoir cependant des appréhensions qui se traduisent, entre autres choses, par le refus du nouveau gouverneur à autoriser Kalm à explorer la région des Grands Lacs. Selon son propre aveu, Kalm a recueilli deux charretées d'échantillons. Kalm réussit à prolonger son voyage et à se rendre dans la région des Grands Lacs à partir de la colonie anglaise. Le succès du voyage exploratoire est partiel. Linné aurait bien aimé que Kalm se rende jusqu'à la baie d'Hudson. Il n'a pu s'y rendre. Aucune des plantes utiles rapportées par Kalm n'a pu être exploitée de façon économique en Suède ou ailleurs. Il a été cependant un observateur rigoureux des humains et de la nature. Ses écrits renferment des trésors d'information pour mieux comprendre certains aspects du milieu naturel et culturel des sociétés nord-américaines.

Sources

Couagne, René de, *Mémoire des fournitures et dépenses faites par M. Pierre Kalm Suédois de Nation membre de l'Académie royale de Stockholm, muni des passeports du roi pour faire la recherche de diverses plantes, graines et herbes*, 1749 (13 octobre), Archives nationales d'outre-mer (ANOM, France), COL C11A 93 folio 291-292verso. Disponible sur le site Archives Canada-France au http://bd.archivescanadafrance.org/.

Fortin, Daniel, *Une histoire des jardins au Québec*, tome 1, *De la découverte d'un nouveau territoire à la Conquête*, Québec, Les Éditions GID, 2012.

Jarrell, Richard A., « Kalm, Pehr », *Dictionnaire biographique du Canada en ligne*, vol. IV, 1771-1800. Disponible au http://www.biographi.ca/.

Kalm, Peter (Pehr), *Travels into North America; Containing Its Natural History, and a Circumstantial Account of Its Plantations and Agriculture in General, With the Civil, Ecclesiastical and Commercial State of the Country, the Manners of the Inhabitants, and Several Curious and Important Remarks on Various Subjects*. Translated into English by John Reinhold Forster. Enriched with a Map, Several Cuts for the Illustration of Natural History, and Some Additional Notes, deuxième édition en 2 volumes, Londres, 1773. Disponible au www.americanjourneys.org/aj-117/.

Kerkkonen, Marti, *Peter Kalm's North American Journey*, Helsinki, Studia Historica, I. The Finnish Historical Society, 1959.

Larsen, Esther Louise, « Pehr Kalm's Description of Maize, How It Is Planted and Cultivated in North America, Together with the Many Uses of This Crop Plant », *Agricultural History*, 1935, 9 (2): 98-117.

Larsen, Esther Louise, « Peter Kalm's Short Account of the Natural Position, Use, and Care of Some Plants, of Which the Seeds Were Recently Brought Home from North America for the Service of Those who Take Pleasure in Experimenting with the Cultivation of the Same in Our climate », *Agricultural History*, 1939, 13 (1): 33-64.

Larsen, Esther Louise, « Pehr Kalm's Description of How Sugar Is Made from Various Types of Trees in North America », *Agricultural History*, 1939b, 13 (3): 149-156.

Larsen, Esther Louise, « Pehr Kalm's Observations on Black Walnut and Butternut Trees », *Agricultural History*, 1942, 16 (3): 149-157.

Larsen, Esther Louise, « Pehr Kalm's Report on the Characteristics and Uses of the American Walnut Tree Which is Called Hickory », *Agricultural History*, 1945, 19 (1): 58-64.

Larsen, Esther Louise, « Pehr Kalm's Description of Spruce Beer », *Agricultural History*, 1948, 22 (3): 142-143.

Larsen, Esther Louise, « Pehr Kalm's Description of the North American Mulberry Tree », *Agricultural History*, 1950, 24 (4): 221-227.

Larsen, Esther Louise, « North American Dye Plants: Presented by Esaias Hollberg, Pehr Kalm, Preceptor », *Agricultural History*, 1954, 28 (1): 30-33.

Larsen, Esther Louise, « Pehr Kalm's Account of the North American Rattlesnake and the Medicines Used in the Treatment of its Sting », *American Midland Naturalist*, 1957, 57 (2): 502-511.

Linné, Carl von, *Flora Suecica exhibens plantas per regnum Sueciae crescentes, systematice cum differentiis specierum, synonymis autorum, nominibus incolarum, solo locorum, usu oeconomorum, officinalibus pharmacopaeorum*, Editio secunda aucta et emendata Stockholm, 1755. Disponible à la bibliothèque numérique du jardin botanique royal de Madrid au http://bibdigital.rjb.csic.es/spa/.

Lyman, John, « Dissertation XI. On the silk worm », *Select dissertations from the Amoenitates academicae, a supplement to Mr. Stillingfleet's tracts relating to natural history*, vol. I, Londres, 1781.

Rousseau, Jacques et Guy Béthune avec le concours de Pierre Morisset, *Voyage de Pehr Kalm au Canada en 1749*, Montréal, Pierre Tisseyre, 1977.

Roy, J. Edmond, « Voyage de Kalm au Canada », *La revue du notariat*, 1900, 34 p.

Skottsberg, Carl, « Linné, Kalm et l'étude de la flore nord-américaine au XVIIIᵉ siècle », *Les botanistes français en Amérique du Nord avant 1850 : Paris, 11-14 septembre 1956*, Paris, Centre national de la recherche scientifique (CNRS), 1957.

Stearns, Raymond Phineas, *Science in the British Colonies of America*, Urbana, University of Illinois Press, 1970.

Yon, Armand, « Du nouveau sur Kalm », *Revue d'histoire de l'Amérique française*, 1949, vol. III (2): 234-255.

1749, NOUVELLE-FRANCE. UN MÉDECIN DU ROI ET CORRESPONDANT DE L'ACADÉMIE DES SCIENCES S'INTÉRESSE À LA MÉTÉOROLOGIE, À LA MINÉRALOGIE ET À LA BOTANIQUE

JEAN-FRANÇOIS GAULTIER (1708-1756), originaire du diocèse d'Avranches en Normandie dans l'actuel département de la Manche, obtient en 1741 le poste de médecin du roi à Québec pour succéder à Michel Sarrazin, décédé depuis sept ans. Le patronyme Gaultier se présente à l'époque sous différentes graphies comme Gaulthier, Gautier ou Gauthier. Nous utilisons le nom Gaultier, conforme à sa signature. Gaultier exerce la médecine à Paris pendant six ou sept ans avant son arrivée à Québec. Un fils de Michel Sarrazin, Joseph-Michel, étudiant en médecine à Paris, devait remplacer son père, mais il décède en 1739. Soutenu par le chanoine Pierre Hazeur de l'Orme (1682-1771) et Henri-Louis Duhamel du Monceau, Gaultier obtient le poste deux ans plus tard. Pierre Hazeur est le frère de Marie-Anne-Ursule Hazeur, l'épouse de Michel Sarrazin. Le chanoine Hazeur demeure pendant un long moment à Paris chez Claude-Michel Sarrazin (1722-1809), un autre fils de Michel Sarrazin. Gaultier n'arrive à Québec qu'en 1742 avec des honoraires annuels de 800 livres. Un ouvrier de l'époque gagne rarement plus d'une livre par jour.

En 1744, Gaultier est le médecin du Séminaire de Québec. Depuis deux ans, il pratique aussi la médecine chez les Ursulines. L'augustine Marie-Andrée Duplessis de Sainte-Hélène ne semble pas estimer la personnalité de Gaultier. Selon la religieuse de l'Hôtel-Dieu de Québec, « il est extrêmement susceptible et délicat aimant son point d'honneur, nous ne nous acceptons pas trop ».

En 1749, Gaultier obtient une concession de traite et de pêche à la baie des Châteaux, au Labrador, et des gratifications supplémentaires de 500 livres en 1752 et 1753. Il est de plus médecin à l'Hôtel-Dieu de Québec. Dès 1744, il devient membre du Conseil supérieur de la colonie après avoir suivi des cours de droit à Québec. En 1745, il est nommé correspondant officiel de Duhamel du Monceau de

l'Académie royale des Sciences. Il échange aussi des informations avec les académiciens Jean-Étienne Guettard (1715-1786) et René-Antoine Ferchault de Réaumur (1683-1757). Gaultier expédie en France des échantillons minéralogiques et même des fossiles. À la demande de Duhamel du Monceau, il met sur pied en 1742 la première station météorologique au Canada. Il tient d'ailleurs un journal météorologique de 1742 à 1756. Récemment, Victoria Slonosky a utilisé les données météorologiques de Gaultier pour établir certaines comparaisons avec les données du XXᵉ siècle. À l'époque de Gaultier, les hivers et les étés semblent plus chauds qu'au XXᵉ siècle, alors que les printemps et les automnes semblent plus frais. Dès l'automne 1743, Gaultier expédie cinq caisses de plantes au Jardin du roi. D'autres envois suivent au cours des années.

Quelques réflexions et des envois d'échantillons

Gaultier a des idées bien arrêtées sur l'influence des dirigeants en Nouvelle-France. À son avis, cette colonie, qui est « presque naissante », ne reçoit pas l'attention nécessaire. En effet, on n'a presque rien fait « depuis 150 ans ». Ce qui a été fait est « plutôt dû au hasard et à une certaine routine qu'à la sagesse du gouvernement ». Gaultier poursuit en indiquant que la colonie vient « de perdre Mr. de La Jonquière. Jamais homme n'a été si peu regretté et ce n'est pas sans raison »! Gaultier espère que le marquis Duquesne, le remplaçant de La Jonquière, puisse « marcher sur les traces » du marquis de La Galissonière, qui est « encore toujours regretté parce qu'il entrait dans une infinité de détails qui faisaient plaisir aux habitants de cette colonie ».

En réponse à une demande de Guettard relative à des envois de plantes, Gaultier spécifie clairement qu'il « faudra vous adresser à Mr. le marquis de La Galissonière qui se fera un très grand plaisir de vous

La renouée liseron (*Fallopia convolvulus*), une plante d'Europe envahissante en Amérique du Nord et considérée une mauvaise herbe dans certaines cultures. Au début du XXe siècle au Canada, on estime qu'elle est devenue nuisible surtout dans les provinces « à prairies ». Les tiges très volubiles de la renouée liseron, aussi nommée à cette époque faux-liseron, liseron noir et vrillée sauvage, s'enroulent efficacement autour des tiges des pommes de terre et des céréales. Les graines de la renouée liseron peuvent contaminer les grains de céréales. Le nom du genre *Fallopia* honore les contributions scientifiques de l'anatomiste italien de renom Gabriele Falloppio (1523-1562). L'appellation *trompe de Fallope* rappelle ses investigations anatomiques.

Source : Clark, George H. et James Fletcher, *Les mauvaises herbes du Canada*, planches par Norman Criddle, planche 43, ministère de l'Agriculture, Branche du Commissaire des semences, Ottawa, 1906. Collection Alain Asselin.

faire part de tout ce que je lui enverrai ». C'est aussi La Galissonière qui « pourra encore faire passer au roi quelques graines et quelques arbrisseaux ». Gaultier semble donc utiliser un point de chute privilégié pour ses échantillons végétaux expédiés en Europe. Le savant s'informe si les graines et les arbrisseaux donnés au roi et au duc d'Ayen « auront réussi et surtout si les pins, sapins peuvent reprendre ». Il s'interroge aussi à savoir si les envois faits à monsieur de Réaumur ont réussi. Dans une lettre sur les minéraux, Gaultier dit qu'il a trouvé à l'intérieur des pierres de l'Ange-Gardien « beaucoup d'empreintes

Le soufre, une substance d'actualité utilisée à des fins bénéfiques ou maléfiques

Dès le VIIIe siècle avant l'ère chrétienne, le poète grec Homère célèbre les vertus du soufre, qui permet d'éviter les pestes à cause de sa fumée purificatrice lorsque cette substance d'un beau jaune est brûlée. Tôt dans l'histoire de l'agriculture, la fumigation à l'aide du soufre ou d'autres substances devient une méthode de choix pour prévenir ou lutter contre des pestes affectant les plantes. On brûle toutes sortes de substrats, comme la paille, les excréments et les cornes d'animaux en utilisant le vent pour diriger la fumée vers les plantes à traiter. Le soufre fait aussi partie de diverses préparations utilisées pour la protection des végétaux contre les ravageurs. Ainsi, dans un contenant de cuivre, on chauffe le soufre avec du bitume et les résidus d'extraction de l'huile d'olive. Cette gomme est appliquée sur les troncs des vignes pour diminuer l'invasion des chenilles. De plus, la fumée générée lors du chauffage de ces mêmes ingrédients permet de débarrasser des végétaux de leurs pestes.

De nos jours, on étudie toujours les propriétés fongicides et insecticides du soufre. Étonnamment, quelques plantes, comme le cacaoyer et la tomate, semblent accumuler, de façon active dans certains tissus, du soufre sous sa forme élémentaire. Ce soufre pourrait donc agir comme une substance antimicrobienne, à l'exemple du soufre purificateur d'Homère. Le sulfure de mercure (HgS), le cinabre, a longtemps servi de pigment vermillon utilisé, entre autres applications, dans les tampons de cire servant à cacheter les lettres.

Historiquement, le soufre fait aussi partie de l'arsenal thérapeutique recommandé pour certaines maladies humaines. Dès l'époque de Dioscoride, les onguents de soufre servent à soigner des maladies de la peau. Au XVIe siècle, Paracelse, un médecin de renom, considère que tous les corps sont composés de trois éléments de base (*tria prima*) : le sel, le mercure et le soufre. Quelques médecins du roi, comme l'illustre Théodore de Mayerne (1573-1655) qui soigne Henri IV et deux rois d'Angleterre, intègrent des éléments de la médecine de Paracelse, particulièrement en référence à ces trois éléments. Nicolas de Blégny, un apothicaire de Paris, offre en vente la diversité des formes médicinales du soufre : « les fleurs, le baume, le sel, le magistère et l'esprit de soufre. » Le soufre a de plus une valeur inestimable, car son mélange avec le salpêtre (nitrate de potassium) et la poudre de charbon de bois constitue la précieuse poudre à fusil et à canon. On peut aussi l'utiliser pour accélérer la mise à feu de produits combustibles. Ainsi, en 1755, deux matelots ont mis le feu à la toiture de l'Hôtel-Dieu de Québec en l'enduisant « d'une certaine quantité de soufre ». L'incendie a ravagé presque complètement cet hôpital.

Sources : Blégny, Nicolas de, *Le bon usage du thé, du café et du chocolat pour la preservation & pour la guerison des Maladies*, Paris, chez l'auteur, la Veuve d'Houry et la veuve Nion, 1687, p. 322. Casgrain, Henri Raymond, *Histoire de l'Hôtel-Dieu de Québec*, Québec, Léger Brousseau, imprimeur-libraire, 1871, p. 405 et suivantes. Horsfall, James G., *Principles of fungicidal action*, Waltham, Massachusetts, The Chronica Botanica Company, 1956, p. 2. Smith, Allan E. et Diane M. Secoy, « Forerunners of pesticides in classical Greece and Rome », *Journal of Agricultural and Food chemistry*, 1975, 23 (6) : 1050-1055. Trevor-Roper, Hugh, *Europe's Physician. The various life of Sir Theodore de Mayerne*, New Haven et London, Yale University Press, 2006, p. 1-13. Williams, J. S. et R. M. Cooper, « The oldest fungicide and newest phytoalexin-a reappraisal of the fungitoxicity of elemental sulphur », *Plant Pathology*, 2004, 53 : 263-279.

de coquillages bien gravées et marquées». Ce sont évidemment des fossiles.

Gaultier déplore l'incendie de l'hôpital de la ville (Hôtel-Dieu) du 7 juin 1755 dans lequel il a perdu, en «moins de deux heures», un «petit cabinet où [il] ramassai[t] tout ce que l'histoire naturelle [lui] fournissait». Le tout a été perdu, incluant des minéraux, des oiseaux et des poissons. Il note que les chirurgiens de la Nouvelle-France «sont plus souples» qu'à Paris où la «conduite des chirurgiens est déplorable». Il semble s'inquiéter de la crédibilité de certaines publications de l'Académie royale des Sciences, car elle produit des «mémoires sur les humeurs composés par un certain homme médecin». Gaultier révèle qu'il a lui-même rédigé le procès-verbal de la visite des mines de la Baie-Saint-Paul faite en 1749 en présence du marquis de La Galissonière. Dès 1740, des experts allemands ont déjà visité ce site minier. Le marquis a d'ailleurs rapporté divers échantillons minéralogiques en France.

Diverses informations scientifiques

Les informations météorologiques de Gaultier s'accompagnent de précieux commentaires sur certaines activités de la colonie, particulièrement en ce qui a trait à la vie agricole. En 1743, on apprend que le contrôle des chenilles avec le soufre est sans

Le thé des bois (*Gaultheria procumbens*), une espèce dont le nom du genre honore la contribution botanique de Jean-François Gaultier (1708-1756), le médecin du roi qui succède à Michel Sarrazin en Nouvelle-France.

Source: *Curtis's Botanical Magazine*, 1818, volume 45, planche 1966. Bibliothèque de recherches sur les végétaux, Agriculture et Agroalimentaire Canada, Ottawa.

effet. Cependant, une infusion de tabac est plus efficace. Gaultier ne réalise certainement pas que cet effet insecticide efficace est dû à la nicotine et à ses dérivés. La biochimie des pesticides n'est pas encore née. Il est aussi intéressant de noter que divers produits soufrés deviendront des fongicides populaires. Malgré ces interventions contre les insectes, les blés deviennent niellés et rouillés. En 1743 et 1744, il observe quelques mauvaises herbes eurasiatiques envahissantes, comme la renouée liseron (*Fallopia convolvulus*) et le chiendent commun (*Elymus repens*). Gaultier distingue bien quatre espèces de pin de l'est du Canada. Linné ignore ces différentes espèces et il ne décrit que le pin blanc en 1753.

Gaultier est connu des réputés frères botanistes Antoine et Bernard de Jussieu qui œuvrent à Paris. Il a accès aux sources d'information et aux contacts de Michel Sarrazin, son prédécesseur. Il possède

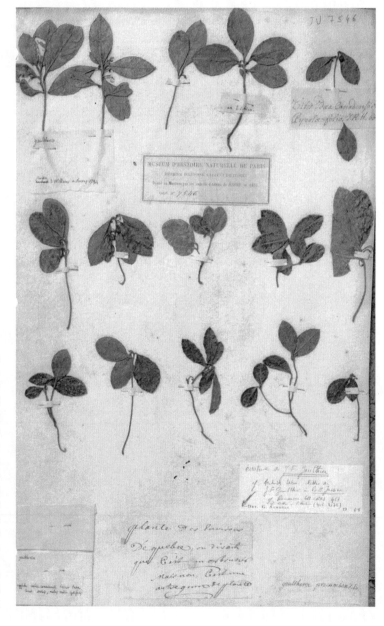

Un échantillon d'herbier de plusieurs plants du thé des bois (*Gaultheria procumbens*). Cet échantillon fait partie de l'herbier d'Antoine Laurent de Jussieu, qui a été légué en 1857 au Muséum d'histoire naturelle de Paris. En bas à gauche, le professeur Gérard Aymonin (1934-2014) note en 1968 que l'étiquette au milieu du bas de la feuille d'herbier est de la main de Jean-François Gaultier. Ce médecin du roi note que c'est une plante des environs de Québec et que « c'est un autre genre de plante ». Il a bien raison, car le nom du genre portera son nom de famille.

Source : Herbier d'Antoine Laurent de Jussieu, Herbier du Muséum national d'histoire naturelle, Paris.

une copie d'un manuscrit de Michel Sarrazin et Sébastien Vaillant intitulé *Histoire des Plantes de Canada*. Il y ajoute des commentaires en marge et ce manuscrit est connu plus tard comme le manuscrit de Saint-Hyacinthe, comme le rapporte Marie-Victorin. Selon Bernard Boivin, Gaultier aurait pu avoir accès à l'herbier de Sarrazin constitué d'environ 800 spécimens.

En 1749, Gaultier accompagne Pehr Kalm dans ses explorations botaniques dans la région de Québec. En 1752, il prend épouse à qui il lègue un douaire de 10 000 livres. Il fait ériger une maison à Québec. Le douaire légué par Gaultier est le plus élevé jamais consenti par une personne du corps médical avant 1785. Gaultier confie qu'il vient d'épouser « une dame de condition [qui] a beaucoup d'esprit, une grande éducation et une très grande économie pour l'ordre et l'arrangement d'une maison ». Il ajoute qu'elle « a du bien à espérer après la mort de son père qui a 78 ans ». En 1749, on avait concédé à Gaultier le poste de la baie des Châteaux, au Labrador, qui lui rapporte des gains financiers appréciables. Gaultier décède sans enfant du typhus en 1756 en soignant des soldats infectés à l'Hôtel-Dieu de Québec. Le nom du genre *Gaultheria*, qui inclut le thé des bois (*Gaultheria procumbens*), lui est dédié de son vivant par Kalm qui semble avoir estimé son compagnonnage botanique.

Rénald Lessard a fait ressortir plusieurs similitudes entre Michel Sarrazin et Jean-François Gaultier. Après leurs études à Paris, ils obtiennent un brevet de médecin du roi. Ils ont des liens officiels avec l'Académie royale des Sciences et leur état matrimonial favorise leur statut social et financier. Enfin, ils décèdent en soignant des malades à l'Hôtel-Dieu de Québec.

Les documents de Gaultier sur les plantes

Selon Bernard Boivin, Gaultier aurait produit environ 1 500 pages manuscrites entre 1742 et 1756. Quelques manuscrits sont conservés à la bibliothèque de l'American Philosophical Society à Philadelphie. Un manuscrit de 1749 sur les plantes est conservé à Bibliothèque et Archives nationales du Québec. On peut aussi y consulter une partie du document de Michel Sarrazin et Sébastien Vaillant de 1708 annoté par Gaultier. Les textes qui suivent ne tiennent compte que du manuscrit de 1749 concernant la description de plantes canadiennes.

En traitant des végétaux, Gaultier révèle quelques états d'âme en commentant la description de la plante nommée « sabot de la vierge ». « Les Canadiens sont si peu instruits qu'ils ne connaissent pas les choses qui viennent dans leur pays. »

Quelques propos sur des plantes, leurs noms et leurs usages

Les premiers noms sont ceux de la nomenclature moderne.

Gaultier, un aériste

Jean-François Gaultier souhaite comprendre les relations entre le climat et les êtres vivants. Comme Duhamel du Monceau et bien d'autres savants, il croit que le climat provoque des maladies tant chez les végétaux que chez les humains. Il est donc un savant « aériste ». Au siècle précédent, d'autres médecins ont décrit l'influence de la météorologie sur la santé humaine. Le pasteur et médecin John Clayton séjourne à Jamestown en Virginie entre 1684 et 1686. Clayton note alors que les symptômes d'une patiente, empoisonnée par le plomb, varient même en fonction de la grosseur et de la proximité des nuages !

Sources : Hughes, Thomas P., *Medicine in Virginia 1607-1699*, Williamsburg, Virginia, Virginia 350th Anniversary Celebration Corporation, 1957. Wien, Thomas, « "Les travaux pressants", Calendrier agricole, assolement et productivité au Canada au XVIIIᵉ siècle », *Revue d'histoire de l'Amérique française*, 1990, 43 (4) : 535-558.

Du sapin (sapin baumier, *Abies balsamea*), on récolte une térébenthine «claire transparente qui a une assez bonne odeur et qu'on nomme baume du Canada et baume blanc du Canada». On la nomme vulgairement «gomme de sapin» au Canada. Le nom vulgaire du sapin est «epinette blanche». Gaultier suggère qu'on pourrait le nommer «sapin peigné» à cause «de l'arrangement et de la symétrie de ses feuilles».

Ailleurs dans le texte, il ajoute quelques informations sur l'utilité du baume blanc qui peut devenir un peu jaune et qu'on récolte avec une «bouteille garnie d'un entonnoir de fer blanc aplati sur un côté». Cet instrument deviendra connu sous le nom populaire de *picieu*. Ce baume est employé pour «les vernis, pour les usages médicinaux et chirurgicaux». De plus, «les habitants s'en servent pour se purger» en utilisant une ou deux cuillerées de baume avec de l'huile d'olive. Jacques Rousseau note que les «piqueurs de sapin» de Charlevoix au Québec «employaient pour la cueillette un récipient terminé par une longue canule latérale».

De l'épinette (*Picea* sp.), on obtient la «gomme d'épinette» dont on fait grand usage «pour goudronner ou boucher les trous et larges fissures qui sont aux canots» faits d'écorce de bouleau. Gaultier distingue deux espèces d'épinette, qui sont aussi nommées sapin. La première espèce a le bois blanc, alors que la seconde espèce a le bois rouge. On ramasse la résine et on la fait fondre dans une petite chaudière. On la filtre à travers un linge et on a alors «une résine claire, nette, blanche, transparente comme le cristal» qui sert à goudronner les canots. Ailleurs dans le texte, il précise que la résine de pin est aussi utilisée, comme la résine d'épinette, pour empêcher l'eau d'entrer dans les canots d'écorce.

Avec les branches d'épinette, on fabrique aussi une «petite bière» au goût de térébenthine. Cette recette ressemble beaucoup à celle décrite par Charlevoix. On fait aussi avec les jeunes branches d'épinette une «tisane qui est un bon antiscorbutique qui […] adoucit le sang». On utilise de plus les racines d'épinette pour coudre les canots d'écorce. La recette la plus détaillée de la fabrication de la bière d'épinette est celle de Pehr Kalm.

L'érable rouge (*Acer rubrum*) est nommé «érable à fleurs rouges». Son nom vulgaire est «plaine» ou «plène». «Les habitants se servent de l'écorce de plaine pour teindre.» Les menuisiers recherchent les formes «ondées» de ce bois qui montre «des figures en formes d'onde». C'est l'une des deux

De la térébenthine de bourgeons de sapin pour se revigorer à la baie d'Hudson

Médart Chouart Des Groseilliers (1618-vers 1696) et Pierre-Esprit Radisson (vers 1640-1710) convoitent le marché des fourrures de la baie d'Hudson depuis plusieurs années. Ils convainquent les Anglais d'appuyer leur projet. En 1668, deux navires quittent l'Angleterre en direction de la baie d'Hudson. Au mois d'août, le navire sur lequel prend place Des Groseilliers atteint l'embouchure d'une rivière, qu'on nomme alors Rupert. En 1670, Charles Bailly (ou Bayly) devient le premier gouverneur de la Compagnie de la Baie d'Hudson.

En 1672, un membre de la Société royale de Londres note les propos de ceux qui survivent à l'hiver dans cette région plutôt inhospitalière. On apprend que le sol argileux produit «des légumineuses sauvages, des groseilles, des fraises, des canneberges et une abondance de bois, surtout du bouleau, du saule et du sapin. Les bourgeons du sapin renferment une essence excellente, que les gens appellent "térébenthine". On les fait bouillir pour obtenir une bière très saine, qui procure force et vigueur à ceux qui étaient auparavant pâles, faibles et malades».

Source: Cayouette, Jacques, *À la découverte du Nord. Deux siècles et demi d'exploration de la flore nordique du Québec et du Labrador*, Québec, Éditions MultiMondes, 2014, p. 9-16.

Des vergers de pommiers sur les plaines d'Abraham

Au xviiᵉ siècle, Louis Rouer de Villeray (1629-1700) est un grand propriétaire de terres sur les futures plaines d'Abraham (Martin). Nommé premier conseiller au Conseil souverain de la Nouvelle-France dès 1663, il détient pour la plupart du temps cette responsabilité de grande influence jusqu'à son décès en 1700. Rouer de Villeray est issu d'une famille italienne de noblesse qui aurait contribué par trois de ses membres à la papauté (Sixte IV, Jules II et Paul IV). Il épouse Catherine Sevestre, une héritière de terres possédées par son père Charles sur les plaines d'Abraham. En 1664, le couple y construit le manoir La Cardonnière avec dépendances et vergers. On présume que ces vergers étaient surtout remplis de pommiers, provenant vraisemblablement en partie de Normandie. Louis Rouer d'Artigny (1667-1744), le second fils du couple et héritier du domaine, y poursuit des activités agricoles, incluant la culture du houblon. Il fait construire un moulin à vent pour la mouture des grains. Entre 1720 et 1740, le grand domaine de La Cardonnière est démembré peu à peu. Durant la décennie suivante, Hubert-Joseph de La Croix (1703-1760) en achète une partie. Ce médecin herborisateur, originaire de Liège (Belgique), espère sans succès succéder à Michel Sarrazin. Il collectionne des végétaux pour des envois au Jardin du roi à Paris.

Selon Paul Fénelon, l'appellation *cardonnière* est l'équivalent en langue d'oc de *chardonnière*, un terrain en friche où poussent les chardons. Au xviiᵉ siècle et précédemment, ce terme s'applique aussi en France au terrain où l'on cultive la cardère, aussi nommée alors chardon à foulon (*Dipsacus fullonum* maintenant nommé cardère des bois), une espèce utilisée pour le cardage, cette opération de démêlage et de premier nettoyage des fibres textiles. Comme Rouer de Villeray élève des moutons sur son domaine, la laine était probablement cardée à La Cardonnière à l'aide de cardères. Au xixᵉ siècle, la cardère des bois est souvent semée près des usines de textiles qui se développent de façon fulgurante dans le nord-est des États-Unis. On se sert même des capitules séchés de la cardère sur des machines spécialement fabriquées pour le cardage.

L'appellation *cardonnière* pourrait aussi référer à la culture d'autres chardons ou cardons utiles. Ces deux mots dérivent du terme latin *carduus* qui désigne diverses espèces de chardons et même l'artichaut, des plantes de la famille des astéracées (composées). Parmi les chardons populaires à l'époque de la Nouvelle-France, il y a deux plantes médicinales de renom : le chardon béni (*Centaurea benedicta* anciennement *Cnicus benedictus*) et le chardon Marie (*Silybum marianum*), une espèce connue en Europe depuis l'Antiquité et devenue associée au lait maternel de la Vierge Marie qui aurait laissé son empreinte sur les feuilles. De nos jours, le mot *cardon* identifie généralement *Cynara cardunculus* (ou d'autres espèces de *Cynara*), aussi nommée carde, cardonette ou cardon d'Espagne. Le cardon et l'artichaut sont considérés comme des variantes biologiques de *Cynara cardunculus*. Cependant, à l'époque de La Cardonnière et pendant longtemps, les mots *cardon* et *chardon* peuvent être employés de façon interchangeable. Il devient donc difficile de différencier les espèces portant ces noms.

Durant son séjour (1664-1675) en Nouvelle-France, Louis Nicolas écrit que la «chardonnette y sert à faire prendre le lait». Depuis l'Antiquité, on sait que les têtes florales de certaines astéracées (des genres *Cynara*, *Cirsium* et *Carlina*) provoquent la coagulation du lait. Le mot *cardonnière* pourrait aussi décrire la culture d'une «chardonnette», indigène ou introduite, utilisée comme présure végétale dans la fabrication de fromages. L'hypothèse de la culture de cardères des bois (*Dipsacus fullonum*) servant pour le cardage de la laine des moutons élevés à proximité semble beaucoup plus plausible.

Sources : Fénelon, Paul, «Vocabulaire de géographie agraire», *Norois,* 1962, 34 : 199-212. Gagnon, François-Marc et autres, *The Codex canadensis and the writings of Louis Nicolas*, McGill-Queen's University Press, 2011, p. 408. Krawitt, Laura (ed.), *The Mills at Winooski Falls*, Winooski, Vermont, Onion River Press, 2000, p. 42-44. Roseiro, Luisa Bivar et autres, «Cheesemaking with vegetable coagulants-the use of *Cyanara* L. for the production of ovine milk cheeses», *International Journal of Dairy Technology*, 2003, 56 (2) : 76-85. Mathieu, Jacques et Eugen Kedl, *Les plaines d'Abraham. Le culte de l'idéal*, Sillery, Septentrion, 1993, p. 49-53.

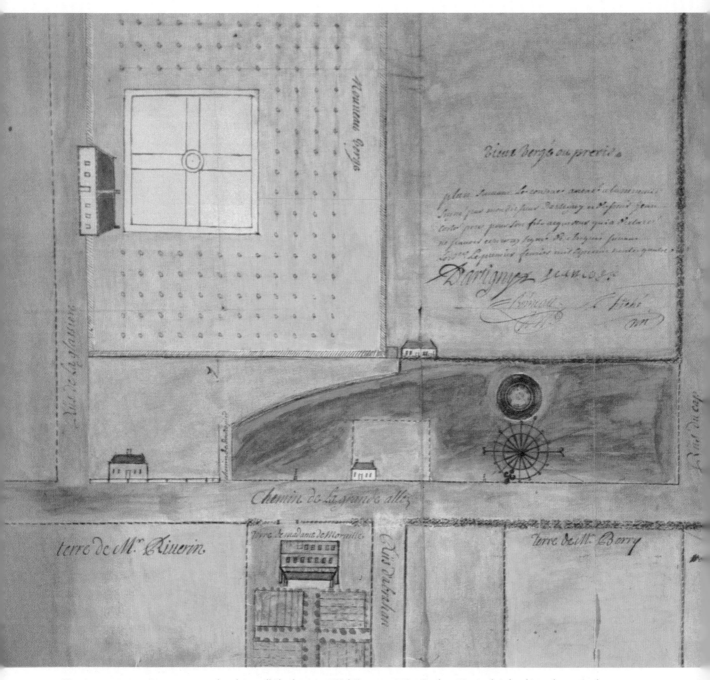

Un nouveau et un vieux verger sur les plaines d'Abraham en 1734. Le manoir La Cardonnière inclut des dépendances et des vergers. On présume que ces vergers étaient surtout remplis de pommiers, provenant vraisemblablement en partie de Normandie. Sur ce plan de 1734, on observe l'aire du nouveau verger (en pointillé) adjacent au manoir. À droite du nouveau verger, on peut lire que cet espace était celui de l'ancien verger et de prairies. Le manoir est situé sur la rue «de la glassière [glacière]», perpendiculaire au «Chemin de la grande allée». La «rue d'abraham» est située au nord du «Chemin de la grande allée» qui existe toujours comme voie principale à Québec. Le nouveau verger entoure ce qui semble être un grand jardin symétrique à l'arrière du manoir. À droite du plan, les deux structures circulaires au coin du «Chemin de la grande allée» et de la «rue du cap» représentent le moulin à vent d'Artigny.

Source : Plan de 1734 annexé à un contrat notarié, Henry Hiché, Bibliothèque et Archives nationales du Québec. Dans Mathieu, Jacques et Eugen Kedl, *Les plaines d'Abraham. Le culte de l'idéal*, Sillery, Septentrion, 1993, p. 51. Banque d'images, Septentrion.

espèces d'érable qui fournit de l'eau sucrée. L'autre espèce est l'érable blanc. Pour Gaultier, il y aurait eu confusion avec le « plane » (platane) à cause d'une certaine ressemblance des feuilles.

L'érable de Pennsylvanie (*Acer pensylvanicum*). Les Canadiens le nomment « faux sicamore » et les jeunes rejetons de cet arbuste servent à faire « une forte décoction qui est extraordinairement purgative ». Un chirurgien de l'île d'Orléans assure Gaultier qu'il y a beaucoup d'habitants « qui se purgent au printemps avec cette décoction ». Le mot *chicomaure* inscrit au-dessus de *sicamore* indique vraisemblablement la prononciation canadienne. Il note aussi que cet érable est un purgatif assez violent et qu'il n'en a pas fait usage. Le mot *sycomore* désigne alors en Europe l'érable faux platane (*Acer pseudoplatanus*).

Les amélanchiers (*Amelanchier* sp.). Leurs fruits sont nommés « poirettes » au Canada. C'est l'alisier du Canada pour Gaultier et l'amélanchier pour de La Galissonière. Le mot *poirette* est particulièrement attrayant. Ce terme est tout aussi convenable que *petite poire*! Gaultier suggère qu'on « pourrait se servir avantageusement de ce petit arbre pour enter [greffer] des poiriers à l'exemple des pommiers nains ». Il conclut cependant que cette expérimentation prometteuse de greffage n'a pas encore été effectuée sur les amélanchiers.

Les aulnes (*Alnus* sp.). De cet arbuste, « les habitants se servent de son écorce pour teindre leurs étoffes en jaune et en brun ».

Le févier épineux (*Gleditsia triacanthos*) est nommé « grand févier » par les Canadiens et « bonduc » par les Français. Gaultier rapporte aussi les noms « févier » et « chien ». La « gousse » est remplie d'un « suc balsamique que les Canadiens nomment baume vert, dont les Sauvages et autres se servent avec succès pour la guérison des plaies et des ulcères, les semences de cet arbre qui sont plongées dans ce suc balsamique sont très dures ».

En 1714, Nicolas Lemery décrit le bonduch (bonduc) comme étant le petit arbre *Arbor exotica spinosa foliis lentisci* (arbre exotique épineux à feuilles de lentisque) mentionné par Gaspard

Bauhin en 1623. Pour Lemery, le bonduc « est un fruit légumineux de l'Amérique, appelé par les Indiens pois nu, et par les Portugais œil de chat : il est gros comme une aveline presque orbiculaire, un peu aplati, dur comme de la corne, lisse, poli, luisant, de couleur cendrée : il naît enclos dans une gousse grosse comme une figue rougeâtre, garnie tout autour d'épines assez longues et piquantes [...] cette amande remue et résonne quand on agite le fruit, ce qui fait une manière de divertissement aux enfants [d'Amérique] ». La description de Lemery laisse penser que la gousse elle-même est garnie d'épines. L'illustration qu'il en fournit confirme que la gousse est épineuse. Ce n'est cependant pas le cas pour les gousses du févier épineux. Ce sont les rameaux qui sont armés d'épines, qui sont souvent ramifiées. La description de Lemery est vraisemblablement celle d'un arbuste du genre *Caesalpinia*, probablement l'espèce *bonduc*. Le terme *bonduc* ne s'applique donc pas nécessairement à une seule espèce, car il a été utilisé en Nouvelle-France et en France pour le févier épineux (*Gleditsia triacanthos*) et le chicot févier (*Gymnocladus dioicus*). En 1736, un écrit d'Antoine de Jussieu mentionne une espèce de bonduc du Canada. En 1752, Philip Miller énumère trois espèces de « bonduc », dont une espèce du Canada portant le nom anglais *Canada Nickartree*. Pour Miller, le nom *barbare* du genre Bonduc provient d'un mot amérindien. Quant à Linné, il préfère utiliser le terme *Guilandina* pour ce genre, en l'honneur du Prussien Melchior Guilandinus (vers 1520-1589), professeur de botanique et préfet du Jardin de Padoue.

L'adiante du Canada (*Adiantum pedatum*). « C'est le capillaire de Canada. » On en récolte beaucoup et « on a soin de le faire sécher à l'ombre, on l'envoie en France où il se vend bien et où il est plus estimé qu'en Canada même ».

Le podophylle pelté (*Podophyllum peltatum*) est nommé « citronnier ». « On prétend que M. Morin fleuriste est le premier qui ait cultivé cette plante en Europe. » Plus loin dans le texte, Gaultier rapporte qu'on « dit que le fruit est bon à manger, mais qu'il est fiévreux ». On trouve cette plante « du côté du fort Saint-François, du Niagara et du côté d'Orange». On dit que les Amérindiens s'en servent «quand ils ne peuvent plus survivre à leur malheur». Dans son livre de 1619, Samuel de Champlain avait mentionné la présence d'une «manière de fruit qui est de la forme et couleur de petits citrons».

La cicutaire maculée (*Cicuta maculata*) est nommée «angélique sauvage du Canada» par les Français et «carotte à Moreau» par les Canadiens. Un nommé Moreau a été le premier à manger cette racine qui cause la mort. Ailleurs dans le texte, Gaultier ajoute que «cette plante passe pour une ciguë en Canada». Les effets très nocifs de la racine «jaune en dehors et blanche en dedans» provoquent la mort en sept ou huit heures avec «des convulsions terribles». Le remède le plus efficace est «de saigner promptement le malade» et de lui donner une «bonne prise de thériaque et on fait avaler abondamment du lait». La racine aux effets mortels ressemble au «panet sauvage». «Quand on la mange cuite, on tombe dans un sommeil léthargique.» Gaultier conclut en spécifiant que Michel Sarrazin a observé les mêmes effets.

L'asclépiade commune (*Asclepias syriaca*) «qu'on appelle le cotonnier des prairies dont on mange en primeur les premières pousses tendres en guise

Des thériaques pour les riches et les pauvres

La thériaque est un médicament et un antidote complexe concocté dans l'Antiquité à cause des peurs constantes de mourir d'empoisonnement aux mains des ennemis. Sa composition est modifiée par Andromaque, un médecin de l'empereur romain Néron (37-68 de l'ère chrétienne). La thériaque d'Andromaque inclut plus de 70 ingrédients, dont l'opium et des vipères séchées. Diverses variantes de la thériaque sont particulièrement populaires aux XVIIe et XVIIIe siècles. La thériaque de Venise est célèbre, mais on vante aussi celle de Strasbourg et de Montpellier. Il y a tellement de fraudes touchant sa composition et sa fabrication que l'on en vient même à l'élaborer en public. C'est le cas pour l'apothicaire français Moyse Charas (1619-1698), qui publie une étude des 65 substances constituant, selon lui, la fameuse thériaque d'Andromaque.

La plupart des ingrédients sont végétaux, comme l'opium, les poivres noir et blanc, le gingembre, la lavande, l'anis et le fenouil sans oublier le serpent séché et les rognons de castor (*castoreum*). Le mélange macère longtemps dans le vin et le miel. Un champignon est ajouté. Il s'agit de l'agaric qui pousse sur les mélèzes. Il y a aussi des thériaques dites des pauvres qui ne contiennent que quelques ingrédients moins dispendieux et plus facilement disponibles. La thériaque «diatesseron» est composée de racines de gentiane et d'aristoloche avec des baies de laurier et de la myrrhe. Tout cela baigne dans du miel et dans un extrait de baies de genévrier. Les nombreuses thériaques conservent leur popularité médicinale jusqu'au XIXe siècle.

L'agaric médicinal croissant sur les mélèzes est décrit de façon éloquente dans un poème du XVIe siècle.

Le mélèze, arbre fort, produit un excrément,
Qu'on appelle boulet, bon en médicament,
Propre pour le cerveau, les sens aussi il purge
Et pour l'humeur visqueux on a vers lui refuge.

Sources : Anonyme, *La Création*, poème hexaméral anonyme du XVIe siècle. Texte établi, présenté et annoté par Gilles Banderier, Les collections de la République des Lettres, Presses de l'Université Laval, 2007, p. 64. Charas, Moyse, *Histoire naturelle des animaux, des plantes & des minéraux qui entrent dans la composition de la thériaque d'Andromachus*, Paris, chez Olivier de Varennes, 1668, p. 22-24. Flahaut, Jean, «La thériaque diatesseron ou thériaque des pauvres», *Revue d'histoire de la pharmacie*, 1998, XLVI (n° 318): 173-182.

d'asperges » avec de l'huile et du vinaigre ou une sauce blanche. Le suc laiteux considéré comme toxique par les botanistes ne semble pas incommoder les dégustateurs du « cotonnier des prairies ». En fait, Gaultier ne rapporte aucun « mauvais » effet. La plante porte le nom de « cotonnier » à cause de la « grande quantité de duvet ou d'aigrettes semblables à du cotton [coton] ». On fait aussi du sucre avec les fleurs. On procède de deux façons. On secoue les fleurs pour récolter le miel ou les fleurs sont lavées dans l'eau. Les fleurs secouées donnent un sucre plus blanc. Contrairement à Pehr Kalm, Gaultier ne souligne pas que cette récolte de sucre ne donne pas un rendement justifiant les efforts.

L'asaret du Canada (*Asarum canadense*) est nommé « tabouret » par les Français. « Les habitants ramassent la racine de cette plante, ils la font sécher et la réduisent en poudre, ils l'appellent gingembre dont ils se servent très bien pour leurs sauces et leurs ragoûts. »

La zizanie (*Zizania* sp.) est la « folle avoine » en français. Les Amérindiens la mangent cuite avec de la graisse et de la viande. Ce mélange est la « sagamité ». « La folle avoine est une espèce d'avoine qui vient dans les pays marécageux dans les pays d'en haut. »

L'aralie à grappes (*Aralia racemosa*) est nommée « anis sauvage ou anis ». On fait cuire la racine « et on en fait des cataplasmes pour appliquer sur les vieux ulcères. On seringue et on lave les plaies avec sa décoction ». Cette racine est très bonne pour « les obstructions au foie et des autres viscères ». Le marquis de La Galissonière note que « cette racine est fort estimée en Canada ».

L'aralie à tige nue (*Aralia nudicaulis*) est nommée « salsepareille » au Canada « à cause de ses racines qui ont quelque rapport avec celles de la salsepareille ». C'est un excellent diurétique employé « avec succès pour l'hydropisie ».

Le ginseng à cinq folioles (*Panax quinquefolius*). Le « ginseng » a été cultivé par Michel Sarrazin « pendant bien des années dans les jardins des R. P. Jésuites de Québec ». Gaultier ajoute que « des personnes dignes

de foi qui ont usé pendant quelque temps de cette racine m'ont assuré qu'elle avait la vertu de rendre les hommes plus propres aux combats amoureux ». Le marquis de La Galissonière connaît M. Dupuy de Rochefort qui a fait bon usage du ginseng canadien.

La canneberge commune (*Vaccinium oxycoccos*) et/ ou la canneberge à gros fruits (*Vaccinium macrocarpon*). Ce sont les atocas du Canada. On les nomme « canneberges ou cousinets [coussinets] des marais ». Selon Gaultier, le premier botaniste à les décrire est le botaniste anglais John Ray. Le mot amérindien *atoca* signifie « bon fruit ».

Le bouleau à papier (*Betula papyrifera*) sert à confectionner les canots. Le bois du bouleau est aussi employé pour le chauffage et « des ouvrages fort singuliers » servant de boîtes et de meubles de toilette. Ces contenants d'écorce de bouleau sont décorés avec des poils de porc-épic, de castor ou d'orignal.

Le bouleau jaune (*Betula alleghanensis*). C'est le « merisier » qui sert pour divers ouvrages de menuiserie qui sont « très beaux et fort bons ». Le bois sert aussi au chauffage. « Si on y fait des incisions au printemps il en découle une eau sucrée. » Le marquis de La Galissonière signale que c'est « très mal à propos » que cet arbre a été nommé « merisier ». Gaultier fait la même remarque et il ajoute qu'on distingue le « merisier rouge » et le « merisier blanc ». L'écorce des merisiers n'est pas utile pour les canots des Français et des Amérindiens.

Le charme de Caroline (*Carpinus caroliniana*) est nommé « bois dur » par les Amérindiens et les Canadiens. Les Amérindiens l'utilisent pour fabriquer leurs arcs. Cependant, ils s'en servent beaucoup moins qu'autrefois à cause de la disponibilité des fusils européens. Ce bois a beaucoup d'usages. Il a cependant « un grand défaut c'est qu'il pourrit aisément en peu de temps à l'humidité ».

Le tilleul d'Amérique (*Tilia americana*) est connu comme le « bois blanc » au Canada. « En Canada ses feuilles en sont sujettes aux chenilles d'une certaine espèce. » C'est un bel et grand arbre qui peut donner de l'ombre.

Une technique d'art amérindien inusitée : des écorces de bouleau « historiées avec les dents »

Dans une lettre du 7 septembre 1686 écrite de Québec, mais non signée, on apprend que les Amérindiennes produisent « avec les dents » des dessins, motifs ou ornements dans les « écorces de bouleau ». Pour bien les observer, il faut placer les écorces incisées « derrière une chandelle ».

Plus tard, d'autres observateurs rapportent que les Amérindiens de l'est du Canada replient, une ou plusieurs fois, des morceaux d'écorce afin de produire avec les dents un dessin qui se transforme en une série de motifs identiques après avoir déplié l'écorce. La nuit venue, on aime bien regarder ces écorces perforées à la lumière des feux.

Sources : Anonyme, *Lettre du 7 septembre*, fonds Philippe Gaultier de Comporté, 1686. Bibliothèque et Archives nationales du Québec (Québec), p. 4. Leechman, Douglas, « The uses of birch bark », *The Beaver*, 1943, (274) : 30-33. Lessard, Rénald, « La Nouvelle-France comme aventure scientifique. La contribution d'Esprit Cabart de Villermont », *À rayons ouverts*, 2012, 88 : 27-29.

La sanguinaire du Canada (*Sanguinaria canadensis*) est connue sous le nom de « beauharnoise ». Elle porte le nom de M. Beauharnois qui a été intendant en Nouvelle-France et qui a emporté cette singularité en France. Gaultier répète l'information de Michel Sarrazin, qui avait nommé cette espèce *Bellarnosia canadensis*. Gaultier ajoute que cette plante était déjà connue par Cornuti. On la nomme aussi « sanguine ou sanguinaria ». « Les feuilles de cette plante ressemblent assez bien à celles du figuier pour leur couleur et pour leurs découpures. » Sa racine est « genouillée ». « Cette racine est remplie d'un suc rougeâtre. » C'est pourquoi les Canadiens la nomment « sangdragon ». « Les Sauvagesses et les Françaises mal intentionnées prétendent qu'elle a la vertu » d'influencer les menstruations. Gaultier ajoute qu'il ne connaît pas encore cette propriété ou toute autre de cette plante. Il conclut que la description de cette espèce faite par M. Guytron est « parfaite et vraie en tous sens ». Gaultier note que Linné « a changé très mal à propos le nom de cette plante ». Le mot honorant l'intendant Beauharnois aurait dû demeurer inchangé.

Le cornouiller stolonifère (*Cornus stolonifera*) est nommé « bois rouge ». On prétend que l'écorce « la plus proche » de ce bois « fait une décoction grasse mucilagineuse » dans laquelle on baigne « les parties attaquées de la goutte ». On rapporte un soulagement « comme par enchantement ». Le marquis de La Galissonière renchérit en spécifiant qu'il a été témoin de la guérison très rapide d'un officier atteint de la goutte. Le lendemain du traitement, « il était en état de marcher et de vaquer à ses affaires ».

Le dirca des marais (*Dirca palustris*) est le « bois de plomb ». Il est ainsi nommé par « dérision » parce qu'il est « extraordinairement léger ». « On pourrait l'accommoder comme du chanvre. » Il est aussi nommé « pelon » parce qu'on peut peler son écorce et ses fibres. Ce terme est utilisé dans quelques provinces de France où l'osier est nommé « pelon ». « Son écorce est fort épaisse, moelleuse très forte et se sépare aisément du bois, on la pèle et on l'applique sur les ulcères malins. On dit que M. l'abbé Gendron [...] s'en servait pour guérir les petits cancers et qu'il en avait appris l'usage des Sauvages. Cela lui donna à Paris une grande réputation. On emploie encore son écorce pour entretenir les suppurations [...] dans les trous qu'on fait aux oreilles à cause du mal de dents. » De façon surprenante, Gaultier ne critique pas sévèrement la pratique médicale de l'abbé Gendron, comme l'a fait Michel Sarrazin. La suggestion quant à l'origine de l'expression *bois de plomb* est intéressante. D'autres explications sont cependant possibles. Louis Nicolas, le premier à mentionner le bois de plomb en Nouvelle-France, spécifie que le « bois de cet arbre est si fort qu'on ne saurait le rompre si fort il plie ». La flexibilité du bois est probablement similaire à la grande malléabilité du plomb. C'est vraisemblablement cette caractéristique qui est responsable de la référence au plomb.

Le quatre-temps (*Cornus canadensis*) est nommé « matagon » en français et au Canada. Le « matagon est un fruit bon à manger. C'est le cornus mâle qui les porte, ce fruit est d'un beau rouge assez succulent, et il contient des petits noyaux qui sont extrêmement durs, aussi les appelle-t-on osselets, ils ressemblent assez à la graine de grémil. Il y a quatre espèces de cornus ». Les graines de grémil correspondent au grémil officinal (*Lithospermum officinale*), aussi connu vulgairement sous les noms d'herbe aux perles et graines de lutin. Charlevoix a décrit et fourni une illustration du matagon en 1744.

L'origine de l'appellation bois de plomb

Selon Luc Choquette en 1926, la dénomination populaire de "bois de plomb" provient vraisemblablement des vertus purgatives de cet arbuste, car les paysans canadiens emploient parfois le mot "déplomber" dans le sens de purger violemment. Cette propriété a "un usage populaire assez curieux". Certains exploitants de sirop d'érable "font bouillir avec leur sirop un peu d'écorce de bois de plomb" pour se venger des vols de sirop. Cela produit un effet purgatif qui permet d'atteindre les auteurs du larcin. Les personnes de passage dans les sucreries sont parfois, elles aussi, victimes de ces farces inoffensives.

Le même auteur expérimente sur lui-même l'effet de certains extraits de cette plante. Une résine, appliquée sur la peau, provoque la mortification de l'épiderme. La même résine agit aussi comme un puissant purgatif. L'écorce contient, à l'état frais, un principe vomitif. En anglais, cette plante a reçu très tôt le nom populaire de *leatherwood*, possiblement altéré quant à la prononciation en *leadwood* signifiant littéralement « bois de plomb ».

D'autres auteurs ont souligné que l'écorce fibreuse du bois de plomb est de la couleur du plomb. Ovide Brunet rapporte en 1867 que le nom vulgaire du dirca est plutôt « bois de pelon ». En effet, ce « nom vulgaire français vient de ce que son écorce s'enlève facilement ». On peut donc peler facilement cette écorce médicinale. Jean-François Gaultier avait fait aussi référence au terme *pelon* en 1749.

Enfin, il ne faut pas oublier l'influence potentielle des langues amérindiennes. Selon le vocabulaire rapporté par le jésuite Pierre-Philippe Potier, le bois de plomb est nommé *henchon* ou *hechon* en langue wendat (huronne). Curieusement, le terme *hechon* est utilisé par les Hurons pour nommer les missionnaires jésuites Jean de Brébeuf (1593-1649) et Pierre Joseph-Marie Chaumonot (1611-1693). Ce dernier utilise même ce terme pour signer certains documents. Il signe alors : « Le pauvre Hechon. » Les Hurons auraient donné ce nom à ces missionnaires pour décrire leur grande force de résistance. Est-ce que la déformation des mots *henchon* ou *hechon* aurait donné naissance à l'appellation française ? Il n'y a aucune évidence concluante à ce sujet. Duhamel du Monceau rapporte que Sarrazin n'a pu « savoir des Indiens pourquoi ils nommaient cet arbrisseau *bois de plomb* ». Les auteurs précédents ignorent que le missionnaire jésuite Louis Nicolas avait donné une explication vraisemblable lors de son séjour en Nouvelle-France entre 1664 et 1675. Selon Nicolas, l'explication est tout simplement reliée au fait que les fibres de ce bois sont légères et fort malléables comme le plomb comparativement à d'autres métaux.

Sources : Brunet, Ovide, *Catalogue des végétaux ligneux du Canada*, Québec, C. Darveau, Imprimeur-Éditeur, 1867. Carayon, Auguste, *Pierre Chaumonot de la Compagnie de Jésus. Autobiographie et pièces inédites*, Poitiers, Henri Oudin, Libraire, 1869. Disponible à la Bibliothèque nationale de France au http://gallica.bnf.fr/. Choquette, Luc, *Le bois de plomb (Dirca palustris L.)*, Paris, Imprimerie A. Vouzellalaud, 1926. Duhamel du Monceau, Henri-Louis, *Traité des arbres et des arbustes qui se cultivent en France en pleine terre*, Paris, 1755. Disponible à la bibliothèque numérique du jardin botanique royal de Madrid au http://bibdigital.rjb.csic.es/spa/. Lukaniec, Megan, « Lexique partiel du vocabulaire relatif aux arbres », *Histoires forestières du Québec*, 2012, 4 : 58-61.

Deux espèces de merisier pour faire du ratafia

Le cerisier de Virginie, aussi nommé le cerisier à grappes (*Prunus virginiana*). «Cette espèce de cerisier donne des grappes nombreuses et fort grandes dont le fruit lorsqu'il est bien mûr est employé à faire du ratafia, il lui donne une couleur magnifique. Ce fruit est âcre et presque jamais bon à manger.» Comme pour les feuilles de laurier cerisier, on fait bouillir les feuilles de cerisier à grappes dans du lait pour lui donner un goût particulier. Contrairement à John Evelyn, Gaultier ne mentionne pas la récolte de sève de cerisier. Le ratafia est toute liqueur d'alcool obtenue après une macération en présence d'ingrédients végétaux et de sucre. Quant au terme *tafia* aussi en usage à cette époque, il réfère à l'eau-de-vie produite à partir de mélasse de canne à sucre.

Le cerisier de Pennsylvanie (*Prunus pensylvanica*). C'est le cerisier «qui vient pour tous dans les fonds [plutôt abondant dans certains milieux]» et qui produit des «merises». Ce petit arbre a un bois «fort tendre et son fruit un peu acide et fort maigre». Les noyaux sont gros alors que l'enveloppe et la pulpe sont très peu épaisses. Les noyaux de ce cerisier sont employés pour faire du ratafia. Son «amande» lui donne une belle couleur et un goût fort agréable.

À la fin du texte sur les deux cerisiers du Canada, Gaultier note qu'il n'y a que deux espèces de cerisier en France comme au Canada. Les autres espèces ne sont que des «variétés» de ces deux espèces. «Ces deux espèces [françaises] sont la cerise aigre et la cerise douce.» Pour Gaultier, les «merises» sont des «douces» et les «cerises à grappes» sont des «aigres».

Une fleur qui surpasse toutes les couleurs rouges de l'univers

La lobélie cardinale (*Lobelia cardinalis*) est nommée «cardinale» qui «est une fleur d'un rouge magnifique et éblouissant». «Son épi de fleurs surpasse toutes les couleurs rouges de l'univers.» Les commentaires de Gaultier sur la beauté florale de la lobélie cardinale sont fort élogieux. Avant la mention de cette espèce en Amérique du Nord, une plante à bulbe et à fleur rouge du Mexique a attiré beaucoup les regards dans les jardins d'Europe. Dès 1608, Pierre Vallet

(1575-1657) illustre à Paris le *Narcissus Indicus flore rubro vulgo Jacobeus*, c'est-à-dire le narcisse d'Inde (occidentale) à fleur rouge nommé communément narcisse de Jacob. Ce narcisse, maintenant nommé *Sprekelia formosissima*, est aussi connu comme le lis Saint-Jacques et a la particularité de produire une grosse fleur rouge qui rappelle la forme et la couleur de l'épée symbolique des chevaliers de l'Ordre de Saint-Jacques-de-Compostelle.

Un arbre du paradis malheureusement propre à faire brûler les maisons

Le thuya occidental (*Thuja occidentalis*) porte le nom de *cèdre* et de *cèdre blanc* au Canada. «Tout le monde l'appelle cèdre en Canada.» En français, on le nomme *thuya*, «arbre de vie» ou «arbre du paradis». «Son bois est estimé pour différents ouvrages.» «On fait de ce cèdre blanc du bardeau très propre à faire brûler les maisons.» La gomme ramassée de cet arbre a une «bonne odeur». Il faut comprendre que cette gomme est vraisemblablement brûlée comme de l'encens dégageant une odeur agréable. «On se sert des extrémités des branches pour faire des balais.» Gaultier est l'un des rares auteurs à nommer le cèdre, un arbre du paradis. Dominique Chabrey avait utilisé la même expression en 1677.

Les mal intentionnées utilisent le cèdre rouge

Le genévrier de Virginie (*Juniperus virginiana*) est nommé *cèdre rouge*. Le cèdre rouge «bouilli longtemps dans l'eau fait une décoction qui est fort emménagogue». Cette décoction est employée par les Amérindiennes et «les mal intentionnées». Le bois est si odorant qu'il cause des maux de tête à ceux qui habitent «des cabanes bâties avec ce bois». Gaultier avoue à la fin du texte qu'il n'a jamais vu cet arbre.

La fraude du sucre d'érable par les habitants fripons

L'érable à sucre (*Acer saccharum*) est nommé l'érable blanc. Gaultier décrit en détail les «circonstances» nécessaires pour faire couler l'eau sucrée des érables incisés. Le sirop est «fort estimé pour les maladies

Des arbres du paradis et des fleurs comme symboles religieux

Les récits bibliques de la Création révèlent qu'on trouve toutes sortes de beaux arbres aux fruits comestibles au paradis. L'arbre de vie trône au milieu de ce site paradisiaque. Il y a de plus l'arbre de la connaissance du bien et du mal dont on ne doit pas manger les fruits. Tôt en Europe occidentale, on assimile cet arbre au fruit défendu au pommier, car le mot qui décrit le mal (*malum*) est apparenté au terme *malus* désignant le pommier. La tradition chrétienne orientale y voit plutôt un figuier, alors que d'autres interprétations favorisent la vigne, l'abricotier, le grenadier ou d'autres espèces. Depuis deux millénaires, les deux principaux arbres du paradis sont utilisés, sous de multiples formes, dans de nombreuses représentations artistiques inspirées du symbolisme chrétien. C'est aussi le cas pour l'usage de fleurs symboliques comme les roses, les glaïeuls, les violettes et les lis. Ainsi, le lis blanc devient associé à Marie, la mère de Jésus, et à son état virginal. En Amérique du Nord, Kateri Tekakwitha (1656-1680), la première sainte d'origine amérindienne, est représentée sur une peinture attribuée au missionnaire jésuite Claude Chauchetière (1645-1709) avec plusieurs fleurs de lis orangées. Des illustrations subséquentes de cette sainte, aussi connue sous le nom de lis des Agniers, montrent des lis blancs pour témoigner de son état de pureté et de virginité. Pour ajouter à ce symbolisme floral, la mère de Kateri est devenue connue sous l'appellation Fleur-de-la-Prairie.

Source : Van den Abeele, Baudouin, « Feuilles volantes sur l'arbre de vie », dans *Le monde végétal. Médecine, botanique, symbolique*. Textes réunis par Agostino Paravicini Bagliani, Micrologus' Library, n° 30, Firenze, Edizioni del Galluzzo, 2009, p. 373-403.

de la poitrine ». On fait du sucre d'érable dans des moules d'écorce de bouleau. Il y a cependant des altérations lors de la confection du sucre d'érable. « Les habitants fripons y ajoutent un peu de farine afin de faire épaissir plus tôt cette matière. » C'est « le secret de faire promptement le sucre d'érable ». Le thème de la fraude avec des plantes canadiennes, décrié dès 1553 par Pierre Belon (vers 1517-vers 1563), semble encore bien présent deux siècles plus tard.

D'autres plantes, leurs noms et leurs usages

Le mélèze laricin (*Larix laricina*) porte le nom d'épinette rouge. Le bois de cet arbre est résineux et il résiste bien à la pourriture. On l'emploie donc pour faire « des soliveaux qu'on met sur la terre dans les granges et dans les caves ». « C'est le seul arbre des conifères ou sapinages en Canada qui quitte ses feuilles l'hiver. » « Son écorce est remplie de petites vésicules ou follicules qui contiennent une térébenthine. » Cette « térébenthine », qui sort uniquement de l'écorce, peut servir comme « une espèce de tan […] pour préparer les cuirs de bœufs et vaches et

de loups marins ». Une note complémentaire en marge indique que « le tan se fait plus communément avec la prusse ». Gaultier note que la graine est remplie d'une « amande blanchâtre d'une saveur douce comme celle du pignon doux ». La prusse est la pruche (*Tsuga canadensis*) dont l'écorce est très riche en tanins. Gaultier fait une rare mention du caractère comestible des graines du mélèze. Enfin, il considère que l'épinette rouge représente une « médecine universelle ».

Le clavalier d'Amérique (*Zanthoxylum americanum*). « Sa graine infusée dans de l'eau-de-vie donne une belle teinture qu'on emploie avec succès pour colorer […] sa graine est fort aromatique et d'une bonne odeur. » Il s'agit du frêne épineux mentionné et illustré en 1744 par Charlevoix. En 1745, Gaultier énumère 11 groupes d'échantillons expédiés au comte de Maurepas et destinés au Jardin du roi à Paris. Il y a quatre paquets de graines de divers arbres, comme les érables, le cèdre de Canada et les espèces de sapin sans oublier les semences du « frêne épineux ou fagara ». Il y a de plus des graines de « différentes

Le thalictrum serait-il le talichon de Gaultier? Le *Thalictrum canadense* est illustré dès 1635 dans la flore du Canada de Jacques Cornuti. Ce thalictrum du Canada semble être le pigamon pubescent (*Thalictrum pubescens*) ou peut-être le pigamon de la frontière (*Thalictrum confine*). Linné honore la mémoire de Jacques Cornuti en nommant *Thalictrum Cornuti* l'espèce de pigamon initialement décrite par le médecin parisien comme *Thalictrum canadense*. En 1753, Linné se reporte à la description initiale de Cornuti en 1635. Selon Bernard Boivin, il s'agit sans doute du *Thalictrum pubescens*, le pigamon pubescent. Ce pigamon est expédié par Michel Sarrazin en 1705 à Paris.

Source : Cornuti, Jacques, *Canadensium Plantarum, aliarumque nondum editarum Historia*, Paris, 1635, p. 187. Bibliothèque de recherches sur les végétaux, Agriculture et Agroalimentaire Canada, Ottawa.

Canadensium Plant. Historia. 187
THALIETRVM CANADENSE.

espèces d'astérie », qui semblent correspondre aux asters, et de « plusieurs espèces de verge dorée » (*Solidago* sp.). Les graines de « Talichon » correspondent peut-être à celles des pigamons (? *Thalictrum* sp.). Le tout inclut des « noix ou pacanes » et « un morceau d'agaric qui vient sur le larix du Canada », c'est-à-dire un échantillon de champignon croissant sur le mélèze. Seulement deux échantillons ne sont pas d'origine végétale. Ce sont des « cristaux de roche » des environs du fort Saint-Frédéric et des coraux provenant de « la mer du Nord de l'Amérique septentrionale ». Gaultier n'avait probablement pas réalisé que le frêne épineux fait partie de la famille des agrumes (rutacées), comme les orangers et les citronniers. Comme l'indiquent Steve Canac-Marquis et Pierre Rézeau, le terme *pacane* est un emprunt à la langue algonquienne pour nommer le fruit du pacanier, qui correspond de nos jours à une espèce de caryer du sud-est des États-Unis (*Carya illinoinensis*). Le mot *pacane* et ses variantes sont mentionnés dès le début du XVIIIᵉ siècle. En 1744, Charlevoix spécifie que le pacane (usage initial au masculin) est une noix de la longueur et de la forme d'un gros gland. À l'occasion, ce terme a été aussi appliqué à d'autres espèces de caryer ou d'arbres producteurs de noix.

Jean-Frédéric Phélypeaux, comte de Pontchartrain et de Maurepas (1701-1781), secrétaire d'État à la Marine (1723-1749) sous Louis XV, a été également responsable de l'administration du Jardin royal comme secrétaire de la Maison du roi. Les académies scientifiques et leurs correspondants étaient sous sa responsabilité administrative. Maurepas a confié à Duhamel du Monceau le poste d'inspecteur général de la Marine pour le compenser à la suite de la nomination de Buffon au poste d'intendant du Jardin du roi. Maurepas avait donné ordre au marquis de La Galissonière de bien recevoir Pehr Kalm lors de son séjour en Nouvelle-France en 1749. Maurepas a contribué de diverses façons au soutien des explorations et des études botaniques dans les Amériques.

Le frêne de Pennsylvanie (*Fraxinus pennsylvanica*) est le « frêne métis » probablement à cause de la couleur rougeâtre du cœur de son bois et de la couleur roussâtre des rameaux à leur extrémité. Pour Gaultier, « c'est sans contredit un des meilleurs bois

du Canada ». Entre autres utilités, « on peut faire des roues de poulies pour les navires ». Le marquis de La Galissonière ajoute que « son bois est si pliant qu'on en fait des cordes » qu'il juge flexibles et pliantes. En 1744, l'intendant Hocquart écrit au ministre de la Marine que le frêne métis ou frêne bouquet est moins sujet à fendre que le bois d'orme utilisé dans la construction navale à Québec. La « garniture » du Canada et du Caribou « a paru moins sujette à se fendre et à se gerser [gercer] que le bois d'orme ». L'intendant a d'ailleurs chargé Joseph Corbin d'exploiter ce frêne dans la région du lac Champlain, car il y en a très peu « dans le gouvernement de Québec ».

À la suite de la description du frêne « métis », Gaultier note qu'il y a aussi le « frêne bleu » et le « frêne néphritique [néphrétique] » qu'il ne connaît pas. Le terme *néphrétique* réfère aux reins malades. Ce frêne semble donc utilisé comme remède pour des problèmes rénaux. Dans un document élaboré par ordre du marquis de La Galisonnière, on apprend par contre que le frêne bleu est celui qui est salutaire pour les problèmes de reins.

Le hêtre à grandes feuilles (*Fagus grandifolia*). « Cette espèce est bien différente de celle de France et est fort commune en Canada. »

Le myrique baumier (*Myrica gale*). En français, c'est le « piment royal ». Les Canadiens le nomment « poivrier ». Gaultier s'interroge à savoir si son fruit « pourrait donner de la cire ». On peut « teindre en jaune » avec cette espèce. Cet arbrisseau a des « graines rondes » dont on se sert « en guise de poivre dans les ragoûts ». L'interrogation de Gaultier indique qu'il est au courant que d'autres espèces de myrique donnent des fruits cireux dont on extrait de la cire. Marie-Victorin rapporte qu'on trouve aux îles de la Madeleine le cirier de Pennsylvanie (*Morella pensylvanica*) « à fruits cireux, blancs, qui fournissent un succédané de la cire d'abeille ». Charlevoix a aussi traité des myriques.

La médéole de Virginie (*Medeola virginiana*). « On l'appelle en Canada martagon et jarnotte, on avait cru que sa racine serait bonne à faire du pain. » Gaultier fait probablement allusion à ce que rapportait Michel Sarrazin au sujet d'un jésuite qui tente de faire du pain avec les racines.

La clintonie boréale (*Clintonia borealis*) est « l'ail doux des Sauvages ». Une note à la fin de la description indique « ce n'est pas l'ail doux ». Michel Sarrazin a plutôt associé l'ail doux à l'érythrone d'Amérique (*Erythronium americanum*).

La viorne comestible et/ou la viorne trilobée (*Viburnum edule* et/ou *Viburnum opulus* subsp. *trilobum* var. *americanum*). Les Amérindiens et les Canadiens la nomment « pain mina ». Il s'agit du pimbina, un mot dérivé de la famille algonquienne ayant des variantes quant à son orthographe. Louis Nicolas rapporte le mot *pimina* pour cet arbuste qu'il a vraisemblablement observé durant son séjour entre 1664 et 1675.

La viorne bois-d'orignal (*Viburnum lantanoides*) est pour Gaultier le « bois de caribou » en français. En effet, on prétend que le caribou, qui est un véritable

Du frêne bleu et néphrétique

Dans une lettre au ministre de la Marine, le marquis de Beauharnois, le 15e gouverneur général (1726-1747) de la Nouvelle-France, note qu'il lui a expédié deux boîtes fabriquées de frêne bleu. Beauharnois ajoute que, pendant les pluies, « les eaux qui se trouvent sous ces arbres sont d'un bleu magnifique ».

L'un des premiers textes reliant une espèce de frêne et la couleur bleue est celui de 1583 rédigé par Andrea Cesalpino (1519-1603). Cette couleur bleue est produite lorsque des morceaux de bois sont incubés dans l'eau. Cesalpino rapporte vraisemblablement ce que des auteurs espagnols avaient écrit au sujet d'un arbre du Mexique. Dès 1565, Nicolas Monardes décrit un bois médicinal dont les copeaux génèrent une couleur bleue particulière après une trentaine de minutes d'incubation dans l'eau. C'est le bois néphrétique (*Lignum nephriticum*). Monardes ajoute qu'il s'agit d'une falsification si l'eau devient jaune plutôt que bleue. Sans le réaliser, Monardes décrit le phénomène optique de la fluorescence produite dans l'extrait aqueux du bois du Mexique. Les Aztèques connaissaient depuis longtemps le bois nommé *coatli* et utilisé pour traiter les problèmes urinaires. Bernardino de Sahagun (vers 1499-1590) en fournit d'ailleurs une illustration dans son *Codex de Florence*.

Le bois néphrétique devient un remède exotique recherché en Europe. Dès 1636, il fait partie de la pharmacopée officielle d'Amsterdam. En 1660, il s'agit de l'une des drogues officielles importées en Angleterre. Les médecins espagnols et italiens l'utilisent souvent. Le bleu généré par ce bois a des propriétés optiques uniques. De grands savants du xviie siècle s'y intéressent. Isaac Newton (1643-1727) s'inspire d'expérimentations effectuées par Robert Boyle (1627-1691) pour en étudier les propriétés optiques.

Le bleu généré dans la solution aqueuse du bois néphrétique est dû à la fluorescence d'une substance flavonoïde qui s'oxyde facilement. L'arbre du Mexique est l'eysenhardtie à plusieurs épis (*Eysenhardtia polystachya*). Pendant que le *Lignum nephriticum* du Mexique attire l'attention des Européens, un arbre des Philippines, aussi importé en Europe, possède des caractéristiques similaires quant à la teinte bleue fluorescente et aux usages médicinaux. Les deux espèces sont alors identifiées indistinctement sous le même vocable « *Lignum nephriticum* ». Il faut attendre jusqu'en 1915 la résolution de cette confusion botanique.

Sources : Acuna, Ulises A. et autres, « Structure and formation of the fluorescent compound of *Lignum nephriticum* », *Organic Letters,* 2009, 11 (14) : 3020-3023. Beauharnois, *Lettre de Beauharnois au ministre*, 1738 (18 octobre). Archives nationales d'outre-mer (ANOM, France), COL C11A 69/folio 144-144verso. Disponible sur Archives Canada-France au http://bd.archivescanadafrance.org/. Partington, J. R., « Lignum nephriticum », *Annals of Science,* 1955, 11 (1) : 1-26.

« rhene [renne] », se nourrit de ce bois. Ses fruits rouges arrondis sont portés sur des grappes.

Le peuplier baumier (*Populus balsamifera*) est nommé « liard » par les Canadiens. « Les boutons des feuilles sont couverts d'une matière grasse, onctueuse, balsamique et qui a l'odeur du baume du Pérou. Cet arbre pourrait être comme semblable à ce qu'on trouve en France dans quelques jardins et qu'on croit être venu du Pérou. On le nomme en France baumier. »

Le chêne rouge (*Quercus rubra*). Il y a beaucoup de « chêne rouge » aux environs de Montréal, de Trois-Rivières et de Québec. Ses glands sont « fort amers au goût ». Un navire du roi, nommé *Le Canada*, fabriqué avec du bois de cet arbre, n'a malheureusement pas duré longtemps.

Le chêne blanc ou le chêne à gros fruits (*Quercus alba* ou *Quercus macrocarpa*). Le chêne blanc sert à construire les gros vaisseaux du roi au Canada. « Cette espèce de chêne fait un très grand et bel arbre et est sans contredit le plus estimé qu'il y ait au Canada. » « Cette espèce de chêne mérite d'être multipliée en France. »

Le framboisier sauvage (*Rubus idaeus* subsp. *strigosus*) est le « framboisier du Canada, son fruit ne m'a pas paru si bon ni si goûté que celui des framboisiers d'Europe ».

La ronce odorante (*Rubus odoratus*) est nommée « buisson odorant » en français. « On l'appelle en Canada les calottes parce que son fruit qui est rouge et bon à manger a la figure d'une calotte, c'est un véritable framboisier. » Gaultier sent le besoin d'ajouter que « M. de La Galissonnière n'a pas une idée assez juste de ce buisson ni de son fruit, il y a grande apparence qu'il n'en a jugé que sous le rapport d'autrui ».

La sarracénie pourpre (*Sarracenia purpurea*) est nommée « sarrasine du nom de M. Sarrasin Médecin Conseiller du Roi en Canada ». La sarrasine se nomme aussi « herbe en éguière [aiguière] » au Canada parce que ses feuilles ont la forme d'une aiguière. L'aiguière est un vase à eau possédant un bec. En 1744, François-Xavier de Charlevoix utilise aussi le terme *sarrasine*, tout comme Gédéon de Catalogne quelques décennies auparavant. Gaultier profite de la description de cette espèce pour souligner la contribution de Michel Sarrazin. « Il est très juste que la botanique immortalise

Le baume du Pérou : médicament en Nouvelle-France et substitut à l'huile sainte

Le chirurgien Pierre Puibarau de Montréal réclame devant le tribunal des frais pour les soins prodigués à la famille Chartier durant les années 1734 et 1735. Puibarau a fait usage de baume du Pérou d'une valeur de trois livres. Ce baume provient de l'espèce *Myroxylon pereirae* appartenant à la famille des fabacées (légumineuses) et croissant naturellement dans les forêts côtières au sud du Mexique et en Amérique centrale. Après sa découverte au début du XVIe siècle par les Espagnols, cette résine est généralement transportée en Espagne à partir du port de Callao à proximité de Lima au Pérou. Cela explique l'appellation baume du Pérou. L'influent médecin Nicolas Monardes est le premier à énumérer les nombreux bienfaits de cette résine médicinale.

Dans des édits des papes Pie IV (règne de 1559 à 1565) et Pie V (règne de 1566 à 1572), il est énoncé que le baume du Pérou peut servir de substitut à l'huile sainte utilisée lors des sacrements. Pour ces papes, la destruction de ces arbres à baume doit même être considérée comme un sacrilège.

Sources : Langenheim, Jean H., *Plant Resins. Chemistry, Evolution, Ecology, and Ethnobotany*, Portland, Cambridge, Timber Press, 2003, p. 343-347.

Massicotte, Édouard-Zotique, « Les chirurgiens médecins, etc., etc., de Montréal, sous le Régime français », *Rapport de l'archiviste de la Province de Québec*, 1923, p. 131-155. Page 153 pour le baume du Pérou.

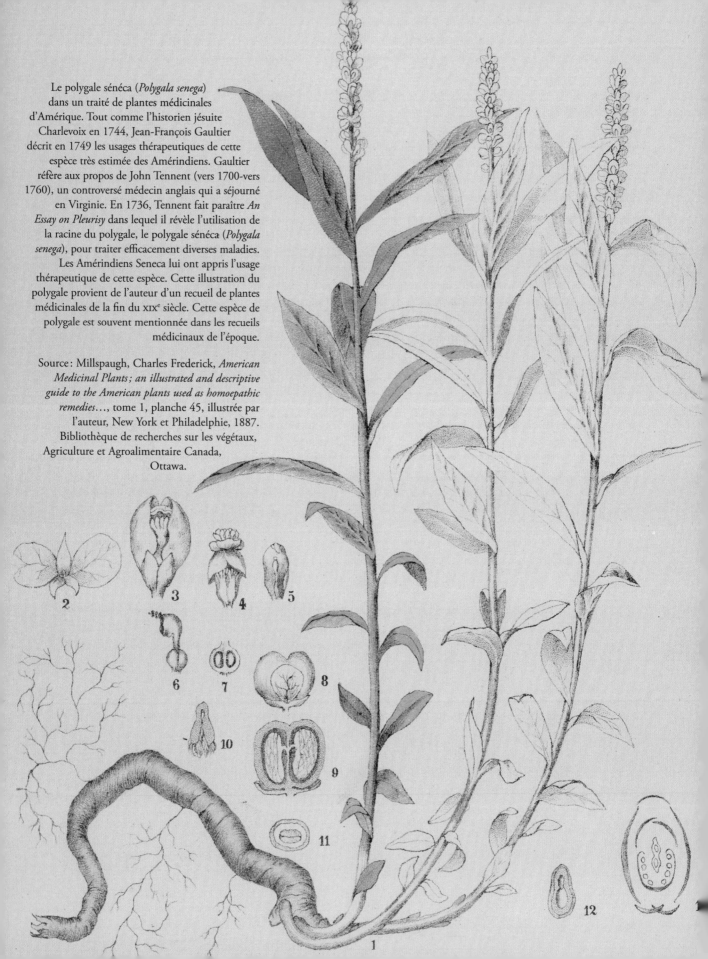

Le polygale sénéca (*Polygala senega*) dans un traité de plantes médicinales d'Amérique. Tout comme l'historien jésuite Charlevoix en 1744, Jean-François Gaultier décrit en 1749 les usages thérapeutiques de cette espèce très estimée des Amérindiens. Gaultier réfère aux propos de John Tennent (vers 1700-vers 1760), un controversé médecin anglais qui a séjourné en Virginie. En 1736, Tennent fait paraître *An Essay on Pleurisy* dans lequel il révèle l'utilisation de la racine du polygale, le polygale sénéca (*Polygala senega*), pour traiter efficacement diverses maladies.

Les Amérindiens Seneca lui ont appris l'usage thérapeutique de cette espèce. Cette illustration du polygale provient de l'auteur d'un recueil de plantes médicinales de la fin du XIXe siècle. Cette espèce de polygale est souvent mentionnée dans les recueils médicinaux de l'époque.

Source : Millspaugh, Charles Frederick, *American Medicinal Plants; an illustrated and descriptive guide to the American plants used as homoepathic remedies…*, tome 1, planche 45, illustrée par l'auteur, New York et Philadelphie, 1887. Bibliothèque de recherches sur les végétaux, Agriculture et Agroalimentaire Canada, Ottawa.

le nom de ce médecin qui a mérité l'estime de tous les botanistes et naturalistes […]. »

Le polygale sénéca (*Polygala senega*). Le « seneka est une plante dont la racine est employée avec succès contre la morsure du serpent à sonnette ». C'est une espèce qui mérite d'être recherchée. « M. Tennent médecin anglais qui a demeuré longtemps à la Virginie assure que la décoction de cette racine est un spécifique » qui permet, entre autres propriétés, de contrôler « le sang trop épais ». Gaultier se reporte à John Tennent (vers 1700-vers 1760), un controversé médecin qui a séjourné en Virginie. Tennent y arrive vers 1725. Il serait l'auteur de l'ouvrage *Every Man his own Doctor; or, the Poor Planter's Physician* publié en 1734 à Williamsburg. Ce livre est si populaire qu'il est imprimé à deux reprises à Philadelphie par Benjamin Franklin.

En 1736, Tennent fait paraître *An Essay on Pleurisy* dans lequel il révèle l'utilisation de la racine du polygale, vraisemblablement le polygale sénéca (*Polygala senega*), pour soigner efficacement diverses maladies. Les Amérindiens Seneca lui avaient appris l'usage thérapeutique de cette espèce.

La perspicacité thérapeutique de Gaultier et l'hydrophobicité des allergènes toxiques du latex de l'herbe à puce

Gaultier, le médecin, avait vraisemblablement raison. Le vinaigre serait moins efficace que le lait et la mie de pain pour traiter les dermatites provoquées par les molécules toxiques de l'herbe à puce. Ces molécules, connues sous le nom générique d'urushiol, ont la propriété d'être plus hydrophobiques qu'hydrophiliques. Elles affectionnent donc plus, pour ce qui est de leur solubilité, des substances comme les huiles et les gras que l'eau ou le vinaigre. Comme le lait et la mie de pain contiennent des gras, les molécules d'urushiol sont plus facilement solubilisées et délavées en leur présence. Selon ce même principe, on recommande de laver la peau avec une eau savonneuse pour permettre de solubiliser et d'éliminer les molécules toxiques. Il y a cependant un problème de taille. Les molécules d'urushiol interagissent rapidement avec des protéines en surface de la peau et les lavages doivent donc être exécutés avec célérité. Plus l'individu est sensible, plus le lavage doit être rapide. Dans certains cas, on a rapporté que quelques minutes suffisaient pour provoquer la cascade des réactions de la dermatite de contact.

Le mot *urushiol* est dérivé du terme japonais *urushi* qui définit la résine, et plus particulièrement la laque, du groupe des plantes toxiques du genre *Toxicodendron*. Au Japon, on retrouve d'ailleurs l'herbe à puce et l'arbre à laque (*Toxicodendron vernicifluum*) qui produit l'*urushi*, cette résine utilisée comme vernis décoratif et protecteur sur des objets d'art et utilitaires comme des planchers, des théières et des bancs de toilette en bois. Certains objets recouverts de laque peuvent provoquer des dermatites chez des individus très sensibles. Quant à l'herbe à puce, un contact avec un échantillon d'herbier, même séché depuis fort longtemps, peut provoquer des symptômes de dermatite chez certaines personnes. L'histoire des usages de la laque, particulièrement en Chine et au Japon, a intéressé plusieurs collectionneurs d'objets d'art et botanistes découvrant les ressources de ces pays. Les traditions artisanales de l'usage de la laque orientale sont toujours vivantes. Des expérimentations modernes démontrent que la résine de l'herbe à puce ne peut servir à produire une laque protectrice aussi résistante que celle de l'arbre à laque. On a identifié quelques caractéristiques des molécules d'urushiol expliquant la production facile ou non de laque à partir de diverses résines.

Sources : Langenheim, Jean H., *Plant Resins. Chemistry, Evolution, Ecology, and Ethnobotany*, Portland, Cambridge, Timber Press, 2003, p. 407, 433-434. Rozas-Munoz, E. et autres, « Allergic contact dermatitis to plants : understanding the chemistry will help our diagnostic approach », *Actas Dermo-Sifiliograficas*, 2012, 103 (6) : 456-477. Vogl, Otto, « Oriental lacquer, poison ivy, and drying oils », *Journal of Polymer Science Part A: Polymer Chemistry*, 2000, 38 : 4327-4335.

Tennent la trouve particulièrement souveraine pour traiter les pneumonies et les pleurésies. Il écrit qu'il perd seulement quatre ou cinq patients sur une centaine, alors que les autres médecins perdent les deux tiers des malades. En 1737, il retourne à Londres pour promouvoir ses traitements efficaces. Il s'attire cependant des critiques acerbes de la part de la médecine officielle. Il revient en Virginie où la polémique persiste. Tennent retourne en Angleterre en 1739 et y demeure jusqu'à son décès. Il défend vigoureusement son approche thérapeutique inspirée des Amérindiens. Il écrit à Hans Sloane, ce personnage très influent dans les milieux scientifiques et médicaux anglais, pour tenter de le convaincre des bienfaits de ses remèdes. Charlevoix a aussi bien décrit ce polygale tout en faisant la même référence à Tennent. Les textes de Charlevoix et de Gaultier sur le polygale sénéca se ressemblent passablement.

L'herbe à puce (*Toxicodendron radicans*) est l'« herbe à la puce » en français et en canadien. Elle cause de « mauvais effets » sur la peau à cause de son « lait ». Le seul remède est d'appliquer des « cataplasmes composés avec la mie de pain et le lait ». Quelqu'un a rapporté à Gaultier qu'un peu de vinaigre peut être bénéfique. Il exprime cependant des doutes sérieux sur l'efficacité de ce remède.

Le bleuet fausse-myrtille et le bleuet à feuilles étroites (*Vaccinium myrtilloides* et *Vaccinium angustifolium*). C'est l'airelle en français ou « bluet » au Canada. « On en mange beaucoup, sans en être incommodé, ce qui prouve combien il est bon. » Pour Gaultier, il y a une autre espèce d'airelle qu'on nomme « gueule noire ». Pour Marie-Victorin, les gueules noires sont les fruits de l'aronie à fruits noirs (*Aronia melanocarpa*). Les gueules noires appartiennent cependant à la famille des rosacées, alors que les bleuets font partie des éricacées. Comme Gaultier se reportait vraisemblablement à une éricacée, il faut aussi considérer le gaylussaquier à fruits bacciformes (*Gaylussacia baccata*) et les bleuets à fruits noirs plutôt que bleus.

Le pin rouge (*Pinus resinosa*) était aussi nommé « pin rouge » à cette époque. Gaultier consacre plusieurs pages à la description morphologique des divers organes de ce pin. « La mâture du vaisseau du roi *Le Saint-Laurent* » en était faite. Gaultier pense même avoir découvert une nouvelle variété de pin rouge. Le pin rouge intéresse les autorités de la Nouvelle-France dès le siècle précédent. Un procès-verbal du 3 octobre 1693, entériné le mois suivant à Québec par l'intendant Champigny, estime qu'il y a dans la région de Baie-Saint-Paul « plus de deux mille pieds d'arbres, pins rouges et épinettes, et autres propres à la mâture des plus gros navires ». Certains arbres atteignent « jusqu'à quarante-six pouces de diamètre au gros bout » et ils sont « d'une hauteur prodigieuse ». Ces arbres poussent sur de la « pure roche sans mélange de terre ». Il sera facile au printemps, grâce à « la fonte des glaces » de transporter les arbres abattus dans les cours d'eau gonflés « de plus de cinq à six toises ». La toise du charpentier représente environ 5,5 pieds du roi, c'est-à-dire à peu près 66 pouces ou un peu moins de deux mètres. Cette réserve d'arbres est située près d'un ruisseau « cinq lieues dans les terres ».

L'auteur principal du rapport est Noël de Boiselery, « écrivain principal de marine au département de Rochefort ». Le rapporteur officiel était accompagné de trois observateurs : le capitaine Jean Outlaw (ce terme anglais signifie « hors la loi »), Denis Belleperche et Jean Badeau. Ces deux derniers sont des « charpentiers de navires ». L'intérêt pour les mâtures de navire en pin rouge ne se dément pas. En 1755, Duhamel du Monceau rapporte que « c'est avec le pin rouge de Canada qu'on a fait la mâture du vaisseau du roi, *Le Saint-Laurent*, qui est de soixante canons ».

Les érables et leur sucre : des « gobes », des fraudes et des pains de sucre médicinal enrichis d'extraits végétaux

Dans un mémoire présenté à l'Académie royale des Sciences en 1755, Gaultier distingue de façon détaillée « les deux espèces d'érables dont on retire du sucre » : l'érable blanc ou érable mâle et l'érable femelle ou érable plane, et par corruption, plaine. L'érable blanc donne le sucre d'érable, alors que le sucre de plane ou de plaine est produit par l'érable femelle. Gaultier décrit l'incision « ou entaille ovale et oblique, que les habitants du pays nomment gobe ». Il observe une « fraude » dans la fabrication du sucre d'érable.

Certains ajoutent « ordinairement deux ou trois livres de farine sur dix livres de sucre ». Cet ajout permet une production plus rapide du sucre qui devient en outre plus blanc. Le sucre d'érable fait avec l'eau en fin de saison « a un goût de sève, qui est le goût de l'eau d'érable qu'on fait couler sur la fin de la récolte ». Il est difficile de faire du sucre avec cette eau. C'est pourquoi on se contente de la faire bouillir en sirop. « On y ajoute quelquefois une forte décoction de capillaire, qui rend ce sirop plus agréable et plus salutaire. » Ce sirop est bu « pendant les grandes chaleurs de l'été ». Il ne supporte pas cependant les voyages en mer. On peut fabriquer de 12 à 15 milliers de pains de sucre par an vendus 10 sols la livre. Le sucre d'érable accompagne les aliments, « surtout de ceux qui sont faits avec du lait ». En médecine, on l'emploie comme médicament « pectoral et adoucissant ». On fait des « tablettes surtout avec le sucre de plaine » qui est meilleur et plus doux que le sucre de l'érable blanc. On fait de plus des « tablettes avec l'eau d'orge ou une infusion de capillaire : ces deux ingrédients en augmentent la vertu et en relèvent la qualité ».

Un résumé de quelques observations inédites

Gaultier s'inspire beaucoup des travaux de Michel Sarrazin. Ses contributions les plus originales décrivent des utilisations médicinales surtout par les habitants français et à l'occasion par les Amérindiens. En voici quelques exemples.

Les rejetons de l'érable de Pennsylvanie servent à préparer une violente décoction purgative qui semble populaire à l'île d'Orléans. Pour ce qui est de la purgation, les habitants utilisent aussi le baume du Canada, cette résine du sapin baumier, en mélange avec de l'huile d'olive. Il s'agit d'un bon exemple d'un remède métissé, constitué d'une substance locale (la gomme de sapin) et d'une substance européenne (l'huile d'olive). Gaultier aimerait bien que le sapin baumier porte le nom de « sapin peigné » en référence à la disposition des aiguilles autour des rameaux. Le cornouiller stolonifère sert à préparer une décoction fort efficace contre la goutte. Un officier français a d'ailleurs guéri très rapidement grâce à ce remède. La térébenthine de l'écorce du mélèze laricin aurait

été utilisée pour le tannage des peaux de bœufs, de vaches et de loups marins. Une annotation indique cependant une plus grande utilisation de l'écorce de pruche pour ce qui est du tannage des peaux.

Le peuplier baumier permet de recueillir un baume ressemblant au baume du Pérou. Il semble y avoir une confusion en France quant à la distinction entre l'arbre du Pérou et celui du Canada. Le fruit du « buisson odorant » est nommé « calottes » au Canada. Il s'agit de la ronce odorante illustrée dans la flore de Jacques Cornuti en 1635. Une façon de guérir les effets néfastes de « l'herbe à la puce » est d'utiliser des cataplasmes à base de mie de pain imbibée de lait. Gaultier rapporte aussi à ce sujet que certains utilisent du vinaigre, qu'il croit cependant inefficace. Quant au sucre d'érable qui possède des propriétés médicinales et qui est frauduleusement altéré, Gaultier utilise le terme *gobes* pour nommer les entailles des érables. Il précise enfin que les tablettes de sucre d'érable peuvent contenir à l'occasion des extraits médicinaux de capillaire, une plante locale, ou d'orge, une plante d'origine européenne. Voilà un autre exemple d'un médicament dont la composition fait appel à une ou des plantes locales en plus d'une espèce d'Europe.

Certains auteurs cités par Gaultier et Pehr Kalm

En 1749, ces deux botanistes herborisent ensemble en Nouvelle-France. La comparaison des botanistes cités en référence dans le journal de voyage de Kalm et le manuscrit de Gaultier permet quelques commentaires. Parmi les auteurs en commun, on remarque la référence à Jan Frederik Gronovius (1690-1762) et à sa flore de la Virginie, élaborée en deux parties entre 1739 et 1742 à partir des spécimens de John Clayton (1697-1773). Gaultier et Kalm citent la publication de 1737 de Linné recensant les plantes de l'herbier et du jardin de Georges Clifford (1685-1760) en Hollande. Cette liste inclut une trentaine de plantes canadiennes. La flore de Jacques Cornuti de 1635 est aussi mentionnée par les deux botanistes, quoique plus fréquemment par Gaultier.

Quelques différences de citations méritent d'être soulignées. Gaultier est le seul à référer aux ouvrages des botanistes anglais Leonard Plukenet (1642-1706) et John Banister (vers 1650-1692). Ce dernier, qui est aussi pasteur anglican, est considéré comme le premier naturaliste de formation universitaire à explorer la Virginie. Les travaux de Banister ont été incorporés dans divers ouvrages d'autres botanistes, comme ceux de Leonard Plukenet. À la différence de Gaultier, Kalm fait mention de plusieurs publications de Linné.

Un bilan à compléter

L'ampleur des contributions de Gaultier est encore à déterminer, car il n'existe pas à ce jour d'étude exhaustive de l'ensemble des manuscrits de Gaultier. Si l'on restreint ces contributions à celles du manuscrit de 1749, on observe qu'elles sont moins nombreuses que celles décrites par son prédécesseur, Michel Sarrazin. Elles sont cependant moins livresques que celles de Charlevoix, qui reprend souvent les propos de ses prédécesseurs. Selon Bernard Boivin, Sarrazin est foncièrement motivé comme scientifique, alors que Gaultier a plus tendance à répondre aux commandes qui lui sont assignées. Gaultier copie généreusement les propos de Sarrazin, mais il insère, à l'occasion, des observations personnelles et inédites. Lorsqu'il mentionne John Tennent, il a possiblement reçu ces informations de Pehr Kalm lors de son séjour en Nouvelle-France. En septembre 1748, Kalm avait rencontré Benjamin Franklin qui avait imprimé à deux reprises le livre à succès de John Tennent sur la médecine populaire. L'année suivante, Kalm herborise en Nouvelle-France en compagnie de Gaultier dans la région de Québec. Il est vraisemblable que Kalm, connaissant les travaux de Tennent, en ait fait part à Gaultier, médecin et collègue botaniste.

Rénald Lessard rapporte plusieurs autres observations botaniques de Gaultier. En voici deux exemples. La véronique beccabunga (*Veronica beccabunga*), «la première salade qu'on mange en Canada», est utilisée contre le scorbut. Les graines de frênes (*Fraxinus* sp.) sont réputées utiles dans les cas de palpitations cardiaques. Gaultier a eu des contributions originales dans d'autres domaines. Ainsi, il a introduit l'usage en Nouvelle-France d'un incubateur pour les œufs de volaille mis au point par Réaumur, son correspondant académicien.

Sources

Anonyme, Jean-François Gaultier, *Bulletin des recherches historiques*, 1931, 37 (3): 129-143.

Boivin, Bernard, «Gaultier, Jean-François», *Dictionnaire biographique du Canada en ligne*, vol. III. 1741-1770. Disponible au http://www.biographi.ca/.

Canac-Marquis, Steve et Pierre Rézeau, *Journal de Vaugine de Nuisement. Un témoignage sur la Louisiane du XVIIIᵉ siècle*, Québec, Presses de l'Université Laval, 2005, p. 116.

De Boiselery, Noël et autres, *Procès-verbal de la visite des arbres de baie Saint-Paul propres à faire des mâts*, 1693, 3 octobre, Signé Noël de Boiselery, écrivain principal, Jean Outlaw, Denis Belleperche et Jean Badeau, charpentiers de navires. Archives nationales d'outre-mer (ANOM), COL C11A 12/fol. 263-264v. Archives Canada-France. Disponible au http://bd.archivescanadafrance.org/.

Ewan, Joseph et Nesta Ewan, «John Banister, Virginia's first naturalist», *Banisteria*, 1992, 1: 3-5.

Fisher, Celia, *The golden age of flowers. Botanical illustration in the age of discovery 1600-1800*, London, The British Library, 2011, p. 131.

Gaultier, Jean-François, *Mémoire des graines de différentes plantes et des autres morceaux d'histoire naturelle que j'envoye au Jardin du Roy à Paris et qui sont dans une caisse adressée à Monseigneur le Comte de Maurepas*, 1745. Archives Canada-France. Disponible au http://bd.archivescanadafrance.org/.

Gaultier, Jean-François, *Description de plusieurs plantes du Canada par M. Gaulthier*, 1749. Bibliothèque et Archives nationales du Québec. Disponible au http://pistard.banq.qc.ca/.

Gaultier, Jean-François, *Cinq lettres autographes (1752-1755) transcrites de Jean-François Gaultier à Guettard et le procès-verbal de la visite des mines de la Baie Saint-Paul en 1749*, Paris, Bibliothèque du Muséum d'histoire naturelle de Paris, manuscrit 293, Documents géographiques, 1749-1755.

Hocquart, *Lettre de Hocquart au ministre*, 1744 (7 octobre), Archives nationales d'outre-mer (ANOM, France), COL C11A 81 folio 274-285verso. Disponible sur le site Archives Canada-France au http://bd.archivescanadafrance.org/.

Lamontagne, Roland, «L'influence de Maurepas sur les sciences: le botaniste Jean Prat à La Nouvelle-Orléans, 1735-1746», *Revue d'histoire des sciences*, 1996, 49 (1): 113-124.

Lemery, Nicolas, *Traité universel des drogues simples…*, deuxième édition, Paris, chez Laurent d'Houry, Imprimeur-Libraire, 1714. Disponible à la bibliothèque numérique du jardin botanique royal de Madrid au http://bibdigital.rjb.csic.es/spa/. Note: cet ouvrage est aussi identifié par l'auteur avec le titre *Diction(n)aire ou Traité universel des drogues simples*, p. 134 pour la description du bonduc.

Lessard, Rénald, *Au temps de la petite vérole. La médecine au Canada aux XVIIᵉ et XVIIIᵉ siècles*, Québec, Septentrion, 2012.

Miller, Philip, *The Gardeners Dictionary. The Sixth Edition; Carefully Revised; and Adapted to the Present Practice*, Londres, 1752. Disponible à la bibliothèque numérique du jardin botanique royal de Madrid au http://bibdigital.rjb.csic.es/spa/.

Rousseau, Jacques, «Pierre Boucher, naturaliste et géographe», dans Pierre Boucher, 1664, *Histoire véritable et naturelle des mœurs et productions du pays de la Nouvelle-France vulgairement dite le Canada*, Société historique de Boucherville, 1964, p. 284 pour les commentaires sur les piqueurs de sapins de Charlevoix.

Slonosky, Victoria C., «The meteorological observations of Jean-François Gaultier, Quebec, Canada: 1742-56», *Journal of Climate*, 2003, 16: 2232-2247.

Tennent, John, *Every Man his own Doctor*, National Humanities Center (USA), 2009. Disponible au http://nationalhumanitiescener.org/.

1749, QUÉBEC. CUEILLIR DES VÉGÉTAUX ET RECUEILLIR DES RENSEIGNEMENTS SUR LEURS USAGES, UNE PRIORITÉ POUR LE GOUVERNEUR GÉNÉRAL

LE MARQUIS ROLAND-MICHEL BARRIN DE LA GALISSONIÈRE (1693-1756) devient gouverneur général par intérim en Nouvelle-France en 1747. La graphie « Galissonière » est celle du *Dictionnaire biographique du Canada*. Cet officier de marine de carrière s'intéresse aux collections de curiosités naturelles, aux sciences de la nature et particulièrement à la botanique. La Galissonière est issu d'une famille originaire du Bourbonnais passionnée pour les végétaux. Michel Bégon (1638-1710), son grand-père maternel, a la distinction d'avoir le nom du genre *Begonia* dédié en son honneur. Bégon avait organisé une expédition aux Antilles sous la direction du médecin Donat Surian et du botaniste Charles Plumier. Ce dernier créa le genre *Begonia* que Linné conserva en 1753. Michel Bégon a aussi créé le Jardin botanique de Rochefort en 1697. Un catalogue des 672 plantes de ce jardin n'est cependant publié qu'en 1793. À cette époque, Rochefort est un centre majeur des approvisionnements par mer vers la Nouvelle-France, l'Acadie et la Louisiane. Michel Bégon est un collectionneur passionné qui possède en 1699 une bibliothèque de 7 000 livres en plus de six volumes de plantes « desséchées ». Certaines des espèces de son herbier proviennent de l'Amérique. Le marquis de La Galissonière est aussi apparenté à l'intendant Michel Bégon de La Picardière (1667-1747). Cet oncle, intendant en Nouvelle-France, doit faire face au fameux épisode de la monnaie de cartes à partir de 1707. Cet intendant est reconnu pour avoir promu le développement de la culture du chanvre en Nouvelle-France.

Lors de sa visite en 1749 en Nouvelle-France, le naturaliste Pehr Kalm croit « entendre un autre Linné » lorsqu'il converse avec le gouverneur intérimaire. Pour Kalm, ce personnage est « un plus grand protecteur de la science ». Le marquis questionne constamment tous ceux qui explorent le pays par rapport aux végétaux, aux sols et aux minéraux. Il collectionne de plus les curiosités naturelles. Il fait transporter en France des échantillons végétaux. La Galissonière possède un domaine, Le Palet, près de Nantes, où il tente de faire pousser le plus grand nombre possible de végétaux canadiens. Il est intéressant de noter que le Jardin botanique de Nantes a acquis le statut officiel de jardin d'acclimatation de plantes étrangères en 1726 « pour assujettir les capitaines des navires de Nantes d'apporter des graines et des plantes des colonies des pays étrangers pour le jardin des plantes médicales établi à Nantes ». On souhaite aussi que ce jardin soit « une espèce d'entrepôt pour le jardin des plantes de Sa Majesté à Paris ». Le jardin de Nantes avait été mis sur pied vers 1688.

La Galissonière et ses séjours antérieurs en Amérique du Nord

Bien avant sa présence comme gouverneur entre 1747 et 1749, La Galissonière connaît le Canada et des botanistes intéressés à sa flore. Dès 1711, il fait une première visite en Nouvelle-France sur un navire transportant des approvisionnements et il est de retour à Québec cinq ans plus tard. En 1722, il se rend à l'île Royale (île du Cap-Breton). En 1737, il commande le navire *Héros* pour une mission militaire à la même île. Trois ans auparavant, il avait effectué une campagne aux îles antillaises d'Amérique. Il serait responsable de l'introduction en France du magnolia à grandes fleurs (*Magnolia grandiflora*), du tulipier de Virginie (*Liriodendron tulipifera*) et du liquidambar (*Liquidambar styraciflua*) provenant d'Amérique. Cette dernière espèce est utilisée à l'époque sous le nom de styrax comme diurétique et pour traiter la gonorrhée.

En 1739, La Galissonière transporte des provisions à destination de Louisbourg. Il est déjà en contact avec Duhamel du Monceau. En avril 1739, il remercie du Monceau pour les graines de melon et lui promet du baume du Canada. Au retour de ce voyage, il rapporte des semences et des plantes

La promotion de la culture du chanvre et les forces du marché en Nouvelle-France

Bien avant l'influence de Michel Bégon favorisant la culture du chanvre, divers intervenants font la promotion de cette espèce dès le XVIIe siècle. Le chanvre sert de matériau textile pour les toiles et les cordages des navires. Au début du XVIIIe siècle, on élabore des scénarios pour inciter les habitants à semer du chanvre. La stratégie est fort simple : il s'agit de bien rémunérer les producteurs. Ainsi, en 1723, le quintal (poids de 100 livres) de chanvre rapporte la somme de 60 livres. Ce chanvre est entreposé dans les magasins du roi à Québec pour être expédié à Rochefort pour les besoins de la marine.

En 1727, les magasins du roi expédient 21 600 livres (216 quintaux) de chanvre toujours au prix de 60 livres le quintal. Cependant, cette même année, les autorités de la Nouvelle-France font part au ministre de la Marine de la nécessité de réduire le prix offert pour le chanvre. En effet, des habitants délaissent la culture du blé. La forte augmentation de la production du chanvre depuis 1722 commence à produire des effets indésirables. On réduit donc par étapes le prix versé pour le chanvre jusqu'à 25 livres le quintal. En 1731 et 1733, on recommande de ne pas réduire le prix sous le seuil des 25 livres. Le marché semble s'être stabilisé.

Sources : Dupuy, *Lettre de Dupuy au ministre*, 1727 (20 octobre). Archives nationales d'outre-mer (ANOM, France), COL C11A 49/folio 274-302verso. Disponible sur le site Archives Canada-France au http://bd.archivescanadafrance. org/. Hocquart, *Lettre de Hocquart au ministre*, 1730 (14 janvier). Archives nationales d'outre-mer (ANOM, France), COL C11A 53/folio 2-3verso. Disponible sur le site Archives Canada-France au http://bd.archivescanadafrance.org/. Hocquart, *Lettre de Hocquart au ministre*, 1731 (14 octobre). Archives nationales d'outre-mer (ANOM, France), COL C11A 55/folio 88-93verso. Disponible sur le site Archives Canada-France au http://bd.archivescanadafrance. org/. Hocquart, 1733 (2 octobre). Archives nationales d'outre-mer (ANOM, France), COL C11A 60/folio 21-34. Disponible sur le site Archives Canada-France au http://bd.archivescanadafrance.org/.

canadiennes destinées au Jardin du roi à Paris. Il rapporte aussi « quelques oiseaux empaillés qui ne sont pas trop beaux et quelques autres bagatelles ». De 1739 à 1756, La Galissonière correspond régulièrement avec Duhamel du Monceau sur divers sujets botaniques. En 1741, il semble avoir des doutes quant à l'efficacité de l'envoi de plantes au Jardin du roi. Il s'inquiète de l'acclimatation adéquate des plantes expédiées à Paris. Dans une autre lettre, il fait des commentaires sur la greffe du pistachier du Levant, le lentisque de Provence, les bois du Mississippi et les plantes expédiées à Bernard de Jussieu au Jardin du roi.

sassafras, le chicot, une liane qui produit de l'eau sucrée, des roseaux, des cotonniers, un bouleau, un érable piqueté, du bois blanc, des merises, des cerises à grappes, du bois dur et du frêne sauvage sans oublier les petites poires que l'on peut se procurer par l'intermédiaire de l'abbé La Corne, curé de La Durantaye. Il s'agit de Joseph-Marie La Corne de Chaptes (1714-1779), curé de Saint-Michel (de Bellechasse) de 1739 à au moins 1749, nommé chanoine en 1747 et au Conseil souverain en 1749. La seigneurie de La Durantaye, concédée en 1672, est subdivisée en 1716, l'une partie créant Saint-Michel, l'autre partie, Saint-Vallier.

Une aide du curé de La Durantaye (Saint-Michel-de-Bellechasse) pour s'approvisionner en fruits d'amélanchier

Dans une lettre du 6 décembre 1742 à Duhamel du Monceau, La Galissonière énumère plusieurs espèces canadiennes : une jasmine, un févier, le

Une variété de prune canadienne au nom de La Galissonière

Après son départ du Canada à la fin de 1749, La Galissonière poursuit ses intérêts scientifiques. Il est fréquemment en contact avec l'astronome Pierre-Charles Le Monnier (1715-1799), Duhamel

La jasmine de La Galissonière

À l'époque, le mot *jasmine* est utilisé chez certains auteurs pour décrire le fruit comestible de l'asiminier trilobé (*Asimina triloba*). La genèse de ce terme pourrait s'expliquer par une modification des mots *asmine*, *acimine* et autres variantes désignant l'asiminier trilobé. Cette espèce attire l'attention de divers observateurs par la grosseur de ses fruits comestibles. Pour certains, ces gros fruits sont comme des couillons d'âne! Dès 1710, Antoine-Denis Raudot spécifie que les Amérindiens nomment cette espèce *assemnia*. En anglais, l'appellation populaire *pawpaw* serait dérivée du mot *papaya* (papaye) à cause d'une certaine ressemblance des fruits comestibles. L'asiminier est l'arbre indigène de l'est des États-Unis, pouvant atteindre le sud de l'Ontario, qui produit les plus gros fruits. Certains peuvent peser jusqu'à un kilogramme par rapport à une moyenne oscillant entre 200 et 400 grammes.

Sources : Canac-Marquis, Steve et Pierre Rézeau, *Journal de Vaugine de Nuisement. Un témoignage sur la Louisiane du XVIIIᵉ siècle*, Québec, Presses de l'Université Laval, 2005, p. 107. Layne, Desmond R., «The pawpaw (*Asimina triloba* [L.] Dunal) : a new fruit crop for Kentucky and the United States», *HortScience,* 1996, 31 (5) : 777-784.

du Monceau et Bernard de Jussieu. Les échanges de plantes canadiennes continuent particulièrement avec l'appui de l'armateur juif bordelais Abraham Gradis (vers 1699-1780), qui sera d'ailleurs anobli en 1751 par le roi Louis XV. Abraham Gradis est le fournisseur du roi aux colonies et il fournit à l'occasion certains fruits au Canada sans exiger de frais d'expédition. La Galissonière expédie lui-même au Canada de grandes quantités de noyaux de cerises de France. En 1750, La Galissonière laisse son nom à une variété de prune qu'il aurait rapportée du Canada.

Un mémoire pour les instructions lors de la collecte d'échantillons végétaux

Pour obtenir le plus de succès possible lors des récoltes de végétaux en Nouvelle-France, le marquis fait rédiger en 1749 des instructions pour la collecte des échantillons par Jean-François Gaultier, le médecin du roi résidant à Québec. Ce «mémoire» est destiné à «tous les chefs, commandants de forteresses [...] au Canada». On y décrit la façon d'empaqueter les glands, les noix, les châtaignes, les noyaux de cerises et les autres graines. On spécifie «la façon de ramasser et de conserver les graines des fruits à pulpe comme les fraises, les mûres, les raisins, les framboises, etc.». Les graines des arbres doivent être enveloppées «dans un papier ou dans un morceau d'écorce de bouleau ou autre arbre». Il faut inscrire «le nom que les Sauvages et les Français donnent à cette plante [...] les utilités qu'ils en retirent tant pour les maladies du corps, que pour les autres usages de la vie, tels que la teinture». Le mémoire demande de veiller à «ramasser beaucoup de graines de plantes utilisées contre les serpents. De même de celles que les Sauvages utilisent pour les maladies et d'autres besoins». Pehr Kalm spécifie dans son journal de voyage de 1749 que 70 copies de ces instructions ont été produites.

Ce genre de requête n'est pas nouveau. Immédiatement après la formation de la compagnie hollandaise *Vereenigde Oost Indische Compagnie* (VOC) en 1602, les chirurgiens explorateurs reçoivent des instructions pour rapporter en Hollande des spécimens de plantes, de fruits et de fleurs en spécifiant les noms vernaculaires et les usages locaux. En 1670, le ministre français Jean-Baptiste Colbert écrit au directeur de la Compagnie des Indes occidentales en ces termes : «Je désire que vous examiniez bien toutes les fleurs, les fruits et même les bestiaux s'il y en a de naturels du pays et que nous ne voyons point en Europe, et tout ce qu'il faut observer pour les faire venir. Il faudra m'en envoyer par tous les vaisseaux qui viendront afin que si l'un manque, l'autre puisse réussir : surtout envoyez-moi de l'ananas, afin de tenter si l'on en pourra faire venir ici.»

Un résumé des principales informations du mémoire du gouverneur

La phrase initiale provient du document, incluant les noms des espèces. Les suggestions d'identification qui suivent réfèrent aux noms scientifiques et à leurs équivalents français modernes.

D'abord les arbres, en commençant évidemment par les chênes

Il y a trois espèces de chêne blanc. Les deux premières espèces sont assez communes dans la région du lac Champlain. La troisième espèce se trouve au lac des Bois. Trois chênes produisent des glands doux : le chêne blanc (*Quercus alba*), le chêne bicolore ou chêne bleu (*Quercus bicolor*) et le chêne à gros fruits (*Quercus macrocarpa*).

Le chêne gris est abondant près du Niagara, du fort Frontenac et du lac Champlain. Ce chêne peut correspondre à diverses espèces.

Le chêne rouge se trouve partout. C'est le chêne rouge (*Quercus rubra*) avec ses glands amers.

Le chêne épineux doit se trouver près du Niagara. Est-ce vraiment une espèce de chêne ou s'agit-il plutôt du frêne épineux, le clavalier d'Amérique (*Zanthoxylum americanum*) déjà mentionné dans le manuscrit au pays des Illinois, par Charlevoix, Gaultier et Duhamel du Monceau ? Le même auteur distingue vraisemblablement les deux espèces, car il mentionne le frêne épineux, plus loin dans le texte, en distinguant diverses espèces de frêne. Il s'agit donc d'une espèce non identifiée de chêne.

On trouve des noyers de différentes espèces, dont le noyer de Virginie et le noyer de Niagara. Les noyers (*Juglans* sp.) peuvent être aussi des caryers (*Carya* sp.).

Les prunes proviennent d'espèces variées. Il y a un arbre dont le fruit ressemble parfaitement au *Cerasus*. Les Sauvages l'appellent *negeomuinel* et il se trouve en de nombreux endroits. Son fruit est comestible. Jacques Rousseau note que « ce nom indien se retrouve dans minel du Canada et dans ragouminière, deux noms populaires du *Prunus depressa* ». C'est le cerisier déprimé (*Prunus pumila* var. *depressa*), mentionné initialement par Louis Nicolas et illustré pour la première fois par le même auteur sous le nom de *miner*.

Les châtaigniers sont d'espèces variées. L'espèce principale de châtaignier indigène est le châtaignier d'Amérique (*Castanea dentata*).

Le *Tilia* ou bois blanc. Il y a deux espèces : bois blanc et bois jaune. « Certains disent que le bois jaune est une espèce de peuplier et qu'il s'en trouve également près du Niagara. » Le bois blanc est le nom populaire du tilleul d'Amérique (*Tilia americana*). Quant au bois jaune, il peut correspondre à diverses espèces de peuplier (*Populus* sp.).

Le cottonnier (cotonnier) ou plane. « Il faut que la coque dans laquelle les graines de cet arbre sont renfermées soit ouverte, quand on veut la ramasser. » On trouve cet arbre « près du lac Champlain, Détroit Illinois, rivière Saint-Joseph ». Si ce cotonnier correspond au grand cotonnier, mentionné par Louis Nicolas, il s'agirait du platane occidental (*Platanus occidentalis*). On retrouve aussi cet arbre cotonnier correspondant au platane dans *La flore de Canada en 1708*, élaborée à partir des échantillons de Michel Sarrazin.

Le merisier, à la fois rouge et blanc. « Cette espèce de merisier est un véritable bouleau. » Ce merisier rouge et blanc est peut-être le bouleau flexible (*Betula lenta*).

Les tulippiers (tulipiers), beaucoup aux Illinois. C'est le tulipier de Virginie (*Liriodendron tulipifera*) qui peut atteindre le sud du Canada dans certaines régions. Certains auteurs attribuent au marquis de La Galissonière l'introduction de cet arbre en France.

On trouve le fevier (février), l'un épineux, l'autre sans épines, un *falsus acacia*. Un petit fevier (février), chez les Illinois. Le février sans épines est le chicot février (*Gymnocladus dioicus*) aussi nommé chicot ou gros février. Cet arbre est déjà décrit par Michel Sarrazin. L'espèce à épines est le février épineux (*Gleditsia triacanthos*), mentionné par Sarrazin, Kalm, Gaultier et Duhamel du Monceau.

Le cerisier déprimé (*Prunus pumila* var. *depressa*). Cet arbuste, mentionné initialement par Louis Nicolas (séjour en Nouvelle-France entre 1664 et 1675), est illustré pour la première fois par ce même auteur sous le nom de *miner*. Jacques Rousseau note que « ce nom indien se retrouve dans minel du Canada et dans ragouminière, deux noms populaires du *Prunus depressa* ».

Source : Loddiges, Conrad & Sons, *The Botanical Cabinet consisting of coloured delineations of plants from all countries…*, volume 17, planche 1607, 1830. Bibliothèque de recherches sur les végétaux, Agriculture et Agroalimentaire Canada, Ottawa.

Des châtaignes du Canada, qui peuvent être salutaires, dans un cabinet de curiosités à Castres en 1649

Pierre Borel (vers 1620-1671) reçoit un diplôme en médecine de l'Université de Cahors en 1643. Il devient un collectionneur de curiosités de toutes sortes. En 1649, il publie à Castres un résumé des « raretés » de sa collection tout en incluant une liste des principaux cabinets de curiosité de l'époque. Il possède 3 000 plantes « en herbier sec » disposées par ordre alphabétique. On peut de plus admirer du bois néphrétique « qui mis dans l'eau, la rend de toutes les couleurs » et l'herbe divine ou thé « qui infusée dans du vin et donnée à boire, fait qu'on se passe longtemps de dormir sans incommodité ». Borel a évidemment « toutes les lunaires » et « la fleur de la passion » d'Amérique sans oublier les « fleurs éternelles, ou stechas [*Stoechas*] citrin ». Parmi quelques autres échantillons provenant d'Amérique, on remarque la « chatagne [châtaigne] de Canada ».

Marie de l'Incarnation rapporte que, lors d'une expédition militaire contre les Iroquois en 1666, les troupes de la Nouvelle-France se retrouvent sans nourriture. Cette armée peut cependant bien manger grâce à un grand nombre de châtaigniers très chargés de fruits. L'ursuline de Québec ajoute que ces châtaignes sont de meilleur goût que les marrons de France. En 1664, Pierre Boucher écrit que les fruits du châtaignier du pays des Iroquois sont « aussi bon[s] que ceux de France ».

Sources : Borel, Pierre, *Les antiquitez, raretez, plantes, mineraux & autres choses considerables de la Ville, & de Comte de Castres d'Albigeois…*, Castres, Arnaud Colomiez, Imprimeur du Roy, & de la Ville, 1649, p. 139-142. Canac-Marquis, Steve et Pierre Rézeau, *Journal de Vaugine de Nuisement. Un témoignage sur la Louisiane du XVIIIᵉ siècle*, Québec, Presses de l'Université Laval, 2005, p. 38, note a pour la citation de Marie de l'Incarnation. Rousseau, Jacques, « Pierre Boucher, naturaliste et géographe », dans Pierre Boucher, 1664, *Histoire véritable et naturelle des mœurs et productions du pays de la Nouvelle-France vulgairement dite le Canada*, Société historique de Boucherville, 1964, p. 290 pour les commentaires sur le châtaignier.

Le laurier est de plusieurs espèces, comme *sassafras*. Il est présent à l'île Sainte-Hélène, près de Montréal, mais peu fréquent. Le laurier peut représenter à l'époque plusieurs espèces. Le mot *sassafras* réfère cependant au sassafras médicinal (*Sassafras albidum*).

Le gennievre (genévrier). Il s'agit probablement du genévrier commun (*Juniperus communis* var. *depressa*).

Le frêne est de différentes espèces. Frêne à fleur. Frêne dur ou métis, bon bois. Frêne gras, mauvais bois, mais dont les Iroquois font une espèce de gomme qui est utile pour étancher les canots. Frêne épineux, dont le bois se conserve longtemps dans l'eau. Frêne bleu dont l'écorce est employée à faire une teinture bleue. Le frêne bleu est aussi « utile et fort salutaire dans une maladie, qu'on appelle nephretite [néphrétite] ». Il y aurait donc cinq espèces de frêne : à fleur, dur ou métis, gras, épineux et bleu. Louis Nicolas avait mentionné deux frênes : le franc frêne et le frêne bâtard. En 1712, Gédéon de Catalogne ajoute le frêne métis aux deux espèces précédentes. À cette époque, le franc est le blanc, le métis est le rouge et le bâtard correspond au noir pour ce qui est de la couleur de la peau. Charlevoix reprend la même terminologie en 1744 pour distinguer les trois frênes. Ainsi, le frêne blanc pourrait être le frêne d'Amérique (*Fraxinus americana*), le rouge correspondrait au frêne de Pennsylvanie (*Fraxinus pennsylvanica*) et le noir au frêne noir (*Fraxinus nigra*). Il est possible que le frêne à fleur soit le frêne blanc. Le métis serait aussi le dur, alors que le gras pourrait être le noir. Quant au frêne bleu dont l'écorce teint en bleu, il s'agit possiblement du frêne néphrétique mentionné dans le manuscrit de 1749 de Jean-François Gaultier. Le frêne épineux est vraisemblablement le clavalier

Du genévrier en temps de peste

En tenant compte des diverses variétés du genévrier commun, ce conifère a la rare distinction de se rencontrer tant en Europe qu'en Amérique du Nord. Les usages du genévrier sur les deux continents mériteraient d'être comparés plus en détail. Au XVIIᵉ siècle en Europe, on récolte le bois, les baies, la gomme et même un champignon du genévrier pour des fins médicinales. Certains utilisent une décoction de bois de genévrier «en place de la chine», cette plante chinoise dont la racine est un remède reconnu par les autorités médicales européennes. On brûle le bois de genévrier «pour purifier l'air en temps de peste». Les baies sont recommandées «dans les maladies du cerveau, des nerfs et de la poitrine». La gomme est utile «dans les paralysies et froideurs de nerfs et de cerveau». Une eau produite d'un champignon du genévrier est «bonne pour les yeux». À partir des baies, on peut élaborer «une eau, un esprit, une huile, un sel, un élixir [...] et un extrait [...] dans la peste et fièvres pestilentielles et contagieuses».

La peste est l'une des maladies bactériennes qui a le plus affecté l'humanité. Au temps de l'épidémie de peste à Paris en 1619, le médecin français Charles Delorme (1584-1678) visite les malades en utilisant l'ail et de la rue des jardins (*Ruta graveolens*) dans la bouche sans oublier l'encens dans le nez et les oreilles. Le médecin porte des vêtements pour assurer une protection totale du corps et on recommande même l'usage du vinaigre des quatre voleurs qui avaient réussi à dérober les pestiférés tout en évitant l'infection. Une éponge dans la bouche imbibée de plusieurs huiles essentielles et d'extraits végétaux semble aussi efficace. Certaines recettes du vinaigre des quatre voleurs incluent un extrait de baies de genévrier. On voit de plus apparaître les fameux masques de peste en forme de bec d'oiseau contenant des produits végétaux protecteurs.

Source : De Rebecque, Jacob Constant, *L'apoticaire francois charitable*, Lyon, chez Jean Certe, 1688, p. 87-88.

Une grande armoire de bois de fer dans la maison de Michel Sarrazin

Un inventaire des biens est effectué après le décès, le 4 avril 1743, de Marie-Anne Hazeur, la veuve de Michel Sarrazin. Tous les biens de leur maison de la rue du Parloir, à Québec, sont répertoriés et évalués. Il en est de même pour le contenu des bâtiments de la terre dite Saint-Jean dont le fermier est William Strouds (vers 1712-1757), natif de Londres et qui a séjourné en Caroline avant son arrivée en Nouvelle-France. Dans la maison de Québec, «une grande armoire de bois de fer, en deux corps ouvrant à quatre battants, et fermant à clé» est estimée à trois livres. À l'occasion, les évaluateurs précisent l'identité des bois. On répertorie ainsi des chaises et un grand buffet en noyer, un lit et une commode en merisier, une armoire et un banc en pin. Plusieurs dizaines de livres sont inventoriés. Il y a au moins cinq auteurs dont les ouvrages traitent spécifiquement de plantes : Marcello Malpighi (1628-1694), Jean Bauhin (1541-1613) ou son frère Gaspard (1560-1624), Charles de l'Écluse (1526-1609), Jacques-Philippe Cornuti (vers 1600-1651) et Joseph Pitton de Tournefort (1656-1708).

Source : Anonyme, «Un inventaire de l'année 1743», *Rapport de l'archiviste de la Province de Québec pour 1943-1944*, Québec, Rédempti Paradis imprimeur, 1944, p. 17-47.

Les copals d'Amérique, des résines multifonctionnelles et une nourriture pour les dieux

Le mot *copal* est un emprunt, par l'intermédiaire des Espagnols au XVIe siècle, du terme nahuatl *copalli*, qui réfère à diverses résines d'arbres des régions mexicaines et avoisinantes. Pour les Mayas, le mot *pom* identifie plus spécifiquement les résines servant d'encens. Chez les Aztèques, les copals sont utilisés surtout comme encens, car il s'agit d'une nourriture pour les divinités. De plus, ces résines servent aux Aztèques de médicament, de colle, de gomme à mastiquer, de vernis et même d'agent purificateur d'aliments. Les principaux genres d'arbres produisant les copals d'Amérique sont *Bursera*, *Protium*, *Hymenaea* et *Pinus*.

Plusieurs produits végétaux sont des objets importants de commerce et de tribut chez les Aztèques. En plus du maïs, des graines de chia, des fruits et graines de cacaoyer et des fibres de coton, les Aztèques exigent souvent de grandes quantités de copal comme tribut aux groupes sous leur domination.

Sources : Langenheim, Jean H., *Plant Resins. Chemistry, Evolution, Ecology, and Ethnobotany*, Portland, Cambridge, Timber Press, 2003, p. 296-297. Spinden, Herbert J., *Ancient civilizations of Mexico and Central America*, New York, American Museum of Natural History, 1951, p. 227.

Illustration du copal dans le manuscrit *Brief Discours* attribué à Samuel de Champlain. Le mot *copal* est un emprunt, par l'intermédiaire des Espagnols au XVIe siècle, du terme nahuatl *copalli*, qui décrit diverses résines d'arbres des régions mexicaines et avoisinantes. Chez les Aztèques, les copals sont utilisés surtout comme encens, car il s'agit d'une nourriture pour les dieux. Ils servent aussi de médicament, de colle, de gomme à mastiquer, de vernis et d'agent purificateur d'aliments. Les principaux genres d'arbres produisant les copals d'Amérique sont *Bursera*, *Protium*, *Hymenaea* et *Pinus*. Champlain décrit le copal, au milieu de l'illustration, comme une gomme qui sort d'un arbre qui est comme le pin (*Pinus*). Ce copal possède des propriétés médicinales. La gomme filamenteuse de copal sort d'un contenant formé de rubans entrelacés. À gauche du copal, on trouve la racine de « casave » (cassave) qu'il ne faut pas manger crue, car elle serait mortelle. On la fait donc cuire pour en faire du pain. Cette cassave est le manioc (*Manihot esculenta*). À droite, la plante « patates » que l'on fait cuire « comme des poires au feu » et qui a un goût comme les « châtaignes » correspond à la patate douce (*Ipomea batatas*) dont le nom spécifique *batatas* a été souvent confondu avec *patatas* ou *papas* (patate, pomme de terre [*Solanum tuberosum*]).

Source : Champlain, *Brief Discours* in Laverdière I : 35, dans Litalien, Raymonde et Denis Vaugeois (dir.), *Champlain. La naissance de l'Amérique française*, Québec, Septentrion, 2004, p. 89. Banque d'images, Septentrion.

d'Amérique (*Zanthoxylum americanum*), une espèce bien distincte des frênes, mais dont les feuilles ressemblent cependant à celles des frênes.

Le mélèze ressemble au pin et au sapin, mais il perd ses feuilles en hiver. C'est le mélèze laricin (*Larix laricina*), le seul conifère qui perd ses aiguilles en saison hivernale.

Deux espèces de pruche, la rouge et la blanche. « Son bois se conserve longtemps à humidité. » L'auteur ajoute qu'il ne sait pas si « cet arbre est connu en Europe ». Il n'y a qu'une seule espèce de pruche (*Tsuga canadensis*) dans cette région de l'est de l'Amérique du Nord.

Le bois dur, une espèce de charme, se trouve partout. Le charme est le charme de Caroline (*Carpinus caroliniana*), qui est aussi nommé vulgairement bois dur ou bois de fer. Ces deux expressions s'appliquent aussi à l'ostryer de Virginie (*Ostrya virginiana*).

Trois espèces d'érable. L'érable blanc et l'érable à feuilles blanches par dessous. L'érable « plaine ou plene ». L'érable piqueté, *curled maple*. C'est un bois excellent. L'érable blanc est l'érable à sucre (*Acer saccharum*), alors que la plaine est l'érable rouge (*Acer rubrum*). L'érable piqueté correspond généralement à des motifs particuliers du bois de l'érable à sucre (*Acer saccharum*).

Après les arbres, d'autres informations sur des plantes d'intérêt et une résine

À la suite des commentaires sur les arbres, le mémoire réfère à certains fruits comme les pommes sauvages, les poires sauvages, le citronnier correspondant vraisemblablement au podophylle pelté (*Podophyllum peltatum*) et les mûriers. Suivent ensuite quelques autres espèces.

Un arbre près du Mississippi donne une résine très dure qu'on nomme lopale (copal). Ce mot générique, décrivant une résine, ne permet pas dans ce cas d'identifier précisément l'arbre qui la produit.

Tisavojaune, à la fois la rouge et la jaune. La tissavoyane jaune correspond en général à la savoyane

Tournesols, chiffons rouges et enluminures bleues

Le mot *tournesol* ne s'applique pas uniquement aux plantes qui se tournent vers le soleil. Au XVIIe siècle, le marchand épicier Pierre Pomet affirme que l'on colore certaines liqueurs alcoolisées avec du « tornesol ». Il y a d'abord le tournesol de Constantinople, qui est de la toile d'Hollande ou de la crêpe teinte avec le rouge de cochenille « aidé de quelques acides ». On plonge simplement les tissus dans les alcools pour les colorer. Les Portugais vendent des morceaux de coton traités avec la cochenille pour « teindre les gelées » en rouge. On produit aussi des chiffons rouges avec les fruits et graines d'*Heliotropium tricoccum* auxquels on ajoute quelques acides. Cette espèce, aussi nommée tournesol, correspond vraisemblablement à la maurelle ou croton des teinturiers (*Chrozophora tinctoria*). À la Renaissance, on utilise les extraits de graines de ce croton pour colorier en bleu les enluminures ornant les manuscrits.

« Ces chiffons rouges sont fort en usage pour donner une couleur rouge au vin. » Il faut préférablement choisir les chiffons de Hollande qui sont « les plus chargés de teinture, les plus secs, et les moins crasseux, et les moins moisis ». De nos jours, on connaît en chimie le papier tournesol qui, par ses changements de couleur, sert d'indicateur de l'acidité ou de la basicité d'une solution aqueuse. Il s'agit d'une mesure approximative de la valeur du pH de cette solution.

Sources : Fisher, Celia, *Flowers of the Renaissance*, London, Frances Lincoln Limited, 2011, p. 105. Pomet, Pierre, *Histoire generale des drogues*, Paris, 1694, p. 35.

(*Coptis trifolia*), alors que la rouge identifie le gaillet des teinturiers (*Galium tinctorium*) ou une autre espèce de gaillet. Ces deux plantes appartiennent à des familles différentes.

Polygala. Il s'agit du polygale sénéca (*Polygala senega*), qui est une espèce réputée à l'époque pour le traitement des morsures de serpents.

Cottonier (cotonnier) de prairie, dont la fleur produit du sucre. Ce cotonnier est généralement l'asclépiade commune (*Asclepias syriaca*) ou d'autres espèces d'asclépiade produisant du nectar.

Tournesols, on en cultive beaucoup aux Illinois pour faire de l'huile. Il s'agit du tournesol (*Helianthus annuus*).

Fol (folle) avoine, de différentes provenances. Il y a une remarque disant qu'il faut vérifier s'il s'agit de la même espèce. On soupçonne donc qu'il existe quelques espèces de folle avoine. La folle avoine correspond à diverses espèces de zizanie (*Zizania* sp.).

Fevrettes, fevrottes ou frevrolles (fèverolle). C'est une graine qu'on trouve dans la terre au printemps et que les tourtes mangent. Cette espèce, appartenant peut-être à la famille des fabacées (légumineuses), est difficile à identifier avec cette seule information.

Panacles ou encore pommes de terre, qui viennent comme des chapelets. C'est possiblement l'apios d'Amérique (*Apios americana*), mentionné pour la première fois en Nouvelle-France par Samuel de Champlain en 1603.

Comparaison du mémoire du gouverneur et du manuscrit rédigé par Jean-François Gaultier en 1749

Comme Jean-François Gaultier, le médecin du roi, a rédigé en 1749 le mémoire sur la cueillette des végétaux à la suite des ordres de La Galissonière, il devient intéressant de comparer ce texte avec le manuscrit de la même année et du même auteur sur les plantes du Canada.

Jean-François Gaultier ne traite que du chêne blanc et du chêne rouge dans son manuscrit. Dans le mémoire, les chênes gris et épineux sont mentionnés. Il en est de même pour le noyer de Virginie et de Niagara, qui ne sont pas présents dans le manuscrit de Gaultier.

Le texte du mémoire sur le *negeomuniel* est très instructif. Ce mot amérindien est présenté pour la première fois et il décrit le cerisier déprimé (*Prunus pumila* var. *depressa*), comme l'indique Jacques Rousseau. La première mention du mot *miner*, désignant probablement la même espèce de cerisier, est celle du *Codex* de Louis Nicolas. Ce cerisier nain y est même illustré de façon rudimentaire pour la première fois. Marie-Victorin signale que cette espèce « était déjà cultivée en France en 1755, sous le nom de ragouminier ». Ce petit arbuste déprimé se retrouve sur les rivages d'eau douce.

Le mémoire révèle que le frêne bleu et le frêne néphrétique sont en fait une seule et même espèce. De ce frêne, on peut obtenir une teinture bleue en plus d'un usage médicinal. Étonnamment, Gaultier note dans son manuscrit qu'il ne connaît ni le frêne bleu ni le frêne néphrétique.

On apprend dans le mémoire qu'il y a deux espèces de pruche : la blanche et la rouge. Cette distinction fait peut-être référence à des teintes différentes de la couleur du bois. On note aussi l'utilisation du terme anglais *curled maple* pour décrire une troisième espèce d'érable. Gaultier se reporte à des auteurs anglophones dans son manuscrit.

Le mot *tisavojaune* est une variante de la « tissavoyane ». Plusieurs variantes de ce mot d'origine algonquienne se rencontrent dans les textes. À ce nom de plante, on semble parfois associer la capacité de teindre en jaune ou en rouge. C'est le cas dans le mémoire. Personne n'a malheureusement jamais spécifié les conditions requises pour obtenir ces deux colorations distinctes à partir d'une même espèce. C'est pourquoi on interprète souvent qu'il s'agit plutôt d'espèces distinctes pour colorer en rouge ou en jaune.

L'expression *pomme de terre* a historiquement plusieurs significations. Une première est associée à la notion d'une pomme, et par extension d'un fruit, près de la terre. Une deuxième signification réfère à une pomme ou à un fruit sous la terre. Dans le

La Galissonière et deux autres botanistes dans un roman canadien à succès

En 1877, William Kirby (1817-1906) publie *Le Chien D'Or/The Golden Dog. A legend of Quebec*. L'action se déroule en 1748 en Nouvelle-France. Des intrigues amoureuses se tissent entre des personnages influents, comme l'infâme intendant François Bigot. Le titre du livre réfère à la fameuse légende du chien d'or reliée au meurtre de Nicolas Jacquin Philibert (1702-1748) par Pierre Legardeur de Repentigny. Au-dessus de la porte de la maison de la victime, à Québec, une sculpture en pierre montre un chien décoré en or et rongeant un os. Les quatre phrases qui accompagnent cette sculpture laissent croire à une vengeance à la suite de ce meurtre. C'est la trame de ce roman à saveur historique.

Kirby décrit La Galissonière comme un gouverneur savant et intègre. Pehr Kalm est un botaniste et un érudit de marque en visite à Québec. Quant au médecin du roi, Jean-François Gaultier, l'auteur le dépeint comme un vieux garçon riche, généreux et intéressé par l'astronomie pour ne pas dire l'astrologie. La toile de fond du roman est réelle, mais la véracité historique est souvent altérée. Ainsi, l'intendant Bigot n'est arrivé qu'après l'assassinat de Philibert et Pehr Kalm n'est présent en Nouvelle-France qu'en 1749. Le romancier fait appel à la participation d'un autre personnage légendaire, la Corriveau, jugée comme une meurtrière exécutée en 1763 et dont le corps est exposé pendant cinq semaines dans une cage de fer à Pointe-Lévy (Lévis) sur la rive sud du Saint-Laurent en face de Québec. Pour Kirby, Marie-Josephte Corriveau est une empoisonneuse de talent. Le roman de Kirby est accueilli avec enthousiasme et des éditions en français sont produites. L'auteur a su intégrer à sa façon la participation de trois botanistes de renom qui se sont effectivement côtoyés en 1749 à Québec.

Sources : Kirby, William, *Le Chien D'Or/The Golden Dog. A legend of Quebec*, New York et Montréal, Lovell, Adam, Wesson & Company, 1877. Michel, Marie-Françoise et Jean-François Michel, *Le chien d'or. Nicolas Jacquin Philibert, 1702-1748. Heurs et malheurs d'un Lorrain à Québec*, Québec, Septentrion, 2010.

---

mémoire, les « panacles » ressemblent à un chapelet représentant vraisemblablement les renflements tubéreux de l'apios d'Amérique (*Apios americana*). Le manuscrit de Gaultier ne fournit pas d'information supplémentaire à ce sujet.

D'autres contributions du marquis de La Galissonière

En 1752 paraît un opuscule attribué à La Galissonière et Duhamel du Monceau. Ce dernier est fort intéressé par les plantes et il correspond avec Jean-François Gaultier au Canada. Du Monceau possède un domaine à Denainvilliers entre Orléans et Paris. Il vit donc assez près du domaine du marquis de La Galissonière. L'ouvrage des deux collaborateurs est une synthèse concernant le transport des végétaux par mer qui a pour titre *Avis pour le transport par mer des arbres, des plantes vivaces, des semences, des animaux et de différen[t]s autres morceaux d'histoire naturelle*. En 1753, une seconde version augmentée est produite. On y trouve aussi des instructions pour la confection des herbiers.

La première version de 1752 comporte quelques allusions au Canada. La plus informative est celle concernant le transport des semences de « bonduc ». Il est spécifié que l'on « a reçu du Canada de cette façon des noix et des graines de bonduc qui sont arrivées toutes germées, et qui ont très bien réussi ». Le mot *bonduc* serait une adaptation de l'arabe *bunduk* signifiant « noisette » ou « aveline ». Cette appellation arabe serait un emprunt à la langue grecque. En Nouvelle-France et en France, le terme *bonduc* a été associé pour des plantes canadiennes au chicot févier (*Gymnocladus dioicus*) et au févier épineux (*Gleditsia triacanthos*). En France et ailleurs, on l'associe de plus à diverses espèces d'arbustes du genre *Caesalpinia*, dont une espèce porte même le

Rameau de feuilles et groupe de fleurs du bonduc, selon Duhamel du Monceau en 1755. À l'époque de Duhamel du Monceau, le terme *bonduc* ne s'applique pas qu'à une seule espèce d'arbuste de la famille des légumineuses (fabacées). En Nouvelle-France et en France, le terme *bonduc* est associé, pour les plantes canadiennes, au chicot févier (*Gymnocladus dioicus*) ou au févier épineux (*Gleditsia triacanthos*). En France et ailleurs, on l'associe de plus à diverses espèces d'arbustes du genre *Caesalpinia*, dont une espèce porte même le nom spécifique *bonduc*. Le mot *bonduc* serait une adaptation de l'arabe *bunduk* signifiant « noisette » ou « aveline ». Cette appellation arabe serait un emprunt à la langue grecque. Quant au genre *Caesalpinia*, ce nom honore le fameux botaniste italien Andrea Cesalpino (1519-1603). L'identification précise de l'espèce représentée sous l'appellation *bonduc* par Duhamel du Monceau demeure incertaine. Il ne s'agit pas d'une plante canadienne.

Source : Duhamel du Monceau, Henri-Louis, *Traité des arbres et arbustes qui se cultivent en France en pleine terre*, Paris, 1755, tome 1, planche 42, p. 108. Bibliothèque de recherches sur les végétaux, Agriculture et Agroalimentaire Canada, Ottawa.

nom spécifique *bonduc*. En anglais, l'appellation *nickar tree* est généralement synonyme de *bonduc*. Le mot anglais *nickar* proviendrait du terme hollandais *knikker* qui décrit une petite bille dure. Les graines très dures des gousses des arbustes du genre *Caesalpinia* ont en effet la dureté et la forme de petites billes. En 1728, Philip Miller publie une technique pour améliorer la germination de graines dures comme celles du bonduc ou *nickar-tree*, selon sa terminologie. Il s'agit d'incorporer dans le terreau de l'écorce des tanneurs, c'est-à-dire l'écorce de chêne.

L'un des textes les plus révélateurs et importants de La Galissonière est son *Mémoire sur les colonies de la France dans l'Amérique Septentrionale* datant de décembre 1750. Il défend très vigoureusement la «conservation du Canada et de la Louisiane». La Galissonière mentionne que ces territoires immenses à protéger ont «des terres fertiles, des forêts de mûriers, des mines déjà découvertes». Pour le gouverneur, les forêts canadiennes semblent particulièrement importantes pour leur contenu en mûriers sauvages.

Les plantes et Bougainville, un autre informateur de la décennie 1750

À la fin de la décennie 1750, Louis-Antoine de Bougainville (1729-1811) décrit l'état du Canada dans divers documents. Bougainville est arrivé au Canada en 1756 comme aide de camp du marquis Louis-Joseph de Montcalm (1712-1759), lieutenant général des armées en Nouvelle-France. Bougainville y séjourne pendant quelques années et retourne temporairement en France en 1758-1759 pour faire rapport aux autorités. En 1754 et 1756, le militaire publie un ouvrage en deux volumes sur le calcul intégral. Peu avant son arrivée au Canada, il devient membre élu de la Société royale de Londres. Il est donc un rapporteur démontrant un intérêt manifeste pour les sciences.

Comme La Galissonière, Bougainville insiste sur le potentiel de certaines ressources naturelles. Curieusement, «la corde de bois est aujourd'hui à Québec et à Montréal proportionnellement plus chère qu'à Paris». Il faut développer le commerce «des bois de construction, de charpente et de menuiserie, du goudron, des plantes, et des racines nécessaires à la teinture et à la médecine».

Bougainville décrit les aléas du commerce du ginseng. «Les habitants trouvant plus de profit à chercher du ginseng qu'à semer du blé abandonnant leurs terres pour courir dans les bois qui se sont trouvés incendiés en plusieurs endroits par le peu de précaution qu'ils prenaient en faisant du feu.» Pour Bougainville, il aurait fallu que «la compagnie des Indes eut ce commerce exclusivement». Ainsi, «le ginseng du Canada ne serait point décrié aujourd'hui en Chine», car il aurait été «séché à propos et cueilli en septembre, temps auquel les travaux de la campagne sont presque finis».

Bougainville aborde la problématique de la construction des vaisseaux. On décrie la «construction royale établie à Québec». Premièrement, «les vaisseaux construits à Québec coûtent beaucoup plus que ceux bâtis dans les ports de France : mais on n'ajoute plus que ce n'est qu'en apparence, attendu qu'il passe sur le compte de la construction beaucoup des dépenses qu'ils n'y ont aucun rapport»! Deuxièmement, les vaisseaux sont «de peu de durée : d'où l'on conclut que les bois du Canada ne valent rien». Malgré ce constat exagéré, Bougainville présente des solutions concernant la coupe et le transport du bois. On devrait couper «les bois sur des hauteurs» plutôt que d'exploiter «les chênières les plus voisines des rivières […] situées dans les lieux bas à cause de la facilité de transport». Il faut transporter le bois «dans des barques» plutôt que par flottage. On doit ensuite protéger les bois «des injures de l'air dans des hangars» en plus de veiller à ce que les vaisseaux ne restent «qu'une seule année sur les chantiers». Il n'y a pas que des problèmes qui rongent le bois. La colonie est «livrée à des vers rongeurs qui en dévorent la subsistance».

D'autres remarques de Bougainville sur les plantes

Dans son *Mémoire,* Bougainville fournit quelques rares informations détaillées sur les plantes. Il écrit qu'il «y a beaucoup de plantes rares dont les Sauvages connaissent fort bien les propriétés, il serait à souhaiter qu'on eût quelques habiles botanistes qui les étudiassent avec eux : le capillaire est fort

Bougainville, les bougainvilliers et une botaniste déguisée en homme

De 1766 à 1769, Bougainville est le premier officier de la marine française à commander une expédition autour du monde mandatée par les autorités. L'un des buts du voyage est de découvrir de nouvelles plantes et des épices. En 1767, le botaniste Philibert Commerson (1727-1773) rejoint l'expédition de Bougainville en séjour au Brésil. Commerson a un assistant, sa conjointe, qui doit se déguiser en homme pour respecter les règlements de la marine défendant la présence des femmes pour ce genre de périple. Commerson nomme un bel arbrisseau fleuri d'Amérique du Sud *Bougainvillea* (initialement *Buginvillaea*) en l'honneur du commandant de l'expédition. Les bougainvilliers, aussi nommés bougainvillées, sont devenus des espèces appréciées en horticulture ornementale. On tente de reconnaître de plus en plus la contribution botanique longtemps négligée de Jeanne Baret, l'assistante et la conjointe de Commerson. Ainsi, une espèce de *Solanum* est nommée en son honneur.

Source : Tepe, Eric J. et autres, « A new species of *Solanum* named for Jeanne Baret, an overlooked contributor to the history of botany », *PhytoKeys*, 2012, 8 : 37-47.

au-dessus de celui qu'on recueille en Europe : on attribue beaucoup de propriété au cassis [...] ». Bougainville note l'absence d'habiles botanistes, car il est vraisemblablement informé du décès de Jean-François Gaultier en 1756. Le poste de ce médecin du roi et botaniste n'est pas encore remplacé. Bougainville louange le capillaire du Canada et le cassis indigène (*Ribes* sp.). L'arbre « le plus particulier du Canada est l'érable [...] on en fait des tablettes (de sucre) qu'on envoie en France : elles sont bonnes pour la poitrine ». Tout comme le capillaire, le sucre d'érable est apprécié pour sa valeur médicinale. Peu de rapporteurs ont vanté, comme Bougainville, la valeur du cassis du Canada (*Ribes* sp.).

Bougainville note que le « Canada fournit du tabac médiocre : assez pour la consommation du pays ». Il n'apprécie peut-être pas l'âcreté du tabac des paysans (*Nicotiana rustica*). Par contre, il souligne que « les Récollets de Québec sont les seuls qui ont une houblonnière, dont ils font de la bonne bière ».

Des propos flatteurs sur les Amérindiens, ces grands botanistes connaissant parfaitement les simples

À la fin de son mémoire, Bougainville souligne que Pehr Kalm a été envoyé en Nouvelle-France par la cour de Suède pour faire diverses observations. « Ce savant était persuadé qu'il devait y avoir une communication entre l'Europe et l'Amérique et que les Sauvages avaient une origine commune avec les Tartares. » Le mémoire se termine par des propos plutôt flatteurs sur la médecine « naturelle » des Amérindiens qui « vivent aussi longtemps que nous » et qui manifestent « moins de maladies ». Les Amérindiens « les guérissent quasi toutes hors la petite vérole, qui fait toujours de funestes ravages chez eux, maladie qui leur était inconnue avant notre commerce ». « La vérole et toutes les maladies vénériennes leur sont connues. Ils les traitent avec des tisanes composées de quelques simples qu'il n'y a qu'eux ou quelques voyageurs des Pays d'en Haut qui les connaissent. Je croirais cependant leurs remèdes plus palliatifs que curatifs. Leurs grands principes pour la guérison de toutes les maladies sont : la diète rigoureuse, faire suer le malade, employer les vomitifs, des purgatifs et des lavements [...] ils ne sont que grands botanistes et connaissent parfaitement les simples. »

Au XVIIIe siècle, des médecins européens de renom expriment des propos similaires à ceux de Bougainville vantant la médecine amérindienne. C'est le cas de Nicolas-Gabriel Clerc (1726-1798) qui spécifie que « nulle part on n'a traité la médecine avec plus de sagesse que chez les Américains : ils ne s'en rapportaient qu'à l'expérience. C'est d'eux aussi que nous tenons plusieurs spécifiques ».

Des croyances amérindiennes concernant des plantes après la mort

En plus de rédiger divers documents pour les autorités militaires et administratives, Bougainville tient un journal de voyage en Amérique du Nord à partir de 1756. Ce journal présente de nombreuses similarités avec celui de son commandant et ami, le marquis de Montcalm. Le 21 juillet 1757, Bougainville note que la nation des Outaouais doit offrir des sacrifices à leur manitou. Il présente alors certaines autres croyances de cette nation. « Ils n'admettent point de peines ni de récompenses après la mort, seulement un état pareil à celui de la vie, un peu plus heureux toutefois, car ils pensent que leurs morts habitent des villages situés au couchant où ils ont le tabac et le vermillon en abondance. » Ils enterrent leurs morts « avec des vivres, des équipements et leurs armes. Ils disent que sur le passage est une grande fraise, d'un contour immense dont les morts prennent un morceau pour leur servir de nourriture en chemin […] ». Le tabac en abondance et une immense fraise sont utiles et appréciés même après la mort !

Source : Gosselin, Amédée, « *Le journal de M. de Bougainville* », dans P.-G. Roy, *Rapport de l'archiviste de la Province de Québec pour 1923-1924*, Ls-A. Proulx, Imprimeur de sa Majesté le Roi, 1924, p. 276.

Sources

Bougainville, Louis-Antoine de, *Mémoire sur l'état de la Nouvelle-France (1757)*, dans Roy, Pierre-Georges, *Rapport de l'archiviste de la Province de Québec pour 1923-1924*, Ls-A. Proulx, Imprimeur de sa Majesté le Roi, 1924, p. 42-70.

Clerc, Nicolas-Gabriel, *Histoire naturelle de l'homme considéré dans l'état de maladie…*, tome second, Paris, chez Lacombe, 1767, p. 23.

Duhamel du Monceau, Henri-Louis et Roland-Michel Barrin, marquis de La Galissonière, *Avis pour le transport par mer des arbres, des plantes vivaces, des semences, des animaux et de différen[t]s autres morceaux d'histoire naturelle*, 1752. Disponible au http://gallica.bnf.fr/ark:/.

Dupont de Dinechin, Bruno, *Duhamel du Monceau. Un savant exemplaire au Siècle des Lumières,* Connaissance et Mémoires Européennes, 1999.

Lamontagne, Roland, « Les échanges scientifiques entre Roland-Michel Barrin de La Galissonière et les chercheurs contemporains », *Revue d'histoire de l'Amérique française*, 1960, 14 (1) : 25-33.

Lamontagne, Roland, *La Galissonière et le Canada*, Montréal et Paris, Presses de l'Université de Montréal et Presses Universitaires de France, 1962.

Lamontagne, Roland, *Aperçu structural du Canada au XVIIIe siècle*, Montréal, Leméac, 1964.

McClellan III, James E. et François Regourd, « The colonial machine : French science and colonization in the Ancien Regime », *Osiris* (2nd series), 2000, 15 : 31-50.

Miller, Philip, « A method of raising some exotick seeds, which have been judged almost impossible to be raised in England », *Philosophical Transactions (1683-1775)*, vol. 35 (1727-1728) : 485-488.

Poulain, Dominique (dir.), *Histoire et chronologies de l'agriculture française*, Paris, Ellipses Édition Marketing, 2004.

Romieux, Yannick, « Le transport maritime des plantes au XVIIIe siècle », *Revue d'histoire de la pharmacie*, 2004, 343 : 405-418.

Rousseau, Jacques, « Le mémoire de La Galissonière aux naturalistes canadiens de 1749 », *Le Naturaliste canadien*, 1966, 93 : 669-681.

Taillemite, Étienne, « Barrin de La Galissonière, Roland-Michel, marquis de La Galissonière », *Dictionnaire biographique du Canada en ligne*, vol. III, 1741-1770. Disponible au http://www.biographi.ca/.

Taillemite, Étienne, « Bougainville, Louis-Antoine de, comte de Bougainville », *Dictionnaire biographique du Canada en ligne*, vol. V. Disponible au http://www.biographi.ca/.

Zoltvany, Yves F., « Bégon de La Picardière, Michel », *Dictionnaire biographique du Canada en ligne*, vol. III, 1741-1770. Disponible au http://www.biographi.ca/.

1753, SUÈDE. PARMI PLUS DE 200 ESPÈCES DU CANADA, DEUX PLANTES ACADIENNES ET LE BROME PURGATIF

LE PÈRE DE CHARLES LINNÉ (1707-1778) est un pasteur luthérien peu fortuné dans la campagne suédoise. Il possède un jardin auquel il consacre beaucoup d'attention. Il aurait aimé, semble-t-il, que son fils suive ses traces pastorales. Charles est cependant plus intéressé par l'ordre naturel des choses, particulièrement celui des plantes. Il deviendra connu sous le nom suédois latinisé *Linnæus* signifiant «tilleul». Grâce à l'appui d'un mécène qui est aussi médecin, il reçoit une formation médicale à l'Université d'Uppsala et à Lund. Il s'intéresse particulièrement à la classification et à la nomenclature des végétaux. L'un de ses professeurs de médecine est Olaus Rudbeck fils (1660-1740), à qui il dédie plus tard le genre *Rudbeckia* pour l'honorer ainsi que son père.

En 1732, Linné mène une expédition botanique d'environ 4 800 kilomètres en Laponie. Il se fait une excellente réputation de naturaliste en découvrant plusieurs nouvelles espèces. Selon Patricia Fara, Linné a cependant plus que doublé, dans son rapport final d'expédition, la distance réellement parcourue en incluant de longs détours. En 1734, il épouse Sarah Morea, la fille d'un médecin qui lui suggère de parfaire ses études en Hollande. Il y poursuit donc ses études et publie la flore de Laponie en 1735. Il découvre une petite plante en Laponie que Gaspard Bauhin avait nommée *Campanula serpyllifolia* en 1596. Johan Frederik Gronovius (1686-1762) la renomme *Linnaea borealis* en l'honneur de Linné. En 1737, Linné mentionne dans son livre *Critica Botanica* que cette espèce est «humble, insignifiante, négligée, ne fleurissant que brièvement, de Linné qui lui ressemble». Le jour où il est anobli en baron Carl von Linné, il choisit comme emblème cette humble espèce qui lui ressemble. Linné est si passionné pour cette plante qu'il aime bien concocter avec sa fleur préférée un thé à déguster que son fils trouve par contre imbuvable.

En 1736, Linné publie *Fundamenta botanica* qui traite des problèmes récurrents de la classification des plantes. Il commence à utiliser le système dit sexuel, basé surtout sur le nombre et la position des étamines. De plus, Linné recense environ un millier d'ouvrages sur la botanique dans son livre *Bibliotheca botanica*. Il devient un employé de Georges Clifford (1685-1760), un riche banquier possédant un vaste jardin et un herbier près d'Haarlem, en Hollande. En 1737, il publie la liste des plantes de la collection de Clifford, qui inclut une trentaine de plantes canadiennes.

De retour en Suède en 1737, Linné pratique la médecine en se spécialisant dans le traitement de maladies vénériennes, comme la syphilis et la gonorrhée. En fait, sa réputation médicale est devenue excellente après avoir guéri un jeune homme atteint d'une gonorrhée résistante. Linné recrute même à l'occasion certains patients dans les tavernes. Il n'est pas le seul médecin à utiliser cette stratégie. En 1741, il devient professeur universitaire de médecine à Uppsala et se consacre à une œuvre botanique majeure, *Species Plantarum*, publiée en 1753 en deux volumes. Il standardise les noms des plantes en utilisant le fameux système binaire. Il n'est pas le premier à utiliser cette façon écourtée de nommer les espèces. Il est cependant le premier à systématiser l'utilisation unique du nom du genre et de l'espèce pour désigner les plantes. Certains auteurs rapportent que le motif derrière ce système est tout simplement le désir d'économiser le papier. Pour Linné, trop d'espace est requis pour inclure les longues énumérations des nombreux synonymes décrivant les espèces. Peu importe le motif, ce système permet l'établissement d'une nomenclature simple et universelle de référence dite binomiale (binominale). Malgré les contributions remarquables de Linné à la botanique et à la biologie en général, son éducation religieuse le convainc qu'il y a «autant d'espèces qu'il y a eu au commencement de formes diverses créées». Avant son décès, Linné avait souhaité qu'il n'y ait pas de condoléances à son égard. Il aurait été vraisemblablement surpris de constater que le roi de Suède s'est déplacé pour ses funérailles.

Cinq ans après son décès, le Britannique J. E. Smith achète les manuscrits, l'herbier et les collections de Linné. Ce fut un scandale pour quelques Suédois. Aujourd'hui, la *Linnean Society* de Londres est responsable de la conservation des collections et des écrits de Linné.

Les plantes d'Amérique du Nord selon Linné en 1753

La première édition de *Species Plantarum* recense plus de 1 000 genres et environ 6 000 espèces. Selon James L. Reveal, Linné inclut quelque 889 espèces

Charles Linné et une petite vengeance en latin

Charles Linné est critiqué de son vivant par certaines personnes parce qu'il a adopté un système de classification basé sur les organes reproducteurs des plantes. L'un de ses détracteurs est le botaniste Johann Goerg Siegesbeck (1686-1755) de Saint-Pétersbourg, qui qualifie la méthode de Linné comme étant une «prostitution méprisable». Linné répond à sa façon en nommant une mauvaise herbe (*Siegesbeckia orientalis*) en son honneur!

Linné aime bien, semble-t-il, utiliser son système binomial pour diverses appellations. Ainsi, il caractérise son épouse comme étant un lis monandre, c'est-à-dire la fleur associée à la virginité et qui n'a qu'une seule étamine. Cette expression lui permet donc de faire référence symboliquement à une vierge avec un seul mari.

Sources: Fara, Patricia, *The story of Carl Linnaeus and Joseph Banks. Sex, botany and empire*, New York, Columbia University Press, 2003, p. 24. Fry, Carolyn, *Chasseurs de plantes. À la découverte des plus grands aventuriers botanistes*, Éditions Prisma, 2010, p. 20.

Portrait de Charles Linné avec la linnée boréale à la boutonnière. Le prince de la botanique aime particulièrement la linnée boréale (*Linnaea borealis*) qu'il porte fièrement à la boutonnière et qui porte tout aussi fièrement son nom.

Source: Collection Jacques Cayouette.

La linnée boréale (*Linnaea borealis*) en fleur que Charles Linné aime bien porter fièrement à la boutonnière.

Source : Loddiges, Conrad & Sons, *The Botanical Cabinet consisting of coloured delineations of plants from all countries…*, vol. 2, planche 183, 1818. Bibliothèque de recherches sur les végétaux, Agriculture et Agroalimentaire Canada, Ottawa.

de l'Amérique du Nord tempéré. Linné mentionne souvent les régions géographiques de provenance des espèces nord-américaines. Plus de 400 se retrouvent en Virginie alors qu'une centaine sont dites présentes en Amérique. Quatre-vingts espèces proviennent de la Caroline, 18 du Maryland, 5 de New York ou de la Pennsylvanie, 4 de Floride, 2 du Mississippi et 1 de la Nouvelle-Angleterre ou du New Jersey. Quant au Canada, Linné mentionne 73 plantes croissant seulement au Canada, sans la référence à un autre pays. Il répertorie de plus 125 plantes trouvées au Canada et ailleurs. La liste de ces 198 espèces est présentée à l'appendice 7. Après la Virginie, le Canada représente donc la région géographique la plus fréquemment mentionnée dans la première édition de *Species Plantarum*. En conséquence, Linné

nomme 63 espèces « virginiennes » et 37 « canadiennes » sans oublier quelques-unes dont les noms réfèrent à l'Amérique (14), à la Caroline (10), au Maryland (9), à la Pennsylvanie ou à Philadelphie (5), à New York (4), à la Floride (1) ou à la Nouvelle-Angleterre (1).

L'analyse de l'origine et de la distribution géographiques des 198 plantes canadiennes de Linné montre les résultats suivants. Dix noms de plantes sont non résolus, incertains quant à leur identité ou représentent un synonyme d'une espèce déjà mentionnée par Linné. Treize espèces ne sont pas des plantes indigènes de l'Amérique du Nord. Ce sont le plus souvent des espèces européennes, introduites ou non en Amérique du Nord. Cent vingt-trois espèces sont des plantes d'Amérique du

Nord présentes dans une partie des provinces canadiennes. De plus, 20 espèces se trouvent dans toutes les provinces canadiennes et 10 dans tout le Canada, c'est-à-dire les Territoires du Nord-Ouest, le Yukon et le Nunavut en plus de toutes les provinces. Parmi les 10 espèces pancanadiennes, il faut souligner la fameuse linnée boréale dont le nom du genre honore le grand botaniste. Vingt-trois espèces sont absentes du Canada, mais présentes aux États-Unis. Au total, 153 des 198 plantes du Canada de Linné se trouvent effectivement en sol canadien. Les répartitions géographiques globales de Linné sont généralement adéquates. Il y a cependant quelques erreurs.

En plus de ces 198 espèces du Canada, cinq espèces portent un nom spécifique canadien sans la mention qu'on les retrouve au Canada. Une espèce de Virginie est de plus décrite comme une « vraie canadienne ». Enfin, Linné inclut deux espèces croissant en Acadie. On compte donc 206 plantes dites canadiennes. Il faut ajouter 25 autres plantes de l'Amérique septentrionale ou boréale, selon le vocabulaire linnéen, qui font aussi partie de la *Flore laurentienne* de Marie-Victorin.

Les sources d'information de Linné

Selon James L. Reveal, au moins 303 espèces d'Amérique du Nord mentionnées par Linné réfèrent explicitement à Pehr Kalm ou à une espèce de l'herbier de Kalm possédé par Linné. De fait, ce dernier cite Kalm pour une soixantaine d'espèces. Jacques Cornuti est cité à 23 reprises par Linné en énumérant les 198 plantes canadiennes. Cornuti est également mentionné pour une dizaine d'autres espèces. Linné indique qu'il a consulté les écrits de plusieurs autres auteurs, comme Gaspard et Jean Bauhin, Denis Dodart, Pitton de Tournefort, Sébastien Vaillant et Danty d'Isnard en plus de l'herbier de Joachim Burser, qui contient des plantes vraisemblablement canadiennes même si elles sont identifiées à l'époque comme provenant du Brésil. Il se reporte de plus à Michel Sarrazin pour une espèce canadienne. Dans l'introduction de son recueil, il semble annoncer la parution prochaine de la flore canadienne *Plantae canadenses* de Pehr Kalm. Malheureusement, ce projet de flore canadienne ne fut jamais achevé par Kalm.

Quelques propos de Linné sur des plantes du Canada, dont l'origan envahisseur et le brome purgatif

La flore non illustrée de Linné demeure la base moderne de la nomenclature binomiale et de certaines grandes divisions taxonomiques. On trouve quelques erreurs concernant les plantes canadiennes et d'autres plantes nord-américaines. Selon lui, le *Yucca gloriosa* croît au Canada et au Pérou. Ce n'est évidemment pas le cas pour cette plante tropicale. Selon James L. Reveal, l'*Ornithogalum canadense* est une espèce sud-africaine. Dans ce cas, Linné aurait dû écrire *capense* (région du Cap en Afrique du Sud) au lieu de *canadense*. Par contre, on apprend beaucoup sur certaines plantes canadiennes. Par exemple, l'*Erigeron canadensis* (vergerette du Canada) croît au Canada et en Virginie en plus d'envahir l'Europe australe. Seize ans auparavant, Linné signale, dans son inventaire des collections botaniques de Georges Clifford, que cette espèce d'Amérique est présente en Europe, particulièrement en Hollande. Paolo Boccone avait déjà signalé cette espèce envahissante plusieurs décennies auparavant.

Linné indique que l'origan, une espèce européenne, se retrouve maintenant au Canada. Cette espèce s'est vraisemblablement échappée des jardins. L'origan deviendra une espèce introduite dans plusieurs provinces canadiennes et dans plusieurs États américains continentaux (voir l'appendice 7). Il identifie une espèce comme étant le brome purgatif, *Bromus purgans* et Pehr Kalm est cité en référence. Cette propriété médicinale a probablement été apprise des Amérindiens. Ce brome purgatif est maintenant nommé brome de Kalm (*Bromus kalmii*).

Linné constate que des plantes canadiennes se rencontrent aussi dans certaines régions d'Europe et même d'Asie. La plante dont le genre est nommé en son honneur, *Linnaea borealis*, croît au Canada, en Suisse, en Suède et même en Sibérie. De même, la potentille de Norvège (*Potentilla norvegica*) est présente au Canada, en Suède et en Norvège. Le monotrope du pin (*Monotropa hypopitys*) croît au Canada, en Suède, en Allemagne et en Angleterre. Cette espèce est maintenant nommée *Hypopitys*

Le travail ardu des apôtres de Linné

Parmi les centaines d'étudiants de Linné, quelques-uns sont exceptionnels et voyagent même pour aider à parfaire les connaissances du maître. Linné et son réseau de mécènes supportent les expéditions de 17 « apôtres », selon la terminologie du savant. Le premier apôtre, Christopher Tarnstrom (1703-1746), meurt durant son voyage. Son épouse demande alors à Linné de soutenir sa famille éplorée. Le maître comprend vite que les autres apôtres devront être célibataires, du moins au départ des périples.

Sept autres disciples décèdent durant leur expédition ou tôt après leur retour. Ils ont entre 27 et 41 ans. L'un deux, Johan Peter Falck, développe une dépendance à l'opium et se suicide. Les autres sont victimes des fièvres, de la malaria ou de la tuberculose. Parmi les survivants, certains déçoivent Linné au plus haut point. Daniel Solander (1733-1782), l'un des préférés du maître, ne veut plus retourner en Suède. Il semble pourtant affectionner Lisa Stina, la fille de Linné. Solander collabore par la suite en Angleterre avec le botaniste Joseph Banks et l'explorateur James Cook. Daniel Rolander (1725-1793), de retour en Suède de son voyage au Surinam, vend les graines récoltées et son journal de voyage à un rival de Linné. L'apôtre trahit le maître.

Les instructions de Linné à ses apôtres peuvent être très détaillées. Dans certains cas, il en énumère plus d'une centaine. De la part de Pehr Kalm en Amérique du Nord, Linné souhaite recevoir les échantillons suivants : huit sortes de chênes, des mûriers, des vignes, des châtaigniers, des noyers, du chanvre, des grains de la « fol avoine », des légumes, des plantes médicinales, des cèdres, des genévriers ou cyprès, du sassafras, des racines et des érables desquels les Canadiens font du sucre en bouillant la sève au printemps. Et ce n'est qu'une consigne parmi d'autres.

Source : Sorlin, Sverker, « Globalizing Linnaeus-Economic Botany and Travelling Disciples », *TijdSchrift voor Skandinavistiek*, 2008, 29 (1 et 2) : 117-143.

---

monotropa. Quant à l'arbre de vie, le cèdre occidental (*Thuja occidentalis*), on le trouve au Canada et en Sibérie, selon Linné. La verge d'or toujours verte (*Solidago sempervirens*) est aussi présente à New York. Curieusement, le sicyos anguleux (*Sicyos angulatus*) est présent, selon Linné, au Canada et au Mexique, sans la mention des régions américaines avoisinantes.

Cinq espèces ont une épithète canadienne sans la mention que ces plantes croissent au Canada. Le premier nom est celui de Linné. Les pays mentionnés par Linné sont indiqués entre parenthèses.

Circaea canadensis (Amérique boréale). C'est la circée du Canada (*Circaea canadensis* subsp. *canadensis*).

Ferula canadensis (Virginie). Certains ont proposé que cette espèce corresponde à la livèche du Canada (*Ligusticum canadense* (L.) Britton).

Sison canadense (Amérique septentrionale). C'est la cryptoténie du Canada (*Cryptotaenia canadensis*) qui, selon Marie-Victorin, « est employée quelquefois dans les campagnes comme plante potagère en guise de cerfeuil. L'espèce existe au Japon et y est aussi mangée en salade ».

Sanguinaria canadensis (Amérique septentrionale). La sanguinaire du Canada est déjà mentionnée par Jacques Cornuti en 1635.

Arabis canadensis (aucun pays mentionné). C'est vraisemblablement un simple oubli pour l'arabette du Canada qui, selon Marie-Victorin, se rencontre dans la région de Gatineau (Outaouais). L'arabette du Canada est maintenant nommée *Borodinia canadensis*.

Après treize heures d'excursion, les étudiants s'exclament… vive Linné !

Comme professeur de botanique très renommé, Linné organise des excursions sur le terrain. De deux à trois cents étudiants y prennent part et ces sorties se déroulent souvent de 8 h à 21 h. Au retour, le groupe d'étudiants salue les mérites du maître en scandant en latin *Vivat Linnaeus*. Il y a quelques banderoles et de la musique afin d'honorer l'érudit, qui s'intéresse aussi à l'entomologie, à la minéralogie, à la zoologie, à la philosophie et à la médecine. Linné porte souvent une robe rouge, un chapeau vert en fourrure et il fume la pipe. En 1753, on le nomme Chevalier de l'Étoile Polaire et, huit ans plus tard, il devient le baron von Linné.

L'étude des insectes le réjouit beaucoup. Il fait part de moyens de lutte contre des insectes ravageurs. Il préconise l'usage de l'huile de baleine et la fumigation avec de l'huile rancie ou avec le champignon *Agaricus*. Au retour du voyage de son disciple Pehr Kalm, Linné est préoccupé par l'introduction d'insectes ravageurs de certaines variétés de pois provenant d'Amérique du Nord. Linné n'est pas seulement intéressé à la science pour la science. Il est constamment à l'affût des aspects pratiques liés à la connaissance de la nature.

Source : Usinger, Robert L., « The role of Linnaeus in the advancement of entomology », *Annual Review of Entomology,* 1964, 9 : 1-17.

Une vraie canadienne et deux acadiennes

Une plante de la Virginie est de plus une vraie canadienne (*verum canadensium*). Il s'agit d'une espèce d'*Hydrophyllum* de Virginie. Marie-Victorin indique qu'on rencontre deux espèces d'hydrophylle en pays laurentien, l'hydrophylle de Virginie (*Hydrophyllum virginianum*) et l'hydrophylle du Canada (*Hydrophyllum canadense*). Ces deux espèces ont été nommées initialement par Linné.

Linné identifie aussi deux plantes d'Acadie. La première espèce est le dièreville chèvrefeuille (*Diervilla lonicera*). Le nom générique de cette plante honore le botaniste français Marin Dières sieur de Dièreville, alors que le nom spécifique fait référence à l'Allemand Adam Lonicer (1528-1586). La seconde espèce, *Arbutus acadiensis*, semble un petit arbuste à fruits d'Acadie pour lequel l'identité demeure incertaine.

Vive Linné !

Par ses voyages, ses correspondants et ses publications, Linné a atteint un degré de notoriété dès son vivant, et ce, à la grandeur de l'Europe. Par ses innovations fondatrices dans la conception et l'élaboration d'un système moderne de dénomination des plantes, il est considéré comme le père de la taxonomie et il est devenu célèbre dans le monde entier. C'est un cliché que de le dire une référence incontournable dans l'histoire de la botanique. Finalement, ses œuvres font une place aussi juste qu'enviable aux travaux menés par des botanistes intéressés aux espèces canadiennes pendant plus d'un siècle.

Sources

Adriaenssen, Diane, *Le latin du jardin*, Paris, La Librairie Larousse, 2011.

Fara, Patricia, *The story of Carl Linnaeus and Joseph Banks. Sex, botany and empire*, New York, Columbia University Press, 2003, chapitre 2, p. 19-46.

Linné, Carl von, *Hortus Cliffortianus*, Amsterdam, 1738. Disponible à la bibliothèque numérique du Jardin botanique royal de Madrid au http://bibdigital.rjb.csic.es/spa/.

Linné, Carl von, *Species plantarum*, tomes I et II, Stockholm, 1753. Disponible à la bibliothèque numérique du Jardin botanique royal de Madrid au http://bibdigital.rjb.csic.es/spa/.

Pavord, Anna, *The naming of names. The search for order in the world of plants*, Bloomsbury, New York, 2005.

Reveal, James L., « Significance of pre-1753 botanical explorations in temperate North America on Linnaeus' first edition of *Species plantarum* », *Phytologia,* 1983, 53 (1) : 1-96.

Rydberg, Per Axel, « Linnaeus and American Botany », *Science,* 1907, 26 (665) : 65-71.

Stearn, William T., « Carl Linnaeus's Acquaintance with Tropical Plants », *Taxon,* 1988, 37 (3) : 776-781.

1755, PARIS. L'INSPECTEUR GÉNÉRAL DE LA MARINE, UN GRAND SAVANT DE SURCROÎT, ÉVALUE PLUSIEURS ESPÈCES CANADIENNES

Henri-Louis Duhamel du Monceau (1700-1782) est un grand savant français du Siècle des Lumières. Il s'intéresse à plusieurs domaines de la biologie et de l'ingénierie. Pour plusieurs, il est aussi l'un des plus grands agronomes de son époque.

Après des études en droit, la fortune familiale lui permet de suivre les enseignements botaniques au Jardin du roi à Paris. L'un des professeurs est Bernard de Jussieu, un excellent enseignant, qui cherche à innover en ce qui a trait à la nécessité d'un système de classification naturelle des plantes. En 1727, du Monceau étudie minutieusement une maladie fongique du safran pour l'Académie royale des Sciences. Dès l'année suivante, il devient membre de cette organisation et l'un des membres les plus actifs. Il sait utiliser à bon escient un vaste réseau de collaborateurs et de correspondants. En botanique, il échange beaucoup avec le marquis de La Galissonière et Jean-François Gaultier au Canada, Jacques Bénigne de Fontenette en Louisiane et Jacques Prévôst de La Croix (1715-1791), commissaire ordonnateur de l'île Royale (île du Cap-Breton). Le 10 septembre 1738, du Monceau est nommé « pensionnaire botaniste » de l'Académie des Sciences pour remplacer Jean Marchant.

Duhamel du Monceau reçoit de ses correspondants d'Amérique des arbres et des arbustes qu'il tente d'acclimater dans les domaines de Vrigny, du Monceau et de Denainvilliers, situés à quelques kilomètres de Pithiviers. Le site de Denainvilliers appartient à son frère Alexandre, alors qu'il est lui-même propriétaire des deux autres lieux. Les plantations expérimentales des frères du Monceau attirent l'attention des spécialistes et des amateurs d'horticulture de l'époque. En 1784, le domaine de Vrigny compte 692 espèces d'arbres ou d'arbustes en plantation. Vrigny est le lieu préféré pour la culture des conifères. On y introduit de l'Amérique le mélèze, les épinettes, le cèdre ou thuya, le genévrier rouge de Virginie et d'autres espèces. Les membres de la famille élargie du roi consultent du Monceau pour leurs propres plantations. On peut encore admirer aujourd'hui les fameux cèdres du Liban plantés en 1743 à Denainvilliers et à Vrigny. Du Monceau a reçu ces arbres majestueux de Bernard de Jussieu, qui les a obtenus en 1734 de Peter Collinson (1694-1768), un grand amateur anglais de jardinage et collectionneur avide de plantes exotiques. Il existe d'ailleurs un genre en son honneur et même une espèce canadienne, *Collinsonia canadensis*, décrite par Linné en 1737 et en 1753 (voir l'appendice 7). Selon Jean O'Neill et Elizabeth McLean, Collinson a réussi à développer un grand réseau de communications et d'échanges scientifiques tant en Europe qu'en Amérique. Il a correspondu avec les grands botanistes, comme Linné et Bernard de Jussieu sans oublier Georges Louis Leclerc (comte) de Buffon (1707-1788), le premier évolutionniste à proposer une hypothèse pour expliquer la diversité biologique présente et passée.

Une analyse des contributions de Duhamel du Monceau en botanique fondamentale est présentée par Julius Von Sachs. Selon cet historien de la botanique, du Monceau aurait été le premier à comparer la sensibilité au toucher des étamines des genres *Opuntia* et *Berberis* (épine-vinette) à celle des feuilles de la sensitive (*Mimosa pudica*). Duhamel du Monceau a donc vraisemblablement expérimenté avec les étamines de l'épine-vinette commune (*Berberis vulgaris*), une espèce bien connue et fort utile depuis l'Antiquité. Ses buissons épineux éloignent les animaux et cette plante médicinale de longue tradition est fréquemment utilisée à l'époque.

Duhamel du Monceau contribue à introduire la culture de deux végétaux d'intérêt en France. Il réussit à cultiver la rhubarbe très utilisée en médecine, qui est alors importée de la Chine via la Russie. Il en est de même pour le ginkgo (*Ginkgo biloba*), originaire de la Chine, qu'il a reçu d'un correspondant anglais vers 1760. Il a aussi le crédit d'avoir décrit le phénomène du gravitropisme chez les végétaux.

Éradiquons l'épine-vinette malgré ses nombreux usages

Depuis longtemps en Europe, des paysans observent que le blé semble plus malade de la rouille lorsqu'il croît à proximité des buissons d'épine-vinette commune (*Berberis vulgaris*). Dès 1658, les paysans normands réclament aux membres du Parlement de Rouen l'éradication de l'épine-vinette sur le territoire sous leur autorité. À cette époque, certains croient que la rouille du blé est causée par les émanations puantes des fleurs d'épine-vinette. En 1660, l'homme d'État Mazarin acquiesce à la demande des paysans et des buissons piquants d'épine-vinette sont brûlés en Normandie.

Dans les colonies anglaises d'Amérique du Nord, une législation similaire est votée en 1726 au Connecticut, en 1754 au Massachusetts et en 1766 au Rhode Island. Entre 1918 et la décennie 1980, plus de 500 millions de plants d'épine-vinette sont volontairement détruits aux États-Unis. L'éradication légiférée est plus efficace que le rituel romain antique des *Robigalia*, qui inclut le sacrifice d'un chien dont la couleur de la peau est semblable à celle de la rouille des céréales. La période des rogations de l'Église catholique semble en partie calquée sur ce rituel romain du printemps.

De façon empirique, les paysans avaient bien raison de soupçonner que l'épine-vinette participe à la rouille des céréales, particulièrement à celle du blé. Au XIXᵉ siècle, on démontre que l'épine-vinette est un hôte du champignon causant la rouille et que cette plante permet même à cet agent pathogène de compléter son cycle vital.

Sources : Bernard, Jean-Louis, « Protection chimique des plantes cultivées et durabilité », *Oléagineux, Corps Gras, Lipides,* 2007, 14 (6) : 332-344. Blaive, Frédéric, « Le rituel romain des *Robigalia* et le sacrifice du chien dans le monde indo-européen », *Latomus*, 1995, 54 (fascicule 2) : 279-289.

Il observe que lorsqu'une plante en croissance est inversée, la racine se réoriente vers le sol et la tige se redirige vers le haut. La racine subit un gravitropisme positif, alors que c'est l'inverse pour la tige.

Du Monceau est un partisan convaincu de l'observation et de l'expérimentation. Il s'intéresse à la bioclimatologie avant l'avènement de cette science et il popularise la culture de la pomme de terre en France avant Parmentier. Il est nommé inspecteur général de la Marine, alors que son collègue académicien, le comte de Buffon, est choisi comme intendant du Jardin du roi. Ce fut probablement une grande déception pour du Monceau, qui ne ralentit pas cependant ses investigations scientifiques. Du Monceau publie sept livres majeurs entre 1754 et 1768. Il décède célibataire à Paris, sa ville de naissance. Il lègue ses notes et son domaine de Vrigny à son neveu, Fougeroux de Bondaroy (1732-1789). Ce dernier le cède à son fils, Charles, qui veille à en préserver la valeur sur le plan botanique.

En plus de sa participation à l'Académie des Sciences de Paris, Duhamel du Monceau a été membre de l'Académie de la Marine et des Académies des Sciences de Saint-Pétersbourg, de Stockholm, d'Édimbourg, de Palerme et de Padoue sans oublier la Société de Médecine, la Société royale de Londres, l'Institut de Bologne, et les Sociétés d'agriculture de Paris, de Padoue et de Leyde.

Duhamel du Monceau et les espèces canadiennes

Tout d'abord, un registre des semis à la terminologie révélatrice

Le registre des semis effectués à Denainvilliers entre 1747 et 1753 permet de constater la présence de plusieurs espèces canadiennes. Les noms entre parenthèses sont les noms modernes correspondant aux suggestions d'identification. Certaines espèces demeurent sans identification.

Les espèces canadiennes sont le « raisinier, qui sert contre la morsure du serpent à sonnettes, le bois de teinture de la rivière blanche, le laurier des

Du Monceau et les racines qui font rougir les os

Duhamel du Monceau n'est pas le premier à observer que l'ingestion de racines de garance (*Rubia tinctorum*) par des animaux, comme les porcs, induit une coloration des os en rouge. Ces racines sont bien connues depuis l'Antiquité comme une excellente source d'un colorant rouge pour les textiles et les œuvres d'art. Des extraits de ces racines sont même utilisés à diverses fins médicinales. Du Monceau est cependant le premier à démontrer que les nouvelles couches des os en croissance active constituent la cible spécifique du colorant et, par analogie, il compare donc ces tissus osseux à l'écorce des arbres. Entre 1739 et 1743, il produit cinq publications sur la croissance des os.

D'autres chercheurs de l'époque sont intéressés par ce phénomène de coloration inusité. Jean-Étienne Guettard démontre que des racines d'autres espèces de la famille des rubiacées ont les mêmes propriétés tinctoriales. C'est le cas du «gratteron, des caille-laits à fleurs blanches et à fleurs jaunes» correspondant à des gaillets (*Galium* spp.). Pehr Kalm rapporte qu'une espèce de gaillet, nommé «tissavoyane rouge» par les Canadiens, sert de colorant. Une note à ce sujet est d'ailleurs présente sur un échantillon (n° 33) de gaillet de l'herbier de Kalm à Uppsala. Juel identifie ce gaillet au gaillet des teinturiers (*Galium tinctorium*). À l'occasion, quelques auteurs ont utilisé la graphie tissavojaune plutôt que tissavoyane.

Plusieurs substances colorantes (alizarine, purpurine, pseudopurpurine, lucidine, rubiadine et autres) appartenant au groupe des anthraquinones ont été isolées des racines rougeâtres de garance par les techniques modernes. Certaines d'entre elles sont mutagènes et même cancérigènes. Ainsi, plusieurs agences de santé recommandent une grande prudence quant aux usages des racines de garance. Étonnamment, les anthraquinones de la garance ont une parenté biochimique avec le rouge de cochenille et d'autres colorants similaires présents chez certains insectes ainsi qu'avec des molécules synthétisées par des champignons.

Sources: Berrie, Barbara H., «An improved method for identifying red lakes on art and historical artifacts», *Proceedings of the National Academy of Sciences (PNAS)*, 2009, 106 (36): 15095-15096. Caro, Yanis et autres, «Natural hydroxyanthraquinoid pigments as potent food colorants: an overview», *Natural Products and Bioprospecting*, 2012, 2: 174-193. Guettard, Jean-Étienne, *Observations sur les plantes*, tome second, Paris, chez Durand, 1747, p. 53-55.

Iroquois (sassafras officinal, *Sassafras albidum*), le baumier du Canada (peuplier baumier, *Populus balsamifera*), le plaqueminier (peut-être le plaque-minier de Virginie, *Diospyros virginiana*), le bois titi (ou possiblement le bois tité correspondant à une espèce d'érable tité du Canada comme le spécifie Duhamel du Monceau en 1760 dans son livre sur les semis et les plantations des arbres), le ragouminier (cerisier déprimé, *Prunus pumila* var. *depressa*), le cèdre rouge du fort de Frontenac (cèdre rouge, *Juniperus virginiana*), le bois gentil (peut-être une espèce apparentée au bois joli, *Daphne mezereum,* qui est cependant une espèce européenne), le bois à sept écorces (physocarpe à feuilles d'obier, *Physocarpus opulifolius* var. *opulifolius*), le cirier d'Acadie (cirier de Pennsylvanie, *Morella pensylvanica*), le citron sauvage du Canada (podophylle pelté, *Podophyllum peltatum*), l'assiminier ou couillons d'âne (asiminier trilobé, *Asimina triloba*), le chinquapin (peut-être le chêne jaune, *Quercus muehlenbergii* ou une espèce de châtaignier, *Castanea* sp.), l'épinette (*Picea* sp.), le bois laiteux, le nez coupé, l'amelanchier (amélanchier, *Amelanchier* sp.), le bourreau des arbres (bourreau-des-arbres, *Celastrus scandens*), le pacamier [pacanier] (peut-être une espèce de caryer, *Carya* sp.), le bonduc du Canada (peut-être le chicot févier, *Gymnocladus dioicus*), le bouleau canot (bouleau à papier, *Betula*

Portrait de Bernard de Jussieu (1699-1777), professeur de botanique de Duhamel du Monceau au Jardin du roi à Paris. Par un réseau de correspondants, Bernard de Jussieu et Duhamel du Monceau sont bien au courant des nouveautés végétales du Canada et d'ailleurs. Il n'est donc pas surprenant que Le Chéron d'Incarville, ancien enseignant à Québec et par la suite missionnaire en Chine, demande à Bernard de Jussieu de lui expédier de l'apocyn du Canada pour impressionner l'empereur de Chine. Bernard de Jussieu est le frère d'Antoine et de Joseph de Jussieu, qui sont aussi des botanistes associés au Jardin du roi à Paris. Bernard de Jussieu est reconnu comme un enseignant fort compétent. Parmi ses étudiants, il y a son frère, Joseph, qui devient un botaniste explorateur en Amérique du Sud, et le savant Henri-Louis Duhamel du Monceau. Bernard de Jussieu enseigne aussi à son neveu, Antoine Laurent de Jussieu (1748-1836), qui assume d'ailleurs sa relève.

Source : Collection Jacques Cayouette.

Les remontrances de Pierre Belon et l'arbre nez coupé

En 1558, Pierre Belon publie à Paris un ouvrage intitulé *Les remontrances sur le deffault de labour et culture des plantes et de la connaissance d'icelles, contenant la manière d'affranchir et d'apprivoiser les arbres sauvages.* Les remontrances sont en fait 20 chapitres sur la multiplication et l'acclimatation des arbres. Ce livre éclectique contient toutes sortes d'informations et de conseils pratiques en horticulture et en foresterie. Belon fait allusion aux jardins botaniques de Venise, de Padoue, de Lucques, de Florence et de Pise, qu'il a d'ailleurs visités.

La remontrance n° 13 spécifie les «noms des arbres sauvages propres pour les faire élever et apprivoiser en tous endroits». Ce chapitre inclut une requête au roi pour laquelle Belon s'engage à donner «le moyen de faire naître les arbres dont les noms s'ensuivent». Parmi plusieurs espèces, on trouve le caroubier, l'arbre de liège, l'arbre de vermillon, le chêne vert, l'arbousier, le jujubier blanc et rouge, le guainier, le mélèze, le tini qui est un laurier sans odeur, le platane vrai, le laurier-rosier, le sycomore d'Italie, le térébinthe, le sumac, le frêne des montagnes, le suisse et le staphylodendron nez coupé. Il ne semble pas que le tini de Belon, ce laurier sans odeur (ou laurier-tin), corresponde au titi de Duhamel du Monceau. Un peu plus loin dans le texte, Belon fait allusion à l'arbre de vie du roi qu'on apporta du «Canada» au jardin de Fontainebleau. L'appellation nez coupé est donc associée à l'arbre du nom de staphylodendron.

Source: Hickel, H., «Un précurseur en dendrologie. Pierre Belon (1517-1564)», *Bulletin de la société dendrologique de France,* 1924, 51 (15 mai 1924): 37-75.

papyrifera), la chaumine ou pomme de terre, le pin cornu (peut-être le pin gris, *Pinus banksiana*) […]». L'appellation *pomme de terre* ou *chaumine* ne correspond pas nécessairement à la pomme de terre cultivée (*Solanum tuberosum*). À cette époque, une pomme de terre peut désigner d'autres espèces et même des arbustes dont les petits fruits sont près du sol. Pour Jean-François Gaultier, un correspondant de Duhamel du Monceau, l'appellation *pomme de terre* réfère à l'apios d'Amérique (*Apios americana*). Il est probable que l'appellation utilisée par du Monceau soit la même que celle de son correspondant au Canada.

Une publication devenue un classique

En 1755, du Monceau publie le *Traité des arbres et arbustes qui se cultivent en France en pleine terre.* Ce livre contient plusieurs informations sur des espèces américaines et canadiennes. Une seconde édition posthume, considérablement augmentée, paraît en sept volumes entre 1804 et 1819.

Quelques espèces canadiennes dans la première édition de 1755

Du Monceau semble croire que l'écorce d'épinette blanche est employée à l'occasion au Canada ou dans l'île Royale pour tanner les cuirs. Il décrit une recette particulièrement détaillée de la fabrication de la bière d'épinette. Il a possiblement dégusté cette boisson, car elle «ne paraît point agréable la première fois qu'on en boit, mais qui le devient lorsque l'on en a usé pendant quelque temps». En 1866, l'abbé Ovide Brunet reproche à Duhamel du Monceau de ne pas avoir identifié correctement l'espèce d'épinette servant à l'élaboration de la petite bière. Pour Ovide Brunet, «il est évident que cet auteur se trompe, car c'est avec l'épinette noire qu'on a toujours fabriqué la petite bière». Marie-Victorin remarque aussi en 1935 qu'il s'agit bel et bien de l'épinette noire et non de l'épinette blanche. Ovide Brunet ajoute aussi qu'il y a quatre sortes d'épinettes canadiennes. L'épinette rouge est évidemment le mélèze. En plus de la blanche et de la noire, on trouve aussi l'épinette grise qui, selon lui, «ne paraît pas différer essentiellement de l'épinette noire », sauf pour ses feuilles d'un vert plus sale ». L'épinette grise « se rencontre surtout dans les terrains maigres ».

Au chapitre des érables, du Monceau spécifie que « nous avons encore plusieurs espèces d'érable qui nous sont venues de Canada ». En plus de l'érable à sucre, de la plaine, de l'érable à épis, du Monceau inclut le « bois d'orignane [orignal] » et une autre espèce dont la « feuille est semblable à l'*Opulus* ». Le mot latin *opulus* signifie « obier » en français. Du Monceau est particulièrement impressionné par les « fusils montés avec le plaine ondé ou tacheté du Canada et de l'île Royale. On ne peut rien voir de plus beau que ce bois ». Il s'agit du bois de l'érable rouge (*Acer rubrum*). Grâce à du Monceau, il s'agit d'une des premières mentions de l'érable à épis (*Acer spicatum*) et de l'érable de Pennsylvanie (*Acer pensylvanicum*) dans la littérature scientifique européenne. Une autre espèce dite bois d'orignal est la viorne bois-d'orignal (*Viburnum lantanoides*). On peut présumer que du Monceau savait différencier les érables des viornes. Curieusement, l'érable à feuilles ressemblant à celles de l'obier pourrait correspondre à l'érable à épis ou au bois d'orignal. L'expression *bois d'orignal* s'était déjà retrouvée dans un manuscrit d'environ 1725 décrivant des plantes de l'île Royale.

Le savant indique que deux espèces de « charme » viennent du Canada. Il souligne que cette essence mérite d'être multipliée en France. Selon Marie-Victorin, il n'y a qu'une seule espèce américaine de charme. C'est le charme de Caroline (*Carpinus caroliniana*). Aujourd'hui, on reconnaît par contre deux sous-espèces (*caroliniana* et *virginiana*) au charme de Caroline.

« Le ragouminer [...] est un fort petit arbuste qu'on peut mettre dans les plates-bandes du bosquet printanier, et surtout dans les remises, où son fruit, quoiqu'un peu âcre, attirera les oiseaux. » C'est le cerisier déprimé (*Prunus pumila* var. *depressa*), illustré pour la première fois dans le *Codex canadensis* de Louis Nicolas.

Le « cornouiller nain de Canada, qui n'est presque qu'une herbe [...] trace beaucoup. Mais jusqu'à présent cette plante n'a pas fait ici de grands progrès ». Il s'agit du quatre-temps (*Cornus canadensis*).

Le « bois de plomb » a été « plusieurs années au Jardin du roi [...]. M. Sarrazin nous apprend seulement qu'en Canada il se trouve dans les lieux gras et humides ». Du Monceau termine en disant que « son bois est fort tendre et léger : M. Sarrazin, n'ayant pu savoir des Indiens pourquoi ils nommaient cet arbrisseau *bois de plomb*, est porté à croire que ce n'est que par opposition qu'ils lui ont donné ce nom ». Cet arbuste est le dirca des marais (*Dirca palustris*) dont les usages des fibres par les Amérindiens sont décrits de façon inédite par Louis Nicolas.

Le « bourreau des arbres » n'est pas disponible à du Monceau en France. « On dit qu'en Canada il se roule autour de la tige des arbres et qu'il les fait quelquefois périr : c'est ce qui le fait appeler le *bourreau des arbres*. » Du Monceau indique que cette information origine de Michel Sarrazin. Il s'agit du bourreau-des-arbres (*Celastrus scandens*). Le registre des semis à Denainvilliers laisse croire qu'on a tenté de semer cette espèce.

« Le frêne épineux forme un joli arbrisseau par son feuillage : mais sa fleur n'a aucun éclat : il est sujet à être dépouillé par les cantharides. Il passe en Canada pour être un puissant sudorifique et diurétique. Ses graines et leurs capsules répandent une odeur assez agréable. » Il s'agit du clavalier d'Amérique (*Zanthoxylum americanum*) que Charlevoix identifie et illustre en 1744 comme étant « l'arbre pour le mal de dents ». Quelques autres auteurs ont aussi fait référence à cette espèce.

Du Monceau croit « qu'il y a de ces espèces de *gale* qui viennent vers le haut du fleuve de Québec : mais [il n'a] pas encore pu en avoir des semences qui aient levé ». Le *gale*, ou piment-royal, correspond aux myriques, comme le myrique baumier (*Myrica gale*) ou d'autres espèces. En Nouvelle-France, les habitants ont l'habitude de nommer le myrique baumier « poivrier ».

Le « févier d'Amérique à feuilles d'acacia, qui a trois épines aux aisselles des feuilles », est cultivé à partir « des semences qu'on nous envoie de Canada et de la Louisiane dans de grandes siliques. Cet arbre, qui devient assez grand, n'est pas délicat : nous en avons planté dans quelques massifs de bois où ils réussissent fort bien ». Du Monceau est heureux du comportement du févier épineux (*Gleditsia triacanthos*). Un informateur assure du Monceau qu'il a vu cet arbre sous forme de « haies auprès de Bordeaux ». Il ajoute cependant que cet arbre « est encore rare en France ». Est-ce que la présence du févier épineux dans la région de Bordeaux s'expliquerait par les échanges de marchandises sous l'égide de l'armateur bordelais Abraham Gradis ? Il s'agit d'une possibilité parmi d'autres.

Un groseillier canadien chez son ami le marquis de La Galissonière. Au chapitre des groseilliers, il indique qu'à « la Galissonière près de Nantes, on en a cultivé un qui était à grappes, dont le fruit était rouge, et qui avait des épines : il venait de Canada ». Le groseillier des chiens (*Ribes cynobasti*) est probablement l'espèce cultivée au domaine du marquis, à l'embouchure de la Loire.

L'arbuste *Gaulteria* « croît en Canada dans les terres sèches et arides : légères et sablonneuses. Il se multiplie par la semence et par des drageons enracinés ». Quant aux usages, du Monceau signale que « la racine de cet arbuste est recommandée en infusion pour arrêter les diarrhées. En Canada et à l'Île-Royale, on prend cette infusion comme le thé : elle est agréable, et elle fortifie l'estomac ». Se peut-il que du Monceau ait goûté à l'infusion du thé des bois (*Gaultheria procumbens*) ? Il est intéressant d'observer que la graphie rapportée par du Monceau pour cette espèce (*Gaulteria*) correspond à celle utilisée par Jean-François Gaultier. Cette graphie a été malheureusement altérée par Linné en 1753.

Selon du Monceau, le « maronnier d'Inde », qui « a été apporté du Levant en 1615, par un curieux de Paris, nommé Bachelier », se trouverait maintenant aussi « vers les Illinois : car on en apporta des fruits à M. le marquis de La Galissonière, lorsqu'il était gouverneur du Canada ». Cette observation est peut-être valable si des Européens ont fait des tentatives de plantation de cet arbre (*Aesculus hippocastanum*) en Amérique. Cela est possible, mais il peut aussi s'agir du pavier de l'Ohio (*Aesculus glabra*), une espèce de marronnier indigène de l'Amérique du Nord qui atteint même le sud de l'Ontario.

Ce même marquis « a rapporté de ce pays une résine sèche et concrète, qui vient d'un larix : elle a cela de singulier, quand on la brûle, elle répand une odeur fort agréable de benjoi [benjoin] ou de sirax [styrax] ». Du Monceau décrit vraisemblablement la résine du mélèze laricin (*Larix laricina*) que les habitants de la Nouvelle-France nomment couramment « épinette rouge ».

Le « *Menispermum* grimpant de Canada, dont la feuille a un umbilic [ombilic] : ou *Lierre de Canada* » peut être « incommode en ce qu'elle trace beaucoup ». C'est le ménisperme du Canada (*Menispermum canadense*), dont la propagation semble difficile à contrôler.

Le « pimina » est l'« obier précoce de Canada, à grandes fleurs : ou pimina [pimbina] des Canadiens ». Deux espèces de viorne portent encore de nos jours le nom de *pimbina*, la viorne trilobée (*Viburnum opulus* subsp. *trilobum* var. *americanum*) et la viorne comestible (*Viburnum edule*). Le terme *pimbina* est dérivé du terme algonquien *(ne)p(e) imina*. Cependant, l'allusion aux grandes fleurs décrit les fleurs rayonnantes stériles en périphérie des autres fleurs très différentes, comme celles de la viorne bois-d'orignal (*Viburnum lantanoides*).

L'importance des résines des conifères et de leurs produits dérivés

Du Monceau a un chapitre très détaillé de six pages sur la « manière de retirer le suc résineux du pin, et d'en faire le brai-sec et la résine jaune, suivant les pratiques qu'on suit en Canada ». Cette section est suivie par la méthode utilisée « aux environs de Bordeaux » et un chapitre « suivant les pratiques de Provence ». À cela succède la « manière de tirer le goudron et le brai-gras, dans le Valais » précédé de la « manière de retirer le goudron, en Provence, en Guienne, à la Louisiane, etc. ». La « Guienne » est la Guyane, une colonie française en Amérique du Sud. Avant le chapitre final sur le « brai-gras », l'auteur explique la « manière de retirer le noir de fumée ». Au total et excluant les illustrations, la section complète sur les pins comprend 46 pages. Cela trahit l'importance des résines pour la marine. Le

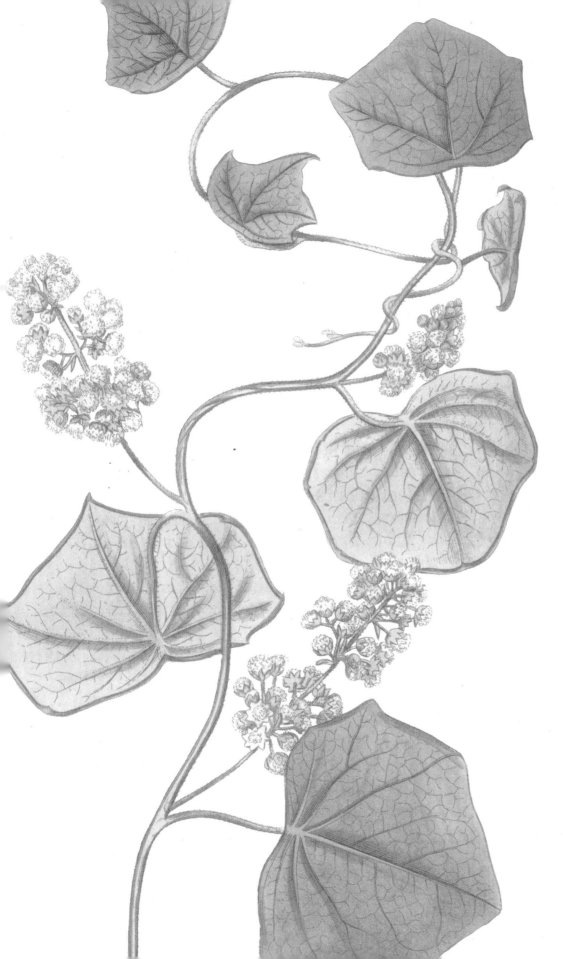

Le ménisperme
du Canada
(*Menispermum
canadense*). Cette
plante grimpante
est utilisée par
l'horticulteur et
savant Duhamel
du Monceau à des
fins ornementales.
Il la considère
même comme une
espèce de lierre du
Canada. Il indique
cependant que
sa propagation
semble difficile
à contrôler. Il
en fournit une
illustration en
1755 dans son
traité sur les arbres
et les arbustes
surtout orne-
mentaux. Il faut
attendre quelques
décennies pour
les premières
illustrations en
couleur, comme
celle du magazine
de botanique
anglais Curtis.

Source: *Curtis's
Botanical Maga-
zine*, volume 44,
planche 1910,
1817.
Bibliothèque de
recherches sur
les végétaux,
Agriculture et
Agroalimentaire
Canada, Ottawa.

Un mot montagnais (innu) signifiant le brai
semble inspiré du vocabulaire anglais

Antoine Silvy (1638-1711) est un missionnaire jésuite qui arrive en Nouvelle-France en 1673. Dès l'année suivante, il se retrouve chez la nation des Outaouais. À partir de 1678, il œuvre dans le vaste territoire du Saguenay et de la Côte-Nord. En 1679, il accompagne Louis Jolliet à la baie James. Il est aumônier lors de l'expédition du chevalier Pierre de Troyes en 1686 à la baie d'Hudson où il travaille jusqu'en 1693. Vers 1678-1684, Silvy rédige un dictionnaire montagnais-français incluant plusieurs mots ou expressions référant à la nature. Quelque 200 termes réfèrent au monde végétal. Dans certains cas, les distinctions terminologiques sont précises. Ainsi, le vocabulaire montagnais distingue le pétun (tabac), le pétun sauvage et le pétun des Îles. Étonnamment, le mot *pitchi8* (à prononcer «pitchihuit») signifiant «le brai» (préparation de résine de conifère, souvent le pin) semble provenir du terme anglais *pitch*, qui correspond aussi à un dérivé de résine de conifère. On connaît les contributions des langues amérindiennes au vocabulaire des Européens de l'époque. La terminologie amérindienne a su aussi intégrer à l'occasion des mots d'autres langues afin de faciliter les communications.

Source : Bishop, John E., *Comment dit-on* tchistchimanisi8 *en français? The Translation of Montagnais Ecological Knowledge in Antoine Silvy's Dictionnaire montagnais-français (ca. 1678-1684)*. Département d'histoire, Memorial University of Newfoundland, 2006, p. 71-84.

chapitre sur la procédure canadienne a été composé «sur les remarques qui m'ont été communiquées par M. Gaultier, correspondant de l'Académie royale des Sciences, conseiller au Conseil supérieur, et médecin du roi à Québec». Dans ce texte, du Monceau spécifie que «les Sauvages emploient la résine des pins pour calfater leurs canots d'écorce : la préparation qu'ils donnent à cette résine pour en faire ce qu'ils nomment mal à propos *gomme*, est toute simple. Ils choisissent dans les forêts, des pins dont les ours ont entamé l'écorce avec leurs griffes : ces égratignures occasionnant l'effusion de la résine : ils en ramassent autant qu'ils en ont besoin : mais comme elle se trouve chargée d'impuretés, ils la font fondre dans de l'eau : la résine surnage, ils la recueillent, ils la pétrissent, et ils la mâchent par morceaux pour appliquer cette résine grasse sur les coutures de leurs canots : ensuite ils l'étendent avec un tison allumé». Duhamel du Monceau n'est vraisemblablement pas informé de la description détaillée faite par Louis Nicolas de la préparation du *pikieu* à partir de résine de pin et qui sert au calfatage des canots et à l'épilation chez les Amérindiens.

D'autres plantes
canadiennes et leurs usages

Au chapitre concernant les peupliers (*Populus*), «on trouve un autre peuplier en Canada : dans tous les environs de Québec, qui a la feuille d'érable : on le nomme *Liard* dans le pays. Suivant [...] La Galissonière, ses feuilles sont blanches en dessous et d'un vert foncé par dessus : ainsi il ressemblerait à notre peuplier blanc : mais il répand un baume très odorant, et cela ne convient qu'aux peupliers noirs». Le peuplier au baume très odorant est sans doute le peuplier baumier (*Populus balsamifera*).

Le «ptelea» est «un grand arbrisseau [qui] se multiplie très aisément par les semences : il supporte bien nos hivers. Il croît dans les terres légères au haut du Canada : par conséquent, il n'est point délicat sur la nature du terrain». Ses «feuilles sont d'une odeur désagréable quand on les froisse dans les mains : elles passent en Canada pour être vulnéraires : étant prises comme le thé, elles sont vermifuges». C'est le ptéléa trifolié (*Ptelea trifoliata*), qui fait «un joli effet au commencement de juin : il peut servir à la décoration des bosquets de la fin du printemps».

Une résine chère au découvreur de l'Amérique

Entre 1473 et 1475, Christophe Colomb effectue un voyage à l'île de Chio, dans la mer Égée. Depuis plus d'un siècle, cette île est sous le contrôle de la république de Gênes, sa ville d'origine. Colomb se familiarise avec le commerce du mastic, cette résine médicinale et utilitaire qui, depuis le Moyen Âge, fait la réputation et la richesse de l'île. Ce mastic est produit par l'arbre au mastic ou pistachier lentisque (*Pistacia lentiscus*), un proche parent du pistachier aux graines comestibles. À partir de 1492, Colomb espère retrouver dans les nouvelles contrées cette résine fort recherchée. Il promet d'ailleurs une récompense financière au premier membre d'équipage qui trouve cet arbre. Le 5 novembre 1492, on montre à Colomb un échantillon d'arbre à résine gommeuse et à odeur de térébenthine qu'il identifie à l'arbre au mastic. Une semaine plus tard, il écrit qu'il y a beaucoup de ces arbres à Cuba. Pour Colomb, l'île de Chio vient de perdre son monopole et les promesses commerciales de cette nouvelle source de mastic semblent poindre à l'horizon.

Colomb est cependant dans l'erreur quant à l'identification de l'arbre. Il s'agit du gommier rouge (*Bursera simaruba*) qui ne deviendra jamais une espèce d'intérêt commercial par rapport au mastic de l'île de Chio. Ce n'est pas la seule confusion botanique de la part de Colomb durant ses quatre voyages en Amérique. Il croit retrouver en Amérique l'aloès médicinal du commerce, alors qu'il s'agit d'agaves. Ce qu'il estime être de la cannelle médicinale ressemblant à du gingembre n'en est pas. En signalant que certaines graines servent de monnaie d'échange pour les Amérindiens, il ne réalise pas qu'il s'agit des fruits du cacaoyer. Malgré ces méconnaissances, Colomb a la distinction de faire partie des premiers Européens mentionnant le maïs, l'ananas, la patate douce, le manioc, le tabac, le piment de la Jamaïque (*Pimenta officinalis*) et bien d'autres espèces. Le piment de la Jamaïque est cette épice condimentaire connue en anglais sous l'appellation *allspice*.

Sources : Griffenhagen, George B., « The Materia Medica of Christopher Columbus », *Pharmacy in History*, 1992, 34 (3) : 131-145. Ierapetritis, Dimitrios G., « The geography of the Chios trade from the 17th through to the 19th century », *Ethnobotany Research & Applications*, 2010, 8 : 153-167.

Du Monceau souligne qu'il y a plusieurs « sumacs » d'Amérique qui ont « été élevés de semence ». Il y a quelques espèces de sumac (*Rhus*), comme le sumac vinaigrier (*Rhus typhina*).

La « ronce odorante : ou framboisier de Canada à fleur en rose » correspond au *Rubus odoratus* décrit par Jacques Cornuti en 1635 et donne de jolies fleurs. Selon du Monceau, cette espèce mérite d'être cultivée « dans les bosquets de la fin du printemps ».

Parmi les « spiraea » communes du Canada, la « spiraea à feuilles d'obier se plaît beaucoup dans les terres humides ». Il s'agit du physocarpe à feuilles d'obier (*Physocarpus opulifolius* var. *opulifolius*), aussi connu sous le nom de bois à sept écorces. Ce bois à sept écorces fait d'ailleurs partie de la liste des semis à Denainvilliers entre 1747-1753.

Toujours de l'intérêt pour les résines

Le « thuya de Canada ou arbre-de-vie » produit des « grains de résine, jaunes et transparents comme de la copale : mais cette résine n'est point dure : et en la brûlant, elle répand une odeur de galipot ». L'auteur démontre encore beaucoup d'intérêt pour les caractéristiques des résines végétales, le copal dans ce cas. Le mot *galipot* réfère ici à un mastic fait de résine de conifère, généralement le pin maritime, et de matières grasses utilisées pour protéger les structures des bateaux. Ce mot dérive de l'ancien provençal *guarapot*. Le thuya du Canada est aujourd'hui connu comme le thuya occidental (*Thuja occidentalis*).

On termine avec l'herbe à puce, les atocas et l'inspection des bois du Canada

Le «toxicodendron […] ou herbe à la puce» porte un nom pas nécessairement approprié et peu flatteur pour du Monceau. En effet, «tous les toxicodendron sont réputés plantes malfaisantes: on prétend qu'étant pris intérieurement, ils empoisonnent: leur suc appliqué sur la chair, y cause des érésipèles: c'est ce qui leur a fait donner le nom d'*herbe à la puce*: c'est traiter bien favorablement une plante qui a causé plusieurs fois en Canada des érésipèles très fâcheuses». Du Monceau désapprouve le nom populaire de l'«herbe à la puce» (*Toxicodendron radicans*). Du Monceau ne semble pas avoir subi les effets désagréables des dermatites de contact provoquées par les molécules d'urushiol présentes dans les tissus de cette espèce. Il indique cependant que l'herbe à puce a causé plusieurs dermatites au Canada.

Du Monceau a reçu du Canada des «atocas» qui «avaient été mis dans des pots sans aucune précaution, et qui cependant étaient encore bons à faire des compotes vers le carême». Les atocas peuvent provenir de deux espèces de canneberge, la canneberge à gros fruits et la canneberge commune (*Vaccinium macrocarpon* et *Vaccinium oxycoccos*).

Des plantes du Canada dans d'autres publications

Duhamel du Monceau a publié d'autres livres scientifiques et techniques dans lesquels les végétaux du Canada sont mentionnés. En voici quelques exemples. En 1760, il publie un recueil sur les semis et les plantations des arbres. Il rapporte que la résine de l'épinette rouge du Canada (mélèze laricin, *Larix laricina*) sert aux missionnaires du Canada «pour brûler dans leurs encensoirs». Il n'y a pas «de plus beau bois que celui de l'érable-tité de Canada, de Virginie, et de l'île Royale» pour fabriquer les plus belles armatures de fusils et de pistolets. Quant au faux acacia (robinier faux-acacia, *Robinia pseudoacacia*), il est passé de mode dans les jardins de France tout comme les marronniers d'Inde. On «n'en trouve plus maintenant, qu'à la porte de quelques cabarets de campagne: néanmoins, à cause de la couleur de son feuillage, et de la bonne odeur que répand sa fleur, je voudrais qu'on en plantât plutôt quelques salles dans les parcs ou dans les grands jardins».

En 1769, dans la seconde édition du traité sur l'art de la corderie, Duhamel du Monceau inclut une description fort détaillée de la production du chanvre cultivé (*Cannabis sativa*) et de la préparation des cordages servant aux navires à partir des fibres de cette espèce. Le chanvre le plus doux et le plus fin provient des pays du Nord. C'est pourquoi on comprend que sa culture puisse être possible au Canada. Du Monceau note que la préparation des fibres peut causer du «tort» aux poissons lorsque l'eau des rivières est exposée à beaucoup de chanvre pour le faire rouir. Le rouissage est l'incubation prolongée des tiges du chanvre dans l'eau pour provoquer le détachement des fibres. L'auteur rapporte en détail les diverses fraudes et supercheries associées aux ballots de chanvre expédiés par les paysans aux corderies de la marine française. Pour en augmenter le poids, et donc le prix, on insère de l'étoupe, des bouts de corde, du bois, des pierres et des feuilles. Il faut donc inspecter avec minutie les ballots de chanvre. L'intérêt de Duhamel du Monceau pour les résines des conifères se manifeste dans ses expérimentations sur l'influence des goudrons sur la résistance et la durabilité des cordages de chanvre. Il considère même la possibilité de remplacer les goudrons par le tan utilisé par les pêcheurs «pour faire durer longtemps leurs filets et leurs cordes». Le tan est une préparation d'écorces de chêne riches en tanins.

Duhamel du Monceau et son intérêt soutenu pour les ressources végétales du Canada

L'intérêt manifeste de Duhamel du Monceau envers les essences canadiennes a donné lieu à une intervention très concrète. En 1750, il a procédé à une analyse minutieuse de deux navires du roi qui avaient été construits à Québec et qui présentaient des traces de pourriture. Il a alors formulé des propositions précises sur la façon d'utiliser les bois du Canada dans la construction navale. Réal Brisson a présenté divers aspects de la charpenterie navale en Nouvelle-France.

Les contributions du savant français aux progrès de la science en ébullition à cette époque ont été

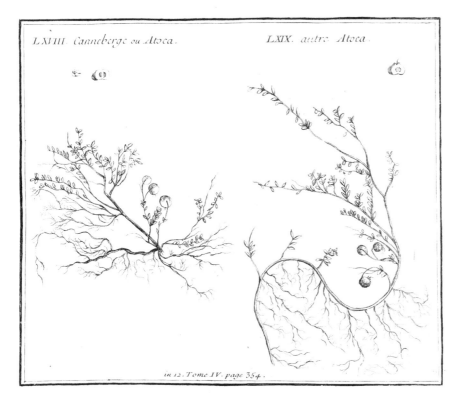

Les canneberges ou atocas. En 1744, l'historien jésuite Charlevoix fournit deux illustrations des canneberges ou atocas. À gauche, une canneberge ou atoca. À droite, un autre atoca. Ces deux illustrations correspondent à la canneberge à gros fruits et/ou à la canneberge commune (*Vaccinium macrocarpon* et/ou *Vaccinium oxycoccos*). Il n'est pas possible de différencier ces deux espèces d'atocas à partir d'illustrations de ce type.

Source : Charlevoix, François-Xavier de, *Histoire et description générale de la Nouvelle-France*, tome second, planches LXVIII et LXIX, Paris, 1744. Bibliothèque de recherches sur les végétaux, Agriculture et Agroalimentaire Canada, Ottawa.

multiples et souvent empreintes du souci du concret, de l'expérimentation et de l'intégration des savoirs sur les plantes étrangères, notamment les espèces canadiennes.

Sources

Allard, Michel, *Henri-Louis Duhamel du Monceau et le Ministère de la marine*, Montréal, Leméac, 1970.

Brisson, Réal, *Les 100 premières années de la charpenterie navale à Québec : 1663-1763*, Québec, Institut québécois de recherche sur la culture, 1983.

Brunet, Ovide, *Histoire des Picea qui se rencontrent dans les limites du Canada*, Québec, 1866.

Crowley, T. A., « Prévost de la Croix, Jacques », *Dictionnaire biographique du Canada en ligne*, vol. IV, 1771-1800. Disponible au http://www.biographi.ca/.

Duhamel du Monceau, Henri-Louis, *Traité des arbres et des arbustes qui se cultivent en France en pleine terre*, 2 tomes, Paris, chez H. L. Guerin et L. F. Delatour, 1755.

Duhamel du Monceau, Henri-Louis, *Des semis et plantations des arbres, et de leur culture…*, Paris, chez H. L. Guerin et L. F. Delatour, 1760, p. 38 (érable-tité), 42 (robinier faux-acacia) et 16 de la section *Additions pour le traité des arbres et arbustes* (résine d'épinette rouge).

Duhamel du Monceau, Henri-Louis, *Traité de la fabrique des manœuvres pour les vaisseaux : ou, l'Art de la corderie perfectionné*, seconde édition, Paris, chez Desaint, 1769. Chapitre premier pour la description du chanvre, p. 11, le chanvre peut être cultivé au Canada : p. 521 et suivantes, expérimentations du tan de l'écorce de chêne pour remplacer les goudrons.

Dupont de Dinechin, Bruno, *Duhamel du Monceau. Un savant exemplaire au Siècle des Lumières*, Connaissance et Mémoires Européennes, 1999, p. 111 pour l'énumération de plantes canadiennes du registre des semis des Denainvilliers de 1747 à 1753.

Ewan, Joseph, « Fougeroux de Bondaroy (1732-1789) and his projected revision of Duhamel du Monceau's traité (1755) on trees and shrubs I. An analytical guide to persons, gardens and works mentioned in the manuscripts », *Proceedings of the American Philosophical Society*, 1959, (December 15, 1959) : 807-818.

Hartmann, Claude, « Henry-Louis Duhamel du Monceau (1700-1782) et la Botanique », *J. Bot. Soc. Bot. France*, 2002, 20 : 55-63.

Lamontagne, Roland, « Rapport sur le "Traité des arbres et arbustes" de Duhamel du Monceau », *Revue d'histoire des sciences et de leurs applications*, 1963, 16 (3) : 221-225.

O'Neill, Jean et Elizabeth P. McLean, *Peter Collinson and the Eighteenth-Century Natural History Exchange*, Philadelphie, American Philosophical Society, 2008.

Poulain, Dominique (dir.), *Histoires et chronologies de l'agriculture française*, Paris, Ellipses Édition Marketing, 2004.

Sachs, Julius Von, *History of Botany*, Authorised translation by Henry Edward Fowler Garnsey, Revised by Isaac Bayley Balfour, Clarendon Press, 1890. Disponible en format imprimé sous la forme Nabu Public Domain Reprints.

Viel, Claude, « Duhamel du Monceau, naturaliste, physicien et chimiste », *Revue d'histoire des sciences*, 1985, 38 (1) : 55-71.

1758, DIEPPE. UN APOTHICAIRE VEND DU SUCRE D'ÉRABLE ET DU SIROP DE CAPILLAIRE OBTENUS DES AUGUSTINES DE QUÉBEC

UNE AFFICHE PUBLICITAIRE DE 1758 fait la promotion des principaux produits vendus par Jacques-Tranquillain Féret (vers 1698-1759), un marchand apothicaire de Dieppe. Féret est installé depuis 1723 dans son local sur la Grande-Rue, présentement situé au 4, rue de la Barre. Cet apothicaire, qui s'intéresse aux sciences naturelles et à la collecte d'objets de curiosité, «fait et vend toutes sortes de préparations de chimie les plus rares : vend aussi des epiceries et drogueries de toutes espèces, tant en gros qu'en détail».

Féret collectionne divers végétaux, animaux et minéraux pour son cabinet de curiosités. Il possède un herbier et une petite bibliothèque scientifique. De plus, il recueille des fossiles, particulièrement des coquillages. Plusieurs visiteurs admirent son cabinet de curiosités, qui requiert d'ailleurs plusieurs jours pour une visite attentive. Au cours de l'hiver 1728-1729, Féret accueille l'écrivain et philosophe Voltaire (1694-1778) qui revient de son exil en Angleterre. L'apothicaire de Dieppe visite fréquemment le Jardin du roi à Paris où il échange des spécimens avec le botaniste Bernard de Jussieu et le chimiste Guillaume-François Rouelle (1703-1770), qui sont aussi des amis.

Féret a une bonne réputation d'apothicaire parce qu'il sait préparer une eau vulnéraire balsamique bien connue à Paris et ailleurs. Il aime bien faire le troc d'objets de collection. Vers 1740, on compte quatre cabinets de curiosités à Dieppe et une dizaine à Rouen. Il y en a aussi un à Fécamp, au Havre et à Honfleur. À l'époque de Féret, Dieppe est la deuxième ville de Haute-Normandie avec le plus grand nombre de cabinets de curiosités.

Selon l'affiche de 1758, Féret vend du sucre d'érable et du sirop de capillaire du Canada.

La source canadienne d'approvisionnement de l'apothicaire de Dieppe

Entre 1733 et 1752, les Augustines de l'Hôtel-Dieu de Québec correspondent régulièrement avec Féret. Elles lui expédient une gamme de produits animaux, végétaux et minéraux. Par exemple, Féret reçoit des rognons de castor, des pieds d'orignal, des nids de guêpes, des queues de serpent, des têtes d'ours blanc, des dents de vache marine. De la part des religieuses, il obtient aussi des pierres ressemblant au diamant et des pierres de marcassite, sans oublier divers objets de confection amérindienne.

Les Augustines lui envoient des produits végétaux, comme le ginseng, le capillaire, la gomme de sapin, le sirop et le sucre d'érable. En contrepartie, elles lui commandent les médicaments nécessaires aux activités de l'hôpital de Québec. La principale responsable des échanges épistolaires avec Féret est sœur Marie-Andrée Duplessis de Sainte-Hélène (1687-1760). À l'âge de quinze ans, Marie-Andrée Regnard Duplessis rejoint ses parents en Nouvelle-France qui l'avaient laissée aux bons soins de sa grand-mère à l'âge de deux ans. En 1707, Marie-Andrée joint les rangs des hospitalières de l'Hôtel-Dieu de Québec où elle devient mère Sainte-Hélène en 1709. Supérieure de sa communauté de 1732 à 1738, de 1744 à 1750 et de 1756 à 1760, elle écrit de nombreuses lettres qui constituent une source précieuse de renseignements sur les Augustines et la Nouvelle-France. Par exemple, on apprend que les Canadiennes affectionnent particulièrement le maïs fleuri, le fameux pop-corn. Elles «en mangent comme des pralines ». Le maïs soufflé est évidemment une invention des Amérindiens, qui savent faire fleurir les grains de maïs dans la cendre chaude. Les grains de maïs ont aussi une utilité amoureuse. Dans une lettre du 30 octobre 1751, mère Sainte-Hélène commente les amours des Amérindiens. «Une de leurs caresses, par exemple, c'est de se jeter une petite pierre ou des grains de blé d'Inde. Aussitôt la pierre partie, le galant regarde ailleurs. Quand la belle la lui rejette, c'est une preuve que les cœurs sont en bonne intelligence, sinon, le prétendant n'a qu'à se retirer. »

Quelques autres observations de Marie-Andrée Duplessis sur les plantes et leurs usages

Dans une lettre du 18 octobre 1736 adressée à l'apothicaire Féret, la religieuse précise qu'il existe deux sortes de sucre qui proviennent de l'érable à sucre ou de la plaine, c'est-à-dire l'érable rouge. Elle spécifie que les pains de sucre des deux espèces d'érable servent contre les rhumes et la toux. On en utilise un peu sous forme solide dans la bouche et on produit un sirop qu'on boit avec de l'eau. Au début du xxe siècle, Édouard-Zotique Massicotte (1867-1947) rapporte l'usage, dans la région de Champlain au Québec, de sirops inusités à base de sucre d'érable contre la toux. Selon l'une de ces recettes, on ajoute des excréments de mouton au sirop!

Le 8 octobre 1749, Marie-Andrée Duplessis explique la manière d'utiliser la gomme d'épinette rouge. Elle a en très haute estime cette gomme de mélèze dissoute au feu avec de l'huile d'olive pour en faire un onguent clair. Cette préparation est enduite sur du papier absorbant mis en contact avec les parties du corps à traiter. Ce médicament est efficace contre diverses douleurs et les maux de poitrine et d'estomac. Les bourgeons de l'épinette rouge infusés dans l'alcool sont particulièrement efficaces contre les maux de bouche. La préparation de gomme de mélèze mélangée à de l'huile d'olive est l'exemple d'un médicament hybride en ce qui a trait à l'origine géographique des substances utilisées. L'huile d'olive est un produit d'Europe, alors que la résine d'épinette rouge (mélèze) est une substance extraite d'une plante locale.

Quant à la gomme de sapin, elle est particulièrement bonne pour «nettoyer les écorchures». La cueillette de cette gomme ne semble pas toujours facile, car la fermentation peut causer des problèmes d'altération de la résine. Mère Sainte-Hélène fait souvent allusion à de nombreuses expéditions

Une recette de sirop de capillaire par la mère d'un grand homme d'État

Marie Fouquet (1590-1681) est la mère de Nicolas Fouquet (1615-1680). Ce dernier devient surintendant des finances à l'époque de Mazarin, le principal ministre à la cour de France entre 1643 et 1661. Nicolas Fouquet, très fortuné, fait aménager de superbes jardins à son château Vaux-le-Vicomte qui font l'envie de Louis XIV. Il aide sa mère dans la préparation de remèdes destinés aux pauvres et semble même intéressé par la chimie. Marie Fouquet consacre beaucoup d'énergie à faire connaître les remèdes qu'elle concocte. C'est pourquoi elle publie un livre révélant de nouvelles informations sur les médicaments. Elle est l'une des premières dames de charité de Saint-Vincent-de-Paul.

Marie Fouquet décrit en détail l'élaboration du sirop de capillaire «excellent». On prend au moins une demi-livre de feuilles de capillaire sans les branches et une livre de cassonade ou de sucre fin pour les piler dans un mortier de marbre pendant un quart d'heure. Cette «conserve» est transférée dans un «pot de terre» dans lequel on ajoute trois turquettes d'eau commune à boire pour quatre onces de conserve. Une turquette équivaut à environ huit onces. On ajoute une livre et demie de cassonade ou de sucre fin et un blanc d'œuf en battant le tout ensemble. On cuit lentement sur le feu jusqu'à l'obtention d'un sirop.

Comme d'autres auteurs de l'époque qui font la promotion des remèdes à base de plantes d'origine locale, Marie Fouquet indique que l'if commun est aussi efficace que le gaïac qu'on va chercher si loin et à si grands frais. À la fin du volume, une note spécifie que les remèdes de madame Fouquet sont éprouvés depuis plus de 50 ans avec un succès qui tient du miracle.

Source : Fouquet, Marie, *Recueil de receptes où est expliquée la maniere de guerir à peu de frais toute sorte de maux tant internes, qu'externes inveterez, & qui ont pafsé jufqu'à present pour incurables*, Lyon, chez Jean Certe, 1676, p. 236, 301 et 332.

L'onoclée sensible (*Onoclea sensibilis*), une fougère utilisée comme capillaire ? L'appellation *capillaire* peut porter à confusion, car elle ne désigne pas toujours le capillaire du Canada correspondant à l'adiante du Canada (*Adiantum pedatum*). D'autres fougères ont porté le nom de capillaire et certaines d'entre elles ont probablement été substituées à l'adiante du Canada dans certaines préparations médicinales de sirops de capillaire. Une espèce de fougère très commune est l'onoclée sensible (*Onoclea sensibilis*), qui possède des frondes végétatives et fructifères distinctes.

Source : Rivière, Auguste et autres, *Les Fougères, choix des espèces les plus remarquables*, Paris, édition par Jules Rothschild, 1867, planche LXIV. Bibliothèque de recherches sur les végétaux, Agriculture et Agroalimentaire Canada, Ottawa.

L'onoclée sensible (*Onoclea sensibilis*) a eu d'autres noms, comme le polypode sensible. Abraham Munting (1626-1683) étudie plusieurs espèces dans le Jardin botanique de Groningue. Son livre posthume paru en deux tomes en 1702 contient d'excellentes illustrations présentées dans un cadre artistique bien réussi. Munting nomme l'onoclée sensible *Polypodium sensibile*, c'est-à-dire le polypode sensible.

Source: Munting, Abraham, *Phytographia curiosa… Pars prima*, 1702, figure 85. Bibliothèque numérique du Jardin botanique de Madrid.

de capillaire à l'apothicaire Féret. Par exemple, le 14 décembre 1740, elle spécifie qu'elle a expédié du capillaire et d'autres produits par les vaisseaux suivants: la *Minerve*, le *Centaure*, la *Déesse* et l'*Heureux*.

Le commerce du capillaire du Canada (adiante du Canada, *Adiantum pedatum*) date déjà de plusieurs décennies. En 1694, le droguiste français Pierre Pomet (1658-1699) vante beaucoup les capillaires envoyés du Canada. Il rapporte que le sirop

de capillaire du Canada «a de grandes propriétés» pour «guérir le rhume et les maux de poitrine, et pour faire prendre aux petits enfants nouveaux nés, avec de l'huile d'amandes douces». Le capillaire le plus estimé est celui «que l'on nous apporte de Canada». Le sirop fait à partir de cette espèce doit être de «couleur ambre, d'un bon goût, et cuit en bonne consistance, ne sentant ni l'aigre ni le moisi, qu'il soit véritable Canada, le plus clair et le plus transparent que faire se pourra». Ceux qui voudront préparer ce sirop «pourront avoir recours à plusieurs pharmacopées qui en traitent». Le capillaire du Canada est donc très bien estimé en France avant la fin du XVIIᵉ siècle. Le capillaire canadien est devenu l'un des rares médicaments vedettes introduits dans la pharmacopée européenne. Entre 1718 et la période de la Conquête, le seul port de La Rochelle a reçu plus de 45 000 kilogrammes de capillaire des Amériques dont la valeur est estimée à plus de 111 000 livres de l'époque. Il faut noter cependant que le terme *capillaire* a été aussi utilisé dans un sens générique pour nommer diverses autres fougères.

Les Augustines et des collaborateurs pour la cueillette de plantes et d'autres curiosités

Dans certains cas, il semble que les Augustines obtiennent des plantes et d'autres curiosités destinées à l'apothicaire Féret par l'intermédiaire de médecins, de chirurgiens ou d'apothicaires locaux. Ainsi, en 1740, sœur Duplessis obtient la promesse du médecin allemand Ferdinand Feltz (1710-1776) de cueillir des plantes médicinales et d'autres curiosités pour monsieur Féret de Dieppe. Feltz devient célèbre en développant une recette contre le cancer qui est plutôt un remède contre les plaies ulcérées. Cette recette est tout simplement à base de graines d'avoine pulvérisées. On recouvre ce cataplasme avec de la toile d'araignée. Pierre-Joseph Compain, qui hérite de ce secret et devient curé à l'île aux Coudres (1785-1788), à Beaumont (1788-1798) et ailleurs, révèlera la composition du réputé médicament aux religieuses de l'Hôtel-Dieu de Québec, de Montréal et de Trois-Rivières. Janson et autres considèrent que seulement Michel Sarrazin et Jean-François Gaultier ont eu «une notoriété aussi grande» que celle de Feltz.

L'importance du sucre d'érable et les entreprises d'Agathe de Saint-Père

Les Augustines ne sont pas les seules à s'intéresser au sucre d'érable et à son commerce. La production de sucre d'érable est déjà très importante au début du XVIIIe siècle en Nouvelle-France. Par exemple, Agathe de Saint-Père (Legardeur de Repentigny) (1657-vers 1747), l'épouse de Pierre Legardeur de Repentigny, écrit qu'il s'est produit plus de 30 000 livres de sucre d'érable, vraisemblablement en 1704, dans la seule région montréalaise. Un simple calcul, présenté à l'appendice 8, montre que cette production de sucre requiert environ 13 600 arbres avec une seule entaille aux dimensions modernes.

À cause de la conjoncture économique, cette femme très dynamique s'intéresse aussi, au début du XVIIIe siècle, à la production commerciale de textiles à partir de fibres locales. Serge Bouchard et Marie-Christine Lévesque racontent comment Agathe de Saint-Père prend possession de neuf captifs anglais de Deerfield au Massachusetts pour les besoins de sa manufacture de textiles à Montréal. Elle les achète des Mohawks à Caughnawaga (maintenant Kahnawake), sur la rive sud de Montréal, qui les avaient eux-mêmes obtenus des Abénaquis. Agathe de Saint-Père s'occupe de la promotion de son entreprise de textiles avec une grande efficacité. Dans une lettre de 1705, elle demande au ministre responsable de la colonie d'accorder à ses « travaux un secours ». Sa tactique est de bien l'informer des problèmes et des réalisations de sa manufacture tout en lui envoyant des échantillons des divers « ouvrages » réalisés.

Les neuf Anglais rachetés fabriquent des « métiers » à tisser regroupés « dans un logement commode », c'est-à-dire sa manufacture. « Le peu de chanvre et de lin » oblige à « faire amasser les orties qui sont comme les mannes du désert dans nos terres ». Il s'agit d'une matière « inépuisable puisqu'elle n'est sujette à aucun accident ». Agathe de Saint-Père fait aussi récolter « des écorces dans les bois » qui sont « brûlés par nécessité pour débarrasser les terres et les mettre en valeur ». Ces écorces servent de « filasses » pour confectionner des « couvertes en nombre qui par leur bonté ne cède[nt] en rien à celle[s] de laine ». Les couvertures sont teintes avec des « bois de diverses couleurs ». Agathe de Saint-Père réussit même à faire

teindre les peaux de chevreuil sans devoir les traiter préalablement à l'huile. Cette femme ingénieuse améliore les techniques de coloration des matières textiles à l'aide de colorants locaux. La femme d'affaires, soucieuse des profits à accumuler, offre au ministre de vendre « à 4 sols la livre » les écorces qui sont bien utiles pour la confection de « câbles et cordages des vaisseaux » imputrescibles. En bonne comptable, elle indique qu'un homme peut récolter quotidiennement 400 livres d'écorces.

Il y a de plus les « cottoniers [cotonniers] sauvages » qui fournissent une « filasse si blanche ». Ce sont vraisemblablement les asclépiades (*Asclepias* sp.). Une autre plante possède au bout de sa tige « un duvet dont on fait des lits ». Il s'agit des quenouilles (*Typha* sp.). On retrouve plus loin que Détroit les « bœufs Illinois », les bisons, dont la laine permet de fabriquer des « serges ». Elle rappelle au ministre qu'elle a expédié « des échantillons de tous les ouvrages », même s'ils sont « imparfaits, faute d'outils », comme les « cardes » perdues lors du naufrage de la *Seine*. Agathe de Saint-Père conserve sa manufacture jusqu'en 1713, même si les Bostonnais avaient racheté les neuf tisserands anglais dès 1707. En 1712, le roi lui accorde toujours 200 livres en guise de soutien annuel à son entreprise.

Les autorités coloniales apprécient les confiseries de sucre d'érable expédiées par la manufacturière de la région de Montréal. Dans un document de 1705, Agathe de Saint-Père utilise les termes *sucre en pain*, *cassonade*, *sirop* et *sucre candy*. Il faut réaliser que le « sucre candy » fait aussi partie des matières médicinales, comme l'atteste une liste des drogues expédiées aux autorités de la marine à Rochefort en 1721 par un marchand de Bordeaux. L'intendant de la marine en reçoit 15 livres à 30 sols la livre. On comprend peut-être un peu mieux la préoccupation de produire de grandes quantités de bon « sucre candy » en Nouvelle-France. Agathe de Saint-Père en expédie d'ailleurs à nouveau en 1707 avec des échantillons de « bois de teinture ».

Le « sucre candy » est recommandé pour diminuer les rides du visage, comme le spécifie Marie Meurdrac qui publie un livre novateur « en faveur des dames » en expliquant « la chymie charitable et facile ». L'eau antiride contient trois extraits végétaux en plus du sucre. Il y a de plus l'eau pour fortifier et embellir tout le corps à base de «sucre candy», «moelle de citrouille» et «fleurs de fèves de haricot». Marie Meurdrac est une féministe avant l'heure en écrivant que «les hommes méprisent et blâment toujours les productions qui partent de l'esprit d'une femme». Elle ne se gêne pas pour mettre la main à la chimie,

Le père de la reine Victoria s'intéresse aux ouvrages d'écorce des Ursulines et un dessinateur du roi de France commente la qualité des broderies du Canada

Édouard-Auguste de Grande-Bretagne (1767-1820), le quatrième fils du roi Georges III, devient le duc de Kent et le père de la reine Victoria après des séjours militaires au Canada. Le nom de l'Île-du-Prince-Édouard rappelle sa présence en sol canadien. Entre 1791 et 1794, il loue une vieille maison de pierres à Québec en compagnie de madame de Saint-Laurent, qu'il doit par la suite quitter en faveur d'un mariage approuvé par l'autorité royale. Durant son séjour à Québec, il se procure chez les Ursulines des «ouvrages d'écorce». Il est même spécifié qu'il a versé «la somme de 280 livres pour la valeur de 3 guinées». Apparemment, le prince a des difficultés comptables durant toute sa vie, qui prend fin quelques jours avant celle de son père. Cette ancienne demeure du duc de Kent a été pendant longtemps la propriété du consulat de France au cœur du Vieux-Québec.

Quelques décennies auparavant, Jean-François Gaultier, médecin du roi, rapporte qu'on «fait encore avec l'écorce de ce bouleau et des poils de porc-épic, de castor et d'orignal […] des ouvrages fort singuliers, tels que des boîtes, des meubles de toilette». En 1757, Louis-Antoine de Bougainville écrit que les Ursulines travaillent «beaucoup en broderie, ainsi que quantité des ouvrages faits dans le goût des Sauvages, et que l'on envoie comme s'ils les avaient faits. Celles des Trois-Rivières ont encore plus de réputation pour ce genre d'ouvrages». Bougainville fait allusion aux objets confectionnés avec des écorces, surtout de bouleau, présentant des motifs colorés en utilisant des poils d'animaux sauvages, des billes de verre ou d'autres matériaux. Ces beaux objets artisanaux pouvaient aussi servir de contenants utilitaires. Les Ursulines de Québec et de Trois-Rivières sont soucieuses d'exploiter cette forme d'artisanat d'inspiration amérindienne prisée par les Européens. Les Ursulines avaient pris charge de l'enseignement aux jeunes filles après leur arrivée à Québec en 1639. En 1697, trois ursulines de Québec avaient fondé un nouveau monastère à Trois-Rivières. À Québec, mère Sainte-Marie-Madeleine (1678-1734), dont la mère est huronne (wendat), sait intégrer diverses techniques artisanales d'inspiration amérindienne.

En 1770, Charles-Germain de Saint-Aubin (1721-1786), dessinateur du roi de France, publie un ouvrage sur l'art de la broderie dans lequel il compare les broderies de toutes les parties du monde. Au sujet des broderies canadiennes, il signale que «quelques femmes du Canada brodent avec leurs cheveux & autres poils d'animaux: elles représentent assez bien les ramifications des Agates herborisées et de plusieurs plantes: elles insinuent dans leurs ouvrages des peaux de serpents coupées par lanières, des morceaux de fourrures patiemment raccordés. Si leur broderie, n'est pas si éclatante que celle des Chinois, elle n'est pas moins industrieuse». Même si le dessinateur du roi ne spécifie pas s'il s'agit de broderie sur écorce ou sur tissu, il apprécie l'originalité de la broderie «industrieuse» canadienne, d'inspiration amérindienne, qui sait bien représenter les motifs végétaux.

Sources: Bougainville, Louis-Antoine de, *Mémoire sur l'état de la Nouvelle-France (1757)*, dans P.-G. Roy, 1924, *Rapport de l'archiviste de la Province de Québec pour 1923-1924*, Ls-A. Proulx, Imprimeur de sa Majesté le Roi, p. 60. De Saint-Aubin, Charles-Germain, *L'art du brodeur*, Paris, Louis-François Delatour, imprimeur-libraire, 1770, p. 2-3. Gaultier, Jean-François, *Description de plusieurs plantes du Canada par Mr Gauthier*, manuscrit de Bibliothèque et Archives nationales du Québec, 1749, folio 144. Disponible au http://pistard.banq.qc.ca/. Oury, Dom Guy-Marie, o.s.b., *Les Ursulines de Québec, 1639-1953*, Sillery, Septentrion, 1999, p. 179. Turgeon, Christine, *Le musée des Ursulines de Québec. Art, foi et culture*, Québec, Monastère des Ursulines de Québec, 2004, p. 45-46 pour les ouvrages d'écorce.

une activité surtout masculine. Marie Meurdrac est sans contredit un beau fleuron, plutôt méconnu, de l'évolution des sciences au féminin!

Une autre histoire étonnante et la broderie sur écorce chez les Ursulines

Il y a d'autres histoires similaires de capture de résidents de la Nouvelle-Angleterre qui sont tout aussi remarquables. Ainsi, le 10 août 1703, Esther Wheelwright (1696-1780) est enlevée, à l'âge de sept ans, par des Abénaquis dans son village natal de Wells. Après maintes péripéties et son rachat par le père jésuite Vincent Bigot, qui la confie à l'épouse du gouverneur, Esther Wheelwright devient ursuline en 1714 à Québec, sous le nom de sœur Esther Marie Josèphe Wheelwright de l'Enfant-Jésus. En décembre 1760, elle est nommée supérieure des Ursulines de Québec au moment crucial et difficile de la fin du Régime français. Elle sera d'ailleurs supérieure pendant trois mandats (1760-1772). Elle réussit à bien s'entendre avec les nouvelles autorités anglaises. Elle se lie même d'amitié avec Mary Carleton, l'épouse de Guy Carleton, le futur Lord Dorchester. Cette religieuse ingénieuse organise diverses activités pour soutenir financièrement sa communauté. Elle favorise également le commerce des broderies sur écorce de bouleau qui avaient déjà fait la réputation des Ursulines. Plusieurs personnages français et anglais raffolent de cet artisanat unique, dérivé des Amérindiennes, et bien perfectionné et soutenu par les Ursulines.

L'intérêt des Augustines et d'autres communautés religieuses pour les plantes, les aliments végétaux et les médicaments

Les Augustines s'installent en Nouvelle-France en 1639 et elles érigent une première salle des malades (1654-1658) adjacente à leur monastère, qui devient l'Hôtel-Dieu de Québec. Dès 1672-1673, une apothicairerie est construite pour la conservation et la préparation des remèdes, qui sont surtout d'origine végétale. Les religieuses aménagent un jardin à proximité de leur monastère, un jardin de l'hôpital et un carré de l'apothicairerie. En 1750, le carré de l'apothicairerie est d'environ 100 pieds sur 100 pieds. Le jardin de l'hôpital a une superficie au moins deux fois plus grande que celle du carré de l'apothicairerie et il y est adjacent. Dans ce grand jardin, on trouve même une maison d'été pour les jardiniers.

Pendant la décennie 1744-1753, 2,4 % des revenus de l'Hôtel-Dieu de Québec proviennent des ventes des produits du jardin de l'hôpital. En 1755, 8 % des revenus de l'hôpital sont générés par la seule vente de fruits et légumes. De 1759 à 1764, la vente de ces végétaux rapporte 14 % de tous les revenus. Des Augustines développent une expertise dans la préparation de remèdes. Elles incorporent quelques médicaments locaux, comme le sirop de capillaire du Canada et le sucre d'érable. Elles sont bien au fait des nouvelles tendances en Europe. Vers 1728, elles reçoivent déjà du café, qui est de plus en plus populaire en Europe, malgré les réticences de certains médecins et botanistes conservateurs. Deux décennies plus tard, le visiteur Pehr Kalm rapporte qu'on boit du café et du chocolat en Nouvelle-France tout en notant l'absence de thé.

Le 11 août 1749, ce même visiteur prend le repas du midi chez les Augustines après une herborisation près de l'hôpital. « La nourriture présentée est entièrement préparée par les religieuses, qui veulent montrer comment elles me fêtent à titre d'étranger. Il y a plus de plats que sur une table seigneuriale. » Après le potage, les plats de viande, le laitage aux amandes et plusieurs salades arrivent enfin les dix sortes de confiseries. Il y a les noix du Canada, c'est-à-dire celles du noyer cendré, confites dans le sucre, les poires au sirop de sucre, les pommes confites, les tranches de cédrat, de citron et de limette confites, les gâteaux, les fraises sauvages confites dans le sirop de sucre, les amandes et les noisettes. Le tout est évidemment accompagné de « différentes sortes de vin ». La veille, Kalm a eu « presque autant de sortes de confiseries » chez les Jésuites, incluant celle de la racine d'angélique qui n'a pas cependant « beaucoup de goût ». Le botaniste semble impressionné par les desserts savourés en Nouvelle-France.

Les communautés religieuses sont des consommatrices, des distributrices et même des productrices de médicaments à l'occasion. L'Hôtel-Dieu de Québec et celui de Montréal, fondé en 1644, mettent sur pied des apothicaireries. Celle du Collège des

Jésuites est établie dès 1647 sous la direction (1647-1683) du frère Florent Bonnemère. Le frère Jean Boussat poursuit son œuvre entre 1686 et 1711. Les frères Charles et Jean-Jard Boispineau lui succèdent. Jean-Jard y travaille de 1721 à 1744, alors que Charles y œuvre de 1721 à 1760. Certains liens professionnels entre les communautés concernent les plantes et leurs usages. Le frère jésuite Jean-Jard Boispineau, apothicaire, est de plus consultant à l'Hôtel-Dieu de Québec durant les années 1730 et au début des années 1740. Il forme son frère Charles, aussi jésuite, à la même profession.

Des légendes : l'orme protestant des Récollets et le frêne catholique des Ursulines

Les légendes font partie de l'histoire botanique en Nouvelle-France. Il n'y a pas que le fameux gros arbre « annedda » qui assure le retour rapide à la santé des troupes de Jacques Cartier lors de l'hiver rigoureux de 1535-1536. Deux autres géants de la fibre canadienne ont des réputations légendaires. On raconte qu'un fameux orme des Récollets aurait été témoin de l'arrivée de Jacques Cartier à Québec en 1535. Les Récollets installent un couvent près de cet arbre légendaire vers la fin du XVIIe siècle à la suite de l'acquisition du site en 1692 par monseigneur de Saint-Vallier. Le 6 septembre 1845, un vent violent du nord-est rompt l'un des trois troncs de l'orme ancestral, qui mesure 14 pieds et 1 pouce de circonférence à la base de la souche. Cet orme témoin de l'histoire doit être coupé et un fragment du tronc, jalousement conservé, est détruit par le feu en 1854. Cet arbre était vraisemblablement localisé au coin nord-est (près de la jonction de la rue Sainte-Anne et de la rue du Trésor) de l'actuel terrain de la cathédrale *Holy Trinity* au cœur du Vieux-Québec. On peut d'ailleurs observer un gros arbre à cet endroit sur certaines œuvres d'art illustrant cette cathédrale avant 1845. L'orme est disparu, mais comme le signale Suzanne Hardy, on observe aujourd'hui dans le parc de cette cathédrale d'autres arbres remarquables, comme le tilleul d'Amérique et le chêne à gros fruits.

Dans l'enceinte du monastère des Ursulines, la légende soutient qu'un frêne a été témoin en 1639 de l'arrivée de Marie de l'Incarnation (1599-1672), née Marie Guyart et l'une des trois fondatrices de sa communauté en Nouvelle-France. Cet arbre majestueux aurait été témoin de l'enseignement dispensé aux premières élèves. En juin 1859, 14 ans après l'orme des Récollets, le vétéran frêne des Ursulines tombe de vieillesse. En plaisantant, on chuchote alors à Québec que le frêne des Ursulines est mort catholique, tandis que l'orme des Récollets est disparu protestant ! Un plan de 1998, indiquant la localisation des espèces arboricoles du monastère des Ursulines, spécifie que « la tradition raconte que deux frênes seraient les rejetons de celui de Marie de l'Incarnation ». Ces deux arbres sont près de l'actuel musée des Ursulines, qui est localisé sur le site de l'ancienne maison de Madeleine de Chauvigny de la Peltrie, bienfaitrice de cette congrégation en Nouvelle-France. Étonnamment, une huile sur toile de Joseph Légaré datant de 1840 et illustrant le premier monastère des Ursulines à Québec laisse voir un arbre brisé, vraisemblablement par le vent, à proximité de la maison de madame de la Peltrie ! Est-ce que l'artiste peintre aurait eu un pressentiment ? On peut aussi observer sur cette œuvre un gros arbre au coin nord-est de la clôture délimitant le premier monastère. Serait-ce le frêne pourvoyeur d'ombre aux Ursulines et à leurs élèves ?

Sources : Fortier, Marie-Josée, *Les jardins d'agrément en Nouvelle-France. Étude historique et cartographique*, Québec, Les Éditions GID, 2012, p. 220. Hardy, Suzanne, *Nos champions. Les arbres remarquables de la capitale*, Commission de la capitale nationale du Québec et Éditions Berger A. C. inc., 2009, p. 107, 179. LeMoine, James MacPherson, *L'album du touriste*, Québec, Imprimé par Augustin Coté et Cie, 1872, p. 11-12. Turgeon, Christine, *Le musée des Ursulines de Québec. Art, foi et culture*, Québec, Monastère des Ursulines de Québec, 2004, p. VIII pour l'huile sur toile de Joseph Légaré.

Divers aspects intéressants des jardins des communautés religieuses en Nouvelle-France sont présentés dans les ouvrages de Martin Fournier, de Daniel Fortin et de Marie-Josée Fortier. Dans l'étude de Marie-Josée Fortier, on apprend que dès le mois de juillet 1658, le jardin des Jésuites a servi de lieu de théâtre pour un « petit drame en français, huron et algonquin […] à la vue de tout le peuple de Québec ». Ce jardin, tout comme d'autres, contenait possiblement des berceaux ou d'autres structures recouvertes de verdure pour produire des zones ombragées. On y retrouve peut-être aussi une glacière dans le sol, comme celle du jardin des Augustines, qui faisait office de réfrigérateur à l'époque. Comme le rapporte Marie-Josée Fortier, un plan de 1692 de Robert de Villeneuve montre clairement la présence d'une glacière et de berceaux de verdure dans un jardin privé de Québec. Dès 1666, on recense deux jardiniers de métier dans la ville de Québec, dont l'un travaille pour les Augustines de l'Hôtel-Dieu.

D'autres personnes intéressées aux médicaments et aux plantes

Les médecins, les chirurgiens et les apothicaires non religieux ont aussi un rôle dans la distribution des médicaments, qui sont le plus souvent de nature végétale. Numériquement, les chirurgiens sont les plus importants dans la colonie. Tous ces hommes ne recommandent pas nécessairement les mêmes médicaments. Certains d'entre eux ont des intérêts commerciaux qui leur font promouvoir des remèdes spécifiques. Chacun a ses convictions et ses préférences médicinales. Le médecin Michel Sarrazin se plaint en 1722 que son confrère Benoist soigne avec des médecines « empiriques ». Pour Sarrazin, ces médicaments inefficaces relèvent tout simplement du charlatanisme.

Huit plantes d'Amérique parmi les remèdes commandés aux fournisseurs de l'Hôtel-Dieu

En plus de Féret, d'autres apothicaires fournissent l'Hôtel-Dieu de Québec. Les plus connus sont Pierre Guillemot, Dupas et Dergny de La Rochelle.

Dans l'ouvrage de François Rousseau, on trouve le mémoire de près de 100 remèdes commandés en 1755 à Pierre Guillemot. Parmi ceux-ci, on compte huit médicaments provenant de plantes américaines : le jalap, l'ipécacuana (ipéca), le quinquina, la pareira brava, la contra yerva, la vipérine de Virginie, le gaïac et le sassafras. Il est intéressant de noter que deux de ces médicaments d'Amérique, le gaïac et le sassafras, sont particulièrement utilisés pour soigner la syphilis et d'autres maladies vénériennes. L'arsenal des plantes d'Amérique pour soigner ces maladies a inclus la réputée salsepareille du Mexique, illustrée dans le premier livre de médecine imprimé en Amérique en 1570. Cette salsepareille ne fait pas partie de la liste des médicaments commandés en 1755. Elle a cependant la très grande distinction d'être la première plante d'Amérique dont l'illustration fait partie du premier livre de médecine imprimé sur ce continent.

Le jalap est la racine purgative de mechoacan correspondant à diverses espèces d'ipomées

Le jalap est aussi identifié à l'occasion comme étant la racine de mechoacan. Le terme *jalap* correspond à diverses espèces d'ipomées volubiles (*Ipomoea* sp.), comme l'*Ipomoea purga*. Cette racine purgative, connue en Europe dès 1540, réussit à s'imposer à cause de ses effets médicinaux efficaces et doux par rapport aux purgatifs européens comme la scammonée. Le mot *jalap* dérive du nom de la ville mexicaine de Xalapa, tandis que *mechoacan* réfère à une région du Mexique. Une espèce d'*Ipomoea* est illustrée dans le Codex aztèque dit Badianus de 1552. Elle porte le nom de « *huelic patli* » et sa racine broyée sert à la purgation ventrale. Dès 1572, Jacques Gohory (1520-1576), prieur de Marcilly, publie un livre en français sur la valeur médicinale de la racine de « mechiocan » et du tabac. Gohory a un jardin à Paris fréquenté par les savants de l'époque. Selon certains auteurs, ce jardin serait situé sur le site de ce qui devient le Jardin du roi. Gohory est en quelque sorte le précurseur de Guy de La Brosse au Jardin du roi. Gohory a collaboré avec le célèbre médecin Ambroise Paré au sujet de la valeur des concepts défendus par Paracelse. En 1572, Pierre Tolet, un collègue de François Rabelais (décédé en 1553), traduit en français un ouvrage de Marcello Donati sur cette plante médicinale. L'utilisation de la racine de jalap est popularisée en Europe par Gaspard Bauhin en 1620 dans son *Theatrum Botanicum*. Durant sa dernière maladie en mars 1603, la reine Élizabeth d'Angleterre a été traitée au jalap, même si elle n'a pu donner son consentement pour ce médicament. En 1701, Simon Bolduc (Boulduc) de l'Académie royale des Sciences à Paris analyse le jalap chimiquement par des distillations et des extractions avec divers solvants. Le jalap est présent dans une commande de 1743 du maître-chirurgien Simon Soupiran (1704-1764), un résident de la rue de la Fabrique à Québec. La liste de Soupiran inclut la demande de deux livres de jalap en poudre qu'il espère recevoir de Dieppe. À cette époque, les chirurgiens font aussi souvent office d'apothicaires. Ils s'occupent donc activement du commerce des drogues. Antoine de Jussieu a dénoncé l'utilisation frauduleuse par des chirurgiens canadiens et acadiens d'une plante, le phytolaque d'Amérique, servant de substitut au jalap.

L'ipécacuana aux propriétés vomitives dues à l'émétine

L'ipécacuana, aussi nommé ipeca ou ipéca, dérive du phytonyme portugais « *ipecacuanha* », qui provient du langage tupi *Ygpecaya*. Il s'agit de l'espèce récemment renommée *Carapichea ipecacuanha* appartenant à la famille des rubiacées. Par extension, le mot est aussi utilisé pour divers arbrisseaux d'Amérique centrale et d'Amérique du Sud de la même famille dont la racine a des propriétés vomitives. Cette racine est également utilisée à l'époque pour la purgation et dans les cas de dysenterie. En 1700, Simon Bolduc présente des analyses chimiques de cette racine. Il compare les racines « grise » et « brune » à l'aide de distillations et d'extractions avec divers solvants. Les alcaloïdes de la racine, particulièrement l'émétine, ont des propriétés expectorantes et vomitives. Nicolas Lemery indique qu'il y a quatre espèces d'*ipecacuanha* apportées en France : la brune, la grise, la grise cendrée et la blanche. La meilleure et la plus estimée est la brune croissant sur les mines d'or du Brésil, d'où son appellation mine d'or. La grise vient du Pérou via Cadix. La blanche est la plus douce. Les Espagnols et les Portugais l'utilisent pour traiter les femmes et les enfants.

La « pomme de may ou ipecacuanha de l'Amérique », selon l'historien jésuite Charlevoix en 1744. Cette pomme de mai aux propriétés médicinales qui lui valent le surnom d'ipécacuana d'Amérique est le podophylle pelté (*Podophyllum peltatum*) dont la présence a été signalée dès 1615 en Nouvelle-France par Samuel de Champlain. Joseph Pitton de Tournefort rapporte que cette espèce est présente à Paris en 1665. Au début du siècle suivant, le baron Louis-Armand de Lahontan mentionne la présence de cette plante en Nouvelle-France tout comme le souligne Michel Sarrazin. En 1749, Jean-François Gaultier tient les mêmes propos que ceux de Sarrazin quant à la toxicité potentielle des racines de podophylle. Cinq ans auparavant, l'historien jésuite Pierre-François-Xavier de Charlevoix fournit cette illustration du podophylle pelté avec l'appellation médicinale « ipecacuanha de l'Amérique ».

Source : Charlevoix, François-Xavier de, *Histoire et description générale de la Nouvelle-France*, tome second, planche VII, Paris, 1744. Bibliothèque de recherches sur les végétaux, Agriculture et Agroalimentaire Canada, Ottawa.

Le quinquina ou la poudre des Jésuites pour abaisser les fièvres et lutter contre le paludisme

Le quinquina provient de quelques espèces de l'arbre sud-américain (*Cinchona*) dont l'écorce fébrifuge, grâce à la quinine, est grandement popularisée au XVIIe siècle par les missionnaires jésuites. Cette poudre d'écorce aurait guéri des fièvres de la malaria la comtesse de Chinchona, l'épouse du vice-roi espagnol en Amérique. Des historiens mettent cependant en doute la véracité de cette guérison, qui a donné naissance au nom *Cinchona* en l'honneur de la comtesse. Linné aurait donc commis deux erreurs en nommant le genre *Cinchona*. En plus d'une faute d'orthographe du nom de la comtesse, l'histoire de sa guérison semble plus que douteuse. La poudre de quinquina devient aussi connue sous le nom de poudre des Jésuites. Ces derniers ont joué un rôle déterminant, sinon le rôle le plus important, dans la diffusion initiale de cette préparation médicinale. En 1820, des pharmaciens français isolent la quinine qui sert à combattre efficacement les fièvres paludéennes. L'agent pathogène du paludisme, un protozoaire transmis aux humains par un insecte, a cependant réussi à développer des souches résistantes à la quinine. Au XXIe siècle, la malaria (*mal'aria*, le mal du mauvais air) demeure une maladie dévastatrice à l'échelle mondiale. Le quinquina appartient à la famille des rubiacées comme l'ipécacuana.

Nicolas Lemery explique les débuts du succès commercial de l'écorce de *kinakina*. «On la tint rare, difficile à avoir, et on la vendait alors au poids de l'or: on ne la trafiquait guère dans ces commencements qu'en poudre, apparemment pour la rendre plus mystérieuse et empêcher qu'on ne découvrit trop tôt sa nature et d'où elle était tirée, son nom ordinaire était, poudre du cardinal de Lougo, ou poudre des Jésuites.»

Diverses plantes grimpantes nommées *pareira brava* dont certaines produisent un poison paralysant

En portugais, *parei(r)ra brava* signifie «vigne sauvage ou bâtarde» et identifie des plantes grimpantes. Cette

---

Favorisons l'autosuffisance médicinale : le cerisier européen est aussi efficace que le quinquina

Vingt-et-un ans après la publication de l'*Apoticaire francois charitable* en 1688, Jacob Constant de Rebecque propose une version améliorée qui «prétend faire voir que les médicaments qui naissent en Suisse […] sont suffisants pour composer une pharmacopée entière, et pour la guérison de toutes les maladies». Ainsi, «la poudre de l'écorce du milieu du cerisier est un aussi bon fébrifuge que le dit kina». Ce «kina» est le quinquina. Après la conquête du Pérou par les Espagnols, les Jésuites y arrivent en 1568. Plus tard, ceux-ci observent que les Incas utilisent le thé d'une écorce pour guérir les fièvres. Vers 1630, Antonio de la Calancha décrit cet arbre de la fièvre (*arbol de calenturas*).

L'importation en 1632 de l'écorce de quinquina par le jésuite Alonso Messias Venegas (1557-1649) fait que l'apothicairerie du Saint-Esprit à Rome devient le centre de diffusion du quinquina en Italie où des papes souffrent d'ailleurs de la malaria au XVIe siècle. Ce nouveau fébrifuge est efficace. En 1639, le jésuite Bernabé Cobo révèle que cette poudre d'écorce est déjà si estimée qu'on la réclame dans les diverses régions d'Europe. Le roi Louis XIV et sa cour l'utilisent et participent à sa promotion vers la fin du XVIIe siècle. Au siècle suivant, l'Académie des Sciences (Paris) organise une expédition dans le but de mieux connaître le quinquina à laquelle participe le botaniste Joseph de Jussieu (1704-1779).

Sources : Colapinto, Leonardo, «L'ancienne apothicairerie de l'Hôpital de Saint-Esprit in Saxa-Rome», *Revue d'histoire de la pharmacie,* 1996, 84 (312) : 161-163. De Rebecque, Jacob Constant, *Essay de la pharmacopée des Suisses*, Berne, 1709, page de titre et p. 16. Rodriguez, Francisco Medina, «Precisions on the history of quinine», *Reumatologia Clinica,* 2007, 3 (4) : 194-196.

appellation est utilisée par des Portugais explorateurs pour désigner certaines espèces médicinales tant des Indes que d'Amérique du Sud. Subséquemment, pareira brava est identifié à *Chondrodendron tomentosum*, *Cissampelos pareira* ou à d'autres plantes aux propriétés toniques et diurétiques similaires. Les racines ou les rhizomes de diverses plantes grimpantes d'Amérique du Sud portent bientôt le nom de pareira brava et deviennent convoitées pour leur valeur médicinale. On constate rapidement que les racines ou les rhizomes de pareira brava semblent propices à la falsification. Il devient très difficile de contrôler et d'assurer la nature exacte des organes séchés utilisés comme médicament sous le nom de pareira brava. À partir de diverses espèces de *Chondrodendron*, les Amérindiens d'Amérique du Sud utilisent sur leurs flèches un poison paralysant. On détermine plus tard que le principe actif, la d-tubocurarine, inhibe la contraction musculaire, particulièrement celle des muscles respiratoires.

Contra yerva est d'usage contre les poisons des serpents

Contra yerva est une expression espagnole signifiant « herbe contre », c'est-à-dire une herbe servant d'antidote efficace envers les poisons incluant ceux transmis par les morsures de serpents. En général, ce terme désigne diverses espèces de *Dorstenia*, des plantes succulentes. En juillet 1633, le capitaine Sussex Camock tente d'établir une colonie de Puritains sur une île en Amérique centrale. L'un des buts avoués de cette aventure est de faire le commerce des ressources végétales locales. On espère donc pouvoir trouver du *contra yerva*, ce fameux antidote contre les morsures de serpents et les flèches empoisonnées des Amérindiens. Nicolas Lemery spécifie que ce contrepoison, efficace contre les venins de vipères et de scorpions, peut aussi tuer les vers. Le *contra yerva*, disponible en France, provient du Pérou.

Contra yerva : une panacée pour l'une des grandes vedettes médicales européennes

Théodore (Turquet) de Mayerne (1573-1655), originaire de Genève, étudie la médecine en France et en Allemagne. Il est de religion calviniste et l'un des médecins du roi de France Henri IV, qui a d'autres médecins de conviction protestante dans son entourage, comme Jean Héroard (1551-1628) et François Pena (décédé en 1626), le fils du médecin botaniste Pierre Pena. Après l'assassinat d'Henri IV en 1610, Théodore de Mayerne devient le médecin des rois anglais Jacques I et Charles I. Sa très grande réputation est reconnue à travers l'Europe. Sa pratique médicale s'inspire en partie de la nouvelle médecine chimique dont il devient un défenseur. Il s'intéresse aux plantes médicinales et favorise, en agissant comme intermédiaire, des échanges de végétaux entre le jardinier Vespasien Robin (1579-1662) et John Morris (vers 1585-1658). Il ne soigne pas que les rois et leurs proches. Des célébrités figurent parmi ses patients. C'est le cas du mathématicien Thomas Hariot (Harriot) (vers 1560-1621) qui a exploré la Virginie en 1585. Depuis 1614, de Mayerne a diagnostiqué un *noli-me-tangere*, un cancer affectant la narine gauche. Il note que Hariot aurait été le premier explorateur anglais à adopter en Angleterre l'habitude amérindienne de fumer.

Parmi les panacées préférées de Théodore de Mayerne, le plus souvent gardées secrètes, est la plante d'Amérique nommée *contra yerva*. Lors du couronnement du roi Charles I en 1626, l'apothicaire royal, Nicholas le Myre, suit la recette élaborée par Théodore de Mayerne pour l'huile d'onction. Cette huile d'une fragrance complexe contient des extraits de fleurs d'oranger, de jasmin et de romarin parmi plusieurs autres ingrédients. On apprécie tellement la qualité olfactive de cette huile qu'on l'utilise constamment par la suite lors des couronnements royaux, incluant celui de la reine Elizabeth II en 1953.

Source : Trevor-Roper, Hugh, *Europe's Physician. The various life of Sir Theodore de Mayerne*, New Haven et London, Yale Univerity Press, 2006, p. 139, 206, 214, 285 et 415.

Une plante plus nordique contre les poisons de serpents

La vipérine de Virginie est une autre plante d'Amérique recommandée pour lutter contre les effets néfastes des morsures de serpents. Souvent, ce terme réfère à l'*Aristolochia serpentaria*. D'autres plantes d'Amérique du Nord sont aussi réputées pour contrer les effets nocifs des morsures de serpents. Parmi celles-ci, le botryche de Virginie (*Botrychium virginianum*) est illustré dès la fin du XVIIᵉ siècle, alors que le polygala sénéca (*Polygala senega*) est présenté en 1744 dans l'ouvrage de François-Xavier de Charlevoix. Nicolas Lemery rapporte trois noms français correspondant à *viperina* : vipérine, virginie et serpentaire virginienne. Selon cet apothicaire, la racine de vipérine est utilisée en appât au bout d'un bâton par les Amérindiens pour faire mourir les serpents à sonnettes.

Le gaïac, une plante à succès commercial

Le gaïac réfère à diverses espèces de *Guaiacum* d'Amérique utilisées pour combattre les effets dévastateurs de la syphilis et d'autres maladies vénériennes.

L'importance commerciale et la popularité de ce bois médicinal, aussi connu comme le bois saint (*lignum sanctum*) ou le bois de vie (*lignum vitae*), ont été décrites précédemment. Des médecins de grande réputation, comme l'anatomiste André Vésale (Andreas Vesalius) (1514-1564), ont vanté l'usage antisyphilitique de ce bois.

Le sassafras, utile médicalement et comme aliment de survie

Entre autres usages, le bois de sassafras semble produire à l'époque les mêmes effets que le bois de gaïac dans les cas de maladies vénériennes. Dès 1574, le médecin espagnol Nicolas Monardes vante les nombreuses propriétés médicinales du sassafras d'Amérique. Il s'agit du sassafras médicinal (*Sassafras albidum*). En 1603, François Martin de Vitré (vers 1575-vers 1631) souligne l'utilité de la décoction du sassafras pour diminuer les enflures dues au scorbut. Martin de Vitré est l'un des premiers apothicaires français à naviguer vers les Indes Orientales. Au début du XVIIᵉ siècle, des entrepreneurs anglais financent des expéditions vers l'Amérique du Nord dans le but de rapporter le précieux bois de sassafras. Selon

Du sassafras comme aliment de survie, même à la fin du XVIIIᵉ siècle

Liveright Piuze (1754-1813) est Polonais de naissance. Après avoir suivi une formation pour devenir chirurgien et apothicaire, il émigre à Philadelphie en 1773. Lors de la guerre d'Indépendance américaine, il se retrouve prisonnier des troupes loyales à l'Angleterre. Il est transféré à Montréal où il est emprisonné en 1779. Libéré de prison l'année suivante, il s'installe à Rivière-Ouelle, au Québec, où il exerce sa profession de chirurgien.

Durant une période de captivité en sol américain, Piuze raconte qu'il doit ramasser, pour survivre, « les têtes de sassafras » apprêtées de la façon suivante : « Nous en écrasions la tête après en avoir enlevé l'écorce puis nous la mettions dans un grand mortier de bois [...] des pierres déposées au fond la faisant bouillir et au bout de quelques minutes nous laissait voir une espèce de gelée. » En plus « de cette gelée, chacun recevait par jour une once d'écorce [de sassafras] râpée ».

Aujourd'hui, on sait que le sassafras produit le safrole, une substance cancérigène chez le rat. On a donc restreint son usage dans la racinette (*root beer*) et les fragrances.

Sources : Morin, Jacques, « Piuze, Liveright », *Dictionnaire biographique du Canada en ligne*, vol. 5. Disponible au http://www.biographi.ca/. Piuze, J. R., « Récit des aventures de Liveright Piuze, médecin, écrit par lui-même et traduit de l'anglais par J. R. Piuze », *Bulletin des recherches historiques,* 1919, 25 (11) : 334-352 et 25 (12) : 353-366. Publié par Pierre-Georges Roy, Lévis.

J. Worth Estes, ces entrepreneurs espèrent vendre cet arbre médicinal au prix de 50 livres par tonne de bois en 1602-1603. Nicolas Lemery note que le bois médicinal de sassafras est reçu en France sous forme de gros morceaux provenant des forêts de la Floride.

L'importance des contributions des communautés religieuses

Les quelques exemples précédents présentent le rôle déterminant et soutenu des communautés religieuses en matière médicinale illustrent bien le fait que les soins du corps ne connaissent pas de frontières dans l'espace, dans le temps, comme dans les groupes sociaux concernés.

Sources

Anonyme, Archives privées et documents coloniaux, Bibliothèque et Archives Canada, MG6-B1, C-7202.

Asselin, Jean-Pierre, « Regnard Duplessis, Marie-Andrée », *Dictionnaire biographique du Canada en ligne,* vol. III, 1741-1770. Disponible au http://www.biographi.ca/.

Bignot, Gérard, « Le déplacement des coquillages fossiles selon Jacques-Tranquillain Féret, apothicaire dieppois du milieu du XVIIIᵉ siècle », *Travaux du comité français d'histoire de la géologie. Troisième série,* 1993. Disponible au http://www.annales.org/archives/cofrhigeo/feret.html.

Bouchard, Serge et Marie-Christine Lévesque, *Elles ont fait l'Amérique. De remarquables oubliées,* tome 1, Lux Éditeur, 2011.

Bourrinet, Patrick, « Une curieuse et vieille enseigne d'apothicaire à Dieppe », *Revue d'histoire de la pharmacie,* 2001, XLIX, nᵒ 329 : 55-62.

Bowen, Willis Herbert, « The Earliest Treatise on Tobacco Jacques Gohory's "Instruction sur l'herbe Petum" », *Isis,* 1938, 28 (2) : 349-363.

Briard, Jacques, *Ratification du marché conclu entre, d'une part, messire François de Beauharnois, intendant de la marine à Rochefort, et d'autre part, Jacques Blain, marchand à Bordeaux, relatif à la fourniture des drogues pour la composition des médicaments nécessaires aux vaisseaux du roi et à l'hôpital de Rochefort,* minutes du notaire, 1721 (1ᵉʳ juillet), folios 191-193verso. Disponible sur le site Archives Canada-France au http://bd.archivescanadafrance.org/.

Côté, Louise et autres, *L'Indien généreux : ce que le monde doit aux Amériques,* Boréal, Montréal, 1992.

Doyon-Ferland, Madeleine, « Saint-Père, Agathe de », *Dictionnaire biographique du Canada en ligne,* vol. III, 1741-1770. Disponible au http://www.biographi.ca/.

Drolet, Antonio « Quelques remèdes indigènes à travers la correspondance de Mère Sainte-Hélène », *Trois siècles de médecine québécoise,* Québec, La Société historique de Québec, *Cahiers d'histoire,* 1970, 22 : 30-37.

Estes, J. Worth, « The European reception of the first drugs from the New World », *Pharmacy in History,* 1995, 37 (1) : 3-23.

Fortier, Marie-Josée, *Les jardins d'agrément en Nouvelle-France. Étude historique et cartographique,* Québec, Les Éditions GID, 2012.

Fortin, Daniel, *Une histoire des jardins au Québec. 1. De la découverte d'un nouveau territoire à la Conquête,* Québec, Les Éditions GID, 2012.

Fournier, Martin, *Jardins et potagers en Nouvelle-France. Joie de vivre et patrimoine culinaire,* Québec, Septentrion, 2004.

Gates, William, *An Aztec Herbal. The Classic Codex of 1552,* Translation and commentary by William Gates, Mineola, New York, Dover Publications, 2000.

Gelfand, T., « Medicine in New France », Numbers, R. L. (ed.), *Medicine in the New World,* Knoxville, The University of Tennessee Press, 1987.

Holmes, F. L., « Analysis by fire and solvent extractions : the metamorphosis of a tradition », *Isis,* 1971, 62 (2) : 129-148.

Huguet-Termes, Teresa, « New World Materia Medica in Spanish Renaissance Medicine : from scholarly reception to practical impact », *Medical History,* 2001, 45 : 359-376.

Janson, G. et autres, « Les médecins militaires au Canada : Charles-Elemy-Joseph-Alexandre-Ferdinand Feltz (1710-1776) », *L'Union médicale du Canada,* 1975, 104 : 1260-1273.

Lemery, Nicolas, *Diction(n)aire ou traité universel des drogues simples…,* troisième édition, Amsterdam, 1716.

Lessard, Rénald, *Au temps de la petite vérole. La médecine au Canada aux XVIIᵉ et XVIIIᵉ siècles,* Québec, Septentrion, 2012.

Madame de Repentigny, *Lettre de madame de Repentigny au ministre sur les productions du Canada,* 1705 (13 octobre). Archives nationales d'outre-mer (ANOM, France), COL C11A 22/folio 343-346verso. Disponible sur le site Archives Canada-France au http://bd.archivescanadafrance.org/.

Madame de Repentigny, *Résumé d'une lettre de madame de Repentigny avec commentaires,* 1707. Archives nationales d'outre-mer (ANOM, France), COL C11A 27/folio 142verso-143verso. Disponible sur le site Archives Canada-France au http://bd.archivescanadafrance.org/.

Massicotte, Édouard-Zotique, « Notes et Enquêtes », *The Journal of American Folklore,* 1919, 32 (123) : 176-178.

Massicotte, Édouard-Zotique, « Agathe de Saint-Père, Dame Le Gardeur de Repentigny », *Bulletin des recherches historiques,* 1944, 50 : 202-207.

Meurdrac, Marie, *La chymie charitable et facile, en faveur des Dames,* Lyon, 1680, p. 266 et 272.

Nadeau, Gabriel, « Le dernier chirurgien du roi à Québec. Antoine Briault. 1742-1760 », *L'Union médicale du Canada,* 1951, 80 : 705-726.

Offen, Karl H., « Puritan Bioprospecting in Central America and the West Indies », *Itinerario,* 2011, 35 (1) : 15-48.

Pereda-Miranda, R. et autres, « Resin glycosides from the morning glory family », *Progress in the Chemistry of Organic Natural Products,* 2010, 92 : 77-154.

Pomet, Pierre, *Histoire générale des drogues,* Paris, 1694. Disponible au http://gallica.bnf.fr/.

Pyrard de Laval, *Voyage de Pyrard de Laval aux Indes Occidentales (1601-1611),* Texte et notes de Xavier de Castro, Chandeigne, Paris, 1998. Le texte est suivi de la relation du voyage de François Martin de Vitré (1601-1603) à Sumatra et du Traité du Scorbut (1604).

Rémillard, Juliette, « Mère Marie-Andrée Duplessis de Sainte-Hélène (Marie-Andrée Duplessis) », *Revue d'histoire de l'Amérique française,* 1962, 16 (3) : 388-408.

Rousseau, François, *La Croix et le Scalpel. Histoire des Augustines et de l'Hôtel-Dieu de Québec. I : 1639-1892,* Sillery, Septentrion, 1989.

Roy, Joseph-Edmond, « Digression sur les médecins et les avocats », dans *Histoire du notariat au Canada depuis la fondation de la colonie jusqu'à nos jours,* Lévis, Imprimé à La revue du Notariat, 1899, chapitre deuxième, p. 8 à 23. Disponible sur le site Mémoire en ligne au http://www.canadiana.ca.

Séguin, Normand, *Atlas historique du Québec. L'institution médicale,* Québec, Les Presses de l'Université Laval, 1998.

QUELQUES PREMIÈRES

ÉCENNIE 1670. Le botaniste Paolo Boccone est l'un des premiers botanistes à récolter la vergerette du Canada (*Erigeron canadensis*) comme échantillon d'herbier dans la région parisienne. En 1674, il fournit une illustration de cette espèce d'Amérique. Introduite quelques décennies auparavant en France, cette plante prolifique et envahissante devient en trois siècles une plante nuisible en agriculture à l'échelle mondiale. En 1727, le botaniste Sébastien Vaillant recense à nouveau cette plante canadienne dans les environs de Paris et mentionne que cette espèce est alors nommée « herbe de monsieur de Beaufort ». Au début du XXIᵉ siècle, la vergerette du Canada développe une résistance au glyphosate, l'herbicide le plus utilisé au monde. L'histoire du grand pouvoir d'envahissement et d'adaptation de cette vergerette est loin d'être terminée.

1675-1686. Le missionnaire récollet Chrestien Leclercq souligne que les Micmacs estiment beaucoup les racines de la plante « tissaouhianne » pour une belle teinture de vêtements et d'objets envoyés en France par « curiosité ». Avant lui, le missionnaire jésuite Louis Nicolas est à court de mots durant son séjour en Nouvelle-France (1664-1675) pour vanter la valeur tinctoriale des racines de « attissoueian ». Ce terme algonquien donne naissance au canadianisme *savoyane*, qui décrit généralement la savoyane (*Coptis trifolia*). Aux siècles suivants, d'autres observateurs ajoutent que ce terme algonquien peut en fait décrire deux sortes de plantes tinctoriales, une pour le rouge (*Galium tinctorium* ou une autre espèce de gaillet) et une autre pour le jaune (*Coptis trifolia*). Même s'ils sont d'une famille linguistique différente, les Hurons de Lorette utilisent aussi ce terme algonquien en référence à ces deux plantes. Quelques termes botaniques amérindiens réussissent à franchir les barrières linguistiques. Au début du XVIIIᵉ siècle, le baron Louis-Armand de Lahontan est l'un des premiers à mentionner le terme algonquien

sagakomi pour identifier une plante à fumer distincte du tabac. D'autres graphies de ce terme sont aussi rapportées et sa signification est variable. Certains ont même francisé cette expression en « sac à commis », qui correspondrait à un sac de plantes à fumer. Au début du XVIIIᵉ siècle, Nicolas Perrot, explorateur commerçant et interprète de premier plan, décrit un autre sac de cuir amérindien nommé « pindikossan » qui contient des plumes d'oiseaux, des restes d'animaux et « des racines ou des poudres pour leur servir de médecine ».

1676. Le livre *Mémoires pour servir à l'étude des plantes*, produit par la nouvelle Académie des Sciences à Paris et sous la responsabilité de Denis Dodart, contient les descriptions détaillées et les plus belles illustrations de l'époque de deux plantes canadiennes, le laportéa du Canada (*Laportea canadensis*) et probablement l'astragale du Canada (*Astragalus canadensis*), sans oublier deux espèces dites acadiennes (zizia doré, *Zizia aurea*, et lis de Philadelphie, *Lilium philadelphicum*). Le projet de continuer ce type de recueil encyclopédique est abandonné. Cela est possiblement dû aux publications très bien illustrées du botaniste Joseph Pitton de Tournefort à partir de 1694. En 1788, l'imprimerie royale publie à Paris un *Recueil des plantes gravées par ordre du Roi Louis XIV*. On y trouve les illustrations de grande qualité de près d'une vingtaine d'autres espèces canadiennes ou acadiennes qui devaient être intégrées à une édition subséquente des *Mémoires* de 1676. En 1692, les 319 cuivres gravés à l'eau-forte étaient déjà déposés à l'imprimerie royale. En Amérique, la production d'illustrations de plantes débute en 1570 en Nouvelle-Espagne avec l'impression du premier livre de médecine dans lequel une salsepareille mexicaine est comparée à une autre espèce.

1694, 1700 et 1719. En 1694, Joseph Pitton de Tournefort publie *Elemens de botanique*, la première édition française d'un classique de la botanique prélinnéenne dans laquelle sont recensées 41 plantes dites canadiennes en plus d'une espèce acadienne. Seulement 12 de ces espèces sont nouvellement décrites. En 1700, dans la deuxième édition latine, intitulée *Institutiones Rei Herbariae*, Michel Sarrazin est cité en référence pour la première fois comme un botaniste. Vingt-cinq plantes additionnelles ont un nom référant au Canada, mais une seule correspond à une description effectuée par Sarrazin. Huit autres plantes nommées par Michel Sarrazin, incluant un champignon, le dictyophore à dentelle, se retrouvent dans la troisième édition posthume de 1719 sous la responsabilité d'Antoine de Jussieu. On recense donc au total 74 espèces dites canadiennes sans oublier l'inclusion de *Sarracena Canadensis foliis cavis & auritis*, le nom descriptif de la future sarracénie pourpre, choisi pour honorer la contribution de Michel Sarrazin à la botanique de l'Amérique du Nord.

1696. Le concombre grimpant (*Echinocystis lobata*), une espèce dite canadienne, est déjà présent en Sicile, deux ans seulement après sa description en France par le botaniste Joseph Pitton de Tournefort. Dès 1697, on retrouve le concombre grimpant dans la liste des espèces du Jardin botanique de Montpellier et trois ans plus tard dans la région de la Bavière. Cette plante grimpante a vraisemblablement été introduite en Europe à des fins ornementales. Comme d'autres espèces envahissantes, le sicyos anguleux (*Sicyos angulatus*) a su s'échapper des jardins. Au XXIe siècle, parmi les 16 végétaux étrangers au Japon les plus préoccupants quant à leur envahissement, on recense le robinier faux-acacia (*Robinia pseudoacacia*), la grande herbe à poux (*Ambrosia trifida*) et le sicyos anguleux.

1696. Une autre espèce ornementale grimpante nommée « Canada » est présente en Sicile et correspond à la vigne vierge à cinq folioles (*Parthenocissus quinquefolia*) ou à la vigne vierge commune (*Parthenocissus inserta*). Sur cette île, on recense aussi une onagre (*Onagra* sp.), cette belle plante d'Amérique aux fleurs jaunes qui ont la particularité de s'ouvrir la nuit. À la fin du XIXe siècle, l'étude génétique des onagres d'Amérique permet de redécouvrir les

lois de la génétique et de formuler une théorie de l'évolution biologique basée sur les mutations.

1699-1700. Durant son séjour en Acadie, le poète chirurgien Dièreville est « chargé du soin glorieux » de cueillir des plantes, ces « divines herbes » pour « embellir » le Jardin du roi à Paris. Même si sa contribution semble plus limitée que d'autres botanistes, Dièreville reçoit la distinction de son vivant d'avoir un genre botanique dédié à son nom (*Diervilla*). La plante de ce genre, rapportée par Dièreville, est d'abord nommée *Diervilla acadiensis* pour identifier la région de collecte. Elle porte maintenant le nom de *Diervilla lonicera*. Ce nom spécifique honore la contribution du botaniste allemand Adam Lonitzer (Lonicer) dit *Lonicerus* qui est, vers la fin du XVIe siècle, l'un des premiers à faire le lien entre des grains de seigle qui lui semblent singuliers et l'ergotisme. Cette maladie grave et foudroyante, provoquée par des mycotoxines contaminant les grains de céréales, a fait rage dans diverses régions de l'Europe particulièrement au Moyen Âge.

1706. John Evelyn indique dans la quatrième édition de son livre à succès *Sylva* publié à Londres que le cerisier amer du Canada est entaillé pour recueillir une liqueur incomparable. Il s'agit probablement du cerisier à grappes (*Prunus virginiana*). L'entaille de deux pouces de profondeur et d'un pied de longueur ne semble pas dommageable à l'arbre. Il s'agit vraisemblablement d'une référence à une technique amérindienne similaire aux entailles utilisées pour la récolte de sève d'érable. Le cerisier à grappes est l'arbre fruitier indigène qui a la plus vaste répartition géographique en Amérique du Nord. En outre, la récente étude ethnobotanique de Daniel Moerman démontre que cette espèce est la plante alimentaire la plus souvent mentionnée par les Amérindiens du Nord.

1708. Michel Sarrazin, le premier médecin du roi à Québec, et Sébastien Vaillant, botaniste au Jardin du roi à Paris, sont les auteurs d'un premier catalogue alphabétique de plus de 220 noms latins de plantes recensées dans l'est de l'Amérique du Nord. En 1977, le botaniste Bernard Boivin décrit

ce catalogue comme une flore du Canada de 1708 et identifie la plupart des quelque 200 espèces expédiées par Sarrazin au Jardin du roi à Paris entre 1698 et 1705. Près d'une cinquantaine d'espèces sont désignées canadiennes, alors que trois sont dites acadiennes. D'autres espèces ont un nom ou un synonyme référant à l'Amérique, à la Virginie, au Maryland, à la Floride et même au Brésil. Plus de 40 noms latins sont ceux de Michel Sarrazin, qui fournit de plus une description magistrale de la sarracénie pourpre. Dès 1700, Tournefort donne le nom *Sarracena* à la sarracénie pourpre en l'honneur du médecin du roi. Ce terme devient plus tard *Sarracenia*. Gédéon de Catalogne est le premier auteur à utiliser le mot français *sarrazine* pour nommer la sarracénie pourpre. Vers 1725, ce même mot se retrouve aussi dans un manuscrit anonyme sur les plantes de l'île du Cap-Breton. Entre 1861 et 1874 en Europe et en Amérique du Nord, la sarracénie pourpre suscite un grand intérêt médicinal et des discussions très vives quant à son efficacité contre la variole. On abandonne cependant l'usage d'extraits de sarracénie pour lutter contre ce virus. À partir

La grande herbe à poux (*Ambrosia trifida*), une espèce d'Amérique du Nord. *Ambrosia* est « comme qui dirait viande des dieux : car on s'était imaginé autrefois que les dieux se nourrissaient d'ambroisie ». Au XXIe siècle, parmi les 16 végétaux étrangers au Japon les plus préoccupants quant à leur envahissement, on recense la grande herbe à poux (*Ambrosia trifida*), connue dès le XVIIe siècle en Nouvelle-France et en France. Cette espèce et sa consœur, la petite herbe à poux (*Ambrosia artemisiifolia*) sont responsables d'un grand nombre de cas de « fièvre des foins » durant la floraison estivale. Des protéines des grains de pollen induisent une réaction immunitaire d'hypersensibilité. La petite herbe à poux, aussi originaire d'Amérique, est devenue une plante envahissante en Europe. Elle semble avoir progressé à partir de l'Allemagne et de la France. Elle a atteint l'Angleterre et même l'Ukraine. Elle est aussi considérée comme une mauvaise herbe au Canada.

Source : Clark, George H. et James Fletcher, *Les mauvaises herbes du Canada*, Ottawa, Ministère de l'Agriculture, Branche du Commissaire des semences, 1906, planches par Norman Criddle, planche 23. Collection Alain Asselin.

de 1931 aux États-Unis, certains vantent la valeur analgésique de la sarracénie. En 2004, une étude clinique à l'aveugle met en doute l'effet réel de la sarracénie pour le soulagement de la douleur. Malgré ces résultats négatifs, les promesses thérapeutiques de la sarracénie persistent pour certains. Selon Bernard Boivin, Sarrazin aurait commencé sa collection de plantes séchées d'Amérique du Nord à Plaisance, à Terre-Neuve. Ce médecin du roi a fourni des observations inédites sur plusieurs espèces et leurs utilisations médicinales. La liste des plantes de Sarrazin de 1708 inclut une espèce introduite d'Eurasie, le galéopside à tige carrée (*Galeopsis tetrahit*), qui a colonisé toutes les provinces canadiennes, incluant même des régions subarctiques.

1718. Le missionnaire jésuite Joseph-François Lafitau publie un mémoire sur le ginseng de Chine qu'il a trouvé deux ans plus tôt en Amérique du Nord. En fait, il croit erronément que le ginseng à cinq folioles d'Amérique du Nord est le même que celui de Chine. Dès 1700, Michel Sarrazin avait pourtant expédié un échantillon de ginseng nord-américain au Jardin du roi à Paris sans cependant pouvoir reconnaître la parenté avec le ginseng chinois. C'est bientôt le début d'un commerce important de cette espèce qui se développe tant en Nouvelle-France que dans les colonies anglaises d'Amérique du Nord. Cette découverte constitue une belle occasion d'affaires. On connaît déjà le commerce du capillaire du Canada depuis quelques décennies et cette fougère possède une excellente réputation en Europe pour le traitement des affections respiratoires. Le capillaire du Canada se compare même au meilleur, celui de Montpellier. À cette époque, on vend aussi du sucre d'érable et un peu de résine (gomme) de sapin pour des usages essentiellement médicinaux. Certains apprennent vite à adultérer le sucre d'érable avec de la farine de blé ou de maïs. Ce mélange est vraisemblablement inspiré des Amérindiens, qui utilisent la farine de maïs combinée au sucre d'érable pour combler les grands besoins énergétiques lors des longs voyages. Depuis plusieurs décennies, on prépare aussi à l'occasion en Nouvelle-France du sucre à partir du nectar des fleurs de l'asclépiade commune (*Asclepias syriaca*). Louis Nicolas avait été le premier à signaler la présence de ce miel, un nectar sucré, dans les fleurs de cette espèce.

Vers 1724 et 1725 ou plus tard. Deux manuscrits anonymes révèlent plusieurs usages médicinaux de plantes par les Amérindiens au pays des Illinois et à l'île Royale (île du Cap-Breton). Dans ces deux régions, on semble encore occupé à répertorier des espèces efficaces contre le scorbut. Le rapporteur de l'île Royale se vante même d'avoir guéri des scorbutiques d'un navire « de la compagnie des Indes » à l'aide de la savoyane (*Coptis trifolia*), dont il indique d'ailleurs le nom micmac « thysaouyarde ». Cet observateur indique qu'il a expédié en France des tronçons d'arbres utilisés dans la médecine amérindienne.

1730. Le jésuite français Pierre Noël Le Cheron d'Incarville se retrouve en Chine après un séjour d'une dizaine d'années en Nouvelle-France comme enseignant à Québec. Il demande qu'on lui envoie de l'apocyn du Canada pour les jardins de l'empereur de Chine. L'apocyn, réclamé par d'Incarville, correspond à une espèce d'asclépiade (*Asclepias*) ou d'apocyn (*Apocynum*). D'incarville devient un botaniste amateur très estimé à la cour impériale chinoise où il est également un conseiller pour la fabrication du verre. À cette époque et aux siècles précédents, la fabrication de certains types de verre en Europe requiert l'usage de cendres végétales enrichies en sels alcalins. Certaines plantes du pourtour méditerranéen adaptées au milieu marin ont alors une grande importance commerciale pour la fabrication du verre. D'Incarville est le premier Européen à décrire le kiwi et il est reconnu comme le responsable de l'introduction de quelques plantes chinoises en Europe, comme l'ailante glanduleux (*Ailanthus altissima*). Cet arbre est devenu une espèce ornementale en Europe et en Amérique du Nord, même s'il s'agit d'une espèce envahissante. Dès 1874, le pépiniériste canadien Auguste Dupuis vend des ailantes de deux à trois pieds de hauteur au coût de 30 cents. D'Incarville a aussi fourni des informations sur le ginseng canadien. Un genre botanique fut nommé en son honneur (*Incarvillea*). Tout comme d'Incarville, Louis-Antoine de Bougainville, un autre personnage qui séjourne en Nouvelle-France avant d'explorer d'autres parties du monde, aura aussi la distinction d'avoir un genre botanique nommé en son honneur (*Bougainvillea*).

1743. Le missionnaire jésuite belge Pierre-Philippe Potier commence à colliger les mots et les expressions du langage populaire en Nouvelle-France. Après plusieurs années d'observations, particulièrement dans la région de Détroit, il produit le seul lexique de la langue française populaire de l'époque. Plus d'une centaine de termes relatifs aux plantes et à leurs usages sont répertoriés. On note l'usage généralisé du suffixe *-ière* pour décrire les regroupements de végétaux, comme *atocatière*, *pinière*, *chênière* en plus d'une dizaine d'autres termes du même genre. Les canadianismes *cédrière* et *érablière* ont réussi à survivre tout comme les termes *sapinière* et *hêtrière*. D'autres termes, trop bien archivés, pourraient être rapatriés et utilisés plus fréquemment, car ils font partie du patrimoine linguistique botanique. En Nouvelle-France, le mot *pinière* a préséance. Dès 1664, Pierre Boucher l'utilise dans son livre sur les ressources de la colonie. Gédéon de Catalogne et l'arpenteur Joseph-Laurent Normandin adoptent cette même terminologie. Dans sa *Flore-Manuel* de 1931, le père Louis-Marie préfère ce mot à *pinède* ou à *pineraie*. Le beau terme *atocatière*, plutôt que *cannebergière*, a l'avantage de respecter l'origine amérindienne du nom de cette plante.

1744. Le réputé historien Pierre-François-Xavier de Charlevoix publie une synthèse illustrée de 98 plantes nord-américaines. Charlevoix s'inspire des travaux précédents de Jacques Cornuti, de Gédéon de Catalogne, de Mark Catesby et d'autres auteurs. Charlevoix a accès à plusieurs sources documentaires. Il fait même allusion à des propos d'un manuscrit de son collègue jésuite Louis Nicolas dont on perd ensuite la trace pendant plus de deux siècles. Charlevoix est le premier à présenter des illustrations pour toutes les espèces décrites, même si la plupart de celles-ci sont des emprunts à d'autres illustrateurs. En 1829, William Sheppard est le premier amateur d'histoire naturelle au Canada à publier, dans les *Transactions of the Literary and Historical Society of Quebec*, une tentative d'identification des 98 plantes décrites par

Charlevoix. Sheppard commente leur répartition géographique et note la présence de certaines espèces dans la région de Québec.

1749. Pehr Kalm effectue la première mission officielle d'exploration scientifique par un étranger en Nouvelle-France. Il est à la recherche de végétaux utiles à introduire en Scandinavie, particulièrement en Suède. Il décrit de façon détaillée plusieurs usages de plantes par les Amérindiens et les colons français. Son journal de route de 1749 en Nouvelle-France contient l'énumération de plus de 400 espèces. Son journal de voyage et ses autres écrits constituent une source privilégiée et crédible d'informations de toutes sortes. Il s'intéresse même à l'exploration des Vikings en Amérique du Nord. Étonnamment, Kalm écrit que, selon les récits des sagas scandinaves, les Vikings avaient probablement observé une espèce de noyer en Amérique du Nord. Au XXe siècle, du bois de noyer cendré est découvert sur le site archéologique viking de l'anse aux Maedows, à Terre-Neuve. Kalm est accompagné dans ses pérégrinations de la région de Québec par Jean-François Gaultier, le médecin du roi qui a succédé à Michel Sarrazin. Gaultier rédige un manuscrit sur les plantes de la Nouvelle-France qui contient aussi des informations inédites. Gaultier, comme Sarrazin et Dièreville, a le privilège de son vivant d'avoir un genre nommé (*Gaultheria*) en son honneur. Kalm, le responsable de cette appellation, reçoit de Linné le même hommage avec le genre *Kalmia*. Kalm est très impressionné par les connaissances botaniques du marquis de La Galissonière, alors gouverneur de la Nouvelle-France. Ce dernier ordonne aux autorités des postes militaires de recueillir toutes les informations possibles sur les végétaux et leurs usages. Il fait même rédiger par Jean-François Gaultier des instructions précises à ce sujet. Dans ses enquêtes minutieuses, Kalm apprend que Michel Sarrazin a fait venir de Suède des semences de céréales d'hiver pour les utiliser en Nouvelle-France. Les échanges scientifiques entre ces deux pays ont donc débuté avant l'arrivée de Kalm. Kalm rapporte en Suède des centaines d'échantillons d'herbier dont certains existent encore de nos jours. Même s'il n'a pu réaliser son projet d'écrire une flore canadienne, son journal de voyage détaillé, ses écrits et ses spécimens d'herbier constituent une source d'information de premier plan.

1753. Le père de la nomenclature binaire moderne, Charles Linné, inclut dans la première édition de son œuvre monumentale *Species plantarum* la mention d'à peu près 700 espèces des Amériques. Parmi celles-ci, on recense environ 200 plantes présentes au Canada et 2 espèces en Acadie. On compte 73 espèces avec la mention spécifique qu'elles croissent au Canada sans la mention d'autres régions ou d'autres pays. Pehr Kalm est l'un des principaux contributeurs de spécimens et d'informations sur les plantes nord-américaines. Les autres espèces se retrouvent dans d'autres régions d'Amérique ou même dans d'autres pays. Dix espèces, incluant la linnée boréale (*Linnaea borealis*), sont des plantes pancanadiennes au sens moderne du terme. Treize espèces décrites par Linné en 1753 ne sont pas des plantes indigènes de l'Amérique du Nord. Elles sont le plus souvent des espèces européennes, introduites ou non en Amérique. Il y a quelques erreurs de la part de Linné et l'identification de quelques espèces n'est pas encore résolue à ce jour. Malgré cela, l'importance des écrits de Linné est telle qu'on distingue les périodes prélinnéenne et linnéenne dans l'histoire de la botanique et de la biologie descriptive en général.

1755. Duhamel du Monceau, un grand savant français du Siècle des Lumières, publie un excellent traité sur les arbres et les arbustes qui constitue une bonne source d'information sur des plantes canadiennes. Il expérimente les capacités d'acclimatation des essences canadiennes en France et observe minutieusement les comportements de plusieurs espèces ornementales. Il s'intéresse particulièrement à l'importance commerciale des résines des pins utilisées par la marine. Il analyse également les bois servant à la construction navale royale à Québec entre 1739 et 1759. Comme membre de l'Académie des Sciences, il est en contact avec Jean-François Gaultier, le médecin du roi à Québec. Au sujet des résines, Gaultier lui révèle que les Amérindiens recueillent celle des pins à partir des blessures des arbres causées par les griffes des ours. Ils font bouillir dans l'eau la résine accrochée aux morceaux d'écorce afin de la séparer des impuretés. La résine flotte tout simplement sur l'extrait aqueux. On croirait lire le début de la description beaucoup plus détaillée de Louis Nicolas sur la préparation du *pikieu*, ce mastic des Amérindiens qui sert à épiler et à étancher les canots d'écorce. Après plus de deux siècles, les écrits sur les plantes canadiennes font encore référence aux connaissances pratiques des Amérindiens qui alimentent en partie les connaissances savantes des Européens. Cependant, les Amérindiens, qui interagissent intimement avec le paysage végétal nord-américain depuis des millénaires, n'ont jamais transmis directement et par écrit leurs connaissances de base et appliquées des végétaux.

1760. C'est la fin du Régime français en Nouvelle-France. Tout comme au début de la colonie, les communautés religieuses jouent un rôle de premier plan dans cette période de transition. Historiquement, elles ont contribué à maintenir et à promouvoir des connaissances relatives aux végétaux et à leurs usages. Ainsi, en 1760, Esther Wheelwright de l'Enfant-Jésus devient supérieure des Ursulines de Québec. Elle favorise le commerce d'ouvrages d'écorce d'inspiration amérindienne qui ont déjà fait la réputation de sa communauté. Esther Wheelwright n'est pas la première femme à se préoccuper de la promotion des végétaux locaux et de leurs usages. Agathe de Saint Père a été, au début du même siècle, une femme d'affaires pionnière qui a su expérimenter et exploiter la diversité des ressources végétales de sa région. Parmi les communautés religieuses, les Augustines, les Ursulines, les Jésuites, les Récollets, les Sulpiciens et le Séminaire de Québec développent des jardins utilitaires et ornementaux, principalement à Québec et à Montréal. Les jardins des gouverneurs et des intendants aident à mieux connaître les espèces locales et étrangères. Les communautés religieuses assument de plus un rôle déterminant dans l'acquisition et l'utilisation des médicaments, qui sont le plus souvent d'origine végétale et européenne. Quelques-uns des remèdes, comme le jalap, l'ipécacuana (ipéca), le quinquina, la *pareira brava*, la *contra yerva*, la vipérine de Virginie, le gaïac et le sassafras, proviennent de régions d'Amérique éloignées de la Nouvelle-France. Par contre, le capillaire et le baume du Canada ainsi que la salsepareille et le sucre d'érable sont d'origine locale. Récemment, on a nommé « québécol » une substance phénolique du sirop d'érable qui présente un potentiel nutraceutique. La sève de la connaissance des plantes locales n'a certes pas encore livré tous ses secrets et ses arômes. Distillons bien le passé pour mieux savourer le futur.

EXPLORATIONS ET DIFFUSION DU SAVOIR

Les premiers savants et les difficultés de décodage de l'information

AVANT L'ARRIVÉE DES EUROPÉENS, les Amérindiens possèdent un savoir plus que millénaire de leur univers végétal. Dès les premiers contacts, les Européens sont confrontés aux grandes difficultés d'interprétation des langages et des connaissances des diverses nations amérindiennes. Le savoir des Amérindiens sur les plantes et leurs usages est donc acquis par les Européens de façon très fragmentaire et il est teinté par les références culturelles européennes. De plus, ces savoirs amérindiens ont l'inconvénient à l'époque de n'être transmis que de façon orale.

Des observateurs de première ligne laissent peu de traces

Il n'y a pas que les Amérindiens qui sont en contact intime avec la nature nord-américaine. Parmi les nouveaux arrivants, les interprètes, les coureurs des bois, les trafiquants de fourrure, les hommes de métier du bois, les colons défricheurs et les agriculteurs ont malheureusement laissé peu d'écrits sur leurs connaissances des végétaux et leurs usages. On peut particulièrement déplorer l'absence d'informations écrites émanant des femmes des colons, qui cumulent généralement les tâches de médecin et d'apothicaire en milieu familial. Il en est de même des sages-femmes, qui utilisent un arsenal médicinal probablement inspiré en partie par la disponibilité de végétaux locaux.

Les explorateurs et les préoccupations utilitaires

Les écrits sur les plantes canadiennes et leurs usages sont donc surtout l'œuvre d'Européens exerçant diverses fonctions dans la colonie ou de savants des villes d'Europe qui n'ont jamais exploré l'environnement nord-américain. De plus, à l'exclusion de religieuses et de quelques autres femmes, ces écrits sont surtout l'œuvre d'hommes. Parmi les cinquante histoires sélectionnées dans les deux tomes du présent ouvrage, aucun auteur principal n'est né en Amérique. Malgré ces limitations et les difficultés d'interprétation, l'histoire des connaissances des plantes canadiennes et de leurs usages fait partie intégrante de notre patrimoine scientifique et culturel, car tous les témoins concernés ont révélé des particularités botaniques qui ont mobilisé leur attention.

Ces histoires permettent souvent de révéler autant d'informations sur les auteurs et leurs comportements que sur les végétaux. On apprend vite que les espèces canadiennes font souvent l'objet de préoccupations mercantiles et parfois d'utilisations frauduleuses lorsque les occasions se présentent. On veut profiter de belles occasions d'affaires, surtout si l'objet de commerce est un végétal exotique peu connu, plein de promesses et pouvant faire l'objet d'un monopole. Cette tendance mercantile ne semble pas s'estomper durant le Régime français. Elle n'est pas spécifique évidemment à la Nouvelle-France.

Cette vision opportuniste des ressources végétales se retrouve dès les premiers récits. Jacques Cartier et Samuel de Champlain tentent à l'évidence d'impressionner les partisans de leurs expéditions par le potentiel commercial des richesses naturelles. On vise alors à sensibiliser d'abord et avant tout la royauté et la cour des gens fortunés. C'est probablement pour cette raison que Samuel de Champlain voit tant de profits possibles dans le futur commerce d'un colorant pourpre qui n'intéresse essentiellement que la noblesse. Les gens ordinaires ne ressentent certainement pas un grand besoin de teindre des vêtements ou des ornements en pourpre. En général, il semble plus avantageux de proposer des produits exotiques pour les riches que des produits de masse pour les pauvres. Cela vaut évidemment pour le commerce de produits végétaux.

Durant les premières explorations, on favorise la connaissance des plantes pour survivre, pour combattre les maladies et idéalement pour intéresser les investisseurs. Jacques Cartier ne rate pas l'occasion de présenter un nouveau remède exotique et miraculeux contre la syphilis et permettant la survie aux rigueurs de l'hiver. Quelques rapporteurs, comme Marc Lescarbot en Acadie, se permettent des réflexions plus philosophiques sur les végétaux, sans oublier de signaler leurs utilités religieuses. Lescarbot écrit que le labourage est « la première mine qu'il nous faut chercher » tout en ajoutant que la gomme des sapins d'Amérique du Nord peut être utile comme encens dans les églises de France.

Les religieux et les religieuses contribuent rapidement à la diffusion du savoir émanant des Amériques. Les Récollets et les Jésuites présentent leurs observations dans un contexte missionnaire. À l'occasion, ces missionnaires semblent déroutés par les divers rituels amérindiens, incluant ceux concernant les végétaux et leurs usages. Les jésuites Louis Nicolas, Joseph-François Lafitau et François-Xavier de Charlevoix font part de plusieurs observations botaniques et ethnobotaniques originales qui n'ont rien à envier à celles émanant des colonies anglaises plus au sud. Les communautés religieuses jouent un rôle de premier plan dans le développement des jardins en Nouvelle-France tout en contribuant à la connaissance et au commerce des médicaments végétaux, incluant quelques remèdes locaux. Les communautés religieuses colligent en outre des dictionnaires de langues amérindiennes, qui incluent des informations inédites sur les plantes et leurs appellations.

Les auteurs qui observent les plantes transportées en Europe

Un groupe important d'observateurs est en contact avec les végétaux des Amériques transportés en Europe, surtout en France. Ce sont des responsables de jardins (Jean et Vespasien Robin, Guy de La Brosse), des artistes illustrateurs de plantes (Pierre Vallet), des médecins (Jacques Cornuti), et surtout des botanistes associés au Jardin du roi à Paris (Joseph Pitton de Tournefort, Sébastien Vaillant, Antoine de Jussieu) ou à l'Académie des Sciences (Denis Dodart), sans oublier des naturalistes (Pierre

Belon) et des géographes (André Thevet) qui tentent de décrire les espèces des Amériques en se servant des connaissances des plantes européennes comme référence.

En plus de la France, on retrouve des plantes canadiennes en Allemagne, en Angleterre, en Suisse, en Italie, en Hollande, en Suède et dans d'autres pays. À titre d'exemple, la première mention écrite de la présence européenne du concombre grimpant est rapportée à Paris en 1694. Deux ans plus tard, cette espèce est répertoriée en Sicile. En 1697, elle fait partie des espèces recensées au prestigieux Jardin botanique de Montpellier. On la signale, trois ans plus tard, en Allemagne. Certaines plantes canadiennes d'intérêt ornemental ou médicinal se déplacent rapidement entre les collectionneurs et les botanistes européens, particulièrement en France, en Angleterre, en Hollande et en Allemagne. Écologiquement, seulement quelques espèces nord-américaines réussissent à envahir l'Europe, comme la vergerette du Canada, le robinier faux-acacia et l'asclépiade commune. À l'inverse, plusieurs dizaines de plantes européennes parviennent à bien coloniser certains milieux de l'Amérique du Nord.

La cicutaire maculée (*Cicuta maculata*) a eu d'autres appellations en Nouvelle-France, comme l'angélique sauvage du Canada et la carotte à Moreau. Louis Nicolas (séjour entre 1664 et 1675 en Nouvelle-France) est le premier à mentionner la toxicité létale de cette espèce. Selon Michel Sarrazin, cette espèce est plus toxique que la ciguë d'Europe (ciguë maculée, *Conium maculatum*). Jean-François Gaultier ajoute qu'elle est nommée « angélique sauvage du Canada » par les Français et « carotte à Moreau » par les Canadiens. Un nommé Moreau a été le premier à manger cette racine qui cause la mort. Gaultier note que « cette plante passe pour une ciguë en Canada ». Les effets très nocifs de la racine provoquent la mort en sept ou huit heures avec « des convulsions terribles ». Gaultier conclut en spécifiant que Michel Sarrazin a observé les mêmes effets. La cicutaire est aussi considérée comme une mauvaise herbe au point de vue agronomique.

Source : Clark, George H. et James Fletcher, *Les mauvaises herbes du Canada*, Ottawa, Ministère de l'Agriculture, Branche du Commissaire des semences, 1906, planches par Norman Criddle, planche 20. Collection Alain Asselin.

Planche 20

CIGUË, CAROTTE À MOREAU CICUTAIRE
(Cicuta maculata, L.)

De façon générale, les nouveaux milieux ouverts et perturbés de l'Amérique sont beaucoup plus propices à l'envahissement par les végétaux introduits, volontairement ou non, que les sites européens plus stables.

Un patrimoine culturel et scientifique

Les histoires nous livrent à l'occasion des informations intéressantes ou inédites sur le vocabulaire associé aux végétaux. Il y aurait peut-être lieu d'utiliser plus fréquemment des termes de notre vocabulaire botanique d'antan comme *pinière*, *épinettière*, *merisière*, *ormière*, *frênière* et d'autres mots similaires du lexique populaire d'époque, comme celui rapporté par Pierre-Philippe Potier. Nous pourrions honorer plus fidèlement la mémoire de Michel Sarrazin en rappelant que la plante *Sarracenia*, qui aurait dû d'ailleurs continuer d'être identifiée *Sarracena* selon son appellation d'origine, était nommée *sarrazine* en Nouvelle-France. Nous pourrions aussi faire des efforts pour privilégier le vocabulaire botanique respectant l'origine amérindienne des mots comme *maïs* et *patate*, plutôt que *blé d'Inde* et *pomme de terre*, qui réfèrent à des termes peu pertinents et imprécis quant à leur signification. Les noms de plantes dérivés des langues amérindiennes comme *savoyane*, *chicouté*, *pimbina*, *maska* (maskouabina) et *atoca* doivent être maintenus et même privilégiés. Les histoires d'usages de plantes du Canada renferment des trésors de vocabulaire à exploiter.

Il n'est jamais trop tard pour enrichir, au moins à l'occasion, notre vocabulaire botanique. N'y a-t-il pas autant de saveur du terroir à déguster les poirettes plutôt que les amélanches, les atocas des atocatières plutôt que les canneberges des cannebergières, le maïs fleuri plutôt que le maïs soufflé, les jeunes fruits confits du gobe-mouches, du cotonnier des prairies, de la cotonnière ou de l'herbe à la ouate plutôt que ceux de l'asclépiade? Si jamais les mots *atoca* et *canneberge* ne nous conviennent pas, savourons alors le fruit du coussinet!

En admirant la flore laurentienne, n'y a-t-il pas plus d'intérêt à se souvenir dans notre vocabulaire que plusieurs espèces ont été touchées, senties, goûtées et utilisées de multiples façons par diverses nations autochtones et des Européens durant la longue histoire de l'Amérique française? C'est pourquoi la sanguinaire est aussi la beauharnoise: le podophylle pelté, le citronnier: la clintonie boréale, le pas de cheval: le cornouiller du Canada ou le quatre-temps, le matagon: le cornouiller stolonifère, le bois rouge: le sapin baumier, le sapin peigné: l'érable rouge, l'érable à fleurs rouges: l'érable de Pennsylvanie, le faux sycomore: l'érable à sucre, l'érable blanc: la cicutaire maculée, l'angélique sauvage du Canada (sans oublier la carotte à Moreau): le frêne de Pennsylvanie, le frêne métis: le frêne noir, le frêne bâtard: le frêne d'Amérique, le franc frêne: le myrique baumier, le poivrier: la viorne à feuilles d'Aulne, le bois de caribou: la sarracénie pourpre, l'herbe en aiguière en plus d'être fièrement la sarrazine.

Le cumul des connaissances des plantes canadiennes et de leurs usages contient des informations méritant des analyses scientifiques plus poussées. Y aurait-il des trésors cachés permettant de nouvelles applications ornementales, pharmaceutiques ou autres? Il ne faut jamais perdre de vue que le jardin des molécules des plantes est tellement vaste que nous n'en apprécions que la bordure. On s'étonne toujours que certaines découvertes médicinales modernes soient profondément ancrées dans des observations dites anciennes, comme ce fut le cas pour la découverte de l'acide acétylsalicylique (l'aspirine) inspirée par l'efficacité analgésique d'extraits de saule.

Des histoires à compléter

Ces histoires de plantes du Canada et de leurs usages sont loin d'épuiser le sujet. Il y a encore beaucoup à apprendre. Il faut louanger les efforts de décodage des premiers interprètes de notre patrimoine botanique. Nous devons beaucoup au frère Marie-Victorin, à Jacques Rousseau, à Bernard Boivin et à leurs collaborateurs et prédécesseurs. En 1935 avec sa *Flore laurentienne*, Marie-Victorin s'efforce de mieux faire connaître «le vaste théâtre de la biosphère où, dans le décor de la plaine et de la montagne, du lac et de la forêt, naissent et meurent, vivent et luttent, s'opposent ou s'allient, *la multitude ordonnée des plantes*». Il reste beaucoup à apprendre de cette multitude ordonnée.

UN LEGS DE VIE

CES HISTOIRES DE LA DÉCOUVERTE et des usages des plantes à l'époque de l'Amérique française s'inscrivent dans un large contexte d'évolution de l'humanité.

Elles ont pour point de départ des savoirs amérindiens diversifiés et partagés, reposant sur des expériences multiséculaires de la nature. Elles constituent un fond de connaissances expérimentales transmises oralement de génération en génération. Ces végétaux font partie du quotidien pour répondre aux besoins primaires : se nourrir, s'abriter, se soigner et se vêtir. Elles servent à orner le corps et les vêtements lors des grands moments de la vie. Elles colorent les colliers qui sont utilisés pour sceller les alliances entre les nations. Elles font partie de systèmes symboliques de croyances et de ritualisation de la vie.

Au moment des premiers contacts avec les nations européennes, les éléments constitutifs de la nature en viennent à jouer un rôle clé. Après un temps d'observations réciproques, des échanges de tous ordres se produisent. Des décoctions de végétaux guérissent promptement et complètement les équipages de navires venus d'outre-mer. Inversement, des virus étrangers finissent par décimer effroyablement les populations autochtones. Mais au-delà des drames et des joies, des échecs et des succès, l'échange de connaissances s'intensifie et s'approfondit, malgré des réticences de part et d'autre. Préservation des secrets et ouverture à l'autre évoluent en parallèle et finissent par s'entrecroiser et se mélanger dans l'espoir de construction d'une meilleure humanité.

Aujourd'hui, les résultats de ces échanges se déclinent en un large éventail de perspectives et d'appellations. Les végétaux se démarquent par le fait qu'ils touchent tous les sens : la vue, le goût, le toucher, l'odorat et même l'ouïe par le vent dans les feuillages. Ils ont de multiples usages. Il suffit de penser aux arômes, aux teintures, aux valeurs ornementales, à la pharmacopée moderne et aux tentatives de production de vaccins s'exprimant dans des plantes. Que l'on évoque les legs du passé ou les projets de société écologique basés sur les patrimoines naturels, les mouvements environnementalistes, le développement durable ou les avances de la science, les valeurs culturelles de ces héritages sont à faire fructifier. Par la modernisation des traditions et des savoirs, ce bagage culturel s'offre comme un don de vie.

Et cette histoire n'a pas de fin. Elle s'enrichit au jour le jour au rythme des résultats de la recherche scientifique de pointe. Certes, cette démarche n'est pas exempte d'errements ou de récupérations douteuses. Il est toutefois heureusement reconnu par plusieurs que les usages traditionnels ont encore une valeur inégalée. À ce titre, pourquoi ne pas commencer par retrouver et revaloriser les appellations anciennes, françaises ou dérivées des appellations amérindiennes ? Ce serait un pas dans une direction dont la valeur transcende les siècles et les civilisations.

UN HÉRITAGE EN DEVENIR

PARCE QUE LES CONNAISSANCES relatives
à la nature s'accumulent jour après jour,
enrichissent nos perceptions, affinent
nos sensibilités, influencent nos valeurs,
façonnent notre identité et notre avenir!

APPENDICES

LES 10 PLANTES DES AMÉRIQUES ILLUSTRÉES DANS LE TRAITÉ DE DENIS DODART DE 1676

1. Apocynum d'Amérique à feuilles d'Androsème (planche n° 3). C'est l'apocyn à feuilles d'androsème (*Apocynum androsaemifolium*). Cet apocynum a été apporté de l'Acadie, probablement par Jean Richer en 1670. Cette espèce est l'*Apocynum Canadense foliis Androsaemi majoris* décrite par Paolo Boccone en 1674.

2. Clematis d'Amérique à quatre feuilles, portant des gousses (planche n° 9). Il s'agit de la bignone à vrilles (*Bignonia capreolata*).

3. Digitale d'Amérique, pourprée, à feuille dentelée (planche n° 13). Cette digitale correspond à la physostégie de Virginie (*Physostegia virginiana*).

4. Serpentaire du Brésil à trois feuilles (planche n° 14). C'est l'arisème petit-prêcheur ou oignon sauvage, (*Arisaema triphyllum* subsp. *triphyllum*). Dodart indique que «Gaspard Bauhin dit qu'elle fut apportée du Brésil en 1614. On nous en a apporté depuis peu du Canada». En fait, Dodart rapporte une information du traité de Bauhin publié en 1620. Dans cette publication, Bauhin ne peut pas décrire entièrement cette espèce et l'illustrer, car, selon Dodart, il n'a «qu'un morceau de la plante sèche». En mentionnant le *Serpentaria triphylla Brassiliana*, Bauhin indique que cette plante a été recueillie en 1614 à Toupinambault au Brésil (*ex Tououpinambault Braffiliae anno 1614 allata*). Cette plante est aussi l'*Arisaema triphyllum* de la liste des 27 plantes de Joachim Burser. Consulter l'histoire du premier volume au sujet de l'herbier de Burser. Encore en 1676, on croit que la plante provient initialement du Brésil. Ce n'est pas le cas, car cette plante est de l'Amérique du Nord.

5. Héliotrope d'Amérique, à fleur bleue, et à feuilles d'ormin (planche n° 15). Il s'agit peut-être de l'héliotrope à petites fleurs (*Heliotropium parviflorum*).

6. Raiponce d'Amérique à fleur bleu-pasle (planche n° 26). C'est la lobélie bleue (*Lobelia siphilitica*) avec des fleurs de couleur bleu pâle. Le texte indique une différence avec la «cardinale» qui correspond à la lobélie cardinale (*Lobelia cardinalis*) aux fleurs écarlates.

7. Cortuse d'Inde, à fleur frangée (planche n° 27). C'est la mitrelle à deux feuilles (*Mitella diphylla*). La racine est «rougeâtre, chevelue, d'un goût astringent». Elle «vient de l'Amérique», bien que son nom suggère qu'elle provient d'Inde, c'est-à-dire des Indes occidentales.

8. Seau de Salomon, à fleur double (planche n° 31). C'est peut-être le sceau-de-Salomon pubescent (*Polygonatum pubescens*).

9. Petit trachelium d'Amérique, à fleur bleüe fort ouverte (planche n° 33). Selon Gairdner, il s'agit probablement de la campanule à feuilles de pêcher (*Campanula persicifolia*). Cette dernière espèce est plutôt variable dans sa morphologie. Selon le traité de Dodart, la plante «a été apportée de l'Amérique».

10. Verge dorée de Mexique, à feuilles de Limonium (planche n° 37). C'est la verge d'or toujours verte (*Solidago sempervirens*) de l'Amérique du Nord. Comme pour le Brésil à l'occasion, le Mexique est aussi parfois faussement identifié comme le pays d'origine de certaines espèces nord-américaines.

LES 51 ESPÈCES CANADIENNES RECENSÉES À PARIS ET EN HOLLANDE DANS LA PUBLICATION DE WILLIAM SHERARD EN 1689

Seulement le premier nom latin et le nom référant au Canada sont rapportés. Les 48 premières espèces ont été recensées à Paris, alors que les 3 dernières ont été observées en Hollande.

1. *Adiantum fructicosum Brasilianum.* Capillaire de Canada. L'adiante du Canada mentionné par Cornuti en 1635.

2. *Asarum Americanum majus. Asarum Canadense.* L'asaret du Canada mentionné par Cornuti en 1635.

3. *Ranunculi faciae planta peregrina. Anapodophyllon Canadense Morini.* Le podophylle pelté ou pomme de mai, aussi nommé citronnier, a été expédié en 1698 à Paris par Michel Sarrazin. Selon Tournefort, cette espèce est présente à Paris dès 1665.

4. *Lysimachia angustifolia Canadensis corniculata*

5. *Origanum fistulosum Canadense.* La monarde fistuleuse est illustrée dès 1635 par Cornuti.

6. *Clinopodium fistulosum Canadense* [Ces deux espèces sont présentées séparément, même si elles sont identiques. Voir l'espèce précédente.]

7. *Marrubium palustre Canadense tenuius glabrum*

8. *Urtica maxima racemosa Canadensis*

9. *Apocynum minus rectum Canadense.* L'asclépiade incarnate est décrite en 1635 par Cornuti.

10. *Apocynum Indicum, foliis Androsaemi majoris, floribus Lilii convallii suave rubentis. Apocynum Canadense foliis Androsaemi majoris.* L'apocyn à feuilles d'Androsème, signalé en 1674 par Boccone et par Dodart en 1676.

11. *Solanifolia Canadensis latifolia flore albo*

12. *Phaseolus Canadensis purpureus minor radice vivaci*

13. *Phaseolus Canadensis minimus siliquam terra condens*

14. *Aquilegia pumula praecox Canadensis* (erreur typographique, *pumila* au lieu de *pumula*)

15. *Thalictrum Canadense*

16. *Thalictrum Canadense minus*

17. *Pimpinella Canadensis spica longa rubente*

18. *Pimpinella maxima Canadensis*

19. *Angelica lucida Canadensis*

20. *Angelica Canadensis tenuifolia caulibus purpurascentibus*

21. *Panaces Carpimon sive racemosa Canadensis*

22. *Millefolium Canadense elatius flore albo*

23. *Doronicum Americanum laciniato folio. Aconitum Helianthemum Canadense*

24. *Chrysanthemum Canadense latifolium humilius*

25. *Chrysanthemum Canadense latifolium elatius*

26. *Chrysanthemum Indicum radice tuberosa.* Canadas [nom en français]

27. *Chrysanthemum Canadense bidens, alato caule*

28. *Chrysanthemum Canadense, Rapunculi radice, strumosum vulgo*

29. *Chrysanthemum Canadense, elatius virgae aureae vel Scrophulariae foliis*

30. *Conyza Canadensis annua acris alba Linariae folio*

31. *Virga aurea latissimo folio Canadensis glabro*

32. *Virga aurea angustifolia panicula speciosa Canadensis*

33. *Virga aurea Canadensis hirsuta panicula minus speciosa*

34. *Virga aurea Canadensis hirsuta longiore folio*

35. *Virga aurea Canadensis latifolia humilior*

36. *Aster luteus alatus. Chrysanthemum Canadense minus caule alato*

37. *Aster tenuifolius ramosus Canadensis flore minori violaceo*

38. *Aster procerior Canadensis alter Bellidis flore minori*

39. *Lappa Canadensis minori congener sed procerior*

40. *Eupatorium Canadense flore luteo*

41. *Eupatorium Canadense latifolium Enulae folio caule virescente*

42. *Verbena Urticaefolia Canadensis*

43. *Verbena Urticaefolia Canadensis foliis incisis flore majore*

44. *Astragalus Canadensis flore virid. Flavescente*

45. *Hedysarum triphyllum Canadense*

46. *Lilium sive Martagon Canadense*

47. *Siliqua sylvestris rotundifolia Canadensis*

48. *Berberis latissimo folio Canadensis*

49. *Eupatorium Novae Angliae Urticae foliis floribus purpurascentibus maculato caule. An Valeriana Urticae folio Canadensis flore violaceo? [Le point d'interrogation est de l'auteur.]*

50. *Laburnum odoratum Canadense foliis Colutae*

51. *Virga aurea Noveboracensis floribus albis folio Bellidis ramosae Canadensis*

LES PLANTES DITES CANADIENNES ET ACADIENNES DANS L'OUVRAGE DE TOURNEFORT (1694) AVEC UNE RÉFÉRENCE À UNE MENTION PRÉCÉDENTE

Les noms français sont des traductions. Dans plusieurs cas, Tournefort cite une référence spécifiant la description initiale ou des synonymes de l'espèce. L'année de publication de la plus vieille référence utilisée par Tournefort est indiquée entre parenthèses. Les 9 espèces avec la mention *(1635)* ont été identifiées précédemment dans la flore de Cornuti. La mention *(1665)* pour 13 espèces réfère à la liste des espèces du Jardin du roi et *(1676)* pour 3 espèces réfère au livre de l'Académie des Sciences.

Apocynum minus rectum Canadense (1635). Pour Tournefort, « l'apocin est un genre de plante dont les fleurs sont en cloche […] [et] ses espèces rendent du lait ». Il ajoute « *apocynum* vient du grec […] comme qui dirait *plante de chien :* parce que les Anciens ont cru qu'il y avait une espèce d'apocin qui faisait mourir les chiens ». C'est l'asclépiade incarnate (*Asclepias incarnata*) décrite par Cornuti.

Pimpinella maxima Canadensis (1635). La grande pimprenelle du Canada. Ce sont les « pimprenelles ». C'est la sanguisorbe du Canada (*Sanguisorba canadensis*).

Pimpinella Canadensis spica longa rubente (1665). La pimprenelle du Canada à longs épis rougeâtres. Cette espèce est peut-être la sanguisorbe officinale (*Sanguisorba officinalis*) présente dans quelques régions de l'Ouest canadien.

Lycopus Canadensis glaber foliis incisis (1691). Le lycope du Canada glabre à feuilles incisées. Possiblement le lycope d'Amérique (*Lycopus americanus*) parce que cette espèce a les feuilles nettement lobées.

Verbena Urticaefolia Canadensis (1665). La verveine du Canada à feuilles d'ortie. Possiblement la verveine à feuilles d'ortie (*Verbena urticifolia*). Voir l'espèce suivante.

Verbena Urticaefolia Canadensis foliis incisis, flore majore (1665). « La verveine est un genre de plante en gueule. » La verveine du Canada à feuilles d'ortie incisées à grande fleur. Peut-être la verveine hastée (*Verbena hastata*).

Anapodophyllum Canadense Morini (1665). « Monsieur Morin le fleuriste est l'auteur de ce nom. » Tournefort ne connaît qu'une seule espèce. C'est « une plante dont les feuilles ressemblent au pied d'une oie ». Le nom du genre signifie en effet « la feuille (*phyllum*) comme le pied (*podo*) d'une oie sauvage ou d'un canard (*anas*) ». C'est le podophylle pelté, aussi connu comme la pomme de mai (*Podophyllum peltatum*) qui, dans la flore de Sarrazin et Vaillant de 1708, est nommé « citronnier ». Sarrazin a expédié cette espèce dès 1698 à Paris.

Thalictrum Canadense (1635). C'est le pigamon pubescent (*Thalictrum pubescens*). Il pourrait peut-être aussi s'agir du pigamon de la frontière (*Thalictrum confine*).

Panaces Karpimon, sive Racemosa Canadensis (1635). Pour Tournefort, il s'agit du genre *Aralia*. Il s'agit de l'aralie à grappes (*Aralia racemosa*).

Onagra angustifolia corniculata Canadensis (1665). Onagre du Canada à feuilles étroites munies de cornes. Une espèce d'onagre (*Oenothera sp.*).

Angelica Acadiensis flore luteo (1676). C'est l'angélique. Tournefort réfère au zizia doré (*Zizia aurea*).

Imperatoria lucida Canadensis, Angelica lucida Canadensis (1635). « On l'appelle impératoire, à cause des grandes vertus que l'on attribue à l'impératoire ordinaire, comme qui dirait une plante digne d'un empereur. » Impératoire du Canada brillante ou angélique du Canada brillante. Probablement l'angélique brillante (*Angelica lucida*).

Hedysarum triphyllum Canadense (1635). « L'hedysarum est un genre de plante à fleur légumineuse. » C'est la desmodie du Canada (*Desmodium canadense*).

Astragalus Canadensis flore viri flavescente (1676). « L'astragale est un genre de plante à fleur légumineuse. » Il s'agit de l'astragale du Canada (*Astragalus canadensis*) et peut-être de l'astragale négligé (*Astragalus neglectus*) présent en Ontario.

Calceolus Marianus Canadensis (1635). C'est le « sabot ». Le sabot de Marie du Canada. Tournefort signifie évidemment que c'est le sabot de Marie, la Vierge. C'est le cypripède royal (*Cypripedium reginae*). Sarrazin a expédié une espèce de cypripède à Paris en 1704.

Xanthium Canadense majus, fructu aculeis aduncis (1665). Le nom du genre vient d'un mot grec signifiant « blond ou jaune ». « Cette herbe est propre, à ce qu'on dit, à teindre les cheveux en blond. » Grande lampourde du Canada à fruit avec des aiguillons recourbés. Correspond probablement à la lampourde glouteron (*Xanthium strumarium*).

Bidens Canadensis latifolia flore luteo (1665). Le bident du Canada à feuilles larges et à fleur jaune. Espèce difficile à identifier. Peut-être le bident penché (*Bidens cernua*) ?

Virga aurea Canadensis humilior (1665). C'est le genre « verge dorée ». La verge dorée du Canada peu élevée. Peut-être une espèce de verge d'or (*Solidago* sp.) quoique certaines verges dorées peuvent être associées à d'autres genres d'astéracées. Cette remarque vaut pour les autres descriptions de verges dorées qui suivent. Le même nom se retrouve dans la flore de 1708 de Sarrazin et Vaillant et Bernard Boivin l'identifie à une espèce d'aster (*Aster* sp.).

Virga aurea Canadensis hirsuta, panicula minus speciosa (1665). La verge dorée du Canada hirsute à panicules (grappes ramifiées) moins splendides. Espèce difficile à identifier.

Aster annuus Canadensis flore papposo (1665). Il s'agit du genre « Aster ». Malgré cette remarque de Tournefort, cette espèce sera associée au genre *Erigeron*. La présente espèce est la fameuse vergerette du Canada (*Erigeron canadensis*) qui devient une mauvaise herbe envahissante en Europe.

Chrysanthemum Canadense latifolium altissimum (1655). Le mot *chrysanthemum* est « comme dirait, fleur dorée ». Tournefort sait que ce mot est composé de deux racines grecques, *krusos* (or) et *anthos* (fleur). En français, le nom de cette espèce est la fleur dorée ou le soleil du Canada à larges feuilles, à tige très élevée. Peut correspondre à diverses espèces.

Chrysanthemum Canadense bidens alato caule (1655). Cette fleur dorée ou soleil du Canada à tige ailée est possiblement une espèce de bident (*Bidens* sp.).

Chrysanthemum Canadense Rapunculi radice, strumosum vulgo (1687). Possiblement l'hélianthe scrofuleux (*Helianthus strumosus*) ou l'hélianthe à dix rayons (*Helianthus decapetalus*), selon Marjorie Warner. Sarrazin expédie un échantillon de cette dernière espèce à Paris en 1700. Pourrait correspondre à d'autres espèces d'hélianthe.

Urtica racemosa Canadensis (1676). *Urtica* est l'ortie et « vient du mot latin *urere*, brûler : car la plupart des orties brûlent pour ainsi dire la peau ». L'ortie du Canada à grappes. C'est le laportéa du Canada (*Laportea canadensis*).

Edera trifolia Canadensis (1635). Pour Tournefort, c'est le *Toxicodendron triphyllon glabrum*. Le mot *toxicodendron* signifie « comme qui dirait arbre qui empoisonne ». Il s'agit de l'herbe à puce (*Toxicodendron radicans*).

Hederae trifolia Canadensis affinis planta (1665). Une plante ressemblant à l'espèce précédente. Pour Tournefort, c'est le *Toxicodendron triphyllon folio sinuato pubescente*. « Apparemment Mr Joncquet qui l'appelle *Arbor venenata*, avait appris que la dernière espèce dont on vient de parler, et qui a été apportée de Canada était un poison. » Voir les remarques précédentes sur l'herbe à puce (*Toxicodendron radicans*).

Edera quinquefolia Canadensis (1635). Pour Tournefort, c'est le *Vitis quinquefolia Canadensis scandens*. La vigne grimpante du Canada à cinq feuilles. C'est la vigne vierge à cinq folioles (*Parthenocissus quinquefolia*). Il y a aussi la possibilité qu'il s'agisse de la vigne vierge commune (*Parthenocissus inserta*).

Berberis latissimo folio Canadensis (1665). L'épine-vinette du Canada à feuille très large. C'est le genre « épine-vinette ». L'épine-vinette du Canada (*Berberis canadensis*) ne se trouve pas au Canada. On la recense de la Pennsylvanie jusqu'à la Georgie au sud et au Missouri vers le centre des États-Unis.

Spiraea Hyperici folio non crenato ou *Pruno sylvestri affinis Canadensis* (1623). Tournefort préfère le premier nom. La spirée à feuille de millepertuis sans petites dents. Linné a identifié cette espèce de spirée à la spirée à feuille de millepertuis (*Spiraea hypericifolia*).

Siliquastrum Canadense (1665). Le gainier du Canada. C'est le « gainier dont la fleur [...] est légumineuse, mais d'une structure assez particulière ». Il s'agit du gainier du Canada (*Cercis canadensis*) qui est considéré disparu en Ontario. Il est cependant présent sur la côte est américaine à partir du Massachusetts jusqu'à la Floride.

LES 27 PLANTES DITES CANADIENNES ET L'ESPÈCE ACADIENNE AU JARDIN ROYAL DE MONTPELLIER EN 1697

1. *Angelica lucida Canadensis.* Cornut.

2. *Aquilegia pumila praecox Canadensis.* Cornut.

3. *Asarum Canadense.* Cornut.

4. *Aster procerior Canadense alter Bellidis flore minori. Schola Botanica Paris.*

5. *Astragalus Canadensis flore viridi flavescente. Hortus Regius Paris.*

6. *Bryoniae similis. Sicyoides Canadense fructu echinato.* Elemens de botanique.

7. *Christophoriana affinis Canadensis racemosa et ramosa. Panaces carpimon sive racemosa Canadensis.* Cornut.

8. *Eupatorium Canadense Enulae folio.* Cornut.

9. *Helenium Canadense elatius alato caule. Hortus Regius Paris.*

10. *Helenium Canadense altissimum Vosacan dictum. Hortus Regius Paris.*

11. *Helenium Canadense latifolium repens. Hortus Regius Paris.*

12. *Lactuca Canadensis altissima latifolia flore leucophaeo.* Elemens de botanique.

13. *Leonurus Canadensis Origani folio.* Tournefort. *Origanum fistulosum Canadense.* Cornut.

14. *Ligusticum. Quod Angelica Acadiensis flore luteo. Hortus Regius Paris.*

15. *Onobrychis major perennis Canadensis triphylla siliculis articulatis, asperis, triangularibus.* Morisson. *Hedysarum triphyllum Canadense.* Cornut.

16. *Pimpinella Canadensis spica longa rubente. Hortus Regius Paris.*

17. *Pimpinella maxima Canadensis spicata alba.* Cornut.

18. *Thalictrum Canadense.* Cornut. *Aquilegiae folio.*

19. *Toxicodendron triphyllum glabrum.* Elemens de botanique. *Hedera trifolia Canadensis.* Cornut. *Polypetalon est, inter venena reponitur.*

20. *Verbena Urticae folio Canadensis. Hortus Regius Paris.*

21. *Virga aurea angustifolia panicula speciosa Canadensis. Hortus Regius Paris.*

22. *Virga aurea hirsuta Canadensis panicula minus speciosa. Hortus Regius Paris.*

23. *Virga aurea Canadensis latissimo folio glabro.* Elemens de botanique.

24. *Virga aurea Virginiana annua. Zanon. Aster annuus Canadensis flore papposo. Hortus Regius Paris.*

25. *Vitis quinquefolia scandens.* Elemens de botanique. *Hedera quinquefolia Canadensis.* Cornut.

26. *Urtica racemosa Canadensis. Hortus Regius Paris.*

27. *Urtica Canadensis Myrrhidis folio.* Elemens de botanique.

28. *Xanthium Canadense majus fructu aculeis aduncis munito.* Elemens de botanique. *Lappa Canadensis minori congener sed procerior. Hortus Regius Paris.*

LES PLANTES DITES CANADIENNES DANS LES ÉDITIONS LATINES DE 1700 ET DE 1719 DU LIVRE DE TOURNEFORT

Dans l'édition de 1700, Tournefort cite une référence spécifiant la description initiale ou les synonymes de cette espèce. L'année de publication de la plus ancienne référence est indiquée entre parenthèses. La mention *(1700)* indique que Tournefort ne cite aucune référence. Les informations complémentaires sur les genres proviennent du texte de Tournefort de 1694. Le nom français est une traduction.

Apocynum erectum, Canadense, latifolium (1698). Apocyn du Canada érigé à feuille large. Pour Bernard Boivin, c'est l'asclépiade commune (*Asclepias syriaca*) présente dans la flore de 1708 de Sarrazin et Vaillant et dans celle de Cornuti en 1635.

Apocynum erectum, Canadense, humilius, angustissimo folio (1687). Possiblement l'asclépiade incarnate (*Asclepias incarnata*) décrite par Cornuti en 1635.

Malva Canadensis, Mori folio, semine cum gemino rostro (1691). Mauve du Canada à feuille de mûrier, à graine avec un éperon double. Peut-être une espèce de sida (*Sida* sp.), sans exclure d'autres possibilités d'identification.

Bryonia Canadensis, folio angulato, fructu nigro (1691). Il s'agit du genre « la coleuvrée ». Le mot latin *bryonia* « signifie pousser abondamment, comme qui dirait une plante qui pousse quantité de tiges qui se jettent de tous côtés ». Coleuvrée du Canada à feuille anguleuse, à fruit noir. Dans un autre texte, Tournefort souligne la forme particulière des feuilles de cette espèce, qui sont « pointues par les deux bouts et larges vers le milieu ». Il est difficile de faire correspondre cette description à une plante canadienne.

Cucumis Canadensis, monospermos, fructu echinato (1698). Il s'agit du genre « concombre ». Concombre du Canada à semence unique, à fruit épineux. Probablement la première mention du concombre grimpant (*Echinocystis lobata*). Cette espèce est présente dès 1700 en Allemagne.

Lysimachia lutea, major, pentaphyllos, Canadensis flore pleno (1665). « Ce genre porte le nom de Lysimachus, qui selon Pline fut le premier qui mit une espèce de ce genre en usage. » C'est la « corneille ». Grande lysimaque jaune du Canada à cinq feuilles et à fleurs doubles. Peut-être la lysimaque à quatre feuilles (*Lysimachia quadrifolia*) qui, malgré son nom, a des feuilles généralement verticillées par 4-5. À l'époque, les *Lysimachia* peuvent aussi correspondre à des onagres (*Oenothera* sp.).

Dracunculus Canadensis, triphyllus, pumilus (1691). Il s'agit du genre la « serpentaire ». Serpentaire naine du Canada à trois feuilles. Probablement une espèce d'arisème (*Arisaema* sp.).

Leonurus Canadensis, Origani folio ou *Origanum fistulosum, Canadense* (1635). « Nous devons ce nom (*Leonurus*) à Mr Breyn. » Ce mot signifie « queue de lion ». Origan du Canada à feuilles creuses. C'est la monarde fistuleuse (*Monarda fistulosa*) décrite par Cornuti en 1635.

Sideritis Canadensis, altissima, Scrofulariae folio, flore flavescente (1699). « La crapaudine est un genre de plante à fleur en gueule. » Le nom du genre signifie « du fer ». En effet, « on croit que ces plantes ont la vertu de guérir les blessures faites par le fer ». Grande crapaudine du Canada à feuille de scrofulaire, à fleur tendant vers le jaune. C'est possiblement la première mention de l'agastache faux-népéta (*Agastache nepetoides*). Cette espèce est présente au Canada seulement au Québec et en Ontario. Le long de la côte est américaine, on la trouve du Massachusetts à la Georgie. Sarrazin a expédié cette espèce dès 1698 à Paris.

Sideritis Canadensis, altissima, Scrofulariae folio, flore purpurascente (1698). Grande crapaudine du Canada à feuille de scrofulaire, à fleur tendant vers le pourpre. Peut-être une variation de coloration des fleurs de l'espèce précédente.

Origanum Canadense, flore albo, umbellato (1700). « L'origan est un genre de plante à fleur en gueule. » Le mot signifie « se plaire à la montagne ». « On prétend que cette herbe se plait dans les montagnes. » Origan du Canada à fleurs blanches en ombelles. Les fleurs en gueule réfèrent à la forme des fleurs de la famille des labiées. Espèce difficile à identifier. Peut-être une espèce de pycnanthème (*Pycnanthemum* sp.) ou de *Dracocephalum* ?

Origanum Canadense, capitulis tenuioribus (1700). Origan du Canada à capitules plus grêles. Peut-être la même espèce que l'espèce précédente.

Quinquefolium Canadense, humilius (1680). « La plupart des espèces de ce genre ont cinq feuilles sur la même queue. » C'est la « quintefeuille ». Quinte-feuille du Canada peu grande. C'est une espèce de potentille, possiblement la potentille simple ou du Canada (*Potentilla simplex* ou *Potentilla canadensis*).

Angelica Canadensis, foliis quasi praemorsis et in tenue Capillamentum abeuntibus, folioso donatum (1700). Angélique du Canada, à feuilles qui meurent prématurément. Pour Bernard Boivin, cette espèce de la flore de 1708 de Sarrazin et Vaillant est d'une identification incertaine. Peut-être le coniosélinum de Genesee (*Conioselinum chinense*) ou la forme submergée de la berle douce (*Sium suave*).

Myrrhis trifolia, Canadensis, Angelicae facie (1700). « On croit que *Myrrhis* vient de *Myrrha*, à cause que l'espèce à quoi on a d'abord donné ce nom sentait la myrrhe. » C'est aussi le « *myrrhis* » en français. Myrrhe du Canada à trois feuilles, avec la forme de l'angélique. Pour Bernard Boivin, cette espèce de la flore de 1708 de Sarrazin et Vaillant est la cryptoténie du Canada (*Cryptotaenia canadensis*).

Lilium canadense, imperfectis floribus et irregularibus, multis, albis (1680). Il s'agit du « lis ». Lis du Canada à fleurs imparfaites nombreuses, blanches et irrégulières. Espèce difficile à identifier.

Martagon sive Lilium de Canada (1612-1618). Une autre espèce de lis. Martagon ou lis du Canada. Il s'agit du lis du Canada (*Lilium canadense*) illustré dès 1614 dans un florilège allemand.

Aquilegia Canadensis, praecox, procerior (1665). « *Aquilegia* vient à ce que l'on dit du mot latin *aquila*, aigle. On a donné le nom d'*aquilegia* à l'ancolie, à cause que les cornets de sa fleur sont crochus comme les serres et le bec de l'aigle. » Ancolie très grande et précoce du Canada. Possiblement l'ancolie du Canada (*Aquilegia canadensis*), comme pour l'espèce suivante décrite par Cornuti en 1635.

Aquilegia pumila, praecox, Canadensis (1635). Ancolie naine et précoce du Canada. Il s'agit de l'ancolie du Canada (*Aquilegia canadensis).*

Ambrosia Canadensis, altissima, hirsuta, Platani folio (1680). Son nom latin est « comme qui dirait viande des dieux : car on s'était imaginé autrefois que les dieux se nourrissaient d'ambroisie ». Grande ambroisie hirsute du Canada à feuille de platane. Cette espèce fait partie de la flore de 1708 de Sarrazin et Vaillant. Il s'agit de la grande herbe à poux (*Ambrosia trifida*). Marie-Victorin rapporte que cette espèce « est cultivée par quelques tribus indiennes comme nourriture ou comme plante tinctoriale. On obtient une couleur rouge en écrasant les capitules. L'espèce était cultivée par les précolombiens, et les graines trouvées dans les sites préhistoriques sont quatre ou cinq fois plus grosses que celles de la plante sauvage d'aujourd'hui, ce qui semble indiquer culture par sélection ». Cette espèce et sa consœur, la petite herbe à poux (*Ambrosia artemisiifolia*) sont responsables d'un grand nombre de cas de « fièvre des foins » durant la floraison estivale. Ce sont des protéines des grains de pollen qui induisent une réaction immunitaire d'hypersensibilité. La petite herbe à poux, aussi originaire d'Amérique, est devenue une plante envahissante en Europe. Elle semble avoir progressé à partir de l'Allemagne et de la France. Elle a atteint l'Angleterre et même l'Ukraine. Selon Sheppard et autres, cette espèce cause d'importants problèmes d'allergie en Allemagne.

Aster Canadensis, subhirsutus, Salicis folio, serotinus, flore coeruleo (1700). Aster du Canada, légèrement hirsute, à feuille de saule, tardif, à fleur bleue. Le mot latin *caerula* signifie «la mer au point de vue poétique». Peut-être *Symphyotrichum puniceum*?

Aster ramosus annuus, Canadensis ou Bellis ramosa, umbellifera (1635). Aster ramifié annuel du Canada. C'est la vergerette annuelle (*Erigeron annuus*) décrite par Cornuti ou la vergerette rude (*Erigeron strigosus*).

Rhus Canadense, folio longiori, utrusque glabro (1700). Le nom français du genre est «sumac». Sumac du Canada, à feuille plus longue, glabre des deux côtés. Possiblement le sumac glabre (*Rhus glabra*).

Vitis Canadensis, Aceris folio (1700). C'est le genre de la «vigne». Vigne du Canada, à feuille d'érable. Peut-être la vigne des rivages (*Vitis riparia*).

Mespilus Canadensis Sorbi torminalis facie (1691). Le nom français du genre est «neflier». Néflier du Canada avec la forme ressemblant au sorbier. Certaines de ces espèces ont porté le nom générique de *Pyrus*. Le *Pyrus arbutifolia* fait partie de la flore de 1708 de Sarrazin et Vaillant. Il s'agit de l'aronie à feuilles d'arbousier (*Aronia arbutifola*) ou de l'aronie à fruits noirs (*Aronia melanocarpa*).

Que peut-on apprendre de quelques espèces décrites en 1700 sans référence précédente?

Deux espèces d'origan, appartenant à la famille des labiées, s'ajoutent aux plantes canadiennes entre 1694 et 1700. Il n'y en avait aucune en 1694. Le sumac glabre et la vigne des rivages semblent des premières mentions pour Tournefort. La cryptoténie du Canada a été déjà mentionnée par Cornuti.

Quelles sont les nouvelles espèces canadiennes dans l'édition de 1719?

Antoine de Jussieu ajoute un appendice qui inclut une espèce nommée en l'honneur de Michel Sarrazin, *Sarracena Canadensis, foliis carvis et auritis*. C'est la sarracénie pourpre (*Sarracenia purpurea*).

Huit nouvelles plantes dites canadiennes se retrouvent dans le texte principal.

Rapuntium Canadense, pumilum, Linariae folio. Cette espèce identifiée par Bernard Boivin comme le mimule à fleurs entrouvertes (*Mimulus ringens*) est présente dans la flore de 1708 de Sarrazin et Vaillant. Cette plante est expédiée à Paris dès 1698 par Sarrazin.

Cassida Canadensis, pumila Origani folio. Cette espèce, identifiée par Bernard Boivin comme la scutellaire minime (*Scutellaria parvula*), est présente dans la flore de 1708 de Sarrazin et Vaillant. Cette plante est expédiée à Paris dès 1698 par Sarrazin.

Chamaedrys Canadensis, Urticae folio subtus incano. Cette espèce, identifiée par Bernard Boivin comme la germandrée du Canada (*Teucrium canadense*), est présente dans la flore de 1708 de Sarrazin et Vaillant. Cette plante est expédiée à Paris dès 1698 par Sarrazin, en plus d'un envoi en 1700 et en 1705.

Anapodophyllon Canadense, Ricini folio. C'est le podophylle pelté ou pomme de mai (*Podophyllum peltatum*) qui, dans la flore de Sarrazin et Vaillant de 1708, est nommé «citronnier». Sarrazin a expédié cette espèce dès 1698 à Paris.

Fungoides Canadense, insundibuliforme, cinerei coloris. En 1702, Michel Sarrazin expédie au Jardin du roi un champignon qui porte précisément ce nom. Cette espèce est le dictyophore à dentelle (*Dictyophora duplicata*).

Larix Canadensis, longissimo folio. Cette espèce, identifiée par Bernard Boivin comme le pin blanc (*Pinus strobus*), est présente dans la flore de 1708 de Sarrazin et Vaillant.

Vitis Idaea Canadensis, Pyrolae folio. Cette espèce, identifiée par Bernard Boivin comme le thé des bois (*Gaultheria procumbens*), est présente dans la flore de 1708 de Sarrazin et Vaillant. Cette plante est expédiée à Paris dès 1700 par Sarrazin.

Vitis Idaea Canadensis, Myrti folio. Cette espèce de bleuet, identifiée par Bernard Boivin comme le bleuet à feuilles étroites (*Vaccinium angustifolium*), est présente dans la flore de 1708 de Sarrazin et Vaillant. Cette plante est expédiée à Paris dès 1700 par Sarrazin. Il s'agit évidemment d'une des espèces nommées à l'époque « bluets » ou « bluëts ».

Que peut-on déduire des informations de 1719 sur les plantes canadiennes ?

Tous les noms latins des nouvelles espèces canadiennes sont de Michel Sarrazin. L'espèce nommée en l'honneur de Sarrazin souligne sa contribution à la description des plantes du Canada. Si Tournefort est responsable du nom « *Sarracena* », sa décision date d'avant le 28 décembre 1708, jour de son décès. Si Tournefort n'est pas l'auteur, Antoine de Jussieu et Sébastien Vaillant sont les deux candidats les plus probables.

Sources

Boivin, Bernard, « La Flore du Canada en 1708. Étude d'un manuscrit de Michel Sarrazin et Sébastien Vaillant », *Études littéraires*, 1977, 10 (1/2) : 223-297. Aussi disponible sous forme de mémoire de l'Herbier Louis-Marie de l'Université Laval dans la collection *Provancheria* n° 9, Québec (1978).

Sheppard, A.W. et autres, « Top 20 environmental weeds for classical biological control in Europe : a review of opportunities, regulations and other barriers to adoption », *Weed Research*, 2006, 46 (2) : 93-117.

LES 24 ESPÈCES DITES CANADIENNES DANS LA PUBLICATION POSTHUME DE 1714 DE JACQUES BARRELIER

Dans certains cas, le premier nom français est celui du livre de Barrelier. Les espèces déjà décrites par Cornuti en 1635 sont indiquées par un astérisque.

1. *Apocynum minus, rectum, Canadense.* L'apocin de Canada. Asclépiade incarnate, *Asclepias incarnata.**

2. *Pimpinella maxima, Canadensis, longius spicata.* La pimprenelle de Canada. Sanguisorbe du Canada, *Sanguisorba canadensis.**

3. *Verbena Lamii folio.* La verveine de Canada à feuille d'ortie. Verbena à feuilles d'ortie, *Verbena urticifolia.*

4. *Lilio-Martagon, canadense, luteum, maculis purpureis.* Le lis martagon de Canada. Lis du Canada, *Lilium canadense.*

5. *Calceolus Marianus, albo sandalio et breviore, Canadensis.* Le sabot de Notre-Dame. Cypripède royal, *Cypripedium reginae.**

6. *Adiantum stellatum, Canadense, Polypodii radice.* Capillaire de Canada. Adiante du Canada, *Adiantum pedatum.**

7. *Hedera trifolia racemosa, Canadensis.* Herbe à puce, *Toxicodendron radicans.*

8. *Edera quinquifolia, Canadensis* (nom de Cornuti). La vigne-vierge. La vigne vierge à cinq folioles, *Parthenocissus quinquefolia.** Cette espèce pourrait aussi être la vigne vierge commune (*Parthenocissus inserta*).

9. *Origanum Canadense, fistuloso flore purpureo.* Monarde fistuleuse, *Monarda fistulosa.**

10. *Sinapistrum Canadense, triphyllum, siliqua crassiore.* C'est l'équivalent du *Trifolium asphaltion Canadense* de Cornuti. Polanisie à douze étamines, *Polanisia dodecandra.**

11. *Herba Paris Canadensis, bulbosa, triphylla.* C'est l'équivalent du *Solanum triphyllum Canadense* de Cornuti. Trille rouge, *Trillium erectum.**

12. *Panax carpimos, racemosa, Canadensis* (nom de Cornuti). Aralie à grappes, *Aralia racemosa.**

13. *Polygonatum racemosum, flore albo, Canadense.* Smilacine à grappes, *Maianthemum racemosum.**

14. *Polygonatum ramosum, flore luteo, majus seu latifolium et angustifolium flore pallido, Canadense.* Uvulaire perfoliée, *Uvularia perfoliata.**

15. *Hedysarum triphyllum, Canadense.* Desmodie du Canada, *Desmodium canadense.**

16. *Lysimachia galericulata, spicata, purpurea, Canadensis.* Deux synonymes rapportés sont *Dracocephalum americanum* et *Pseudodigitalis foliis dentatis, Persicaefoliis.* Le mot *dracocephalum* signifie « tête de dragon » et décrit la forme de la fleur des labiées. Cette espèce correspond à une espèce de scutellaire (*Scutellaria* sp.). Le nom de ce genre vient du latin *scutellum*, petit bouclier en référence à la forme du calice à maturité.

17. *Eruca maxima, Canadensis, lutea.* Ressemble à une crucifère.*

18. *Angelica atro-purpurea, Canadensis.* L'angélique à tige rouge. Angélique rouge-pourprée, *Angelica atropurpurea.**

19. *Angelica lucida, Canadensis.* Probablement l'angélique brillante, *Angelica lucida.*

20. *Fumaria tuberosa, insipida, Canadensis.* Dicentre, *Dicentra* sp.*

21. *Bellis ramosa, umbellifera, Canadensis.* Vergerette annuelle, *Erigeron annuus.** Peut-être aussi la vergerette rude (*Erigeron strigosus*) ?

22. *Virga aurea Canadensis, altissima, folio subtus incano* (nom de Tournefort). Verge d'or, *Solidago* sp.

23. *Virga aurea angustifolia, panicula speciosa, Canadensis.* Verge d'or, *Solidago* sp.

24. *Aster luteus, alato caule, Canadensis.* Hélénie automnale, *Helenium autumnale.**

NOMS ET INFORMATIONS CONCERNANT LES 198 ESPÈCES RÉPERTORIÉES PAR LINNÉ EN 1753 AVEC LA MENTION QU'ELLES CROISSENT AU CANADA

Un astérisque indique que le Canada est le seul pays mentionné pour 73 espèces. Deux astérisques signifient que 28 espèces sont aussi présentes en Europe ou en Asie. Le premier nom latin est celui de Linné et le nom français provient généralement de la banque de données VASCAN. Les synonymes proviennent des banques de données VASCAN sur les plantes vasculaires du Canada, de *The Plant List* (www.theplantlist.org) ou du Département d'agriculture américain (USDA). La répartition géographique aux États-Unis provient du site du Département d'agriculture américain après celle du Canada à partir de VASCAN. Quatre États américains continentaux délimitent la distribution la plus à l'est au nord et au sud et la plus à l'ouest selon la même direction. Lorsque Linné spécifie que Pehr Kalm est responsable de l'obtention de cet échantillon ou d'informations, nous indiquons *(Kalm)* à la fin des remarques pour 51 espèces. Pour 23 espèces, Linné réfère à la description de Cornuti de 1635. La liste suit l'ordre de présentation de Linné. Quelques noms de Linné ne suivent pas toutes les règles plus modernes de nomenclature. Par exemple, les noms spécifiques ont maintenant toujours des lettres minuscules. La mention de James L. Reveal réfère à sa publication de 1983, identifiée dans les références concernant l'histoire sur Linné. La mention de James Pringle réfère à sa publication de 1988 (How « Canadian » is Cornut's *Canadensium Plantarum Historia?*, *Canadian Horticultural History*, 1 (4) : 190-209). Pour les n⁰ˢ 10, 22, 31, 36, 48, 49, 63, 101, 119, 129, 130, 131, 132, 166, 178, 182 et 189, la plante est absente du Canada mais présente en Floride et au Missouri.

1. *Cinna arundinacea**, cinna roseau. Nouveau-Brunswick, Québec et Ontario. Maine, Georgie, Montana et Texas. (Kalm).

2. *Verbena hastata**, verveine hastée. Présence dans toutes les provinces, sauf à Terre-Neuve, à l'Île-du-Prince-Édouard et en Alberta, et dans tous les États américains, sauf en Alaska.

3. *Verbena urticifolia*, verveine à feuilles d'ortie. Nouveau-Brunswick, Québec, Ontario, Manitoba et Saskatchewan. Maine, Floride, Dakota du Nord, Texas.

4. *Verbena spuria*. Synonyme : *Verbena officinalis* subsp. *officinalis.* Espèce absente au Canada. Massachusetts, Floride, Washington, Californie.

5. *Monarda fistulosa**, monarde fistuleuse. Linné réfère à la description de Cornuti en 1635. Présente dans toutes les provinces canadiennes, sauf à Terre-Neuve et dans les provinces maritimes. Maine, Georgie, Washington, Arizona.

6. *Collinsonia canadensis,* collinsonie du Canada. Présentement seulement en Ontario au Canada. New Hampshire, Floride, Michigan, Louisiane.

7. *Melothria pendula*. Absence au Canada. Pennsylvanie, Floride, Kansas, Texas. Linné indique la présence de cette plante en Jamaïque, en plus du Canada et de la Virginie.

8. *Melica altissima**,* mélique élevée. Graminée originaire de Sibérie, introduite en Ontario et dans les États de New York et d'Oklahoma. Linné signale que cette espèce est présente au Canada et en Sibérie. Espèce extirpée du Québec et considérée éphémère en Ontario.

9. *Poa capillaris*. Maintenant *Eragrostis capillaris,* éragrostide capillaire. Introduit au Québec et indigène en Ontario. Maine, Floride, Michigan, Californie. (Kalm).

10. *Dactylis cynosuroides*. Synonyme: *Spartina cynosuroides*. Espèce absente au Canada. Massachusetts, Floride, New York, Texas.

11. *Bromus purgans**, brome purgatif. Maintenant *Bromus kalmii*. Québec, Ontario, Manitoba. Maine, Virginie, Dakota du Nord, Dakota du Sud. Le synonyme moderne de l'espèce réfère à Pehr Kalm (45). (Kalm).

12. *Bromus ciliatus**, brome cilié. Territoires du Nord-Ouest et Yukon en plus de toutes les provinces canadiennes. Maine, Caroline du Nord, Alaska, Californie. (Kalm).

13. *Elymus canadensis**, élyme du Canada. Territoires du Nord-Ouest et toutes les provinces canadiennes, sauf Terre-Neuve, Nouvelle-Écosse et l'Île-du-Prince-Édouard. Maine, Caroline du Sud, Washington, Californie. (Kalm).

14. *Hordeum jubatum**, orge queue-d'écureuil. Nunavut, Territoires du Nord-Ouest et Yukon et toutes les provinces canadiennes, donc tout le Canada. Espèce considérée introduite au Labrador. Maine, Caroline du Sud, Alaska, Californie. (Kalm).

15. *Queria canadensis*. Identité incertaine, mais peut-être *Anychia canadensis*, une espèce aussi connue sous le nom de *Paronychia canadensis*, paronyque du Canada. Ontario. New Hampshire, Georgie, Minnesota, Louisiane. James L. Reveal suggère que ce nom est synonyme de *Paronychia canadensis*.

16. *Lechea minor**, léchéa mineur. Espèce disparue de l'Ontario. New Hampshire, Floride, Michigan, Louisiane.

17. *Lechea major**. Maintenant *Crocanthemum canadense*, hélianthème du Canada. Espèce mentionnée par Marie-Victorin comme présente dans l'ouest du Québec. Aussi présente en Ontario et en Nouvelle-Écosse. Maine, Georgie, Minnesota, Alabama. Voir aussi l'espèce n° 84.

18. *Galium trifidum**, gaillet trifide. Espèce aussi présente dans l'Eurasie du Nord et dans les Alpes, selon Marie-Victorin. Présence dans tout le Canada. Maine, Virginie, Alaska, Californie. (Kalm). Linné rapporte que l'espèce suivante, le gaillet des teinturiers (*Galium tinctorium*), se trouve en Amérique septentrionale, selon Kalm.

19. *Sanguisorba canadensis**, sanguisorbe du Canada. Linné réfère à la description de Cornuti en 1635. Terre-Neuve, Nouvelle-Écosse, Nouveau-Brunswick, Québec. Maine, Georgie, Alaska, Oregon.

20. *Cornus canadensis**, quatre-temps. Espèce expédiée par Sarrazin à Paris. Répertoriée dans tout le Canada et même au Groenland. Maine, Virginie, Alaska, Oregon.

21. *Lysimachia ciliata*, lysimaque ciliée. Selon Bernard Boivin, le *Lysimachia lutea, syringae folio* décrit par Sarrazin et expédié en 1700 correspond à cette espèce. Présence dans toutes les provinces canadiennes, sauf Terre-Neuve et l'Île-du-Prince-Édouard. Maine, Floride, Alaska, Oregon. Linné indique qu'une espèce (*Lysimachia canadensis, jalappae foliis*) décrite par Sarrazin correspond à cette plante.

22. *Chironia campanulata**. Identité non résolue. Certains, comme James L. Reveal, ont proposé qu'il s'agit de *Sabatia campanulata*. Espèce absente au Canada. Massachusetts, Floride, Illinois, Texas. (Kalm).

23. *Celastrus scandens**, bourreau-des-arbres. Espèce expédiée en 1702 par Sarrazin à Paris. Nouveau-Brunswick, Québec, Ontario, Manitoba et Saskatchewan. Maine, Georgie, Montana, Texas.

24. *Ribes oxyacanthoides**, groseillier du nord. Présence au Yukon, dans les Territoires du Nord-Ouest et dans toutes les provinces canadiennes, sauf à Terre-Neuve et dans les provinces maritimes. Michigan, Ohio, Alaska, Wyoming.

25. *Ribes cynosbati**, groseillier des chiens. Québec et Ontario. Maine, Georgie, Dakota du Nord, Oklahoma. (Kalm).

26. *Hedera quinquefolia**. Maintenant *Parthenocissus quinquefolia*, vigne vierge à cinq folioles. Linné réfère à la description de Cornuti en 1635. Espèce expédiée par Sarrazin à Paris. Provinces maritimes, Québec, Ontario, Manitoba et espèce considérée introduite en Saskatchewan. Maine, Floride, Minnesota, Texas.

27. *Apocynum fol. androsaemi*, c'est-à-dire *Apocynum androsaemifolium*, apocyn à feuilles d'androsème. Territoires du Nord-Ouest et Yukon en plus de toutes les provinces canadiennes. Maine, Georgie, Alaska, Californie.

28. *Apocynum cannabinum*, apocyn chanvrin. Espèce expédiée en 1700 par Sarrazin à Paris. Territoires du Nord-Ouest et toutes les provinces canadiennes, sauf l'Île-du-Prince-Édouard. Tous les États américains continentaux, sauf en Alaska.

29. *Asclepias incarnata*, asclépiade incarnate. Linné réfère à la description de Cornuti en 1635. Provinces maritimes, Québec, Ontario et Manitoba. Maine, Floride, Idaho, Nevada.

30. *Gentiana ciliata***. Synonyme: *Gentianopsis ciliata*. Espèce d'Europe centrale et méridionale et d'Asie occidentale. Absence au Canada. Linné spécifie que cette plante se trouve dans les montagnes de Suisse, d'Italie et du Canada.

31. *Eryngium foetidum*. Originaire d'Amérique tropicale. Absente au Canada. Introduite en Floride et en Georgie. Linné indique sa présence en Virginie, en Jamaïque, au Mexique et au Canada.

32. *Angelica atropurpurea**, angélique pourpre. Espèce expédiée par Sarrazin à Paris. Linné réfère à la description de Cornuti en 1635. Terre-Neuve, provinces maritimes, Québec et Ontario. Maine, Caroline du Nord, Minnesota, Tennessee.

33. *Angelica lucida**, angélique brillante. Synonyme: *Coelopleurum lucidum*, céloplèvre brillante. Linné réfère à la description de Cornuti en 1635. Territoires du Nord-Ouest et Yukon en plus de toutes les provinces canadiennes, sauf le Manitoba, la Saskatchewan et l'Alberta. Maine, Virginie, Alaska, Californie.

34. *Cicuta bulbifera*, cicutaire bulbifère. Selon Marie-Victorin, probablement aussi vénéneuse que la cicutaire maculée (*Cicutaria maculata*). Dans tout le Canada. Maine, Floride, Alaska, Californie. Linné ne rapporte la cicutaire maculée qu'en Virginie.

35. *Rhus radicans*, herbe à puce. On distingue maintenant l'herbe à puce de l'est, *Toxicodendron radicans* var. *radicans* (variété grimpante) et l'herbe à puce de Rydberg, *Toxicodendron radicans* var. *rydbergii* (variété non grimpante). Selon la synonymie de VASCAN, l'espèce de Linné serait l'herbe à puce de l'est. Espèce expédiée en 1702 par Sarrazin à Paris. Linné réfère à la description de Cornuti en 1635. L'herbe à puce de l'est est présente en Nouvelle-Écosse, au Nouveau-Brunswick, au Québec et en Ontario. Maine, Floride, Illinois, Texas. L'herbe à puce de Rydberg est présente au Yukon et dans toutes les provinces canadiennes, sauf à Terre-Neuve.

36. *Rhus toxicodendron*. Synonyme: *Toxicodendron pubescens*. Espèce absente au Canada. New Jersey, Floride, Kansas, Texas.

37. *Viburnum prunifolium*. Espèce absente au Canada. Connecticut, Georgie, Wisconsin, Texas.

38. *Viburnum Lentago**, viorne flexible. Espèce abondante dans la région montréalaise, selon Marie-Victorin. Le nom d'une espèce de viorne expédiée par Sarrazin en 1702 à Paris semble décrire cette espèce, selon Bernard Boivin. Nouveau-Brunswick, Québec, Ontario, Manitoba et Saskatchewan. Maine, Georgie, Montana, Colorado. (Kalm). Le nom moderne de l'espèce commence avec une lettre minuscule (*lentago*).

39. *Sambucus canadensis**, sureau blanc. Synonyme: *Sambucus nigra* subsp. *canadensis*. Provinces maritimes, Québec, Ontario et Manitoba. Maine, Floride, Montana, Californie. (Kalm).

40. *Aralia racemosa**, aralie à grappes. Espèce expédiée dès 1698 par Sarrazin à Paris. Linné réfère à la description de Cornuti en 1635. Provinces maritimes, Québec, Ontario et Manitoba. Maine, Georgie, Minnesota, Arizona.

41. *Lilium canadense**, lis du Canada. Nouvelle-Écosse, Nouveau-Brunswick, Québec et Ontario. Maine, Georgie, Nebraska, Kansas.

42. *Lilium camschatcense***, fritillaire du Kamtchatka. Maintenant *Fritillaria camschatcensis*. Espèce présente au Canada seulement en Colombie-Britannique et au Yukon. Aux États-Unis, plante répertoriée en Alaska et dans les États de Washington et de l'Oregon.

43. *Uvularia perfoliata*, uvulaire perfoliée. Espèce expédiée en 1700 par Sarrazin à Paris. Linné réfère à la description de Cornuti en 1635. Marie-Victorin note que «cette entité n'a pas été trouvée de façon définitive dans le Québec». Espèce disparue du Québec, mais présente en Ontario et au Manitoba. Maine, Floride, Indiana, Texas.

44. *Uvularia sessilifolia**, uvulaire à feuilles sessiles. Nouvelle-Écosse, Nouveau-Brunswick, Québec, Ontario et Manitoba. Maine, Floride, Dakota du Nord, Oklahoma. (Kalm).

45. *Ornithogalum hirsutum*. Maintenant *Hypoxis hirsuta*, hypoxis hirsute. Ontario, Manitoba et Saskatchewan. Maine, Georgie, Dakota du Nord, Nouveau-Mexique.

46. *Convallaria racemosa*. Maintenant *Maianthemum racemosum* subsp. *racemosum*, smilacine à grappes. Espèce expédiée en 1702 par Sarrazin à Paris. Linné réfère à la description de Cornuti en 1635. Terre-Neuve, provinces maritimes, Québec, Ontario et Manitoba. Maine, Floride, Dakota du Nord, Nouveau-Mexique.

47. *Convallaria stellata**. Maintenant *Maianthemum stellatum*, smilacine étoilée. Espèce expédiée dès 1698 par Sarrazin à Paris. Linné réfère à la description de Cornuti en 1635. Territoires du Nord-Ouest, Yukon et toutes les provinces canadiennes. Maine, Virginie, Alaska, Californie.

48. *Yucca gloriosa*. Yucca absent au Canada. Présent seulement dans sept États américains du sud-est: Caroline du Nord, Caroline du Sud, Georgie, Floride, Alabama, Mississippi et Louisiane. Linné indique que cette plante se trouve au Pérou et au Canada.

49. *Orontium aquaticum*. Espèce absente au Canada. Massachusetts, Floride, New York, Texas.

50. *Prinos glaber**. Maintenant *Ilex glabra*, houx glabre. Espèce présente seulement en Nouvelle-Écosse au Canada. Massachusetts, Floride, New York, Texas. (Kalm).

51. *Menispermum canadense,* ménisperme du Canada. Espèce expédiée par Sarrazin en 1702 à Paris. Québec, Ontario et Manitoba. New Hampshire, Floride, Dakota du Nord, Texas.

52. *Polygonum articulatum**, polygonelle articulée. Synonyme: *Polygonella articulata*. Nouveau-Brunswick, Québec et Ontario. Maine, Georgie, Minnesota, Iowa. (Kalm).

53. *Monotropa Hypopithys***, monotrope du pin. Maintenant nommé *Hypopitys monotropa*. Linné indique que cette plante parasite les racines et qu'elle se trouve en Suède, en Allemagne, en Angleterre et au Canada. Présence dans toutes les provinces canadiennes et tous les États américains continentaux, sauf le Dakota du Nord, le Dakota du Sud, le Nevada et l'Utah.

54. *Monotropa uniflora*, monotrope uniflore. Espèce expédiée par Sarrazin en 1705 à Paris. Présence dans toutes les provinces canadiennes et les Territoires du Nord-Ouest. Maine, Floride, Alaska, Californie.

55. *Andromeda calyculata***. Maintenant *Chamaedaphne calyculata*, cassandre caliculé. Selon Marie-Victorin, il s'agit d'une espèce universelle des tourbières «qui en sont encore à la période des Sphaignes». Selon Bernard Boivin, probablement une espèce expédiée par Sarrazin à Paris en 1700. Présence dans tout le Canada. Maine, Georgie, Minnesota, Iowa.

56. *Epigaea repens,* épigée rampante. Espèce expédiée par Sarrazin en 1705 à Paris. Terre-Neuve, provinces maritimes, Québec, Ontario et Manitoba. Maine, Floride, Minnesota, Mississippi.

57. *Gaultheria procumbens**, thé des bois. Espèce expédiée en 1700 par Sarrazin à Paris. Terre-Neuve, provinces maritimes, Québec, Ontario et Manitoba. Maine, Georgie, Minnesota, Alabama. (Kalm). Linné indique que cette plante se trouve dans les sols canadiens sablonneux stériles.

58. *Arbutus Uva ursi***. Maintenant *Arctostaphylos uva-ursi,* raisin-d'ours. Espèce expédiée en 1700 par Sarrazin à Paris. Présence dans tout le Canada et même au Groenland. Maine, Virginie, Alaska, Californie. Linné spécifie que cette espèce se trouve dans les régions froides du Canada et d'Europe.

59. *Chrysoplenium oppositifolium***. Plante indigène européenne. Absence au Canada. Linné indique que cette espèce habite les lieux ombragés humides en Belgique, en Angleterre et au Canada.

60. *Saxifraga pensylvanica.* Maintenant *Micranthes pensylvanica,* saxifrage de Pennsylvanie. Ontario, Manitoba et Saskatchewan. Maine, Caroline du Nord, Minnesota, Missouri.

61. *Saxifraga nivalis***. Maintenant *Micranthes nivalis,* saxifrage des neiges. Espèce mentionnée, mais non décrite, par Marie-Victorin. Territoires du Nord-Ouest, Yukon et Nunavut en plus du Québec et de la région du Labrador, Alberta et Colombie-Britannique. Absence aux États-Unis, sauf en Alaska. Linné indique sa présence sur les sommets montagneux dans diverses régions, en Laponie, en Virginie et au Canada.

62. *Dianthus plumarius***, œillet mignardise. Espèce européenne introduite dans plusieurs provinces canadiennes et États américains. Linné indique sa présence en Europe et au Canada.

63. *Cucubalus stellatus.* Maintenant *Silene stellata,* silène étoilé. Espèce absente au Canada. Massachusetts, Georgie, Dakota du Nord, Texas.

64. *Oxalis violacea.* Espèce absente au Canada. Massachusetts, Floride, Oregon, Arizona.

65. *Asarum canadense**, asaret du Canada. Linné réfère à la description de Cornuti en 1635. Nouveau-Brunswick, Québec, Ontario et Manitoba. Maine, Georgie, Dakota du Nord, Oklahoma.

66. *Euphorbia polygonifolia,* euphorbe à feuilles de renouée. Seulement mentionnée, mais non décrite, par Marie-Victorin. Espèce considérée disparue au Québec. Synonyme : *Chamaesyce polygonifolia.* Provinces maritimes et Ontario. Maine, Floride, Wisconsin, Mississippi.

67. *Euphorbia Ipecacuanhae.* Espèce absente au Canada. Présente dans les États le long de la côte est américaine à partir du Connecticut jusqu'en Georgie.

68. *Euphorbia corollata,* euphorbe pétaloïde. Espèce présente en Ontario. Maine, Floride, Dakota du Sud, Texas.

69. *Crataegus coccinea,* aubépine écarlate. Nom accepté d'une espèce d'aubépine présente au Québec et en Ontario. Pour certains, correspond à *Mespilus coccinea.* Pour d'autres, peut aussi représenter *Crataegus chrysocarpa* var. *chrysocarpa* ou *Crataegus pedicellata.* La première espèce est présente dans toutes les provinces canadiennes, sauf en Colombie-Britannique. Maine, Virginie, Oregon, Texas. La seconde espèce n'est présente qu'en Ontario. Maine, Virginie, Michigan, Illinois.

70. *Mespilus canadensis.* Maintenant *Amelanchier canadensis* var. *canadensis,* amélanchier du Canada. Présent dans les provinces maritimes et au Québec. Pour certains, il s'agirait de *Prunus arbutifolia* maintenant nommé *Aronia arbutifolia.* Selon Bernard Boivin, Sarrazin a expédié en 1702 un spécimen de *Pyrus arbutifolia* de la variété *atropurpurea.* Cette dernière espèce serait l'aronie à feuilles d'arbousier (*Aronia arbutifolia*) répertoriée

en Nouvelle-Écosse, au Nouveau-Brunswick, au Québec et en Ontario. Maine, Georgie, Michigan, Mississippi.

71. *Spiraea hypericifolia**, spirée à feuilles de mille-pertuis considérée introduite en Amérique du Nord au Mississippi et dans la région est du Texas.

72. *Spiraea opulifolia*. Maintenant *Physocarpus opulifolius*, physocarpe à feuilles d'obier. Espèce expédiée en 1700 par Sarrazin à Paris. Nouvelle-Écosse, Nouveau-Brunswick, Québec et Ontario. Maine, Floride, Minnesota, Arkansas.

73. *Spiraea trifoliata*. Maintenant *Gillenia trifoliata*, gillénie trifoliée. Espèce considérée disparue en Ontario. Massachusetts, Floride, Michigan, Arkansas.

74. *Dalibarda repens**, dalibarde rampante. Maintenant nommée *Rubus repens*. Nouvelle-Écosse, Nouveau-Brunswick, Québec et Ontario. Maine, Caroline du Nord, Minnesota, Illinois. (Kalm).

75. *Rubus occidentalis**, framboisier noir. Nouveau-Brunswick, Québec et Ontario. Maine, Georgie, Dakota du Nord, Colorado. (Kalm).

76. *Rubus hispidus**, ronce hispide. Terre-Neuve, provinces maritimes, Québec et Ontario. Maine, Caroline du Sud, Wisconsin, Kansas. (Kalm).

77. *Rubus canadensis**, ronce du Canada. Terre-Neuve, provinces maritimes, Québec et Ontario. Maine, Georgie, Minnesota, Tennessee. (Kalm).

78. *Rubus odoratus**, ronce odorante. Linné réfère à la description de Cornuti en 1635. Nouvelle-Écosse, Québec et Ontario. Espèce considérée introduite au Nouveau-Brunswick. Maine, Georgie, Washington, Alabama.

79. *Potentilla canadensis**, potentille du Canada. Espèce probablement à exclure du Canada à cause d'erreurs d'identification et surtout une mauvaise interprétation des caractères diagnostiques pour la distinction avec *Potentilla*

simplex. (Kalm). Selon Jacques Cayouette, il y aurait possiblement deux récoltes de Nouvelle-Écosse y correspondant. Pour les autres provinces, les récoltes sont celles de *Potentilla simplex*, la potentille simple.

80. *Potentilla norvegica***, potentille de Norvège. Présence dans tout le Canada et considérée introduite au Groenland. Dans tous les États américains continentaux, sauf la Floride, le Mississippi et la Louisiane. Linné indique sa présence en Norvège et en Suède.

81. *Actaea racemosa*, cimicaire à grappes. Espèce introduite au Québec et indigène en Ontario, non mentionnée par Marie-Victorin. Maine, Georgie, Iowa, Arkansas.

82. *Nymphaea lutea*. Synonyme: *Nuphar lutea*. Correspond au taxon eurasiatique. Les taxons nord-américains sont différents et non reliés au taxon eurasiatique. L'espèce de Linné peut correspondre à l'une ou l'autre des espèces nord-américaines. Possiblement une espèce rapportée dans certaines histoires. (Kalm).

83. *Tilia americana*, tilleul d'Amérique. Nouveau-Brunswick, Québec, Ontario, Manitoba et considéré introduit en Saskatchewan. Maine, Floride, Dakota du Nord, Texas.

84. *Cistus canadensis**. Maintenant *Crocanthemum canadense*, hélianthème du Canada. (Kalm). Voir aussi l'espèce nº 17 (*Lechea major*) de cette liste. L'hélianthème du Canada est répertorié en Ontario, au Québec et en Nouvelle-Écosse. Maine, Georgie, Minnesota, Alabama.

85. *Aquilegia canadensis*, ancolie du Canada. Linné réfère à la description de Cornuti en 1635. Considérée disparue au Nouveau-Brunswick. Québec, Ontario, Manitoba et Saskatchewan. Maine, Floride, Dakota du Nord, Texas.

86. *Anemone dichotoma***. Maintenant *Anemone canadensis* pour *Anemone dichotoma* var. *canadensis*. Présence dans toutes les provinces canadiennes, dans les Territoires du Nord-Ouest et au Nunavut. Linné indique que cette espèce se trouve en Sibérie et au Canada.

87. *Anemone quinquefolia*, anémone à cinq folioles. Espèce présente dans toutes les provinces canadiennes, sauf la Colombie-Britannique, Terre-Neuve et l'Île-du-Prince-Édouard. Maine, Georgie, Dakota du Nord, Mississippi. (Kalm).

88. *Anemone thalictroides*. Maintenant *Thalictrum thalictroides*, pigamon à ombelles. Espèce présente au Canada seulement en Ontario. Maine, Floride, Minnesota, Texas. (Kalm).

89. *Thalictrum cornuti**. Linné honore la mémoire de Jacques Cornuti en nommant cette espèce de pigamon initialement décrite comme *Thalictrum canadense*. Linné réfère à la description de Cornuti en 1635. Selon Bernard Boivin, il s'agit sans doute du *Thalictrum pubescens*, pigamon pubescent. Espèce expédiée par Sarrazin en 1705 à Paris. Terre-Neuve, provinces maritimes, Québec et Ontario. Maine, Georgie, Michigan, Mississippi.

90. *Thalictrum dioicum**, pigamon dioïque. Espèce présente au Québec et en Ontario. Maine, Georgie, Dakota du Nord, Kansas. (Kalm).

91. *Thalictrum purpurascens**. Identité non résolue. De plus, Linné ajoute un point d'interrogation après le mot *Canada*.

92. *Ranunculus abortivus,* renoncule abortive. Nunavut, Territoires du Nord-Ouest, Yukon et toutes les provinces canadiennes. Maine, Floride, Alaska, Nouveau-Mexique.

93. *Helleborus trifolius***. Maintenant *Coptis trifolia*, savoyane. Espèce présente au Nunavut et dans toutes les provinces canadiennes, sans compter le Groenland. Maine, Caroline du Nord, Alaska, Oregon. Pour Linné, cette plante se trouve au Canada et en Sibérie.

94. *Teucrium canadense**, germandrée du Canada. Espèce expédiée dès 1698 par Sarrazin à Paris. Présence dans toutes les provinces canadiennes, sauf à Terre-Neuve et en Alberta. Dans tous les États américains continentaux, sauf en Alaska.

95. *Hyssopus nepetoides*. Maintenant *Agastache nepetoides,* agastache faux-népéta. Espèce expédiée dès 1698 par Sarrazin à Paris. Québec et Ontario. Massachusetts, Georgie, Dakota du Sud, Oklahoma.

96. *Mentha canadensis**, menthe du Canada. Maintenant *Mentha arvensis* subsp. *borealis*. Présence dans les Territoires du Nord-Ouest, au Yukon et dans toutes les provinces canadiennes, sauf en Nouvelle-Écosse. Maine, Georgie, Alaska, Californie. (Kalm).

97. *Clinopodium vulgare***, sarriette vulgaire. Terre-Neuve, Nouvelle-Écosse, Nouveau-Brunswick, Québec, Ontario et considérée introduite en Colombie-Britannique. Maine, Caroline du Nord, Washington, Arizona.

98. *Origanum vulgare***, origan vulgaire. Espèce d'Europe. Introduite en Nouvelle-Écosse, à l'Île-du-Prince-Édouard, au Québec, en Ontario et en Colombie-Britannique. Aussi introduite dans plusieurs États américains. Maine, Caroline du Nord, Washington, Californie.

99. *Melissa Pulegioides*. Maintenant *Hedeoma pulegioides*, hedéoma faux-pouliot. Espèce présente en Ontario, au Québec, au Nouveau-Brunswick et en Nouvelle-Écosse. Maine, Georgie, Dakota du Nord, Oklahoma.

100. *Scutellaria lateriflora*, scutellaire latériflore. Espèce présente dans toutes les provinces canadiennes, sauf l'Alberta, et dans tous les États américains continentaux, sauf le Nevada, l'Utah et le Wyoming.

101. *Scutellaria integrifolia*. Espèce absente au Canada. Maine, Floride, Missouri, Texas.

102. *Gerardia purpurea*, gérardie pourpre. Maintenant *Agalinis purpurea*. Marie-Victorin note que cette «plante n'est pas encore connue de façon définitive pour le Québec». C'est toujours le cas. Présente en Ontario. New Hampshire, Floride, Nebraska, Texas.

103. *Gerardia flava,* gérardie jaune. Maintenant *Aureolaria flava*. Espèce présente seulement en Ontario. Maine, Floride, Michigan, Texas.

104. *Gerardia pedicularia,* gérardie fausse-pédiculaire. Maintenant *Aureolaria pedicularia,* une espèce aussi présente seulement en Ontario. Maine, Georgie, Minnesota, Missouri.

105. *Chelone glabra,* galane glabre. Espèce expédiée dès 1698 par Sarrazin à Paris. Terre-Neuve, provinces maritimes, Québec, Ontario, Manitoba. Maine, Georgie, Minnesota, Arkansas.

106. *Anthirrinum canadense,* linaire du Canada. Maintenant *Nuttallanthus canadensis.* Espèce présente en Ontario, au Québec, au Nouveau-Brunswick et en Nouvelle-Écosse. Maine, Floride, Washington, Californie.

107. *Buchnera americana,* buchnéra d'Amérique. Espèce présente seulement en Ontario. New York, Floride, Michigan, Texas.

108. *Linnaea borealis**,* linnée boréale. Fait partie des espèces commentées par Sarrazin et Vaillant en 1708. « Cette plante naît à l'ombre dans de bonnes terres par les 47 degrés. » Espèce présente dans tout le Canada et au Groenland. Maine, Tennessee, Alaska, Californie. Linné spécifie que l'espèce qui porte son nom se trouve en Suède, en Sibérie, en Suisse et au Canada.

109. *Mimulus ringens,* mimule à fleurs entrouvertes. Espèce expédiée dès 1698 par Sarrazin à Paris. Espèce présente dans toutes les provinces canadiennes, sauf à Terre-Neuve et en Colombie-Britannique. Maine, Georgie, Washington, Californie.

110. *Arabis lyrata*,* arabette lyrée. Maintenant *Arabidopsis lyrata* subsp. *lyrata.* Espèce mentionnée dans le sud-ouest du Québec, mais non traitée par Marie-Victorin. Espèce aussi présente en Ontario, au Manitoba, en Alberta, en Colombie-Britannique et dans les Territoires du Nord-Ouest. Massachusetts, Georgie, Alaska, Oklahoma. (Kalm). Linné compare cette espèce à *Arabis thaliana,* l'arabette des dames, qui est devenue *Arabidopsis thaliana,* l'une des espèces végétales les plus utilisées en génétique moléculaire. Suivant cette description, Linné présente l'espèce *Arabis canadensis,* sans spécifier que cette espèce se trouve au Canada ou ailleurs. L'arabette du Canada est maintenant nommée *Borodinia canadensis.* Elle est répertoriée au Québec et en Ontario.

111. *Hibiscus Moschatus.* Maintenant *Hibiscus moscheutos* subsp. *moscheutos,* ketmie des marais. Présence en Ontario. Massachusetts, Floride, Utah, Nouveau-Mexique.

112. *Hibiscus palustris.* Synonyme de l'espèce précédente *Hibiscus moscheutos* subsp. *moscheutos.* (Kalm).

113. *Fumaria Cucullaria.* Maintenant *Dicentra cucullaria,* dicentre à capuchon. Possiblement une espèce expédiée en 1700 par Sarrazin à Paris. Linné réfère à la description de Cornuti en 1635. Nouveau-Brunswick, Nouvelle-Écosse, Québec, Ontario et Manitoba. Maine, Georgie, Washington, Oregon. James Pringle souligne que Linné n'a pas distingué correctement cette espèce par rapport au dicentre du Canada (*Dicentra canadensis*), décrit par Cornuti en 1635.

114. *Fumaria sempervirens.* Maintenant *Capnoides sempervirens,* corydale toujours verte. Espèce expédiée en 1705 par Sarrazin à Paris. Linné réfère à la description de Cornuti en 1635. Espèce présente dans tout le Canada. Maine, Georgie, Alaska, Montana.

115. *Polygala incarnata,* polygale incarnat. Espèce présente au Canada seulement en Ontario. New York, Floride, Wisconsin, Texas.

116. *Hedysarum canadense.* Maintenant *Desmodium canadense,* desmodie du Canada. Linné réfère à la description de Cornuti en 1635. Espèce présente en Nouvelle-Écosse, au Nouveau-Brunswick, au Québec, en Ontario et au Manitoba. Maine, Virginie, Dakota du Nord, Texas.

117. *Cracca virginiana.* Maintenant *Tephrosia virginiana,* téphrosie de Virginie. Espèce présente au Canada seulement en Ontario. New Hampshire, Floride, Minnesota, Texas.

118. *Astragalus canadensis,* astragale du Canada. Espèce présente dans les Territoires du Nord-Ouest et toutes les provinces canadiennes,

sauf Terre-Neuve et les provinces maritimes. Connecticut, Georgie, Washington, Californie.

119. *Trifolium biflorum.* Synonyme : *Stylosanthes biflora.* Espèce absente au Canada. New York, Floride, Wisconsin, Arizona.

120. *Hypericum Ascyron***, millepertuis à grandes fleurs. Ce millepertuis est expédié en 1705 par Sarrazin à Paris. Espèce présente en Ontario et au Québec. Maine, Maryland, Minnesota, Kansas. Linné indique que cette espèce est présente en Orient, en Sibérie et au Canada. Le nom moderne *ascyron* s'écrit avec un *a* minuscule.

121. *Hypericum canadense**, millepertuis du Canada. Espèce présente à Terre-Neuve, dans les provinces maritimes, au Québec et en Ontario. Maine, Floride, Washington, Oregon. (Kalm).

122. *Hypericum mutilum,* millepertuis nain. Terre-Neuve, provinces maritimes, Québec, Ontario et Manitoba. Considéré introduit en Saskatchewan et en Colombie-Britannique. Maine, Floride, Washington, Californie.

123. *Tragopogon virginicus.* Maintenant *Krigia biflora,* krigie à deux fleurs. Espèce présente en Ontario et au Manitoba. Massachusetts, Georgie, Colorado, Arizona. (Kalm).

124. *Sonchus canadensis**. Identité non résolue. Une suggestion est *Cicerbita alpina.* Plante européenne connue sous les noms de laitue des Alpes ou laiteron des montagnes. D'autres synonymes sont rapportés. (Kalm).

125. *Sonchus floridanus.* Maintenant *Lactuca floridana,* laitue de Floride. Ontario et Manitoba. Massachusetts, Floride, Dakota du Sud, Texas.

126. *Lactuca canadensis**, laitue du Canada. Provinces maritimes, Québec, Ontario et Manitoba. Considérée introduite en Colombie-Britannique. Dans tous les États américains continentaux, sauf le Nevada et l'Arizona. (Kalm).

127. *Prenanthes altissima,* prenanthe élevée. Maintenant *Nabalus altissimus.* Espèce expédiée dès 1698 par Sarrazin à Paris. Présente dans les provinces maritimes, au Québec et en Ontario. Maine, Georgie, Michigan, Texas.

128. *Hieracium paniculatum**, épervière paniculée. Espèce répertoriée en Nouvelle-Écosse, au Nouveau-Brunswick, au Québec et en Ontario. Maine, Georgie, Michigan, Mississippi. (Kalm).

129. *Serratula noveboracensis***. Synonyme : *Vernonia noveboracensis.* Espèce non présente au Canada. New Hampshire, Floride, Ohio, Nouveau-Mexique.

130. *Cacalia suaveolens.* Synonymes : *Synosma suaveolens* et *Hasteola suaveolens.* Espèce non présente au Canada. Maine, Georgie, Minnesota, Missouri.

131. *Cacalia atriplicifolia.* Synonyme : *Arnoglossum atriplicifolium.* Espèce non présente au Canada. Massachusetts, Floride, Minnesota, Oklahoma.

132. *Eupatorium rotundifolium.* Espèce non présente au Canada. Maine, Floride, Missouri, Texas.

133. *Ageratum altissimum.* Maintenant *Ageratina altissima* var. *altissima,* eupatoire rugueuse. Espèce expédiée en 1702 par Sarrazin à Paris. Linné réfère à la description de Cornuti en 1635. Plante répertoriée en Nouvelle-Écosse, au Nouveau-Brunswick, au Québec et en Ontario. Maine, Floride, Dakota du Nord, Texas.

134. *Chrysocoma graminifolia**. Maintenant *Euthamia graminifolia,* verge d'or à feuilles de graminée. Espèce présente dans toutes les provinces canadiennes en plus des Territoires du Nord-Ouest. Maine, Caroline du Sud, Washington, Nouveau-Mexique. (Kalm).

135. *Conyza bifrons***. Synonymes : *Inula bifrons* et *Pluchea bifrons.* Plante européenne absente en Amérique du Nord. Pour Linné, une espèce des Pyrénées et du Canada.

136. *Erigeron canadensis***, vergerette du Canada. Espèce expédiée en 1702 par Sarrazin à Paris. Espèce indigène de l'Amérique du Nord considérée introduite dans toutes les provinces canadiennes et les Territoires du Nord-Ouest. Considérée éphémère à Terre-Neuve. Présente dans tous les États américains continentaux, à l'exception de l'Alaska où elle est considérée introduit comme c'est aussi le cas pour l'archipel d'Hawaii. Linné indique sa présence en Virginie, au Canada et aussi en Europe du Sud.

137. *Erigeron philadelphicus**, vergerette de Philadelphie. Espèce expédiée en 1704 par Sarrazin à Paris. Espèce présente dans tout le Canada, sauf au Nunavut, et dans tous les États américains continentaux, sauf l'Alaska, l'Arizona et l'Utah. (Kalm). Considérée introduite à Terre-Neuve.

138. *Senecio canadensis**. Correspondance incertaine de ce nom à une espèce nord-américaine. Certains ont suggéré qu'il s'agit de *Senecio artemisaefolius*, une espèce de séneçon européenne. La signification précise de ce nom linnéen demeure incertaine. (Kalm).

139. *Senecio aureus*, séneçon doré. Maintenant *Packera aurea*. Espèce expédiée en 1705 par Sarrazin à Paris. Espèce présente à Terre-Neuve, dans les provinces maritimes, au Québec, en Ontario et au Manitoba. Maine, Floride, Minnesota, Texas.

140. *Aster annuus**. Maintenant *Erigeron annuus*, vergerette annuelle. Espèce expédiée en 1705 par Sarrazin à Paris. Linné réfère à la description de Cornuti en 1635. Espèce indigène dans toutes les provinces canadiennes, sauf à Terre-Neuve où elle est considérée introduite. Maine, Floride, Washington, Californie.

141. *Solidago sempervirens*, verge d'or toujours verte. Espèce expédiée en 1705 par Sarrazin à Paris. Linné réfère à la description de Cornuti en 1635. Espèce présente à Terre-Neuve, dans les provinces maritimes, au Québec et considérée introduite en Ontario. Maine, Floride,

Michigan, Texas. Linné indique sa présence à New York et au Canada.

142. *Solidago canadensis*, verge d'or du Canada. Présence dans toutes les provinces canadiennes, sauf en Alberta et en Colombie-Britannique, et dans les États américains continentaux, sauf la Floride, la Georgie, la Caroline du Sud, l'Alabama et la Louisiane.

143. *Solidago flexicaulis**, verge d'or à tige zigzagante. Espèce expédiée en 1705 par Sarrazin à Paris, présente dans les provinces maritimes, au Québec et en Ontario. Maine, Georgie, Dakota du Nord, Louisiane.

144. *Solidago latifolia**. Espèce considérée synonyme de l'espèce précédente.

145. *Helianthus decapetalus**, hélianthe à dix rayons. Espèce expédiée en 1700 par Sarrazin à Paris. Présente au Nouveau-Brunswick, au Québec et en Ontario. Maine, Georgie, Michigan, Oklahoma. (Kalm).

146. *Helianthus strumosus**, hélianthe scrofuleux. Espèce présente au Québec et en Ontario. Maine, Floride, Dakota du Nord, Texas.

147. *Helianthus giganteus*, hélianthe géant. Espèce présente en Nouvelle-Écosse, au Nouveau-Brunswick, au Québec et en Ontario. Maine, Georgie, Minnesota, Mississippi.

148. *Rudbeckia laciniata*, rudbeckie laciniée. Espèce de la flore de 1708 de Sarrazin et Vaillant. Linné réfère à la description de Cornuti en 1635. Nouvelle-Écosse, Québec, Ontario et Manitoba. Considérée introduite au Nouveau-Brunswick et en Colombie-Britannique. Répertoriée dans tous les États américains continentaux, sauf l'Alaska, la Californie, l'Oregon et le Nevada.

149. *Rudbeckia hirta*, rudbeckie hérissée. Nouvelle-Écosse, Nouveau-Brunswick, Québec, Ontario, Manitoba et Saskatchewan. Considérée introduite à Terre-Neuve, en Alberta et en Colombie-Britannique. Dans tous les États américains continentaux, sauf l'Arizona et le Nevada.

150. *Coreopsis alternifolia.* Maintenant *Verbesina alternifolia*, verbésine à feuilles alternes. Espèce présente seulement en Ontario au Canada. Rhode Island, Floride, Nebraska, Texas.

151. *Othonna Cineraria*.* Identité non résolue.

152. *Polymnia canadensis**, polymnie du Canada. Espèce présente en Ontario. Connecticut, Georgie, Minnesota, Oklahoma. (Kalm).

153. *Lobelia Kalmii**, lobélie de Kalm. Espèce expédiée dès 1698 par Sarrazin à Paris. Présente au Nunavut, dans les Territoires du Nord-Ouest et dans toutes les provinces canadiennes, sauf l'Île-du-Prince-Édouard. Maine, New Jersey, Washington, Idaho. (Kalm).

154. *Lobelia inflata,* lobélie gonflée. Espèce présente dans les provinces maritimes, au Québec et en Ontario. Considérée introduite en Colombie-Britannique. Maine, Georgie, Minnesota, Louisiane.

155. *Lobelia cliffortiana.* Espèce absente au Canada et aux États-Unis, mais présente à Porto Rico.

156. *Viola lanceolata***, violette lancéolée. Espèce présente à Terre-Neuve, dans les provinces maritimes, au Québec et en Ontario. Considérée introduite en Colombie-Britannique. Maine, Floride, Washington, Californie. Linné indique sa présence en Sibérie et au Canada. (Kalm).

157. *Viola canadensis**, violette du Canada. Espèce expédiée en 1705 par Sarrazin à Paris. Présence au Yukon, dans les Territoires du Nord-Ouest et dans toutes les provinces canadiennes, sauf Terre-Neuve et l'Île-du-Prince-Édouard. Maine, Georgie, Washington, Arizona. (Kalm).

158. *Impatiens noli-tangere***, impatiente n'y-touchez-pas. Espèce présente dans l'Ouest canadien à partir du Manitoba jusqu'en Colombie-Britannique. Seulement répertoriée dans l'ouest des États-Unis en Californie, en Oregon, dans l'État de Washington et en Alaska. Linné indique la présence de cette espèce en Europe et au Canada.

159. *Orchis ciliaris.* Maintenant *Platanthera ciliaris*, platanthère ciliée. Espèce disparue en Ontario. New Hampshire, Floride, Michigan, Texas.

160. *Orchis psycodes*.* Maintenant *Platanthera psycodes*, platanthère papillon aussi connue comme *Habenaria psycodes*, habénaire papillon. Probablement une espèce expédiée en 1700 par Sarrazin à Paris. Espèce présente à Terre-Neuve, dans les provinces maritimes, au Québec, en Ontario et au Manitoba. Maine, Georgie, Minnesota, Missouri. (Kalm).

161. *Ophrys cernua.* Maintenant *Spiranthes cernua*, spiranthe penchée. Sarrazin a expédié trois spécimens d'*Ophris* en 1700 et en 1705 à Paris. Selon Bernard Boivin, un spécimen pourrait correspondre à la spiranthe penchée. Espèce présente dans les provinces maritimes, au Québec, en Ontario. Maine, Georgie, Minnesota, Texas.

162. *Arethusa bulbosa,* aréthuse bulbeuse. Espèce présente à Terre-Neuve, dans les provinces maritimes, au Québec, en Ontario, au Manitoba et en Saskatchewan. Maine, Caroline du Nord, Minnesota, Illinois.

163. *Arethusa ophioglossoides.* Maintenant *Pogonia ophioglossoides,* pogonie langue-de-serpent. Espèce expédiée par Sarrazin en 1700 à Paris. Espèce présente à Terre-Neuve, dans les provinces maritimes, au Québec, en Ontario et au Manitoba. Maine, Floride, Dakota du Nord, Texas.

164. *Carex squarrosa**, carex squarreux. Espèce présente en Ontario. Rhode Island, Georgie, Minnesota, Louisiane. (Kalm).

165. *Carex folliculata**, carex folliculé. Espèce présente à Terre-Neuve, dans les provinces maritimes, au Québec et en Ontario. Maine, Georgie, Wisconsin, Tennessee. (Kalm).

166. *Betula nigra.* Espèce de bouleau absente au Canada. New Hampshire, Floride, Minnesota, Texas.

167. *Betula lenta,* bouleau flexible. Espèce présente en Ontario. Maine, Georgie, Ohio, Mississippi.

168. *Urtica pumila**. Maintenant *Pilea pumila*, piléa nain. Espèce présente dans les provinces maritimes, au Québec et en Ontario. Maine, Floride, Dakota du Nord, Texas.

169. *Urtica cylindrica*. Maintenant *Boehmeria cylindrica*, boehméria cylindrique. Selon Bernard Boivin, possiblement un spécimen expédié par Sarrazin en 1698 à Paris. Espèce présente au Nouveau-Brunswick, en Nouvelle-Écosse, au Québec et en Ontario. Maine, Floride, Dakota du Sud, Californie. Linné rapporte la présence de cette espèce en Jamaïque, en Virginie et au Canada.

170. *Urtica capitata**. Synonyme de *Boehmeria cylindrica*, boehméria cylindrique. Voir l'espèce précédente. (Kalm).

171. *Urtica divaricata*. Maintenant *Laportea canadensis*, laportéa du Canada. Espèce présente dans les provinces maritimes, au Québec, en Ontario, au Manitoba et en Saskatchewan. Maine, Floride, Dakota du Nord, Louisiane.

172. *Urtica canadensis***. Maintenant *Laportea canadensis*, laportéa du Canada. Voir l'espèce précédente. Linné rapporte cette espèce présente en Sibérie et au Canada.

173. *Xanthium strumarium***, lampourde glouteron. Espèce présente dans toutes les provinces canadiennes, sauf à Terre-Neuve. Aussi répertoriée dans tous les États américains continentaux, sauf en Alaska. Linné rapporte la présence de cette espèce en Europe, au Canada, en Jamaïque, au Ceylan et au Japon.

174. *Ambrosia trifida,* grande herbe à poux. Espèce expédiée dès 1698 par Sarrazin à Paris. Considérée introduite dans les provinces maritimes, au Québec, en Ontario, au Manitoba, en Saskatchewan et en Alberta. Considérée éphémère en Colombie-Britannique. Aussi répertoriée dans tous les États américains continentaux, sauf au Nevada et en Alaska.

175. *Ambrosia elatior*. Maintenant *Ambrosia artemisiifolia*, petite herbe à poux. Manitoba, Saskatchewan et Alberta. Considérée introduite dans les autres provinces et les Territoires du Nord-Ouest. Aussi répertoriée dans tous les États américains continentaux, sauf en Alaska.

176. *Carpinus Betulus***. Marie-Victorin note que le charme européen «est un arbre atteignant 20 m». Espèce absente au Canada, mais considérée introduite dans l'État de New York et au Kentucky. Pour Linné, une espèce d'Europe et du Canada.

177. *Liquidambar peregrina**. Maintenant *Comptonia peregrina*, comptonie voyageuse. Espèce présente dans les provinces maritimes, au Québec et en Ontario. Maine, Georgie, Minnesota, Tennessee.

178. *Pinus taeda*. Espèce de pin originaire du sud-est des États-Unis et absent au Canada. New Jersey, Floride, Missouri, Texas.

179. *Pinus Strobus,* pin blanc. Espèce mentionnée dans la flore de 1708 de Sarrazin et Vaillant. Espèce présente à Terre-Neuve, dans les provinces maritimes, au Québec, en Ontario et au Manitoba. Maine, Georgie, Minnesota, Arkansas.

180. *Pinus Balsamea*. Maintenant *Abies balsamea*, sapin baumier. Espèce présente dans toutes les provinces canadiennes, sauf en Colombie-Britannique. Maine, Virginie, Minnesota, Iowa.

181. *Thuja occidentalis***, thuya occidental. Espèce présente dans les provinces maritimes, au Québec, en Ontario et au Manitoba. Maine, Caroline du Sud, Minnesota, Tennessee. Pour Linné, une espèce de Sibérie et du Canada.

182. *Cupressus Thyoides**. Synonyme: *Chamaecyparis thyoides*. Espèce absente au Canada, Maine, Floride, New York, Mississippi. (Kalm).

183. *Sicyos angulatus,* sicyos anguleux. Espèce considérée introduite au Québec et indigène en Ontario. Maine, Floride, Dakota du Nord, Texas. Pour Linné, une espèce du Canada et du Mexique.

184. *Hippophae canadensis**. Maintenant *Shepherdia canadensis*, shepherdie du Canada (48). Espèce

présente dans tout le Canada, sauf à l'Île-du-Prince-Édouard. Maine, New York, Alaska, Californie. (Kalm).

185. *Smilax rotundifolia**, smilax à feuilles rondes. Espèce présente en Nouvelle-Écosse et en Ontario. Maine, Floride, Dakota du Sud, Texas. (Kalm).

186. *Smilax caduca** est un synonyme de l'espèce précédente. (Kalm).

187. *Taxus baccata***. Espèce européenne d'if absente au Canada, mais considérée introduite dans les États du Massachusetts, de New York, de la Pennsylvanie et de Washington. Pour Linné, une espèce d'Europe et du Canada.

188. *Veratrum luteum.* Maintenant *Chamaelirium luteum*, chamélire jaunissant. Espèce présente en Ontario. Massachusetts, Floride, Michigan, Louisiane.

189. *Holcus laxus.* Synonyme: *Chasmanthium laxum.* Espèce absente au Canada. New York, Floride, Missouri, Texas.

190. *Panax quinquefolius,* ginseng à cinq folioles. Espèce expédiée en 1700 par Sarrazin à Paris. Présente au Québec et en Ontario. Maine, Georgie, Dakota du Sud, Oklahoma.

191. *Asplenium rhizophylla***. Maintenant *Asplenium rhizophyllum,* doradille ambulante. Espèce rare au Québec et présente en Ontario. Maine, Georgie, Minnesota, Oklahoma. Pour Linné, une espèce de la Jamaïque, de la Virginie, du Canada et de la Sibérie.

192. *Polypodium noveboracense**. Maintenant *Thelypteris noveboracensis,* thélyptère de New York. Marie-Victorin remarque que Linné a obtenu cet échantillon du Canada de Kalm. Il ne comprend pas pourquoi Linné choisit un nom spécifique référant à New York. Espèce présente à Terre-Neuve, dans les provinces maritimes, au Québec et en Ontario. Maine, Georgie, Michigan, Oklahoma. (Kalm).

193. *Polypodium marginale**. Maintenant *Dryopteris marginalis*, dryoptère à sores marginaux. Espèce présente à Terre-Neuve, au Nouveau-Brunswick, en Nouvelle-Écosse, au Québec, en Ontario et en Colombie-Britannique. Aussi répertoriée au Groenland. Maine, Georgie, Minnesota, Oklahoma. (Kalm).

194. *Polypodium bulbiferum**. Maintenant *Cystopteris bulbifera*, cystoptère bulbifère. Espèce présente à Terre-Neuve, au Nouveau-Brunswick, en Nouvelle-Écosse, au Québec et en Ontario. Maine, Georgie, Dakota du Sud, Arizona.

195. *Adiantum pedatum,* adiante du Canada. Espèce mentionnée dans la flore de Sarrazin et Vaillant de 1708. Linné réfère à la description de Cornuti en 1635. Espèce présente au Nouveau-Brunswick, en Nouvelle-Écosse, au Québec et en Ontario. Maine, Georgie, Alaska, Louisiane.

196. *Lycopodium rupestre***. Maintenant *Selaginella rupestris*, sélaginelle des rochers. Espèce présente dans toutes les provinces canadiennes, sauf à Terre-Neuve et à l'Île-du-Prince-Édouard. Répertoriée au Groenland. Maine, Georgie, Dakota du Nord, Oklahoma. Pour Linné, une espèce de la Virginie, du Canada et de la Sibérie.

197. *Lycopodium alopecuroides.* Synonyme: *Lycopodiella alopecuroides.* Espèce absente au Canada. Maine, Floride, New York, Texas.

198. *Allium canadense**, ail du Canada. Espèce présente au Nouveau-Brunswick, au Québec et en Ontario. Maine, Floride, Montana, Texas. (Kalm).

CALCUL DU NOMBRE D'ÉRABLES À SUCRE ENTAILLÉS POUR LA PRODUCTION DE 30 000 LIVRES DE SUCRE D'ÉRABLE EN 1704 DANS LA RÉGION DE MONTRÉAL

Le calcul est basé sur un contenu de 2% (poids par volume) de sucres totaux dans l'eau d'érable. Il peut varier jusqu'à 4% dans les meilleures conditions.

Pour obtenir 30 000 livres de sucre, il faut recueillir 1 500 000 livres d'eau d'érable de 2% en contenu de sucres. Il suffit de multiplier les livres de sucre (100%) par un facteur de 50. Il faut ensuite convertir les livres d'eau d'érable en litres, sachant qu'une livre équivaut à 0,45(4) kilogramme et en assumant qu'un kilogramme équivaut à 1 litre pour une densité d'eau d'érable équivalente à 1. Il y a évidemment une légère déviation de cette unité. Utilisant ces valeurs, 680 000 litres d'eau d'érable sont requis (1 500 000 x 0,45).

Selon les critères modernes de référence, une bonne récolte annuelle est d'environ 50 litres d'eau d'érable par entaille de 11,1 mm de diamètre. Utilisant cette valeur, 13 600 arbres avec une seule entaille sont requis. La moitié de ce nombre (6 800) est nécessaire si l'arbre a deux entailles et ainsi de suite.

On peut conclure qu'environ 13 600 érables présentant une entaille aux dimensions modernes sont requis pour obtenir 30 000 livres de sucre. Un nombre moindre est évidemment requis si les entailles sont nettement plus grosses. Les entailles de l'époque étaient possiblement beaucoup plus volumineuses surtout si elles étaient produites sous forme d'incisions grosses et profondes.

INDEX

TABLE DES MATIÈRES

APPENDICES

CET OUVRAGE EST COMPOSÉ EN GARAMOND PRO CORPS 11
SELON UNE MAQUETTE RÉALISÉE PAR PIERRE-LOUIS CAUCHON
ET ACHEVÉ D'IMPRIMER EN OCTOBRE 2015
SUR LES PRESSES DE L'IMPRIMERIE MARQUIS
À MONTMAGNY
POUR LE COMPTE DE GILLES HERMAN
ÉDITEUR À L'ENSEIGNE DU SEPTENTRION